软件设计技术

陈天星　冯　芳　编著

西南交通大学出版社

·成　都·

图书在版编目（CIP）数据

软件设计技术 / 陈天星，冯芳编著. —成都：西南交通大学出版社，2021.10
ISBN 978-7-5643-8296-4

Ⅰ. ①软… Ⅱ. ①陈… ②冯… Ⅲ. ①软件设计 – 高等学校 – 教材 Ⅳ. ①TP311.5

中国版本图书馆 CIP 数据核字（2021）第 205433 号

Ruanjian Sheji Jishu
软件设计技术

陈天星　冯　芳　编著

责任编辑	穆　丰
封面设计	曹天擎

出版发行	西南交通大学出版社
	（四川省成都市金牛区二环路北一段 111 号
	西南交通大学创新大厦 21 楼）
邮政编码	610031
发行部电话	028-87600564　028-87600533
网址	http://www.xnjdcbs.com
印刷	四川森林印务有限责任公司

成品尺寸	185 mm × 260 mm
印张	30.25
字数	794 千
版次	2021 年 10 月第 1 版
印次	2021 年 10 月第 1 次
定价	75.00 元
书号	ISBN 978-7-5643-8296-4

前　言

　　软件设计是一项复杂的系统工程，就其生命周期而言，包括项目立项，需求调查、需求分析、系统设计、系统实现、系统测试和系统使用等阶段。要开发出可靠的软件系统，必须严格遵循软件工程的相关理论。同时由于软件功能的实现牵涉面非常广，仅仅依靠软件工程相关知识是远远不够的，它还与计算机硬件结构、操作系统、数据结构、高级语言、数据库等密切相关。作为一个合格的软件开发人员，必须全面掌握这些知识点，才能开发出合格的软件。

　　本书面向非计算机类专业学生，从计算机系统、操作系统、数据结构、高级语言（C/C++）、数据库设计、软件工程等六个方面进行了详细阐述，力争对与软件开发有关的知识做一个较为全面的梳理，内容翔实，兼顾理论与实践，可操作性强，能帮助学生快速掌握软件开发所需的相关知识和技能，实现培养合格应用型人才的教育目标。本书还可作为软件开发者的参考书或者工具书使用。

　　本书由陈天星、冯芳编著。在编写过程中，编者在基于多年的软件项目开发经验基础上，参考了大量有关软件设计方面的教材、书籍、论著和网络资料，在此向其作者表示诚挚的感谢！另外，在编写过程中，得到了李天成、胡亚森、徐洪亮、吴昊臻、杨玉洁、袁标等人的热心帮助，在此表示由衷感谢！

　　限于编者的水平，书中疏漏和不妥之处在所难免，殷切期望专家和读者批评指正。

编　者
2021 年 8 月

目 录
CONTENTS

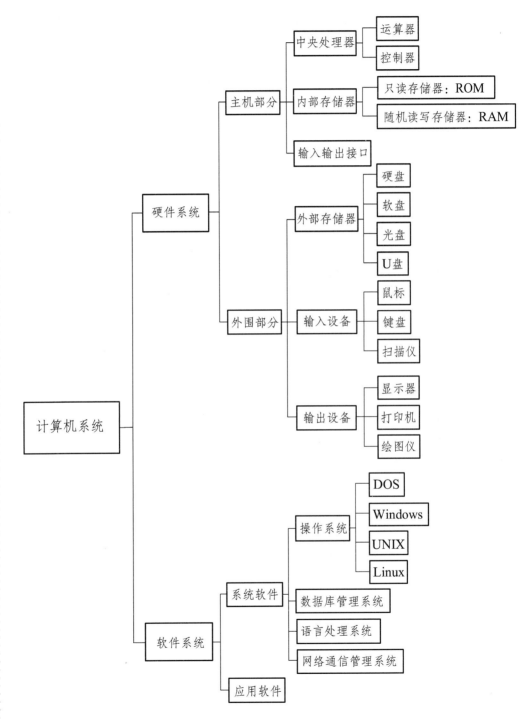

图 1-1 本章知识导图

计算机系统由计算机硬件系统和计算机软件系统两大部分组成。

1. 计算机硬件系统

计算机硬件系统由一系列电子元器件按照一定逻辑关系连接而成，是计算机系统的物质基础。

2. 计算机软件系统

计算机软件系统由操作系统、语言处理系统以及各种软件工具和各种软件程序组成。计算机软件控制计算机硬件系统按照预定的程序工作，从而达到人们预定的目标。

1.1 硬件系统

1.1.1 冯·诺依曼原理

计算机的基本工作原理是存储程序和控制程序运行。该原理最初是由匈牙利数学家冯·诺依曼于 1945 年提出来的，故称为冯·诺依曼原理。

按照冯·诺依曼原理构造的计算机又称冯·诺依曼计算机，其体系结构称为冯·诺依曼结构。目前计算机已发展到了第四代，基本上仍然遵循着冯·诺依曼原理和结构。但是为了提高计算机的运行速度，实现高度并行化，当今的计算机系统已对冯·诺依曼结构进行了许多变革，如指令流水线技术等。

冯·诺依曼计算机的基本特点如下：

（1）采用存储程序方式，程序和数据放在同一个存储器中，两者没有区别，指令同数据一样可以送到运算器进行运算，即由指令组成的程序是可以修改的。

（2）存储器是按地址进行访问的线性编址的唯一结构，每个单元的位数是固定的。

（3）指令由操作码和地址码组成。

（4）通过执行指令直接发出控制信号来控制计算机的操作。

（5）机器以运算器为中心，输入输出设备与存储器间的数据传送都经过运算器实现。

（6）数据以二进制表示。

1.1.2 计算机的硬件结构

计算机硬件通常由五部分组成：输入设备、输出设备、存储器、运算器和控制器。这五部分之间的连接结构如图 1-2 与图 1-3 所示，又称为冯·诺依曼结构图，其是以运算器为中心的。

1. 输入设备

输入设备如键盘、鼠标、光笔、扫描仪等。

图 1-2　计算机的功能

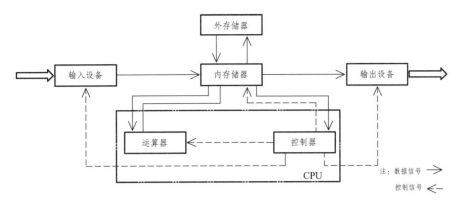

图 1-3　计算机的构成

2. 输出设备

输出设备如屏幕显示器、打印机、绘图仪、音箱等。

3. 存储器

存储器是计算机的记忆装置，为了对存储的信息进行管理，存储器被划分成若干单元，对每个单元进行编号，即为该单元的地址。存储器内的信息是按地址存取的，向存储器内存入信息称为"写入"，写入的新内容会覆盖原来的内容。从存储器里取出信息称为"读出"，信息读出后并不破坏原来存储的内容，因此信息可以被重复取出、多次利用。

存储器分为两大类：一类和计算机的运算器、控制器直接相连，称为主存储器（内部存储器），简称主存（内存）；另一类存储设备称为辅助存储器（外部存储器），简称辅存（外部存储器）。

存储器的有关术语如下：

位（bit）：存放一位二进制数，即 0 或 1。位是计算机中存储信息的最小单位。

字节（Byte）：8 个二进制位为一个字节。为了便于衡量存储器的大小，统一以字节（B）为单位。字节是计算机中存储信息的基本单位，表示存储容量的单位一般用字或字节。例如，32 KB 表示 32K 字节，其中 1 KB=1024 B。

地址：整个内存被分成若干个存储单元，每个存储单元一般可存放 8 位二进制数（字节编址），即每个存储单元可以存放数据或程序代码；为了能有效地存取该单元内的内容，每个单元必须有唯一的编号（称为地址）来标识。

读操作（Read）：按地址从存储器中取出信息，不破坏原有的内容，称为对存储器进行"读"操作。

写操作（Write）：把信息写入存储器，原来的内容被覆盖，称为对存储器进行"写"操作。

4. 运算器

运算器是对信息进行加工处理的部件。它在控制器的控制下与内存交换信息，负责进行各类基本的算术运算和与、或、非、比较、移位等各种逻辑判断和操作。此外，运算器中还含有能暂时存放数据或结果的寄存器。

5. 控制器

控制器是整个计算机的指挥中心。它负责对指令进行分析、判断，发出控制信号，使计算机的有关设备协调工作，确保系统自动运行。

控制器和运算器一起组成了计算机的核心，称为中央处理器（CPU，Central Processing Unit）。通常把控制器、运算器和主存储器一起称为主机，而其余的输入、输出设备和辅助存储器称为外部设备。

6. 键盘使用方法

1）键盘组成

键盘组成如图 1-4 所示。

图 1-4　键盘的组成

2）键的功能和用法

键的功能和用法如图 1-5 所示。

图 1-5　键的功能和用法

3）键盘的种类

键盘的种类五花八门，按内部构造分类，有机械式键盘、薄膜式键盘，以及无线传输键盘等。

1.1.3　计算机系统主要技术指标

1. CPU（见图 1-6）

主频：是衡量 CPU 运行速度的重要指标，是指系统时钟脉冲发生器输出周期性脉冲的频率。主频以赫兹（Hz）为单位，目前微处理器的主频已高达数吉赫兹。

字长：CPU 可以同时处理的二进制数据位数。对于 64 位微处理器，指一次能够处理 64 位二进制数据。常用的有 32 位、64 位微处理器。一般来说，计算机的字长越长，其性能就越高。

2. 运算速度

计算机的运算速度是指计算机每秒钟执行的指令数，单位为每秒百万条指令（MIPS）或者每秒百万条浮点指令（MFPOPS）。它们都是用基准程序来测试的。影响运算速度的几个主要因素：主频、字长及指令系统的合理性。

图 1-6　CPU

3. 内存存取速度

内部存储器（见图 1-7）完成一次读（取）或写（存）操作所需的时间称为存储器的存取时间或者访问时间，而连续两次读（或写）所需间隔的最短时间称为存储周期。对于半导体存储器来说，存取周期约为几十到几百纳秒（10^{-9} s）。

图 1-7　内存条

4. 存储容量

存储容量是指计算机内存所能存放二进制数据的量，一般用字节（Byte）数来度量。运行大型软件需要较大的内存容量。

5. I/O 的速度

主机 I/O 的速度取决于 I/O 总线的设计。这对于慢速设备（例如键盘、打印机）关系不大，但对于高速设备则效果十分明显。M.2 接口硬盘是一种新的主机接口硬盘，其传输速率最高可达 700 MB/s 以上；Serial ATA 硬盘即串口硬盘，其峰值数据传输率为 600 MB/s；SCSI 接口的硬盘，其传输速率最高可达 320 MB/s。

6. 交换速率

主机与外部设备之间交换数据的速率也是影响计算机系统工作速度的重要因素。由于各种外部设备本身工作的速率不同，常用主机所能支持的数据输入输出最大速率来表示。

7. 主　板

主板又叫主机板（Mainboard）、系统板（Systemboard）或母板（Motherboard），它安装在机箱内，是微机最基本也是最重要的部件之一，如图 1-8 所示。主板一般为矩形电路板，上面安装了组成计算机的主要电路系统，一般有 BIOS 芯片、I/O 控制芯片、键盘和面板控制开关接口、指示灯插接件、扩充插槽、主板及插卡的直流电源供电接插件等元件。作为计算机里最大的一个配件（机箱打开里面最大的那块电路板），其主要任务就是为 CPU、内存、显卡、声卡、硬盘等设备提供一个可以正常稳定运作的平台。

图 1-8　主板

8. 总　线

总线（Bus）是计算机各种功能部件之间传送信息的公共通信干线，它是由导线组成的传输线束。按照计算机所传输的信息种类，计算机的总线可以划分为数据总线（DB，Data Bus）、地址总线（AB，Address Bus）和控制总线（CB，Control Bus），分别用来传输数据、数据地址和控制信号。总线是一种内部结构，它是 CPU、内存、输入设备、输出设备传递信息的公用通道，主机的各个部件通过总线相连接，外部设备通过相应的接口电路再与总线相连接，从而形成了计算机硬件系统。微型计算机是以总线结构来连接各功能部件的。

1.2　软件系统

1.2.1　系统软件

一般把靠近内层、为方便使用和管理计算机资源的软件，称为系统软件。系统软件的功能主要是简化计算机操作，扩展计算机处理能力和提高计算机的效益。其两个主要特点：一是通用性，即无论哪个应用领域的计算机用户都要用到它们；二是基础性，即应用软件要在系统软件支持下编写和运行。

1. 操作系统

系统软件的核心是操作系统。操作系统（Operating System，OS）是由指挥与管理计算机系统运行的程序模块和数据结构组成的一种大型软件系统，其功能是管理计算机的全部硬件资源和软件资源，为用户提供高效、周到的服务界面。例如，IBM-PC 及其兼容机的运行要有 PC-DOS 或 Windows 的支持。

没有配备任何软件的硬件计算机称为裸机。裸机向外部世界提供的接口只有机器指令，为了控制难以使用的裸机，人们利用了系统软件，即通过操作系统来使用计算机。

2. 语言处理系统

程序设计语言按其发展的过程和应用级别分为机器语言、汇编语言、高级语言。汇编语言也是一种面向机器的语言。

3. 数据库管理系统

数据库管理系统就是在具体计算机上实现数据库技术的系统软件，用户用它来建立、管理、维护、使用数据库。

4. 软件工具

软件工具是软件开发、实施和维护过程中使用的程序，如输入阶段的编辑程序、运行阶段的连接程序、测试阶段的排错程序、测试数据产生程序等。

1.2.2　应用软件

应用软件是用户利用计算机软、硬件资源为解决各类应用问题而编写的软件。应用软件一般包括用户程序及其说明性文件资料。随着计算机应用的推广与普及，应用软件将会逐步地标准化、模块化，并逐步地按功能组合成各种软件包以方便用户的使用。应用软件的存在与否并不影响整个计算机系统的运转，但它必须在系统软件的支持下才能工作，例如 WPS、Word、Excel 等。

第2章 操作系统

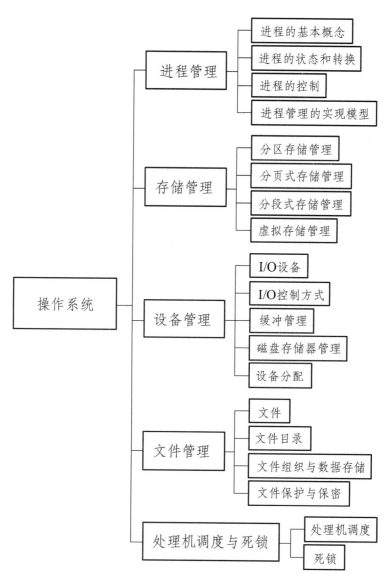

图 2-1　本章知识导图

2.1 操作系统引论

2.1.1 操作系统的目标和作用

计算机系统由两部分组成：硬件和软件。硬件是所有软件运行的物质基础，软件能充分发挥和扩充硬件功能，完成各种系统及应用任务，两者互相依存、相辅相成、缺一不可。在各种软件中，有一种软件与硬件直接相关，它对硬件做首次扩充和改造，其他软件均要通过它才能发挥作用，在计算机系统中占有特别重要的地位，它就是操作系统。计算机发展到今天，从个人机到巨型机，无一例外都配置了一种或多种操作系统。

操作系统（Operating System，OS）是管理硬件资源、控制程序执行、改善人机界面、合理组织计算机工作流程和为用户使用计算机提供良好运行环境的一种系统软件。它可被看作是用户和计算机硬件之间的一种接口，是现代计算机系统不可分割的重要组成部分。

操作系统提供了计算机硬件系统与用户的接口，是计算机资源的管理者，抽象了计算机资源。

操作系统的目标：有效性，提高资源利用率，提高系统吞吐量；方便性，使得计算机系统更容易适用；可拓展性，适用计算机硬件、体系结构及应用发展的要求；开放性，基于国际标准开发的软件和硬件，可以彼此兼容，方便实现互联。

2.1.2 操作系统的发展过程

操作系统发展的主要动力与其作用和目标对应。

（1）不断提高计算机资源的利用率。多用户共享一套计算机系统的资源，因此必须千方百计地提高计算机系统中各种资源的利用率，各种调度算法和分配策略相继被研究和采用，这也成为操作系统发展的一个动力。

（2）方便用户。从批处理到交互型分时操作系统，其大大改变了用户上机、调试程序的环境；从命令行交互进化到 GUI（图形用户界面），操作系统的界面还会变得更加友善。

（3）对器件的不断更新换代。微电子技术是推动计算机技术飞速发展的"引擎"。随着微电子技术的发展，计算机由 8 位机、16 位机发展到 32 位、64 位机，相应的操作系统也就由 8 位操作系统发展到 16 位、32 位、64 位操作系统。

（4）计算机体系结构的不断发展。硬件的改进促进 OS 的发展的例子很多：内存管理支撑硬件由分页或分段设施代替了界限寄存器以后，操作系统中便增加了分页或分段存储管理功能；图形终端代替逐行显示终端后，操作系统中增加了窗口管理功能，允许用户通过多个窗口在同一时间提出多个操作请求；引进了中断和通道等设施后，操作系统中引入了多道程序设计功能。计算机体系结构的不断发展有力地推动着操作系统的发展。例如，计算机由单处理机改进为多处理机系统时，操作系统也由单处理机操作系统发展到多处理机操作系统和并行操作系统；随着计算机网络的出现和发展，出现了分布式操作系统和网络操作系统；随着电器信息化的发展，又出现了嵌入式操作系统；而随着物联网的快速发展，物联网操作系统将会是各国关注和竞争的中心。

操作系统是随着计算机硬件和体系结构的发展，以及计算机应用的广泛深入而发展起来的，进入 20 世纪 80 年代以后，操作系统的发展可以归结为以下几个方面：

1. 微机操作系统的发展

20 世纪 70 年代中期到 80 年代初为第一阶段,特点是单用户、单任务微机操作系统。继 CP/M 之后,还有 CDOS(Cromemco 磁盘操作系统)、MDOS(Motorola 磁盘操作系统)和早期 MSDOS (Microsoft 磁盘操作系统)。20 世纪 80 年代以后为第二阶段,特点是单用户、多任务和支持分时操作,其中以 MP/M、XENIX 和后期 MS-DOS 为代表。20 世纪 90 年代以后,微机操作系统得到了进一步发展,我们称为新一代微机操作系统,它们具有以下功能:GUI、多用户和多任务、虚拟存储管理、网络通信支持、数据库支持、多媒体支持、应用编程支持 API(应用程序编程接口)。并且还具有以下特点:

(1)开放性:支持不同系统互联、支持分布式处理和支持多 CPU 系统。

(2)通用性:支持应用程序的独立性和在不同平台上的可移植性。

(3)高性能:微机操作系统中引进了许多以前在中、大型机上才能实现的技术,导致计算机系统性能大大提高。

(4)采用微内核结构:提供基本支撑功能的内核极小,大部分操作系统功能由内核之外运行的服务器来实现。

2. 并行操作系统的发展

计算机的应用经历了从数据处理到信息处理,再从信息处理到知识处理,每前进一步都要求增加计算机的处理能力。为了达到极高的性能,除提高元器件的运行速度外,计算机系统结构必须不断改进,而这一点主要是采用增加同一时间间隔内的操作数量,通过并行处理(Parallel Processing)技术,研究并行计算机来达到的,已经开发出的并行计算机有:阵列处理机、流水线处理机、多处理机。并行处理技术已成为近年来计算机的热门研究课题,它在气象预报、石油勘探、空气动力学、基因研究、核技术及航空航天飞行器设计等领域均有广泛应用。为了发挥并行计算机的性能,其需要有并行算法、并行语言等许多软件的配合,而并行操作系统则是并行计算机发挥高性能的基础和保证。所以,人们越来越重视并行操作系统的研究和开发。

3. 分布式操作系统的发展

分布式计算机系统(又称分布式系统)是用通信网(广域网、局域网)连接,并用消息传送方式进行通信的并行计算机系统。随着微型,小型机的发展,人们开始研究由若干台微小型机组成的分布式系统,由于它和单计算机的集中式系统相比有稳定性好、可靠性高、容易扩充和价格低廉的优点,因而越来越受到人们重视,具有广阔的发展前途。

4. 超级计算机系统的发展

超级计算机系统结构的研究重点集中在三个层次上。一是共享存储多处理机和可缩放共享存储多处理机;二是以单处理机、对称多处理机和共享存储多处理机为基本节点的大规模并行计算机;三是连接分布在不同地点的各类同构或异构计算机的计算网格(Computational Grid),为最终实现全国或全球的元计算(Metacomputing)打好基础。为此有许多关键技术需要突破。在并行算法方面,对大规模稀疏矩阵、排序、检索和匹配等问题都急需找到快速有效的算法;针对万亿次量级的系统,如何把问题分解为具有百万路以上的并行性是一个研究重点;在编程环境和编程模式方面,一个挑战性的研究课题是并行可扩展编程环境,重点是并行编译器的优化,调试工具、监测工具的友善性和标准化。还要研究新的编程模式。

2.1.3　操作系统的基本特征

并发性是指两个或两个以上的活动在同一时间间隔内发生，而操作系统是一个并发系统，并发性是其第一个特征，它应该具有处理多个并发性活动的能力。操作系统中引入了一个重要的概念——进程，由于进程能清晰刻画操作系统中的并发性，实现并发活动的执行，因而它已成为现代操作系统的一个重要基础。

操作系统的第二个特征是共享性。共享是指操作系统中的资源可被多个并发执行的进程所使用。出于经济上的考虑，向每个用户分别提供足够的资源不但是浪费的，而且也是不可能的，实际上总是让多个用户共用一套计算机系统资源，因而必然会产生共享资源的需要。操作系统可以分成两种资源共享方式：互斥共享和同时访问。

与共享性有关的问题是资源分配、信息保护、存取控制等，必须要妥善解决好这些问题。

共享性和并发性是操作系统两个最基本的特征，它们互为依存。一方面，资源的共享是因为进程的并发执行而引起的，若系统不允许进程并发执行，系统中就没有并发活动，自然就不存在资源共享问题；另一方面，若系统不能对资源实施有效的管理，必然会影响到进程的并发执行，甚至进程无法并发执行，操作系统也就失去了并发性。

操作系统的第三个特点是异步性，或称随机性。在多道程序环境中，系统允许多个进程并发执行，由于资源有限而进程众多，多数情况下进程的执行不是一贯到底的，而是"走走停停"的。例如，一个进程在 CPU 上运行一段时间后，由于等待资源满足或事件发生，它被暂停执行，CPU 转让给另一个进程执行。

操作系统中的随机性处处可见。例如，作业到达系统的类型和时间是随机的，操作员发出命令或按钮的时刻是随机的，程序运行发生错误或异常的时刻是随机的，各种各样硬件和软件中断事件发生的时刻是随机的，等等。操作系统内部产生的事件序列有许许多多可能，而操作系统的一个重要任务是必须确保捕捉任何一种随机事件，正确处理可能发生的随机事件，以及正确处理任何一种产生的事件序列，否则将会导致严重后果。

2.1.4　操作系统的主要功能

操作系统的主要职责是管理硬件资源，控制程序执行，改善人机界面，合理组织计算机工作流程和为用户使用计算机提供良好的运行环境。计算机系统的主要硬件资源有处理器、存储器、I/O 设备，信息资源有程序和数据，它们又往往以文件形式存放在外存储器上。所以，从资源管理和用户接口的观点来看操作系统具有以下主要功能。

1. 处理器管理

处理器管理的第一项工作是处理中断事件。处理器硬件只能发现中断事件，捕捉它并产生中断信号，但不能进行处理。配置了操作系统，计算机就能对中断事件进行处理，这是其最基本的功能之一。处理器管理的第二项工作是处理器调度。在单用户、单任务的情况下，处理器仅为一个用户或任务所独占，对处理器的管理就十分简单。但在多道程序或多用户的情况下，组织多个作业或任务执行时，就要解决对处理器的调度、分配和回收资源等问题，这些是处理器管理要做的重要工作。为了较好地实现处理器管理功能，一个非常重要的概念——进程（Process）——被引入操作系统。处理器的分配和执行都是以进程为基本单位。随着分布式系统的发展，为了进一步提高系统并行性，使并发执行单位的粒度变细，又把线程（Thread）概念引入操作系统。因而，对处理器的管理可以归结为对进程和线程的管理，包括：

（1）进程控制和管理。

（2）进程同步和互斥。

（3）进程通信。

（4）处理器调度，又分长程调度(作业调度)、中程调度（除了内存管理的全部调度过程）、短程调度（进程调度）等。

（5）线程控制和管理。

正是由于操作系统对处理器的管理策略不同，其提供的作业处理方式也就不同，例如批处理方式、分时处理方式、实时处理方式等。因此呈现在用户面前的是具有不同性质和不同功能的操作系统。

2. 存储器管理

存储器管理的主要任务是管理存储器资源，为多道程序运行提供有力的支撑：将根据用户需要分配存储器资源，尽可能地让主存中的多个用户实现存储资源的共享，以提高存储器的利用率；同时能保护用户存放在存储器中的信息不被破坏，要把诸多用户相互隔离起来互不干扰；还能够从逻辑上来扩充内存储器，为用户提供一个比内存实际容量大得多的编程空间，方便用户的编程和使用。为此，存储管理具有四大功能：

（1）存储分配。

（2）存储共享。

（3）存储保护。

（4）存储扩充。

操作系统的这一部分功能与硬件存储器的组织结构和支撑设施密切相关，操作系统设计者应根据硬件情况和使用需要，采用各种相应的有效存储资源分配策略和保护措施。

3. 设备管理

设备管理的主要任务是：完成用户提出的 I/O 请求，为用户分配 I/O 设备；加快 I/O 信息的传送速度，发挥 I/O 设备的并行性，提高 I/O 设备的利用率；为每种设备提供设备驱动程序，使用户不必了解硬件细节就能方便地使用 I/O 设备。为了实现这些任务，设备管理应该具有以下功能：

（1）缓冲管理。

（2）设备分配。

（3）设备驱动。

（4）I/O 操作。

（5）实现虚拟设备。

4. 文件管理

上述三种管理是针对计算机硬件资源的管理，文件管理则是对系统的信息资源的管理。在现代计算机中，通常把程序和数据以文件形式存储在外存储器上，供用户使用，这样在外存储器上就保存了大量文件，如不能很好地管理这些文件，就会导致混乱或破坏，造成严重后果。为此，在操作系统中配置了文件管理，它的主要任务是：对用户文件和系统文件进行有效管理，实现按名存取；实现文件的共享、保护和保密，保证文件的安全性；提供给用户一套能方便使用文件的操作和命令。具体来说，文件管理要完成以下任务：

（1）提供文件逻辑组织方法。

（2）提供文件物理组织方法。

（3）提供文件的存取方法。

（4）提供文件的使用方法。

（5）实现文件的目录管理。

（6）实现文件的存取控制。

（7）实现文件的存储空间管理。

5. 操作系统与用户之间的接口

上面已经叙述了操作系统对资源的管理，对四大类资源提供了四种管理方法。除此之外，为了使用户能灵活、方便地使用计算机和操作系统，操作系统还提供了一个友好的用户接口，这也是操作系统的另一个重要功能。

2.1.5　操作系统结构设计

随着软件越来越大型化、复杂化，软件设计特别是操作系统设计呈现出以下特征：一是复杂程度高，表现在程序庞大、接口复杂、并行度高；二是生成周期长，从提出要求明确规范起，经结构设计、模块设计、编码调试，直至整理文档、软件投入运行，需要许多年才能完成；三是正确性难保证，一个大型操作系统有数十万、数百万甚至数千万行指令；参加研制的人员有数十、数百甚至数千，工作量之大、复杂程度之高可想而知。

操作系统是一种大型、复杂的并发系统，为了研制操作系统，首先必须研究它的结构，力求设计出结构良好的程序。操作系统的结构设计有两层含义：一是研究操作系统的整体结构，由程序的构成成分组成操作系统程序的构造过程和方法；二是研究操作系统程序的局部结构，包括数据结构和控制结构。采用不同的构件和构造方法可组成不同结构的操作系统。

2.2　进程管理

2.2.1　进程的基本概念

进程是操作系统中最基本、最重要的概念，它是多道程序系统出现后，为了刻画系统内部出现的动态情况，描述系统内部各道程序的活动规律而引进的一个新概念。操作系统专门引入进程的概念，从理论角度看，是对正在运行的程序的抽象；从实现角度看，则是一种数据结构，目的在于清晰地刻画动态系统的内在规律，有效管理和调度进入计算机系统主存储器运行的程序。

2.2.2　进程的状态及其转换

为了便于管理进程，一般来说我们可按进程在执行过程中的不同状况定义三种不同的进程状态：

（1）运行态（Running）：占有处理器正在运行。

（2）就绪态（Ready）：具备运行条件，等待系统分配处理器以便运行。

（3）等待态（Blocked）：不具备运行条件，正在等待某个事件的完成。

一个进程在创建后将处于就绪状态。每个进程在执行过程中的任一时刻处于上述三种状态之一。同时，在一个进程执行过程中，它的状态将会发生改变。图 2-2 所示为进程的状态及其转换。

处于运行状态的进程将由于出现等待事件而进入的等待状态，当等待事件结束之后处于等待状态的进程将进入就绪状态，而处理器的调度策略又会引起运行状态和就绪状态之间的切换。引起进程状态转换的具体原因如下：

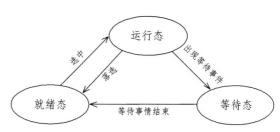

图 2-2　进程的状态及其转换

（1）运行态→等待态：等待使用资源；等待外设传输；等待人工干预。

（2）等待态→就绪态：资源得到满足；外设传输结束；人工干预完成。

（3）运行态→就绪态：运行时间到；出现有更高优先权进程。

（4）就绪态→运行态：CPU 空闲时选择一个就绪进程。

2.2.3　进程的控制

通常操作系统提供了若干基本操作以管理和控制进程，我们称之为进程控制原语。常用的进程控制原语有：

（1）建立进程原语。

（2）撤销进程原语。

（3）阻塞进程原语。

（4）唤醒进程原语。

（5）挂起进程原语。

（6）解除挂起进程原语。

（7）改变优先级原语。

（8）调度进程原语。

通过这一组原语，操作系统就可以有效地控制和管理进程。

1. 进程的创建

每一个进程都有生命期，即从创建到消亡。当操作系统为一个程序构造一个进程控制块并分配地址空间之后，就创建了一个进程。进程的创建来源于以下四个事件：

（1）提交一个批处理作业。

（2）在终端上进行交互式的登录。

（3）操作系统创建一个服务进程。

（4）存在的进程孵化（Spawn）新的进程。

2. 进程的切换

中断是激活操作系统的唯一方法，它暂停当前运行进程的执行，把处理器切换到操作系统的控制之下。当操作系统获得了处理器的控制权之后，其就可以实现进程的切换。顾名思义，进程的切换就是让处于运行态的进程中断运行，让出处理器，以便另外一个进程运行。进程切换的步骤如下：

（1）保存被中断进程的处理器现场信息。

（2）修改被中断进程的进程控制块的有关信息，如进程状态等。

（3）把被中断进程的进程控制块放入有关队列。

（4）选择下一个占有处理器运行的进程。

（5）修改被选中进程的进程控制块的有关信息。

（6）根据被选中进程设置操作系统用到的地址转换和存储保护信息。

（7）根据被选中进程恢复处理器现场。

3. 进程的阻塞和唤醒

当一个等待事件结束之后会产生一个中断，从而激活操作系统，操作系统将被阻塞的进程唤醒，如 I/O 操作结束、某个资源可用或期待事件出现。进程唤醒的步骤如下：

（1）从相应的等待进程队列中取出进程控制块。

（2）修改进程控制块的有关信息，如进程状态等。

（3）把修改后进程控制块放入有关就绪进程队列。

4. 进程的撤销

一个进程完成了特定的工作或出现了严重的异常后，操作系统则收回它占有的地址空间和进程控制块，此时就说其撤销了一个进程。进程撤销的主要原因包括：

（1）进程正常运行结束。

（2）进程执行了非法指令。

（3）进程在常态下执行了特权指令。

（4）进程运行时间超越了分配给它的最大时间段。

（5）进程等待时间超越了所设定的最大等待时间。

（6）进程申请的内存超过了系统所能提供最大量。

（7）越界错误。

（8）对共享内存区的非法使用。

（9）算术错误，如除零和操作数溢出。

（10）严重的输入输出错误。

（11）操作员或操作系统干预。

（12）父进程撤销其子进程。

（13）父进程撤销。

（14）操作系统终止。

（15）一旦发生了上述事件后，系统调用撤销原语终止进程。

（16）根据撤销进程标识号，从相应队列中找到它的 PCB。

（17）将该进程拥有的资源归还给父进程或操作系统。

（18）若该进程拥有子进程，应先撤销其所有子孙进程，以防它们脱离控制。

（19）撤销进程出队，将它的 PCB（进程控制块）归还到 PCB 池。

2.2.4　进程管理的实现模型

操作系统是一种系统软件，作为其核心的组成部分，进程管理也毫不例外的是一个程序集合，那么它是如何来管理进程的呢？它本身是不是一个进程呢？不同的操作系统有着不同的处理方法，本节讨论进程管理的几种主要实现模型。

1. 非进程内核模型

许多老式操作系统的实现采用非进程内核模型，亦即操作系统的功能都不组织成进程来实现。如图 2-3 所示，该模型包括一个较大的操作系统内核程序，进程的执行在内核之外。当中断发生时，当前运行进程的现场信息将被保存，并把控制权传递给操作系统内核。操作系统具有自己的内存区和系统堆栈区，它将执行相应的操作，并根据中断的类型和具体的情况，或者是恢复被中断进程的现场并让它继续执行，或是转向进程调度指派另一个就绪进程运行。

图 2-3　非进程内核模型

在这种情况下，进程执行的概念仅仅是用户程序和用户地址空间，操作系统代码作为一个分离实体在内核模式下运行。

2. 用户进程模型

小型机和微型机操作系统往往采用用户进程模型，如 Unix、Windows、Windows-NT 等。如图 2-4 所示，在用户进程模型中，大部分操作系统程序组织成一组例行程序供用户程序调用其功能，并在用户进程的上下文环境中执行。图 2-5 给出了用户进程模型中的进程映像，它既包括进程控制块、用户堆栈、容纳用户程序和数据的地址空间等，还包括操作系统内核的程序、数据和堆栈。

图 2-4　用户进程模型

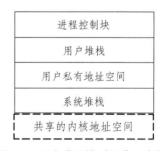

图 2-5　用户进程模型的进程映像

当发生一个中断后，处理器状态将被置成内核状态，控制被传递给操作系统程序。此时发生了模式切换，模式上下文（现场）信息被保存，但是进程切换并没有发生，该用户进程依然在执行。

当操作系统程序完成了工作之后，如果应该让当前进程继续运行的话，就可以做一次模式切换来恢复执行当前被中断的用户程序进程。在这种情况下，不必通过进程切换就可以中断用户程序来调用操作系统例行程序。

如果应该发生进程切换的话，控制就被传递给操作系统的进程切换例行程序，由它来实现进程切换操作，把当前进程的状态置为非运行状态，而指派另一个就绪进程来占有处理器运行。值得指出的是，一些系统中进程切换例行程序是在当前进程中执行的，而另一些系统则不是，在图 2-4 中，我们把它在逻辑上分离出来。

3. 基于进程的实现模型

基于进程的实现模型操作系统程序被组织成一组进程。如图 2-6 所示，主要的操作系统内核功能被组织在一组分离的进程内实现，这组进程在内核模式下运行，而进程切换例行程序的执行仍然在进程之外。

P_1
P_2
……
P_n
OS_1
OS_2
……
OS_n
进程切换函数

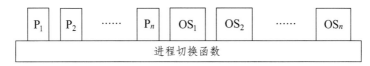

图 2-6　基于进程的实现模型

这一实现模型有很多优点。首先它采用了模块化的操作系统实现方法，模块之间居于最小化的简洁的接口。其次大多数操作系统功能被组织成分离的进程，有利于操作系统的实现、配置和扩充。这一结构在多处理器和多计算机的环境下非常有效，有利于提高系统效率。

2.3　存储管理

存储管理是操作系统的重要组成部分，它负责管理计算机系统的存储器。存储器可分成主存储器（主存）和辅助存储器（辅存）两类。

主存储器的存储空间一般分为两部分：一部分是系统区，存放操作系统以及一些标准子程序、例行程序等；另一部分是用户区，存放用户的程序和数据等。存储管理主要是对主存储器中的用户区域进行管理，也包括对辅存储器的管理。尽管现代计算机中主存的容量不断增大，已达到 GB 级的范围，但仍然不能保证有足够的空间来支持大型应用和系统程序及数据的使用，因此，操作系统的任务之一是要尽可能地方便用户使用和提高主存储器的利用效率。此外，有效的存储管理也是多道程序设计系统的关键支撑。具体地说，存储管理有下面几个方面的功能：

（1）主存储空间的分配和去配；

（2）地址转换和存储保护；

（3）主存储空间的共享；

（4）主存储空间的扩充。

2.3.1　分区存储管理

分区存储管理的基本思想是给进入主存的用户作业划分一块连续存储区域，把作业装入其中，若有多个作业装入主存，则它们可并发执行，这是能满足多道程序设计需要的最简单的存储管理技术。

1. 固定分区存储管理

操作系统区(8 KB)
用户分区1(8 KB)
用户分区2(16 KB)
用户分区3(16 KB)
用户分区4(16 KB)
用户分区5(32 KB)
用户分区6(32 KB)

图 2-7　固定分区存储管理

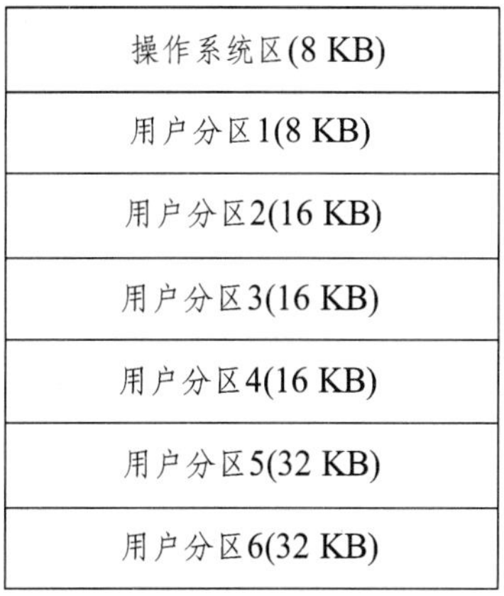

固定分区（Fixed Partition）存储管理又称定长分区

或静态分区模式，是静态地把可分配的主存储器空间分割成若干个连续区域，每个区域的位置固定，大小可以相同也可以不同，每个分区在任何时刻只装入一道程序执行，如图 2-7 所示。

固定分区存储管理的地址转换可以采用静态定位方式，装入程序在进行地址转换时检查其绝对地址是否落在指定的分区中，若是，则可把程序装入，否则不能装入，且应归还所分得的存储区域。固定分区存储管理的地址转换也可以采用动态定位方式。如图 2-8 所示，系统专门设置一对地址寄存器——上限/下限寄存器，当一个进程占有 CPU 执行时，操作系统就从主存分配表中取出其相应的地址和长度，换算后置入上限/下限寄存器；硬件的地址转换机构根据下限寄存器中保存的基地址 B 与逻辑地址得到绝对地址；硬件的地址转换机构同时把绝对地址和上限/下限寄存器中保存的相应地址进行比较，而实现存储保护。

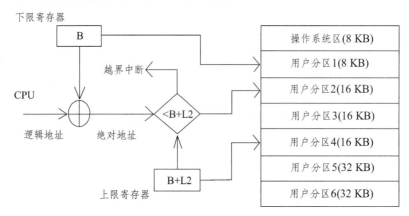

图 2-8　固定分区存储管理的地址转换和存储保护

2. 可变分区存储管理

可变分区（Variable Partition）存储管理又称变长分区模式，是按作业的大小来划分分区，但划分的时间、大小、位置都是动态的。系统在作业装入主存执行之前并不建立分区，当要装入一个作业时，根据作业需要的主存量查看主存中是否有足够的空间：若有，则按需要量分配一个分区给该作业；若无，则令该作业等待主存空间。由于分区的大小是按作业的实际需要量来定的，且分区的个数也是可变的，所以其可以克服固定分区方式中的主存空间的浪费，有利于多道程序设计，实现了多个作业对主存的共享，进一步提高了主存资源利用率。

对可变分区方式采用动态重定位装入作业，作业程序和数据的地址转换是由硬件完成的。硬件设置两个专门控制寄存器：基址寄存器和限长寄存器。基址寄存器存放分配给作业使用的分区的起始地址，限长寄存器存放作业占用的连续存储空间的长度。

当作业占有 CPU 运行后，操作系统可把该区的始址和长度送入基址寄存器和限长寄存器，启动作业执行时由硬件根据基址寄存器进行地址转换得到绝对地址，地址转换如图 2-9 所示。

当逻辑地址小于限长值时，则逻辑地址加基址寄存器值就可获得绝对值地址；当逻辑地址大于限长值时，表示作业欲访问的地址超出了所分得的区域，这时不允许访问，达到了保护的目的。

在多道程序系统中，硬件只需设置一对基址/限长寄存器，作业相应的进程在执行过程中出现等待时，操作系统把基址/限长寄存器的内容随同该进程的其他信息（如 PSW、通用寄存器等）一起保存起来。当作业相应的进程被选中执行时，则把选中作业的基址/限长值再送入基址/限长寄存器。

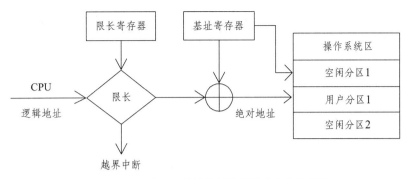

图 2-9　可变分区存储管理的地址转换和存储保护

2.3.2　分页式存储管理

用分区方式管理的存储器，每道程序总是要求占用主存的一个或几个连续存储区域，这使得主存中会产生许多碎片，因此，有时为了接纳一个新的作业而往往要移动已在主存的信息，这不仅不方便，而且开销不小。采用分页式存储器允许把一个作业存放到若干不相邻接的分区中，既可免去移动信息的工作，又可充分利用主存空间，尽量减少主存内的碎片。分页式存储管理的基本原理如下：

（1）页框：物理地址分成大小相等的许多区，每个区称为一块，即页框（page-frame）。

（2）页面：逻辑地址分成大小相等的区，区的大小与块的大小相等，每个区称为一个页面（page）。

（3）逻辑地址形式：与此对应，分页存储器的逻辑地址由两部分组成——页号和单元号。逻辑地址格式如下：

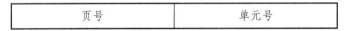

页　号	单元号

采用分页式存储管理时，逻辑地址是连续的。所以，用户在编制程序时仍只需使用顺序的地址，而不必考虑如何去分页。页面大小是由地址转换机构和操作系统管理的需要来决定的，从而也就确定了主存分块的大小。用户进程在主存空间中的每个页框内的地址是连续的，但页框和页框之间的地址可以不连续。存储地址由连续到离散的变化，为以后实现程序的"部分装入、部分对换"奠定了基础。

（4）页表和地址转换：在进行存储分配时，系统总是以块（页框）为单位的，一个作业的信息有多少页，那么在把它装入主存时就给它分配多少块。但是，分配给作业的主存块可以不连续，即作业的信息可按页分散存放在主存的空闲块中，这就避免了为得到连续存储空间而进行的移动。

当作业的程序和数据被分散存放后，作业的页面与分给的页框是如何建立联系的呢？逻辑地址（页面）是如何变换成物理地址（页框）的呢？作业的物理地址空间由连续变成分散后，如何保证程序正确执行呢？采用的办法仍然是动态重定位技术，程序执行指令时动态地进行地址变换，由于程序以页面为单位，所以给每个页面设立一个重定位寄存器，这些重定位寄存器的集合称为页表（page table）。页表是操作系统为每个用户作业建立的，用来记录程序页面和主存对应页框的对照表，页表中的每一栏指明了程序中的一个页面和分得的页框的对应关系。所以，页表的目的是把页面映射为页框，从数学的角度来说，页表是一个函数，它的变量是页面号，函数值为页框号，通过这个函数可把逻辑地址中的逻辑页面域替换成物理页框域。通常为了减少开销，不是用硬件，而是在主存中开辟存储区存放页表，系统中另设一个页表主存起址和长度控制寄存器（Page Table Control Register），存放当前运行作业的页表起址和页表长，以加快地址转换度。每当选中作业运行时，应进行存储分配，为进入主存的每个用户作业建立一张页表，指出逻辑地址中页号与主存中块号的对应关系，页表的长度随作业的大小而定。同时分页式存储管理系统还会建立一张作业表，将这些作业的页表地址进行登记，每个作业在作业表中有一个登记项。作业表和页表的一般格式如图 2-10 所示。然后借助于硬件的地址转换机构，在作业执行过程中按页面动态重定位。调度程序在选择作业后，从作业表的登记项中得到被选中作业的页表始址和长度，将其送入硬件设置的页表控制寄存器。地址转换时，只要从页表控制寄存器中就可以找到相应的页表，再将逻辑地址中的页号作索引查页表，得到对应的块号，根据关系式：

$$绝对地址 = 块号 \times 块长 + 单元号$$

计算出欲访问的主存单元的地址。因此，虽然作业存放在若干个不连续的块中，但在作业执行中总是能按正确的地址进行存取。

页号	块号		作业名	页表始址	页表长度
页号1	块号1		A	xxx	xx
页号2	块号2		B	xxx	xx
...	...		...	...	...

页表　　　　　　　　　　作业表

图 2-10　页表和作业表

图 2-11 给出了页式存储管理的地址转换和存储保护，根据地址转换公式：块号×块长+单元号，在实际进行地址转换时，只要把逻辑地址中的单元号作为绝对地址中的低地址部分，而根据页号从表中查得的块号作为绝对地址中的高地址部分，就组成了访问主存储器的绝对地址。

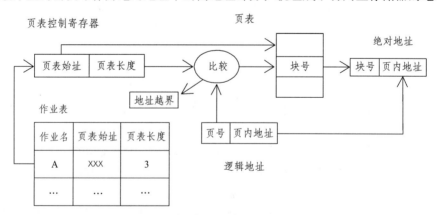

图 2-11　页式存储管理的地址转换和存储保护

整个系统只有一个页表控制寄存器，只有占用 CPU 的作业才占有页表控制寄存器。在多道程序中，当某道程序让出处理器时，其应同时让出页表控制寄存器。

2.3.3 分段式存储管理

分段式存储管理是以段为单位进行存储分配，为此提供如下形式的逻辑地址：

段号	段内地址

在分页式存储管理中，页的划分（即逻辑地址划分为页号和单元号）是用户不可见的，连续的用户地址空间将根据页框（块）的大小自动分页；而在分段式存储管理中，地址结构是用户可见的，即用户知道逻辑地址如何划分为段号和单元号，用户在程序设计时，每个段的最大长度受到地址结构的限制，进一步每一个程序中允许的最多段数也可能受到限制。例如，PDP-11/45 的段地址结构为：段号占 3 位，单元号占 13 位，也就是一个作业最多可分 8 段，每段的长度可达 8 KB。

分段式存储管理的实现可以基于可变分区存储管理的原理，可变分区以整个作业为单位划分和连续存放，也就是说一个分区内作业是连续存放的，但独立的作业之间不一定连续存放。而分段方法是以段为单位划分和连续存放的，为作业的每一段分配一个连续的主存空间，而各段之间不一定连续。在进行存储分配时，应为进入主存的每个用户作业建立一张段表，各段在主存的情况可用一张段表来记录，它指出主存储器中每个分段的起始地址和长度。同时段式存储管理系统包括一张作业表，将这些作业的段表进行登记，每个作业在作业表中有一个登记项。作业表和段表的一般格式如图 2-12 所示。

段号	始址	长度
第0段	xxx	xxx
第1段	xxx	xxx
...	...	...

段表

作业名	段表实址	段表长度
A	xxx	xx
B	xxx	xx
...	...	...

作业表

图 2-12　段表和作业表的一般格式

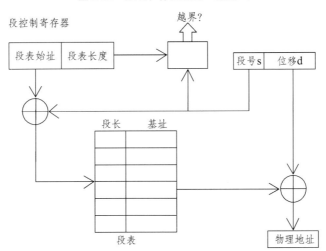

图 2-13　分段式存储管理的地址转换和存储保护

段表表目实际上起到了基址/限长寄存器的作用。作业执行时通过段表可将逻辑地址转换成绝对地址。由于每个作业都有自己的段表，地址转换应按各自的段表进行。类似于分页存储器那样，分段存储器也设置一个段表控制寄存器，用来存放当前占用处理器的作业的段表始址和长度。段式存储管理的地址转换和存储保护流程如图 2-13 所示。利用段表寄存器中的段表长度与逻辑地址中的段号比较，若段号超过段表长则产生越界中断，再利用段表项中的段长与逻辑地址中的段内位移做比较，检查是否产生越界中断。

2.3.4 虚拟存储管理

虚拟存储器的定义：在具有层次结构存储器的计算机系统中，采用自动实现部分装入和部分对换功能，为用户提供一个比物理主存容量大得多的、可寻址的一种"主存储器"。实际上虚拟存储器是为扩大主存而采用的一种设计技巧，虚拟存储器的容量与主存大小无直接关系，而受限于计算机的地址结构及可用的辅助存储器的容量，如果地址线是 20 位，那么，程序可寻址范围是 1 MB，Intel Pentium 的地址线是 32 位，则程序可寻址范围是 4 GB，Windows2000/XP 便为应用程序提供了一个 4 GB 的逻辑主存。

虚拟存储器是基于程序局部性原理的一种假想的而非物理存在的存储器，允许用户程序以逻辑地址来寻址，而不必考虑物理上可获得的主存大小，这种将物理空间和逻辑空间分开编址但又统一管理和使用的技术为用户编程提供了极大方便。此时，用户作业空间被称为虚拟地址空间，其中的地址称虚地址。为了要实现虚拟存储器，必须解决好以下有关问题：主存辅存统一管理问题、逻辑地址到物理地址的转换问题、部分装入和部分对换问题。虚拟存储器的思想早在 20 世纪 60 年代初期就已在英国的 Atlas 计算机上出现，到 20 世纪 60 年代中期，较完整的虚拟存储器在分时系统 M-ULTICS 和 IBM 系列操作系统中得到实现。20 世纪 70 年代初期开始推广应用，其逐步为广大计算机研制者和用户接受。虚拟存储技术不仅用于大型机上，而且随着微型机的迅速发展，人们也研制出了微型机虚拟存储系统。实现虚拟存储器系统要付出一定的开销，其中包括：管理地址转换各种数据结构所用的存储开销、执行地址转换的指令花费的时间开销和主存与外存交换页或段的 I/O 开销等。目前，虚拟存储管理主要采用以下几种技术实现：请求分页式、请求分段式和请求段页式虚拟存储管理。

2.4 设备管理

设备管理是操作系统中最庞杂和琐碎的部分，普遍使用 I/O 中断、缓冲器管理、通道、设备驱动调度等多种技术，这些措施较好地克服了由于外部设备和 CPU 速度的不匹配所引起的问题，使主机和外设能并行工作，提高了使用效率。但是在另一方面却给用户的使用带来极大的困难，使用它必须掌握 I/O 系统的原理，对接口和控制器及设备的物理特性要有深入了解，这就使计算机推广应用受到很大限制。

为了方便用户使用各种外围设备，设备管理要达到提供统一界面、方便使用、发挥系统并行性，提高 I/O 设备使用效率等目标。设备管理通常具有以下功能：

（1）外围设备中断处理。

（2）缓冲区管理。

（3）外围设备的登记和使用情况跟踪，分配和去配。

（4）外围设备驱动调度。

（5）虚拟设备及其实现。

前四项是设备管理的基本功能，最后一项是为了进一步提高系统效率而设置的，许多操作系统都提供了此项功能，每一种功能对不同的系统、外围设备配置也有强有弱。

2.4.1 I/O 设备

人们通常把 I/O 设备及其接口线路、控制部件、通道和管理软件称为 I/O 系统，把计算机的主存和外围设备的介质之间的信息传送操作称为输入输出操作。

不同设备的物理特性存在很大差异，其主要差别在于：

（1）数据传输率：从每秒几个字符（键盘输入）到每秒几千字节（磁盘），相差千倍。

（2）数据表示方式：不同设备采用不同字符表和奇偶校验码。

（3）传输单位：慢速设备以字符为单位，快速设备以块为单位，可相差几千倍。

（4）出错条件：错误的性质、形式、后果、报错方法、应对措施等每类设备都不一样。

I/O 设备通常包括一个机械部件和一个电子部件。为了达到设计的模块性和通用性，一般将其分开。电子部件称为设备控制器或适配器，在个人计算机中，它常常是一块可以插入主板扩充槽的印刷电路板；机械部件则是设备本身。区分控制器和设备本身是因为操作系统基本上是与控制器打交道，而非设备本身。

设备控制器是 CPU 和设备之间的一个接口，它接收从 CPU 发来的命令，控制 I/O 设备操作，实现主存和设备之间的数据传输操作，从而使 CPU 从繁杂的设备控制操作中解放出来。设备控制器是一个可编址设备，当它连接多台设备时，则应具有多个设备地址。设备控制器的主要功能为：

（1）接收和识别 CPU 或通道发来的命令。

（2）实现数据交换，包括设备和控制器之间的数据传输；通过数据总线或通道，控制器和主存之间的数据传输。

（3）发现和记录设备及自身的状态信息，供 CPU 处理使用。

（4）进行设备地址识别。

为了实现上面列举的各项功能，设备控制器必须有以下组成部分：命令寄存器及译码器，数据寄存器，状态寄存器，地址译码器，以及用于对设备操作进行控制的 I/O 逻辑。

2.4.2 I/O 控制方式

按照 I/O 控制器功能的强弱，以及和 CPU 之间联系方式的不同，可把 I/O 设备的控制方式分为四类。它们的主要差别在于中央处理器和外围设备并行工作的方式不同，以及并行工作的程度不同。中央处理器和外围设备并行工作有重要的意义，它能大幅度提高计算机效率和系统资源的利用率。

1. 询问方式

询问方式又称程序直接控制方式。在这种方式下，输入输出指令或询问指令用来测试一台设备的忙闲标志位，决定主存储器和外围设备是否交换一个字符或一个字。

2. 中断方式

中断机构引入后，外围设备有了反映其状态的能力，仅当操作正常或异常结束时才中断中央处理机。该方式实现了一定程度的并行操作。

3. DMA 方式

虽然程序中断方式消除了程序查询方式的忙式测试，提高了 CPU 资源的利用率，但是在响应中断请求后，其必须停止现行程序，转入中断处理程序并参与数据传输操作。如果 I/O 设备能直接与主存交换数据而不占用 CPU，那么 CPU 资源的利用率还可提高，这就出现了直接主存存取 DMA（Direct Memory Access）方式。

4. 通道方式

通道又称输入输出处理器，它能完成主存储器和外围设备之间的信息传送，并与中央处理器并行地执行操作。此外，外围设备和中央处理器能实现并行操作，通道和通道之间能实现并行操作，各通道上的外围设备也能实现并行操作，以达到提高整个系统效率这一根本目的。

2.4.3　缓冲管理

为了改善中央处理器与外围设备之间速度不匹配的矛盾，以及协调逻辑记录大小与物理记录大小不一致的问题，提高 CPU 和 I/O 设备的并行性，减少 I/O 对 CPU 的中断次数和放宽对 CPU 中断响应时间的要求，操作系统普遍采用了缓冲技术。缓冲用于平滑两种不同速度部件或设备之间的信息传输，由于硬件实现缓冲成本太高，通常的实现方法是在主存开辟一个存储区（缓冲区），专门用于临时存放 I/O 的数据。

在操作系统管理下，常常辟出许多专用主存区域的缓冲区用来服务于各种设备，支持 I/O 管理功能。常用的缓冲技术有：单缓冲、双缓冲、多缓冲。

单缓冲是操作系统提供的一种简单的缓冲技术。每当一个用户进程发出一个 I/O 请求时，操作系统在主存的系统区中开设一个缓冲区。为了加快 I/O 速度和提高设备利用率，需要引入双缓冲工作方式，又称缓冲交换。双缓冲使效率提高了，但也增加了复杂性。在输入设备、输出设备和处理进程速度不匹配的情况下，进程执行不是十分理想。为改善上述情形，获得较高的并行度，常常采用多缓冲组成的循环缓冲技术。

2.4.4　磁盘存储器管理

磁盘是一种直接存取存储设备，又叫作随机存取存储设备。它的每个物理记录有确定的位置和唯一的地址，存取任何一个物理块所需的时间几乎不依赖于此信息的位置。磁盘的结构如图 2-14 所示，它包括多个用于存储数据的盘面。每个盘面有一个读写磁头，所有的读写磁头都固定在唯一的移动臂上同时移动。在一个盘面上读写磁头的轨迹称为磁道，磁头位置下所有磁道组成的圆柱体称为柱面，一个磁道又可被划分成一个或多个物理块。

文件的信息通常不是记录在同一盘面的各个磁道上，而是记录在同一柱面的不同磁道上，这样可使移动臂的移动次数减少，缩短存取信息的时间。为了访问磁盘上的一个物理记录，必须给出三个参数：柱面号、磁头号、块号。磁盘机根据柱面号控制臂做机械的横向移动，带动读写磁头到达指定柱面，这个动作较慢，一般称作"查找时间"，平均需 20 ms；从磁头号可以确定数据所在的盘，然后等待被访问的信息块旋转到读写头下时，按块号进行存取，这段等待时间称为"搜索延迟"，平均要 10 ms。磁盘机实现此操作的通道命令是：查找、搜索、转移和读写。

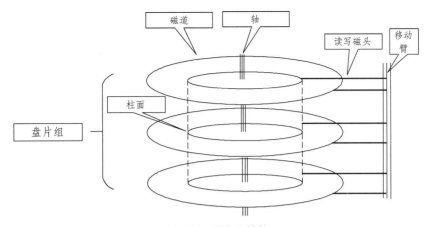

图 2-14　磁盘的结构

对于磁盘一类设备，在启动之前按驱动调度策略对访问的请求优化排序是十分必要的。对于磁盘调度，主要采用下面几种算法：

（1）先来先服务（First Come First Service）：按进程请求访问磁盘的先后次序进行调度。

（2）最短寻道时间优先（Shortest Seek Time First）：其要求访问的磁道与当前磁头所在的磁道距离最近，以使每次的寻道时间最短。这种算法存在"饥饿"现象，随着源源不断靠近当前磁头位置读写请求的到来，使早来的但距离当前磁头位置远的读写请求服务被无限期推迟。

（3）扫描（Scan）算法：不仅考虑到欲访问的磁道与当前磁道的距离，更优先考虑的是磁头的当前移动方向。当磁头正在由里向外移动时，Scan 算法所选择的下一个访问对象应是其欲访问的磁道，既在当前磁道之外，又是距离最近的。

（4）循环扫描（Circular Scan）算法：磁头移到最外磁道时立即又返回到最里磁道，消除了对两端磁道请求的不公平。

（5）分布扫描（N-Steps Scan）算法：N 步 scan 算法是将磁盘请求队列分成若干个长度为 N 的子队列，磁盘调度将按 FCFS 算法依次处理这些子队列，每处理一个队列时又是按 scan 算法来进行；当正在处理某子队列时，如果又出现新的磁盘 I/O 请求，便将新请求进程放入其他队列。

（6）FSCAN 调度算法：一个是由当前所有请求磁盘 I/O 的进程形成的队列，由磁盘调度按 Scan 算法进行处理；一个是将新出现的所有请求磁盘 I/O 的进程，放入另一个等待处理的请求队列。这样，所有的新请求都将被推迟到下一次扫描时处理。

2.4.5　设备分配

1. 设备独立性

用户不指定特定的设备，而指定逻辑设备，使得用户作业和物理设备独立开来，再通过其他途径建立逻辑设备和物理设备之间的对应关系，设备的这种特性称为"设备独立性"。具有设备独立性的系统中，用户编写程序时使用的设备与实际使用的设备无关，亦即逻辑设备名是用户命名的，是可以更改的，物理设备名（地址）是系统规定的，是不可更改的。设备管理的功能之一就是把逻辑设备名转换成物理设备名，为此，系统需要提供逻辑设备名和物理设备名（设备地址）的对照表以供转换。

2. 设备分配方式

从设备的特性来看，可以把设备分成独占设备、共享设备和虚拟设备三类，相应的管理和分配外围设备的技术可分成独占方式、共享方式和虚拟方式。

独占使用的设备往往采用静态分配方式，即在作业执行前将作业所要用的这一类设备分配给它。当作业执行中不再需要使用这类设备，或作业结束撤离时，收回分配给它的这类设备。静态分配方式实现简单，能防止系统死锁，但采用这种分配方式，会降低设备的利用率。对于可共享的设备，则一般不必进行分配。

操作系统中，对 I/O 设备的分配算法常用的有：先请求先服务、优先级高者先服务等。此外，在多进程请求 I/O 设备分配时，应预先进行检查，防止因循环等待对方所占用的设备而产生的死锁。

为了实现 I/O 设备的分配，系统中应设有设备分配的数据结构：设备类表和设备表。在采用通道结构的系统中，设备分配的数据结构要复杂得多，为了对道道、控制器和每台设备进行管理和控制，要设置系统设备表、通道控制表、控制器控制表和设备控制表。

3. Spooling 技术

为了存放从输入设备输入的信息以及作业执行的结果，系统在辅助存储器上开辟了输入井和输出井。"井"（Spooling）是用作缓冲的存储区域，采用井的技术能调节供求之间的矛盾，消除人工干预带来的损失。Spooling 系统的组成和结构如图 2-15 所示。

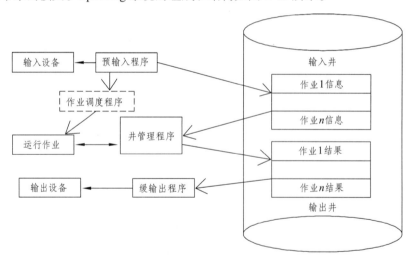

图 2-15　Spooling 系统的组成和结构

为了实现联机同时操作外围设备功能，必须具有：能将信息从输入设备输入到辅助存储器缓冲区域的"预输入程序"；能将信息从辅助存储器输出缓冲区域输出到输出设备的"缓输出程序"；以及控制作业和辅助存储器缓冲区域之间交换信息的"井管理程序"。

2.5　文件管理

文件系统是操作系统中负责存取和管理信息的模块，它用统一的方式进行用户和系统信息的存储、检索、更新、共享和保护，并为用户提供一整套方便有效的文件使用和操作方法。文件系统的功能就是要在逻辑文件与物理文件、逻辑地址与物理地址、逻辑结构与物理结构、逻辑操作与物理操作之间实现转换，保证存取速度快、存储空间利用率高、数据可共享、安全可靠性好。

2.5.1 文件

文件是由文件名字标识的一组信息的集合。文件名字是由字母或数字组成的字母数字串，它的格式和长度因系统而异。

文件是一种抽象机制，它隐蔽了硬件和实现细节，提供了把信息保存在磁盘上而且便于以后读取的手段，使得用户不必了解信息存储的方法、位置以及存储设备实际运作方式便可存取信息。在这一抽象机制中最重要的是文件命名，当一个进程创建一个文件时必须给出文件名字，以后这个文件将独立于进程存在直到它被显式地删除；当其他进程要使用这一文件时必须显式地指出该文件名字；操作系统也将根据该文件名字对其进行控制和管理。各个操作系统的文件命名规则略有不同，即文件名字的格式和长度因系统而异。但一般来说，文件名字由文件名和扩展名两部分组成，中间用"."分隔开来。

文件可以按各种方法进行分类。如按用途可分成：系统文件、库文件和用户文件；按保护级别可分成：只读文件、读写文件和不保护文件；按信息流向可分成：输入文件、输出文件和输入输出文件；按存放时限可分成：临时文件、永久文件、档案文件；按设备类型可分成：磁盘文件、磁带文件、软盘文件。此外，还可以按文件的逻辑结构或物理结构进行分类。

大多数操作系统设置了专门的文件属性用于文件的管理控制和安全保护，它们虽非文件的信息内容，但对于系统的管理和控制是十分重要的。

存取方法是操作系统为用户程序提供的使用文件的技术和手段，文件系统一般采用下面三种存取方法：顺序存取，按记录顺序进行读／写操作的存取方法；直接存取，快速地以任意次序直接读写某个记录；索引存取，由于文件中的记录不按它在文件中的位置，而按它的记录键来编址，所以用户提供给操作系统记录键后就可查找到所需记录。

2.5.2 文件目录

文件系统的基本功能之一就是负责文件目录的建立、维护和检索，要求编排的目录便于查找、防止冲突，目录的检索方便迅速。

有了文件目录后，系统就可实现文件的"按名存取"。每一个文件在文件目录中作为一项登记。文件目录项一般应该包括以下内容：

（1）有关文件存取控制的信息，如文件名、用户名、授权者存取权限；文件类型和文件属性，如读写文件、执行文件、只读文件等。

（2）有关文件结构的信息：文件的逻辑结构，如记录类型、记录个数、记录长度、成组因子数等；文件的物理结构，如记录存放相对位置或文件第一块的物理块号，也可指出文件索引的所在位置。

（3）有关文件管理的信息：如文件建立日期、文件最近修改日期、访问日期、文件保留期限、记账信息等。

最简单的文件目录是一级目录结构，如图 2-16 所示。在操作系统中构造一张线性表，与每个文件有关的属性占用一个目录项就成了一级目录结构。一级文件目录结构存在若干缺点：一是重名问题，它要求文件名和文件之间有一对应关系，但在多用户的系统中，由于都使用同一文件目录，一旦文件名用重，就会出现混淆而无法实现"按名存取"，如果人为地限制文件命名规则，对用户来说又极不方便；二是难于实现文件共享，如果允许不同用户不同文件名来共享文件具有不同的名字，这在一级目录中是很难实现的。为了解决上述问题，操作系统往往采用二级目录结构，使得每个用户有各自独立的文件目录。

在二级目录中，第一级为主文件目录，它用于管理所有用户文件目录，它的目录项登记了系统接受的用户的名字及该用户文件目录的地址。第二级为用户文件目录，它为该用户的每个文件保存一个登记栏，其内容与一级目录的目录项相同。每一用户只允许查看自己的文件目录。采用二级目录管理文件时，因为任何文件的存取都通过主文件目录，于是可以检查访问文件者的存取权限，避免一个用户未经授权就存取另一个用户的文件，使用户文件的私有性得到保证，实现了对文件的保密和保护。二级目录结构如图 2-17 所示。

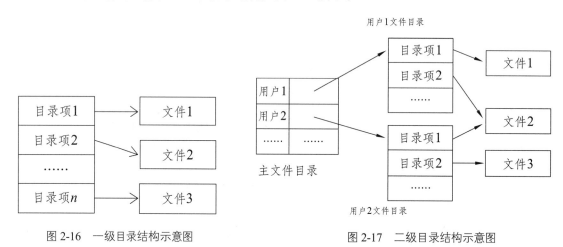

图 2-16　一级目录结构示意图　　　　图 2-17　二级目录结构示意图

二级目录的推广形成了多级目录。每一级目录可以是下一级目录的说明，也可以是文件的说明，从而形成了层次关系。多级目录结构通常采用树形结构，它是一棵倒向的有根的树，树根是根目录；从根向下，每一个树枝是一个子目录，而树叶是文件。树形多级目录有许多优点：较好地反映现实世界中具有层次关系的数据集合和较确切地反映系统内部文件的分支结构；不同文件可以重名，只要它们不在同一末端的子目录中；易于规定不同层次或子树中文件的不同存取权限；便于文件的保护、保密和共享等。在树形目录结构中，一个文件的全名将包括从根目录开始到文件为止，即通路上遇到的所有子目录路径。各子目录名之间用正斜线/（或反斜线\）隔开，其中由于子目录名组成的部分又称为路径名。树形目录结构如图 2-18 所示。

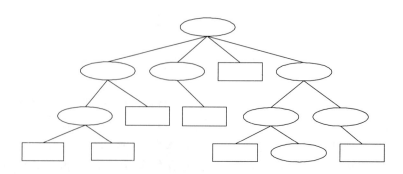

图 2-18　树形目录结构示意图

2.5.3　文件组织与存储

1. 文件的存储

文件的存储结构密切依赖于存储设备的物理特性，下面介绍两类文件存储设备。

顺序存取存储设备是严格依赖信息的物理位置进行定位和读写的存储设备，所以，从存取一个信息块到存取另一信息块要花费较多的时间。磁带机是最常用的一种顺序存取存储设备，由于它具有存储容量大、稳定可靠、卷可装卸和便于保存等优点，已被广泛用作存档的文件存储设备。

磁盘是一种直接存储设备，又叫作随机存取存储设备，它的每个物理记录有确定的位置和唯一的地址，存取任何一个物理块所需的时间几乎不依赖于此信息的位置。

2. 文件的逻辑结构

文件的组织是指文件中信息的配置和构造方式，通常应该从文件的逻辑结构和组织及文件的物理结构和组织两方面加以考虑。

由于数据可独立于物理环境加以构造，所以称为逻辑结构。一些相关数据项的集合称作逻辑记录，而相关逻辑记录的集合称作逻辑文件。

文件的逻辑结构分两种形式：一种是流式文件，另一种是记录式文件。流式文件指文件内的数据不再组成记录，只是依次的一串信息集合，也可以看成是只有一个记录的记录式文件。为了简化系统，大多数现代操作系统对用户仅仅提供流式文件。记录式文件往往由高级语言或简单的数据库管理系统提供，其文件内包含若干逻辑记录，逻辑记录是文件中按信息在逻辑上的独立含意划分的一个信息单位，记录在文件中的排列可能有顺序关系，但除此以外，记录与记录之间不存在其他关系。

若干个逻辑记录合并成一组并写入一个块中，称作记录成组，这时每块中的逻辑记录的个数称块因子。成组操作一般先在输出缓冲区内进行，凑满一块后才将缓冲区内的信息写到存储介质上。反之，当存储介质上的一个物理记录读进输入缓冲区后，把逻辑记录从块中分离出来的操作叫作记录的分解。记录成组和分解的处理过程如图 2-19 所示。记录成组和分解处理不仅节省存储空间，还能减少输入输出操作次数，提高系统效率。采用成组和分解方式处理记录的主要缺点是：需要软件进行成组和分解的额外操作；需要能容纳最大块长的输入输出缓冲区。

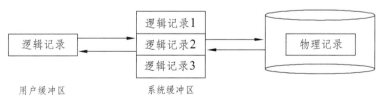

图 2-19　记录成组和分解的处理过程

3. 文件的物理结构

数据的逻辑结构和组织是面向应用程序的。这种逻辑上的文件以不同方式保存到物理存储设备的存储介质上去，所以文件的物理结构和组织是指逻辑文件在物理存储空间中存放方法和组织关系。

有两类方法可用来构造文件的物理结构。第一类称计算法，其实现原理是设计映射算法，例如线性计算法、杂凑法等，通过对记录键的计算转换成对应的物理块地址，从而找到所需记录。直接寻址文件、计算寻址文件，顺序文件均属此类。计算法的存取效率较高，不必增加存储空间存放附加控制信息，还能把分布范围较广的键均匀地映射到一个存储区域中。第二类称指针法，这类方法设置专门指针，指明相应记录的物理地址或表达各记录之间的关联。索引文件、索引顺序文件、连接文件、倒排文件等均属此类。使用指针的优点是可将文件信息的逻辑次序与在存储介质上的物理排列次序完全分开，便于随机存取、更新，能加快存取速度。但使用指针要耗用较多存储空间，对大型文件的索引查找要耗用较多处理机处理时间，所以，究竟采用哪种文件存储结构，必须根据应用目标、响应时间和存储空间等多种因素进行权衡。

2.5.4　文件保护和保密

文件保护用来防止文件被破坏，它包括两个方面：一是防止系统崩溃所造成的文件破坏；二是防止其他用户的非法操作所造成的文件破坏。

为防止系统崩溃造成文件破坏，定时转储是一种经常采用的方法，系统的管理员每隔一段时间，把需要保护的文件保存到另一个介质上，以备数据破坏后恢复。由于需要备份的数据文件可能非常多，增量备份是必须的，为此操作系统专门为文件设置了档案属性，用以指明该文件是否被备份过。

文件保密的目的是防止文件被窃取，主要方法有设置口令和使用密码。

口令分成两种：文件口令是用户为每个文件规定的一个口令，它可写在文件目录中并隐蔽起来，只有当提供的口令与文件目录中的口令一致时，才能使用这个文件；终端口令是由系统分配或用户预先设定的一个口令，仅当回答的口令相符时才能使用该终端。但是它有一个明显的缺点，当要回收某个用户的使用权时，必须更改口令，而更改后的新口令又必须通知其他的授权用户，这无疑是不方便的。

使用密码是一种更加有效的文件保密方法，它将文件中的信息翻译成密码形式，使用时再解密。

在网络上进行数据传输时，为保证安全性，经常采用密码技术；进一步还可以对在网络上传输的数字或模拟信号采用脉码调制技术，以进行硬加密。

2.6　处理机调度与死锁

2.6.1　处理器调度

在计算机系统中，可能同时有数百个批处理作业存放在磁盘的作业队列中，或者有数百个终端与主机相连接，这样一来内存和处理器等资源便供不应求。如何从这些作业中挑选作业进入主存运行，以及如何在进程之间分配处理器时间，这些无疑是操作系统资源管理中的重要问题。处理器调度用来完成涉及处理器分配的工作。

用户作业从进入系统成为后备作业开始，直到运行结束退出系统为止，可能会经历如图2-20所示的调度过程。处理器调度可以分为三个级别：高级调度、中级调度和低级调度。

上述三级调度中，低级调度是各类操作系统必须具有的功能；在纯粹的分时或实时操作系统中，通常不需要配备高级调度；在分时系统或具有虚拟存储器的操作系统中，为了提高内存利用率和作业吞吐量，专门引进了中级调度。高级调度发生在新进程的创建中，它决定一个进程能否被创建，或者是创建后能否被置成就绪状态，以参与竞争处理器资源获得运行时间；中级调度反映到进程状态上就是挂起和解除挂起，它根据系统的当前负荷情况决定停留在主存中进程数；低级调度则是决定哪一个就绪进程或线程占 CPU 运行。

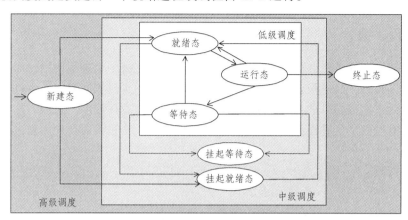

图 2-20　调度的层次

1. 高级调度

高级调度（High Level Scheduling）又称作业调度、长程调度（Long Term Scheduling），在多道批处理操作系统中，作业是用户要求计算机系统完成的一项相对独立的工作，新提交的作业被输入到磁盘，并保存在一个批处理后备作业队列中。高级调度将按照系统预定的调度策略决定把后备队列作业中的部分满足其资源要求的作业调入主存，为它们创建进程，分配所需资源，为作业做好运行前的准备工作并启动它们运行，当作业完成后还为它做好善后工作。在批处理操作系统中，作业首先进入系统在辅存上的后备作业队列等候调度，因此作业调度是必须的，它执行的频率较低，并和到达系统的作业的数量与速率有关。

2. 中级调度

中级调度（Medium Level Scheduling）又称平衡负载调度、中程调度（Mediumterm Scheduling）。它决定主存储器中所能容纳的进程数，这些进程将允许参与竞争处理器和有关资源，而有些暂时不能运行的进程被调出主存，这时这个进程处于挂起状态，当进程具备了运行条件，且主存又有空闲区域时，再由中级调度决定把一部分这样的进程重新调回主存工作。中级调度根据存储资源量和进程的当前状态来决定辅存和主存中的进程的对换，它所使用的方法是通过把一些进程换出主存，从而使之进入"挂起"状态，不参与低级调度，起到短期平滑和调整系统负荷的作用。

3. 低级调度

低级调度（Low Level Scheduling）又称进程调度（或线程调度）、短程调度（Short Term Scheduling）。它的主要功能是按照某种原则决定就绪队列中的哪个进程或内核级线程能获得处理器，并将处理器出让给它进行工作。低级调度中执行分配 CPU 的程序称分派程序（Dispatcher），它是操作系统最为核心的部分，执行十分频繁，低级调度策略优劣直接影响到整个系统的性能，因而这部分代码要求精心设计，并常驻内存工作。有两类低级调度方式：

第一类为剥夺方式：当一个进程或线程正在处理器上执行，若有另一个更高优先级或紧迫的进程或线程产生，则立即暂停正在执行的进程或线程，把处理器分配给这个更高优先级或紧迫的进程或线程使用。

第二类为非剥夺方式：一旦某个进程或线程开始执行后便不再出让处理器，除非该进程或线程运行结束或发生了某个事件不能继续执行。

2.6.2 死 锁

计算机系统中有许多独占资源，它们在任一时刻都只能被一个进程使用，如磁带机、绘图仪等独占型外围设备，或进程表、临界区等软件资源。如两个进程同时向一台打印机输出将导致出现混乱，两个进程同时进入临界区将导致数据错误乃至程序崩溃。正因为这些原因，所有操作系统都具有授权一个进程独立访问某一资源的能力。一个进程需要使用独占型资源必须通过以下的次序：

（1）申请资源。

（2）使用资源。

（3）归还资源。

若申请时资源不可用，则申请进程等待。对于不同的独占资源，进程等待的方式是有差异的，如申请打印机资源、临界区资源时，申请失败将意味着阻塞申请进程；而申请打开文件资源时，申请失败将返回一个错误码，由申请进程等待一段时间之后重试。值得指出的是，不同的操作系统对于同一种资源采取的等待方式也是有差异的。

在许多应用中，一个进程需要独占访问不止一种资源，而操作系统允许多个进程并发执行共享系统资源时，此时可能会出现进程永远被阻塞的现象。例如，两个进程分别等待对方占有的一个资源，于是两者都不能执行而处于永远等待，这种现象称为"死锁"。

1. 死锁的定义

死锁可能是由于竞争资源而产生的，也可能是由于程序设计的错误所造成的，因此，在讨论死锁的问题时，为了避免和硬件故障以及其他程序性错误纠缠在一起，特做如下假定：

假定 1：任意一个进程要求资源的最大数量不超过系统能提供的最大量。

假定 2：如果一个进程在执行中所提出的资源要求能够得到满足，那么，它一定能在有限的时间内结束。

假定 3：一个资源在任何时间最多只为一个进程所占有。

假定 4：一个进程一次申请一个资源，且只在申请资源得不到满足时才处于等待状态。换言之，其他一些等待状态，例如人工干预、等待外围设备传输结束等，在没有故障的条件下，可以在有限长的时间内结束，不会产生死锁。因此，这里不考虑这种等待。

假定 5：一个进程结束时释放它占有的全部资源。

假定 6：系统具有有限个进程和有限个资源。

现在来给出死锁的定义。

一组进程处于死锁状态是指：如果在一个进程集合中的每个进程都在等待只能由该集合中的其他一个进程才能引发的事件，则称一组进程或系统此时发生了死锁。例如，n 个进程 P_1、P_2，…，P_n，P_i（$i=1$，…，n）因为申请不到资源 R_j（$j=1$，…，m）而处于等待状态，而 R_j 又被 P_i+1（$i=1$，…，$n-1$）占有，P_n 欲申请的资源被 P_1 占有，显然，此时这 n 个进程的等待状态永远不能结束，则说这 n 个进程处于死锁状态。

2. 死锁的检测和解除

对资源的分配加以限制可以防止和避免死锁的发生，但这不利于各进程对系统资源的充分共享。解决死锁问题的另一条途径是死锁检测和解除，这种方法对资源的分配不加任何限制，也不采取死锁避免措施，但系统会定时地运行一个"死锁检测"程序，判断系统内是否已出现死锁，如果检测到系统已发生了死锁，再采取措施解除它。

操作系统中的每一时刻的系统状态都可以用进程-资源分配图来表示，进程-资源分配图是描述进程和资源间申请及分配关系的一种有向图，可用以检测系统是否处于死锁状态。设一个计算机系统中有许多类资源和许多个进程。每一个资源类用一个方框表示，方框中的黑圆点表示该资源类中的各个资源，每个进程用一个圆圈来表示，用有向边来表示进程申请资源和资源被分配的情况。约定 $P_i \rightarrow R_j$ 为请求边，表示进程 P_i 申请资源类 R_j 中的一个资源得不到满足而处于等待 R_j 类资源的状态，该有向边从进程开始指到方框的边缘，表示进程 P_i 申请 R_j 类中的一个资源。反之 $R_j \rightarrow P_i$ 为分配边，表示 R_j 类中的一个资源已被进程 P_i 占用，由于已把一个具体的资源分给了进程 P_i，故该有向边从方框内的某个黑圆点出发指向进程。图 2-21 是进程-资源分配图的一个例子，其中共有三个资源类，每个进程的资源占有和申请情况已明白地表示在图中。这个例子中，由于存在占有和等待资源的环路，导致一组进程永远处于等待资源状态，因而发生了死锁。

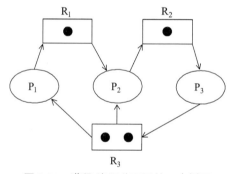

图 2-21　进程-资源分配图的一个例子

图 2-22 所示便是一个有环路而无死锁的例子。虽然进程 P_1 和进程 P_3 分别占有了一个资源 R_1 和一个资源 R_2，并且等待另一个资源 R_2 和另一个资源 R_1，形成了环路，但进程 P_2 和进程 P_4 分别占有了资源 R_1 和资源 R_2 各一个，它们申请的资源已得到了全部满足，因而能在有限时间内归还占有的资源，于是进程 P_1 和进程 P_3 分别能获得另一个所需资源，这时进程-资源分配图中减少了两条请求边，环路不再存在，系统中也就不存在死锁了。

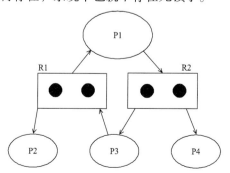

图 2-22　有环路而无死锁的一个例子

可以利用下列步骤运行一个"死锁检测"程序，对进程-资源分配图进行分析，以此来检测系统是否处于死锁状态：

（1）如果进程-资源分配图中无环路，则此时系统没有发生死锁。

（2）如果进程-资源分配图中有环路，且每个资源类中仅有一个资源，则系统中发生了死锁，环路中的进程便为死锁进程。

（3）如果进程-资源分配图中有环路，且涉及的资源类中有多个资源，则环路的存在未必就会发生死锁。如果能在进程-资源分配图中找出一个既不阻塞又非独立的进程，它在有限的时间内有可能获得所需资源类中的资源继续执行，直到运行结束，再释放其占有的全部资源，这相当于消去了图中此进程的所有请求边和分配边，使之成为孤立节点。接着可使进程-资源分配图中另一个进程获得前面进程释放的资源继续执行，直到完成又释放出它所占用的所有资源，相当于又消去了图中若干请求边和分配边。如此下去，经过一系列简化后，若能消去图中所有边，使所有进程成为孤立节点，则该图是可完全简化的；否则称该图是不可完全简化的。系统为死锁状态的充分条件是：当且仅当该状态的进程-资源分配图是不可完全简化的。该充分条件称为死锁定理。

死锁的检测和解除往往配套使用，当死锁被检测到后，应用各种办法解除系统的死锁，常用的办法有系统重启法、进程撤销法、资源剥夺法、进程回退法。

（1）立即结束所有进程的执行，并重新启动操作系统。该方法简单，但以前工作全部作废，损失可能很大。

（2）撤销陷于死锁的所有进程，解除死锁继续运行。

（3）逐个撤销陷于死锁的进程，回收其资源，直至死锁解除。那么，先撤销哪个死锁进程呢？可选择符合下面一种条件的进程先撤销：消耗的 CPU 时间最少者、产生的输出最少者、预计剩余执行时间最长者、分得的资源数量最少者或优先级最低者。

（4）剥夺陷于死锁的进程占用的资源，但并不撤销它，直至死锁解除。可仿照撤销陷于死锁进程的条件一样来选择剥夺资源的进程。

（5）根据系统保存的 CheckPoint（检查点），让所有进程回退，直到足以解除死锁。

（6）当检测到死锁时，如果存在某些未卷入死锁的进程，而这些进程随着建立一些新的抑制进程能执行到结束，则它们可能释放足够的资源来解除这个死锁。

尽管检测死锁是否出现和发现死锁后实现恢复的代价大于防止和避免死锁所花的代价，但由于死锁不是经常出现的，因而这样做还是值得的，检测策略的代价依赖于频率，而恢复的代价是时间的损失。

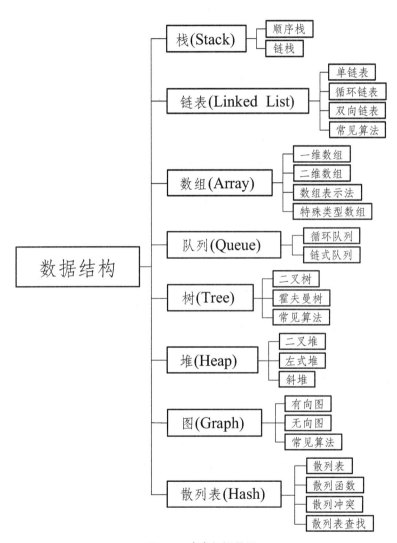

图 3-1　本章知识导图

数据（Data）是信息的载体，是描述客观事物的数、字符以及所有能输入到计算机中并被计算机程序识别和处理的符号的集合。

早期人们都把计算机理解为数值计算工具，所以用计算机解决问题应该是先从具体问题中抽象出一个适当的数据模型，设计该数据模型的算法，然后再编写程序，得到一个实际的软件。可现实中，我们更多的不是解决数值计算的问题，而是需要一些更有效的手段（比如表、树和图等数据结构）的帮助，来处理非数值计算问题。所以数据结构是一门研究非数值计算程序设计问题中的操作对象，以及它们之间的关系和操作等相关问题的学科。

1968 年，美国的高德纳（Donal E Knuth）教授在其所写的《计算机程序设计艺术》第一卷《基本算法》中，较系统地阐述了数据的逻辑结构和存储结构及其操作，开创了数据结构的课程体系。同年，数据结构作为一门独立的课程，在计算机科学的学位课程中开始出现。在那之后计算机相关专业的学生开始接受数据结构的学习。随着 20 世纪 70 年代初大型程序的出现，软件也开始相对独立，结构程序设计成为程序设计方法学的主要内容，人们越来越重视"数据结构"，认为程序设计的实质是对确定的问题选择一种好的结构，再设计一种好的算法。可见，数据结构在程序设计当中占据了重要的地位。从 20 世纪 70 年代中期到 80 年代初，各种版本的数据结构著作就相继出现。目前，我国的"数据结构"也已经不仅仅是计算机专业的教学计划中的核心课程之一，而且是其他非计算机专业的主要选修课程之一。

事实上，我们平时所用到的数据主要有两类，一类是数值性数据，包括整数、实数、复数、双精度数，主要在工程和科学计算以及商业事务处理中使用；另一类是非数值数据，主要包括字符和字符串，以及文字、图形、语音等数据。

从传统的观点来看，人们在解决日常所遇到的实际问题时，总把数据按其性质归类到一些称之为数据对象（Data Object）的集合中。在数据对象中，所有数据成员（即数据元素）都具有相同的性质，它们是数据的子集。以下将对数据结构中的一些词做简要介绍。

1. 数据

数据是描述客观事物的符号，是计算机中可以操作的对象，是能被计算机识别并输入给计算机处理的符号集合。数据不仅仅包括整型、实数型等数值类型，还包括字符及声音、图像、视频等非数值类型。比如我们现在常用的搜索引擎，一般会有网页、MP3、图片、视频等搜索分类。其中，MP3 就是声音数据，图片当然是图像数据，视频即视频数据，而网页其实指的就是全部数据的搜索，包括最重要的数字和字符等文字数据。对于整型、实数型等数值类型，可以进行数值计算；对于字符数据类型，就需要进行非数值的处理，而声音、图像、视频等则可以通过编码的手段变成字符数据来处理的。

2. 数据结构

结构，简单的理解就是关系，比如分子结构，就是指组成分子的原子之间的排列方式。严格来说，结构是指各个组成部分相互搭配和排列的方式。在现实世界中，不同数据元素之间不是独立的，而是存在特定的关系，我们将这些关系称为结构。因此数据结构可以定义为相互之间存在一种或多种特定关系的数据元素的集合。在计算机中，数据元素并不是孤立、杂乱无序的，而是具有内在联系的数据集合。数据元素之间存在着一种或多种特定关系，也就是数据的组织形式。为编写出一个"好"的程序，必须分析待处理对象的特性及各处理对象之间存在的关系。定义中提到了一种或多种特定关系，具体是什么样的关系，正是我们下面要讨论的内容。

3.1 栈

3.1.1 栈的定义

栈（Stack）是限定仅在表尾进行插入或删除操作的线性表。因此，对栈来说，表尾端有其特殊含义，称为栈顶（Top），相应地，表头端称为栈底（Bottom）。不含元素的空表称为空栈。

栈是一个线性表，具有线性关系，即前驱后继关系。定义中规定在线性表的表尾进行插入和删除操作，其中表尾是指栈顶，而不是栈底。它的特殊之处就在于限制了这个线性表的插入和删除位置，即始终只在栈顶进行。也就是说栈底是固定的，最先进栈的只能在栈底。

栈的插入操作，叫作进栈，也称压栈、入栈，类似子弹入弹夹；栈的删除操作，叫作出栈，也称弹栈，如同弹夹中的子弹出夹。入栈、出栈过程如图 3-2 所示。

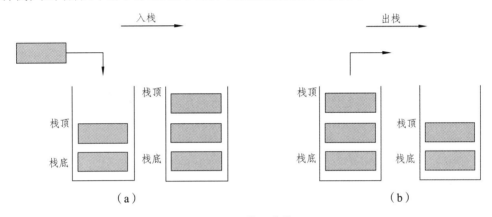

图 3-2　入栈、出栈图

3.1.2 栈的表示和实现

栈有两种存储表示方法。

1. 顺序栈

顺序栈即栈的顺序存储结构，是利用一组地址连续的存储单元依次存放自栈底到栈顶的数据元素，同时附设指针 top 指示栈顶元素在顺序栈中的位置，通常的习惯做法是以 top=0 表示空栈，鉴于 C 语言中数组的下标约定从 0 开始，则当以 C 作描述语言时，如此设定会带来很大不便。另一方面，由于栈在使用过程中所需最大空间的大小很难估计，因此，一般来说，在初始化设空栈时不应限定栈的最大容量。一个较合理的做法是：先为栈分配一个基本容量，然后在应用过程中，当栈的空间不够时再扩大容量。为此，可设定两个常量：STACKINITSIZE（存储空间初始分配量）和 STACKINCREMENT（存储空间分配增量），并以下述类型说明作为顺序栈的定义。

```
typedef struct
{
    SElemType    *base;
    SElemType    *top;
```

```
    int        stacksize;
}SqStack;
```

其中，stacksize 指示栈的当前可使用的最大容量。栈的初始化操作为：按设定的初始分配量进行第一次存储分配，在顺序栈中栈底指针始终指向栈底的位置，若栈底指针的值为 NULL，则表明栈结构不存在；栈顶指针初值指向栈底，当栈顶指针与栈底指针相等时，可将其作为栈空的标记。每当插入新的栈顶元素时，栈顶指针加 1；删除栈顶元素时，栈顶指针减 1，因此，非空栈中的栈顶指针始终在栈顶元素的下一个位置上。图 3-3 所示为顺序栈中数据元素和栈顶指针之间的对应关系。

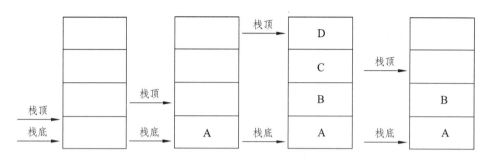

图 3-3 栈中元素和栈顶指针之间的关系

2. 链栈

链栈使用了链表来实现栈，链表中的元素存储在不连续的地址中，由于是动态申请内存，所以可以以非常小的内存空间开始，另外当某个项不使用时也可将内存返还给系统。

栈只是栈顶来做插入和删除操作，由于单链表有头指针，而栈顶指针也是必需的，因此把栈顶放在单链表的头部。当栈顶已经在头部时，单链表中比较常用的头结点也就失去了意义，通常对于链栈来说，是不需要头节点的。对于链栈来说，基本不存在栈满的情况，除非内存已经没有可以使用的空间，如果真的发生了，那此时的计算机操作系统已经面临崩溃的情况，而不是这个链栈是否溢出的问题。而对于空栈来说，链表原定义是头指针指向空，那么链栈的空其实就是栈顶与栈底相等的时候。

链栈的结构代码如下：

```
typedef struct StackNode
{
    SElemType data;
    struct StackNode *next;
}StackNode1, *Linkstackptr;

 typedef struct LinkStack
{
    LinkStackPtr top;
    int count;
}LinkStack1;
```

3.2 链表

3.2.1 链表结构

链表（Linked List）是一种有序的列表（Ordered List），链表的内容通常是存储于内存中分散的位置上。链表由一系列结点（链表中每一个元素称为结点）组成，结点可以在运行时动态生成。链表串联的方式有两种：一种是利用数组结构串联的有序列表。如利用两个数组，一个存放数据，另一个存放链接的关系，不过这种列表最大的缺点是在插入或删除元素时，常需要大量的搬动其他元素，而且数组的大小是固定的，缺乏使用弹性。另一种是以动态内存配置的链表。通常来说，我们所指的"链表"如果没有进行特别说明，就是指以动态内存配置的链表，一个以动态内存配置的链表，是由许许多多的结点（Node）所链接而成的，每一个结点，都包含了数据部分和指向链表中下一个结点的指针（Pointer）。以动态内存配置的链表，在插入或删除元素时，只需要将指针改变指向即可。

C 语言（以及其他许多语言）中的数组必须在编写程序时定义。也就是说，在 C 语言中定义一个数组时，还必须定义它的大小，甚至对于在全局级别（即在任何函数之外）声明或定义的数组，例如：

```
#include<stdio.h>
char BigArray[];
int main (int argc, char *argv[])
{      …
}
```

也必须在某个位置指定数组的具体大小，一般使用 malloc( )函数或者某种类似的机制来执行该任务。

无论是否使用 malloc( )函数，在使用数组之前都必须先指定其大小。这就带来了一个问题：当事先无法知道需要创建多少个元素时，应怎样分配必要的空间？对于这种情况，一种解决方案是读取文件两遍，第一遍用来确定数组的大小并且为它分配空间，第二遍则进行实际的数据处理。不过，这种解决方案的效率很低。因为磁盘 I/O 的速度非常慢（甚至在 RAM 磁盘上也是如此），事实上，它几乎总是任何程序中最慢的部分，一般要慢一个数量级，因此只要有可能，就应避免读取两遍数据。

另一种更巧妙的解决方案是使用链表，它按接收到数据的方式来存储它们。链表和前一种方法一样精确，但效率要高得多。链表由一连串元素（结点）构成，每个结点包含要存储的数据项以及一个指针，它指向链表中的下一个结点。当程序读取每个数据项时，将创建一个新的结点（使用 malloc( )函数），并将其添加在链表的尾部。在输入结束时，计算机内存中将维持一个结点列表，其中每个结点都包含数据项以及指向下一个结点的指针。最后一个结点中指针的值为 NULL，在 ANSIC 中将该值表示指针不指向任何地方。当通过遍历链表来查找时，如果遇到 NULL 指针，则说明已经到达了链表尾部。每个结点中的指针称为链（Link），因此将这种数据结构称为链表（Linked List）。又由于此链表的每个结点只包含一个指针域，因此又称线性链表或单链表。每个链表都以一个简单的指针开始，它指向链表中的第一个数据项，这个指针称为头指针（Head）。

3.2.2 循环链表

循环链表（Circular Linked List）是另一种形式的链式存储结构。它的特点是单链表中终端结点的指针域指向头结点，整个链表形成一个环。由此，从表中任一结点出发均可找到表中其他结点，如图 3-4 所示为单链的循环链表。类似地，还可以有多重链的循环链表。

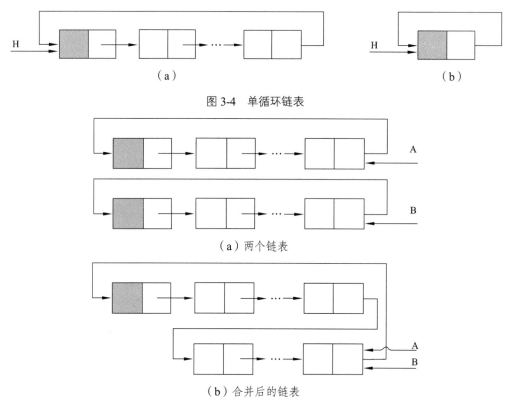

图 3-4 单循环链表

（a）两个链表

（b）合并后的链表

图 3-5 仅设置尾指针的循环链表

循环链表的操作和线性链表基本一致，差别仅在于算法中的循环条件不是 p 或 p->next 是否为空，而是它们是否等于头指针。但有的时候若在循环链表中设立尾指针而不设头指针[见图 3-5（a）]，可使某些操作简化。例如将两个线性表合并成一个表时，仅需将一个表的表尾和另一个表的表头相接。当线性表以图 3-5（a）的循环链表作存储结构时，这个操作仅需改变两个指针值即可，运算时间为 O(1)。合并后的表如图 3-5（b）所示。

3.2.3 双向链表

在单链表中，搜索一个指定结点的后继结点非常方便，只要该结点的 Link 域的内容不空，就可以通过 Link 域找到该结点的后继结点地址。但是要搜索一个指定结点的前驱结点就不容易了，必须从链头开始，沿单链顺序检测，直到某一结点的后继结点为该指定结点，则此结点即为该指定结点的前驱结点。因此为了克服这一缺点，可以考虑双向链表（Doubly Linked List）。

一般地讲，如果在一个应用问题中，经常要求检测指针向前驱和后继方向移动，想要使移动的时间复杂度达到最小，就必须采用双向链表表示。双向链表的每个结点中应有两个链接指针作为它的数据成员：lLink 指示它的前结点，rLink 指示它的后继结点。因此，双向链表的每个结点至少有三个域，分别是 lLink（左链指针）、Data（数据）、rLink（右链指针）。

双向链表经常采用带表头结点的循环链表方式。一个双向链表有一个表头结点，由链表的表头指针 first 指示，它的 Data 域或者不放数据，或者存放一个特殊要求的数据；它的 lLink 指向双向链表的最后一个结点，rLink 指向双向链表的最前端的第一个结点。链表的第一个结点的左链指针 lLink 和最后一个结点的右链指针 rLink 都指向表头结点，如图 3-6 所示。

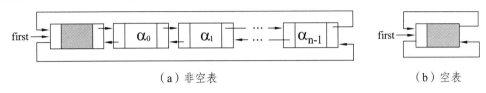

（a）非空表　　　　　　　　　　　　　　（b）空表

图 3-6　带表头结点的双向循环链表

3.2.4　常见算法

1. 单链表的读取

在线性表的顺序存储结构中，我们要计算任意一个元素的存储位置是很容易的。但在单链表中，由于第 i 个元素的位置没办法一开始就知道，必须得从头开始查找。因此，对于单链表实现获取第 i 个元素的数据的操作 GetElem，在算法上相对要麻烦一些。

获得链表第 i 个数据的算法思路：

（1）声明一个结点 p 指向链表第一个结点，初始化 j 从 1 开始。

（2）当 j<i 时，就遍历链表，让 p 的指针向后移动，不断指向下一结点，j 累加 1。

（3）若到链表末尾（p 为空），则说明第 i 个元素不存在。

（4）否则查找成功，返回结点 p 的数据。

实现代码算法如下：

```
/*初始条件: 顺序线性表 L 已存在,1≤i≤ Listlength (L)*/
/*操作结果: 用 e 返回 L 中第 i 个数据元素的值*/
Status GetElem (LinkList L, int i, ElemType *e)
{
    int   j;
    LinkList   p;              /*声明一结点 P*/
    p=L->next;                 /*让 p 指向链表 L 的第一个结点*/
    j = 1;                     /*j 为计数器*/
    while (p && j<i)           /*p 不为空或者计数器 j 还没有等于 i 时, 循环继续*/
    {
        p = p->next;           /*让 p 指向下一个结点*/
        ++j;
    }
    if (!p || j>i)
    return ERROR;              /*第 i 个元素不存在*/
```

```
    *e = p->data;              /*取第 i 个元素的教据*/
    return OK;
}
```

通过对程序进行分析可知，单链表的读取就是从头开始查找，直到第 i 个元素为止。由于这个算法的时间复杂度取决于 i 的位置，当 i=1 时，则不需遍历，第一个就取出数据了；而当 i=n 时，则要遍历 n-1 次才可以。因此最坏情况的时间复杂度是 O（n）。

由于单链表的结构中没有定义表长，所以不能事先知道要循环多少次，因此也就不方便使用 for 来控制循环。其主要核心思想就是"工作指针后移"，这其实也是很多算法的常用技术。

2. 单链表的插入

在单链表中，假设我们要在线性表的两个数据元素 a 和 b 之间插入一个数据元素 x，已知 p 为其单链表存储结构中指向结点 a 的指针，如图 3-7（a）所示。

为插入数据元素 x，首先要生成一个数据域为 x 的结点，然后插入在单链表中。根据插入操作的逻辑定义，还需要修改结点 a 中的指针域，令其指向结点 x，而结点 x 中的指针域应指向结点 b，从而实现 3 个元素 a、b 和 x 之间逻辑关系的变化。插入后的单链表如图 3-7（b）所示。

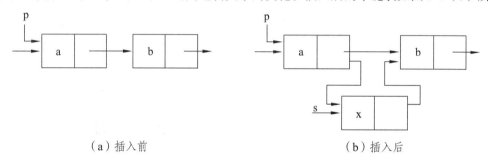

（a）插入前　　　　　　　　　　　　　（b）插入后

图 3-7　单链表插入结点时指针变化状况

单链表第 i 个数据插入结点的算法思路：

（1）声明一结点 p 指向链表第一个结点，初始化 j 从 1 开始。

（2）当 j<i 时，就遍历链表，让 p 的指针向后移动，不断指向下一结点，j 累加 1。

（3）若到链表末尾 p 为空，则说明第 i 个元素不存在。

（4）否则查找成功，在系统中生成一个空结点 s。

（5）将数据元素 e 赋值给 s->data。

（6）单链表的插入标准语句 s->next=p->next；p->next=s。

（7）返回成功。

```
/*初始条件: 顺序线性表 L 已存在, 1≤i≤ ListLength (L)*/
/*操作结果: 在 L 中第 i 个位置之前插入新的数据元素 e, L 的长度加 1*/
Status ListInsert (LinkList *L, int i, ElemType e)
{
    int   j;
    LinkList p, s;
    p = *L;
    j = 1;
```

```
    while (p && j < i)                          /*寻找第 i 个结点*/

    {

        p = p->next;

        ++j;

    }


    if (! p || j>i)

        return ERROR;                           /*第 i 个元素不存在*/

    s = (LinkList)malloc (sizeof (Node));        /*生成新结点 (C 标准函数)*/

    s->data = e;

    s->next = p->next;                           /*将 p 的后继结点赋值给 s 的后继*/

    p->next = s;                                 /*将 s 赋值给 p 的后继*/

    return OK;

}
```

3. 单链表的删除

单链表的删除算法较为简单。如图 3-8 所示，在线性表中删除元素 b 时，为在单链表中实现元素 a、b 和 c 之间逻辑关系的变化，仅需修改结点 a 中的指针域即可。在已知链表中元素插入或删除的确切位置的情况下，在单链表中插入或删除一个结点时，仅需修改指针而不需要移动元素。

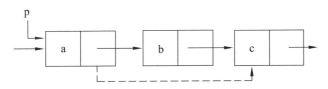

图 3-8　单链表删除结点时指针变化状况

删除单链表第 i 个数据结点的算法思路：

（1）声明一结点 p 指向链表第一个结点，初始化 j 从 1 开始。

（2）当 j<i 时，遍历链表，让 p 的指针向后移动，不断指向下一个结点，j 累加 1。

（3）若到链表末尾 p 为空，则说明第 i 个元素不存在。

（4）否则查找成功，将欲删除的结点 p->next 赋值给 q。

（5）单链表的删除标准语句 p->next = q->next。

（6）将 q 结点中的数据赋值给 e，作为返回。

（7）释放 q 结点。

（8）返回成功。

实现代码算法如下：

```
/*初始条件: 顺序线性表 L 已存在, 1≤i≤ ListLength (L)*/

/*操作结果: 删除 L 的第 i 个数据元素, 并用 e 返回其值, L 的长度减 1*/

Status ListDelete (LinkList *L, int i, ElemType *e)

{

    int j;
```

```
    LinkList p, q;
    p = *L;
    j = 1;
    while (p->next && j<i)          /*遍历寻找第 i 个元素*/
    {
        p = p->next;
        ++j;
    }
    if (! (p->next) || j>i)
        return ERROR;               /*第 i 个元素不存在*/
    q= p->next;
    p->next = q->next;              /*将 q 的后继赋值给 p 的后继*/
    *e = q->data;                   /*将 q 结点中的数据给 e*/

    free (q);                       /*让系统回收此结点，释放内存*/
    return OK;
}
```

3.3　数　　组

3.3.1　数组的定义

数组（Array）是数据结构中最基本的结构类型，是一种循序式的结构，假设定义出数组大小为 0 到 100，则需预留 101 个存储空间。对于每一个数组而言，都有一个索引值（Index）和一个内容值（Value），索引值可使数据方便存取，而内容值正是该数组存储的数据。

数组是存储同一类型数据的数据结构，其使用的是一种静态的内存空间配置，静态内存就是指程序设计者必须在程序设计时，就要把所需的内存空间大小和数据类型定义出来，程序在编译的过程中便会根据程序设计者的定义将空间给配置出来。静态内存虽然可将程序所需的空间和使用的数据类型事先定义出来，但却缺乏使用弹性，因为程序设计者在设计程序时，无法准确估计所需的空间大小，如果程序设计者定义出的数组空间过小，那么在使用时易造成程序的执行错误。反之，如果程序设计者定义出的数组空间过大，那么将造成内存空间的浪费。

本小节将对一维数组、二维数组、多维数组进行介绍。

3.3.2　一维数组

在 C 语言中使用数组必须先进行定义。一维数组的定义方式为：

类型说明符　数组名[常量表达式]

其中，类型说明符是任意一种基本数据类型或构造数据类型；数组名是用户定义的数组标识符；方括号中的常量表达式表示数据元素的个数，也称为数组的长度。

例如：

```
int a[10];              /*定义整型数组 a, 有 10 个元素*/
float b[10], c[20];     /*定义实型数组 b, 有 10 个元素, 实型数组 c, 有 20 个元素*/
char ch[20];            /*定义字符数组 ch, 有 20 个元素*/
```

注意：数组的定义和对变量的定义是一致的，可以连续在一行定义，如 float b[10]，c[20];

对于数组类型说明应注意以下几点：

（1）数组的类型实际上是指数组元素的取值类型。对于同一个数组，其所有元素的数据类型都是相同的。

（2）数组名的书写规则应符合标识符的书写规定。

（3）数组名不能与其他变量名相同。

例如：

```
main ()
{
    int a;
    float a[10];
    …
}
```

该方式是错误的。

方括号中常量表达式表示数组元素的个数，如 a[5]表示数组 a 有 5 个元素。但是其下标从 0 开始计算，因此 5 个元素分别为 a[0]，a[1]，a[2]，a[3]，a[4]。

（4）不能在方括号中用变量来表示元素的个数，但是可以是符号常数或常量表达式。

例如：

```
#define FD 5
main ()
{
    int a[3+2], b[7+FD];
    …
}
```

该方式是合法的。

但是下述说明方式是错误的：

```
main ()
{
    int n=5;
    int a[n];
    …
}
```

（5）允许在同一个类型说明中，说明多个数组和多个变量。

例如：

```
int a, b, c, d, k1[10], k2[20];
```

注意：（1）定义数组长度的常量表达式的结果必须是整型常量（包括字符）。

（2）在执行 C99 标准的编译系统中，允许对数组进行动态定义，即 C99 规定可变长数组的存在。但是，目前执行 C99 标准的编译器尚不普遍，在 C89 中是不允许使用可变长数组的，main 和被调用函数中都不可以使用（如 VC++6.0）。

3.3.3　二维数组

前面介绍的数组只有一个下标，称为一维数组，其数组元素也称为单下标变量。在实际问题中有很多量是多维的，因此 C 语言允许构造多维数组。多维数组元素有多个下标，以标识它在数组中的位置，所以也称为多下标变量。本小节将介绍二维数组。

二维数组定义的一般形式是：

类型说明符　数组名[常量表达式 1][常量表达式 2]

其中，常量表达式 1 表示第一维下标的长度；常量表达式 2 表示第二维下标的长度。

例如：

```
int a[3][4];
```

上面语句定义了一个 3 行 4 列的数组，数组名为 a，其下标变量的类型为整型。该数组的下标变量共有 3×4 个，即：

```
a[0][0], a[0][1], a[0][2], a[0][3]
a[1][0], a[1][1], a[1][2], a[1][3]
a[2][0], a[2][1], a[2][2], a[2][3]
```

二维数组在概念上是二维的，即说明其下标在两个方向上变化，下标变量在数组中的位置也处于一个平面之中，而不是像一维数组只是一个向量。但是，实际的硬件存储器却是连续编址的，也就是说存储器单元是按一维线性排列的。如何在一维存储器中存放二维数组？有两种方式：一种是按行排列，即放完一行之后顺次放入第二行；另一种是按列排列，即放完一列之后再顺次放入第二列。

在 C 语言中，二维数组是按行排列的。即先存放 a[0]行，再存放 a[1]行，最后存放 a[2]行。每行中的元素也是依次存放。由于数组 a 声明为 int 类型，该类型占两个字节的内存空间，所以每个元素均占有两个字节。

3.3.4　数组表示法

一个维数为 n 的多维数组是通过 n 的下标表达式来存取的数据项集合。例如，二维数组 x 的第（i，j）个元素是通过 x[i][j]来存取的。

C++程序语言为多维数组提供了内嵌式支持。然而，内嵌式多维数组与一维数组一样存在缺点：在 C++中，数组并不是一级数据类型，而且也没有有关数组值的表达式；因此既不能把数组当成函数的实际值参数，也不能从一个函数中返回一个数组值，并且不能把一个数组赋给另一个数组；另外，数组下标范围都是从零开始的，而且对数组的下标表达式也不提供越界检查；最后，一个数组的规模大小在编译期间是静态和固定的，除非编程者显示使用内存的动态分配。

一般而言，数组的表示法可分为以行为主和以列为主两种。以行为主的表示法规则为每一行排完后再排下一行，依序将每一行排入空间中；以列为主的表示法规则为一列排完后再排下一列，依序将每一列排入空间中。多维数组可由二维数组类推而得到。

3.3.5 特殊类型数组

1. 稀疏数组

所谓稀疏数组，就是数组中大部分的内容值都未被使用（或都为零），在数组中仅有少部分的空间被使用的数组。因此该数组会造成内存空间的浪费。为了节省内存空间，并且不影响数组中原有的内容值，我们可以采用一种压缩的方式来表示稀疏数组的内容。假设有一个 9×7 的数组，其内容如图 3-9 所示。

	0	1	2	3	4	5	6
0	0	0	0	0	0	0	0
1	0	3	0	0	0	0	0
2	0	0	0	0	0	0	0
3	1	4	0	0	0	0	0
4	0	0	7	0	0	0	0
5	0	0	0	0	0	5	0
6	0	0	0	0	0	0	0
7	0	0	0	0	0	0	0
8	0	0	0	0	0	0	0

图 3-9　9×7 的数组

在此数组中，共有 63 个空间，但却只使用了 5 个元素，造成 58 个元素空间的浪费。以下我们就使用稀疏数组重新来定义这个数组，如图 3-10 所示。

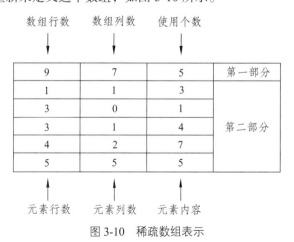

图 3-10　稀疏数组表示

需要说明，第二部分的元素列数是指数组下标的列数，跟第一部分的实际列数不相同。稀疏数组中第一部分所记录的是原数组的列数、行数以及元素使用的个数，第二部分所记录的是原数组中元素的位置和内容。

例如，第二部分内容可以表达为：假设数组为 array[][]，array[1][1]=3，array[3][0]=1，等等。经过压缩之后，原来需要声明大小为 63 个存储空间的数组，而使用压缩后，只需要声明大小为 6×3 的数组，仅需 18 个存储空间。

2. 上三角形数组

对于一个行列个数相等的数组，我们在数学上称之为"方阵"。而所谓的"上三角形数组"就是一种方阵主对角线的左下方元素全部都为 0 的数组。

上三角形数组内容如图 3-11 所示。

	0	1	2	3	4
0	3	9	1	4	7
1	0	5	2	5	8
2	0	0	5	2	4
3	0	0	0	1	7
4	0	0	0	0	9

图 3-11　上三角形数组

这种"上三角形数组"在使用中会造成大部分存储空间的浪费。所以我们可以思考如何以一种有利且节省空间的方式来存储这类数组。上一小节中提到数组的表示法，并说明二维数组转换成一维数组的方式，基于此种构想，我们便可以将"上三角形数组"转换成一维数组，以节省空间。

1）以行为主

如果将一个大小为 n×n 的上三角形数组转换成以行为主的一维数组，且不存储内容为 0 的元素，计算过程如图 3-12 所示。

	0	1	2	…	j	…	n−1
0							
1	0						
2	0	0					
…	…	…	0				
i	0	0	0	0	Data[i][j]		
…	…	…	..	…	0		
n−1	0	0	0	0	0	0	

Data[i][j] 的位置=黑色部分+花纹部分=[n+(n−i+1)]*i/2+(j−i)

一维数组中的位置	0	1	2	3	4	5	6	…	10	11	12	13	14
在原数组中的位置	(0,0)	(0,1)	(0,2)	(0,3)	(0,4)	(1,1)	(1,2)	…	(2,3)	(2,4)	(3,3)	(3,4)	(4,4)
内容值	3	9	1	4	7	5	2	…	2	4	1	7	9
行数	第1行					第2行			第3行		第4行		第5行

图 3-12　以行为主转换过程

2）以列为主

如果将一个大小为 n×n 的上三角形数组转换成以列为主的一维数组，且不存储内容为 0 的元素，计算过程如图 3-13 所示。

	0	1	2	…	j	…	n-1
0							
1	0						
2	0	0					
…	…	…	0				
i	0	0	0	0	Data[i][j]		
…	…	..	…	0	0		
n-1	0	0	0	0	0	0	

Data[i][j]的位置=黑色部分+花纹部分=j*(j+1)/2+i

一维数组中的位置	0	1	2	3	4	5	6	…	10	11	12	13	14
在原数组中的位置	(0,0)	(0,1)	(1,1)	(0,2)	(1,2)	(2,2)	(0,3)	…	(0,4)	(1,4)	(2,4)	(3,4)	(4,4)
内容值	3	9	5	1	2	5	4	…	7	8	4	7	9
列数	第 1 列					第 2 列			第 3 列		第 4 列		第 5 列

图 3-13　以列为主转换过程

3. 下三角形数组

介绍了上三角形数组后，接下来再介绍下三角形数组。所谓的"下三角数组"就是一种方阵主对角线的右上方元素全部都为 0 的数组。

下三角形数组内容如图 3-14 所示。

	0	1	2	3	4
0	3	0	0	0	0
1	7	5	0	0	0
2	6	4	5	0	0
3	8	3	2	1	0
4	9	1	6	4	9

图 3-14　下三角形数组

1）以行为主

如果将一个大小为 n×n 的下三角形数组转换成以行为主的一维数组，且不存储内容为 0 的元素，计算过程如图 3-15 所示。

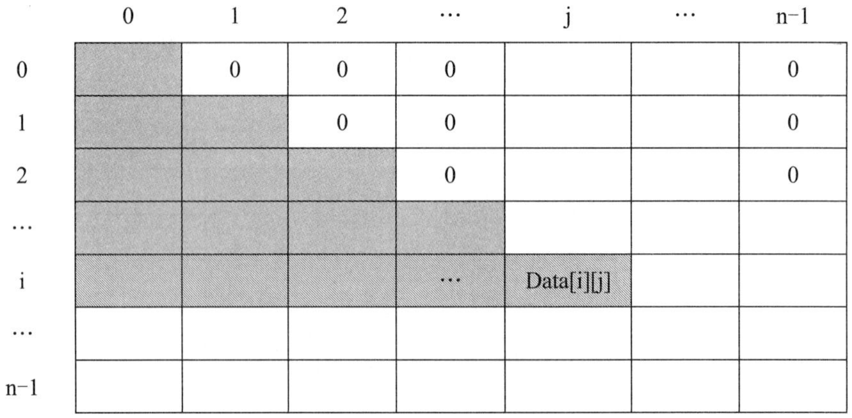

	0	1	2	…	j	…	n-1
0		0	0	0			0
1			0	0			0
2				0			0
…							
i				…	Data[i][j]		
…							
n-1							

Data[i][j]的位置=黑色部分+花纹部分=$i*(i+1)/2+j$

一维数组中的位置	0	1	2	3	4	5	6	…	10	11	12	13	14
在原数组中的位置	(0,0)	(1,0)	(1,1)	(2,0)	(2,1)	(3,0)	(3,1)	…	(4,0)	(4,1)	(4,2)	(4,3)	(4,4)
内容值	3	7	5	6	4	5	8	…	9	1	6	4	9
行数	第1行					第2行			第3行		第4行		第5行

图 3-15　以行为主转换过程

2）以列为主

如果将一个大小为 n×n 的下三角形数组转换成以列为主的一维数组，且不存储内容为 0 的元素，计算过程如图 3-16 所示。

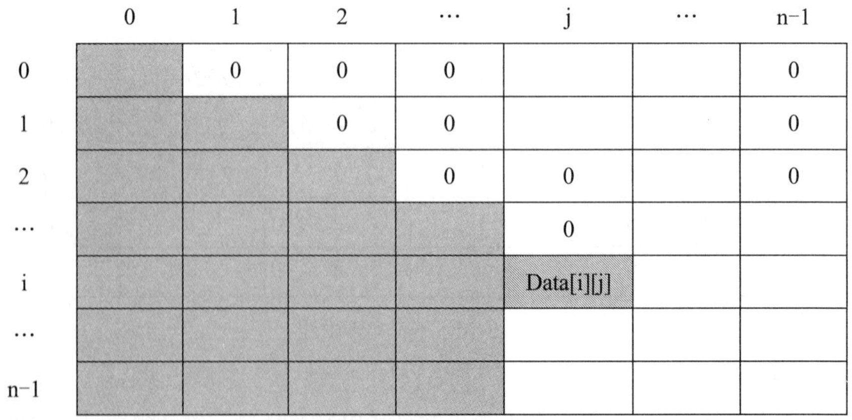

	0	1	2	…	j	…	n-1
0		0	0	0			0
1			0	0			0
2				0			0
…					0		
i					Data[i][j]		
…							
n-1							

Data[i][j]的位置=黑色部分+花纹部分= $[n+(n-j+1)]*j/2+(i-j)$

一维数组中的位置	0	1	2	3	4	5	6	…	10	11	12	13	14
在原数组中的位置	(0,0)	(1,0)	(2,0)	(3,0)	(4,0)	(1,1)	(2,1)	…	(3,2)	(4,2)	(3,3)	(4,3)	(4,4)
内容值	3	9	5	1	2	5	4	…	7	8	4	7	9
列数	第 1 列					第 2 列			第 3 列		第 4 列		第 5 列

图 3-16　以列为主转换过程

3.4　队　列

3.4.1　队列的定义

队列（Queue）是只允许在一端进行插入操作，而在另一端进行删除操作的线性表。队列是一种先进先出（First In First Out，FIFO）的线性表。允许插入的一端称为队尾，允许删除的一端称为队头。假设队列是 $q=(a_1, a_2, \cdots, a_n)$，那么 a_1 就是队头元素，而 a_n 是队尾元素。这样我们就可以在删除时，总是从 a_1 开始，而插入时，放在最后。这也比较符合人们通常生活中的习惯，排在第一个的优先出列，最后来的排在队伍最后，如图 3-17 所示。

图 3-17　队列

队列的应用比栈的应用更加普遍。在用计算机执行任务时，经常需要等待一定轮次才能访问某个东西，比如在计算机系统里可能有任务队列在等待打印、等待磁盘访问或者是在多任务时等待使用 CPU。在单个程序里，一个队列可能有多个要求，或者一个任务可能创建其他的任务，因此必须将它们保存在一个队列中依次处理。

3.4.2　循环队列

在介绍循环队列前，我们先来看下队列的顺序存储结构。

和顺序栈相类似，在队列的顺序存储结构中，除了用一组地址连续的存储单元依次存放从队列头到队列尾的元素之外，同时需设头指针与尾指针表示队列头元素及队列尾元素的位置。为了在 C 语言中描述方便，在此我们约定：初始化空队列时，令队列头与队列尾指针为 0，每当插入新的队列尾元素时，队列尾指针增加 1；每当删除队列头元素时，队列头指针增加 1，因此，在非空队列中，头指针始终指向队列头元素，而尾指针始终指向队列尾元素的下一个位置，如图 3-18 所示。

假设当前为队列分配了最大空间，当队列不可再继续插入新的队尾元素时，若继续插入元素则会因数组越界而导致程序被破坏，然而此时又不宜像顺序栈那样，进行存储再分配以扩大数组空间，因为队列的实际可用空间并未占满。一个较巧妙的办法是将顺序队列想象成一个环状的空间，我们称之为循环队列，如图 3-19 所示。

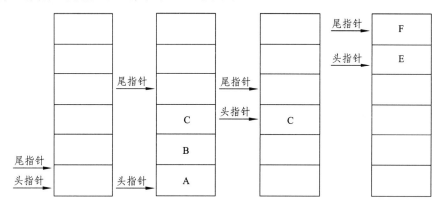

图 3-18　队列头、队列尾与队列中元素之间的关系

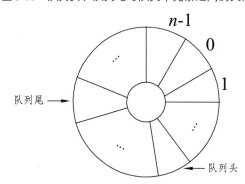

图 3-19　循环队列示意图

最简单形式的队列是一种容易实现的数据结构。不过，该形式的队列看起来简单，但实际上隐藏了许多微妙的细节，首先是内存表示问题。一般使用数组或链表表示队列，在这两种情况下都存在相同的问题：如果保持在队尾添加元素并从队头删除元素，队列的数据结构将缓慢地在内存中迁移。当使用数组实现队列时，可以通过使数组循环来避开这个问题，这样一旦访问了数组中的最后一个元素，就可以继续访问数组中的第一个元素。这些数组通常被称为循环缓冲区（Circular Buffer）。

循环队列类型的模块说明如下：

```
#define MAXQSIZE 100            //最大队列长度
Typedef struct SqQueue
{
    QElemType    *base;         //初始化的动态分配存储空间
    int front;                  //头指针，若队列不空则指向队列头元素
    int rear;                   //尾指针，若队列不空则指向队列尾元素的下一个位置
};
//--------循环队列的基本操作的算法描述-----------
```

```
Status InitQueue (SqQueue &Q)
{
//构造一个空队列 Q
    Q.base= (QElemType*)malloc (MAXQSIZE*sizeof (QElemType));
    if (!Q.base)    exit (OVERFLOW);          //存储分配失败

    Q.front = Q.rear = 0;
    return OK;
}
int QueueLength (SqQueue &Q)
{
//返回 Q 的元素个数, 即队列的长度
    return (Q.rear - Q.front + MAXQSIZE)% MAXQSIZE;
}
Status EnQueue (SqQueue &Q, QElemType e)
{
//插入元素 e 为 Q 的新的队尾元素
    if ((( Q.rear+1) % MAXQSIZE)==Q.front)
        return ERROR;                         //队列满
    Q. base[Q.rear]=e;
    Q.rear = (Q.rear +1)% MAXQSIZE;
    return OK;
}
Status DeQueue (SqQueue &Q, QElemType &e)
{
//若队列不空, 则删除 Q 的队头元素, 用 e 返回其值, 并返回 OK;
//否则返回 ERROR
    if (Q.front == Q.rear)
        return ERROR;
    e= Q.base[Q.front];
    Q.front = (Q.front +1)% MAXQSIZE;
    return OK;
};
```

3.4.3   链式队列

和线性表类似, 队列也可以有两种存储表示。

用链表表示的队列称为链队列, 如图 3-20 所示。一个链队列显然需要两个分别指示队头和队尾的指针 (分别称为头指针和尾指针) 才能唯一确定。和线性表的单链表一样, 为了操作方便起见, 我们也给链队列添加一个头结点, 并令头指针指向头结点。由此, 空的链队列的判决

条件为头指针和尾指针均指向头结点。

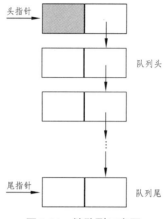

图 3-20　链队列示意图

　　在 C 语言中不能用动态分配的一维数组来实现循环队列。如果用户的应用程序中设有循环队列，则必须为它设定一个最大队列长度；若用户无法预估所用队列的最大长度，则宜采用链队列。

　　链队列类型的模块说明如下：

```
//===== ADT Queue 的表示与实现=====
//-------单链队列——队列的链式存储结构------
typedef struct QueuePtr
{
    QElemType data;
    struct QNode *next;
};
typedef struct LinkQueue
{
    QueuePtr *front;          //队头指针
    QueuePtr *rear;           //队尾指针
};
//------- 基本操作的函数原型说明 -------
Status InitQueue (LinkQueue &Q);
//构造一个空队列 Q
Status DestroyQueue (LinkDueue &Q);
//销毁队列 Q, Q 不再存在
Status ClearQueue (LinkQueue &Q);
//将 Q 清为空队列
Status QueueEmpty (LinkQueue &Q);
//若队列 Q 为空队列, 则返回 TRUE, 否则返回 FALSE
int QueueLength (LinkQueue Q);
//返回 Q 的元素个数, 即为队列的长度
```

Status GetHead (LinkQueue Q, QElemType &e);
//若队列不空, 则用 e 返回 Q 的队头元素, 并返回 TRUE; 否则返回 ERROR

Status EnQueue (LinkQueue &Q, QElemType &e);
//插入元素 e 为 Q 的新的队尾元素

Status DeQueue (LinkQueue &Q, QElemType &e);
//若队列不空, 则删除 Q 的队头元素, 用 e 返回其值, 并返回 OK;
//否则返回 ERROR

Status QueueTraverse (LinkQueue Q, visit ());
//从队头到队尾依次对队列 Q 中每个元素调用函数 visit ()。一旦 visit 失败, 则操作失败。
//--------基本操作的算法描述 (部分)------

Status InitQueue (LinkQueue &Q)
{
    //构造一个空队列 Q
    Q.front =Q.rear = (QueuePtr) malloc (sizeof (QNode));
    if (!Q.front)
        exit (OVERFLOW);   //存储分配失败
    Q.Front->next=NULL;
    return OK;
};

Status DestroyQueue (LinkQueue &Q)
{
    //销毁队列 Q
    while (Q.front)
    {
        Q.rear = Q.front->next;
        free (Q.front);
        Q.front = Q.rear;
    }
    return OK;
};

Status EnQueue (LinkQueue &Q, QELemType e)
{
    //插入元素 e 为 Q 的新的队尾元素
    p= (QueuePtr)malloc (sizeof (QNode));
    if (! p)
        exit (OVERFLOW);   //存储分配失败
    p->data = e; p->next = MULL;
    Q.rear->next= p;

```
    return OK;
};

Status DeQueue (LinkQueue &Q, QELemType &e)
{
    //若队列不空, 则删除 Q 的队头元素, 用 e 返回其值, 并返回 OK;
    //否则返回 ERROR
    if (Q.front == Q.rear)
        return ERROR;
    p = Q.front->next;
    e = p->data;
    Q.front ->next = p -> next;
    if (Q.rear == p)
        Q.rear =Q. front;
    free (p);
    return OK;
}
```

对于循环队列与链队列的比较, 可以从两方面来考虑。从时间上来说, 其实它们的基本操作开销都是常数时间, 不过循环队列是事先申请好空间, 使用期间不释放, 而对于链队列, 每次申请和释放结点也会存在一些时间开销, 如果入队、出队频繁, 则两者还是有一定的差异。从空间上来说, 循环队列必须有一个固定的长度, 所以就有了存储元素个数和空间浪费的问题, 而链式队列不存在这个问题, 尽管它需要一个指针域, 会产生一些空间上的开销, 但也是可以接受的。所以在空间上, 链队列更加灵活。

总的来说, 在可以确定队列长度最大值的情况下, 建议用循环队列; 如果只能预估队列的长度, 则用链队列。

3.5 树

3.5.1 树的定义

树 (Tree) 是 n ($n \geqslant 0$) 个结点的有限集, $n=0$ 时称为空树。在任意一棵非空树中: (1) 有且仅有一个特定的称为根 (Root) 的结点; (2) 当 $n>1$ 时, 其余结点可分为 m ($m>0$) 个互不相交的有限集 T_1、T_2、$\cdots$、T_m, 其中每一个集合本身又是一棵树, 并且称为根的子树 (SubTree), 如图 3-21 所示。

下面介绍有关树结构的一些基本术语。

结点 (Node): 包含数据项及指向其他结点的分支。例如图 3-21 所示的树总共有 10 个结点。

结点的度 (Degree): 即结点所拥有的子树棵数。例如图 3-21 所示的树中, 根 A 的度为 2, 结点 D 的度为 3, 结点 G 的度为 0。

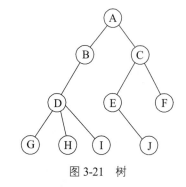

图 3-21 树

叶（Leaf）结点：即度为 0 的结点，又称为终端结点。

分支（Branch）结点：除叶结点外的其他结点，又称为非终端结点。

子女（Child）结点：若结点有子树，则子树的根结点即为该结点的子女。

双亲（Parent）结点：若结点有子女，该结点即为子女的双亲。

兄弟（Sibling）结点：同一双亲的子女互称为兄弟。

祖先（Ancestor）结点：从根结点到该结点所经分支上的所有结点。

子孙（Descendant）结点：某一结点的子女，以及这些子女的子女都是该结点的子孙。

结点所处层次（Level）：简称结点的层次，即从根到该结点所经路径上的分支条数。

树的高度（Depth）：树中结点所处的最大层次。空树的高度为 0。

树的度（Degree）：树中结点的度的最大值。

有序树：树中结点的各棵子树 T_0，T_1……是有次序的，即为有序树。其中 T_0 叫作根的第 1 棵子树，T_1 叫作根的第 2 棵子树……

无序树：树中结点的各棵子树之间的次序是不重要的，可以互相交换位置。

森林（Forest）：即 m（$m \geq 0$）棵树的集合。在自然界，树与森林是两个不同的概念，但在数据结构中，它们之间的差别很小。删去一棵非空树的根结点，树就变成森林；反之，若增加一个根结点，让森林中每一棵树的根结点都变成它的子女，森林就成为一棵树。

3.5.2 二叉树

二叉树（Binary Tree）是 n（$n \geq 0$）个结点的有限集合，该集合或者为空集（称为空二叉树），或者由一个根结点和两棵互不相交的、分别称为根结点的左子树和右子树的二叉树组成。

二叉树在树算法中是最简单的，但是却是其他算法的基础，通过对二叉树进行分析可以更好地了解其他树算法。二叉树的特点如下：

（1）二叉树中每个结点最多有两棵子树，不存在度大于 2 的结点。因此子树只要不大于 2 即可满足，所以二叉树可以没有子树或者有一棵子树。

（2）左子树和右子树是有顺序的，次序不能任意颠倒。

（3）即使树中某结点只有一棵子树，也要区分它是左子树还是右子树。

1. 二叉树的形态

二叉树具有五种形态，分别是空二叉树、只有根结点的二叉树、根结点只有左子树的二叉树、根结点只有右子树的二叉树、根结点有左右子树的二叉树，如图 3-22 所示。

图 3-22　二叉树示意图

除了以上五种基本形态外，还具有一些特殊的二叉树，接下来将会进行具体介绍。

斜树：所有的结点都只有左子树的二叉树叫作左斜树，所有结点都是只有右子树的二叉树叫作右斜树。两者统称为斜树。

满二叉树：在一棵二叉树中，如果所有分支结点都存在左子树和右子树，并且所有叶子都在同一层上，这样的二叉树称为满二叉树，如图 3-23 所示。

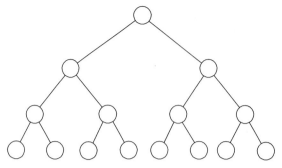

图 3-23 满二叉树

完全二叉树：如果有一棵具有 n 个结点的高度为 x 的二叉树，树的每个结点都与高度为 x 的满二叉树中编号为 1~n 的结点一一对应，则二叉树为完全二叉树，如图 3-24 所示。

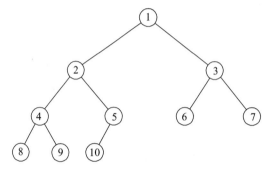

图 3-24 完全二叉树

2. 二叉树的性质

（1）在二叉树的第 i 层上最多有 $2i-1$ 个结点（$i\geqslant1$）。

（2）高度为 k 的二叉树，最多有 $2k-1$ 个结点（$k\geqslant0$）。

（3）对任意一棵二叉树，如果其叶结点有 n 个，度为 2 的非叶子结点有 m 个，则 $n=m+1$。

（4）具有 n 个结点的完全二叉树的高度为 $[\log 2n]+1$（$[x]$ 表示不大于 x 的最大整数）。

（5）对于有 n 个结点的完全二叉树，按层次对结点进行编号（从上到下，从左到右），对于任意编号为 i 的结点：

若 $i=1$，则结点 i 是二叉树的根；

若 $i>1$，则双亲结点为 $[i/2]$；

若 $2i\leqslant n$，则结点 i 的左孩子为 $2i$；

若 $2i>n$，则结点 i 无左孩子；

若 $2i+1\leqslant n$，则结点 i 的右孩子为 $2i+1$；

若 $2i+1>n$，则结点 i 无右孩子。

3. 二叉树的顺序储存结构

二叉树的顺序存储结构就是指用一维数组存储二叉树中的结点，并且结点的存储位置，也就是数组的下标要能体现结点之间的逻辑关系，如双亲与孩子的关系、左右兄弟的关系等。一棵完全二叉树如图 3-25 所示。

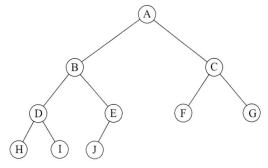

图 3-25　完全二叉树

将这棵二叉树存入到数组中，相应的下标对应其同样的位置，如图 3-26 所示。

A	B	C	D	E	F	G	H	I	J

对应下标　　1　2　3　4　5　6　7　8　9　10

图 3-26　完全二叉树数组形式

由于完全二叉树定义很严格，所以用顺序结构也可以表现出二叉树的结构来。但是对于一般的二叉树，尽管层序编号不能反映逻辑关系，但是可以将其按完全二叉树编号，只需把不存在的结点设置为"^"即可，如图 3-27 所示（注意方框中结点表示不存在）。但是这种方法显然是对存储空间的浪费，所以顺序存储结构一般只用于完全二叉树。

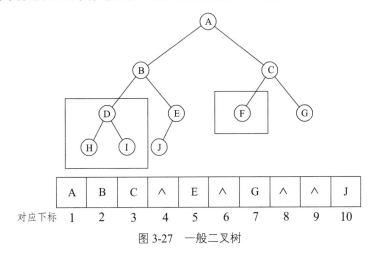

A	B	C	^	E	^	G	^	^	J

对应下标　　1　2　3　4　5　6　7　8　9　10

图 3-27　一般二叉树

4. 二叉树的链式储存结构

由于顺序存储适用性不强，所以需要考虑一种适用性较好的储存结构，即链式存储结构。二叉树每个结点最多有两个孩子，所以为此设计一个数据域和两个指针域是比较自然的想法，我们称这样的链表叫作二叉链表。结点结构如图 3-28 所示。

left	data	right

图 3-28　二叉链表结点结构

二叉链表结点结构定义的代码如下：

/*二叉树的二叉链表结点结构定义*/

```
typedef struct BiTNode                          /*结点结构*/
{
    TElemTnre    data;                          /*结点数据*/
    struct BiTNode    *left, *right;            /*左右孩子指针*/
} BiTNode, *BiTree;
```

3.5.3　霍夫曼树

这里给出路径和路径长度的概念。从树中一个结点到另一个结点之间的分支构成这两个结点之间的路径，路径上的分支数目称作路径长度。树的路径长度是从树根到每结点的路径长度之和。完全二叉树就是这种路径长度最短的二叉树。

若将上述概念推广到一般情况，考虑带权的结点。结点的带权路径长度为从该结点到树根之间的路径长度与结点上权的乘积。树的带权路径长度 WPL 为树中所有叶子结点的带权路径长度之和。

假设有 n 个权值，试构造一棵有 n 个叶子结点的二叉树，每个叶子结点带权不一样，则其中带权路径长度 WPL 最小的二叉树称作最优二叉树或霍夫曼树。

例如图 3-29 中的 3 棵二叉树，都有 4 个叶子结点 A、B、C、D，分别带权 7、5、2、4，它们的带权路径长度分别为：

(a)WPL=7×2+5×2+2×2+4×2=36
(b)WPL=7×3+5×3+2×1+4×2=46
(c)WPL=7×1+5×2+2×3+4×3=35

其中，（c）树的带权路径长度为最小。可以验证，该树为霍夫曼树，即其带权路径长度在所有带权为 7、5、2、4 的 4 个叶子结点的二叉树中最小。

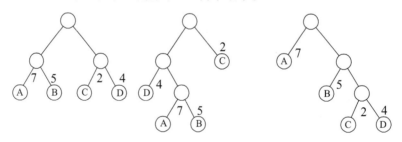

图 3-29　不同权路径长度的二叉树

3.5.4　常见算法

1. 遍历二叉树

"遍历"是指抽取数据结构中的各个数据值。例如，数组和链表可从前端到尾端或从尾端至前端依序抽取各个数据值。二叉树的遍历（Traversing Binary Tree）是指从根结点出发，按照某种次序依次访问二叉树中所有结点，使得每个结点被访问一次且仅被访问一次。每个节点均有左右两个分支，在遍历的过程中可以选择往左或往右走，遍历结束，每个节点恰好被抽取一次。事实上，二叉树的遍历是以递归的方式进行，依递归的调用顺序不同，可分为下列 3 种不同的遍历方式：

1）前序遍历

先判断二叉树是否为空，若二叉树为空，则空操作返回；若二叉树不为空，访问根结点；然后遍历左子树，再遍历右子树。图 3-30 中二叉树的前序遍历顺序为：ABDGHCEIF。

2）中序遍历

先判断二叉树是否为空，若二叉树为空，则空操作返回；若二叉树不为空，则遍历根结点的左子树；然后访问根结点，再遍历右子树。图 3-30 中二叉树的中序遍历顺序为：GDHBAEICF。

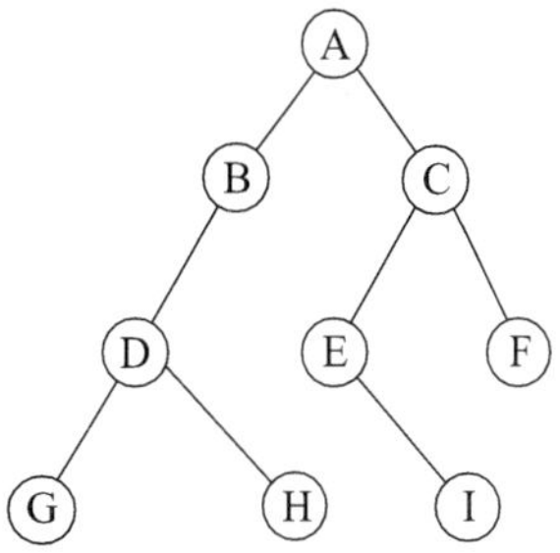

图 3-30　遍历二叉树

3）后序遍历

先判断二叉树是否为空，若二叉树为空，则空操作返回；若二叉树不为空，则遍历根结点的左子树；然后遍历右子树，再访问根结点。图 3-30 中二叉树的后序遍历顺序为：GHDBIEFCA。

除了前序遍历、中序遍历、后序遍历外，还可以对二叉树进行层序遍历。设二叉树的根节点所在层数为 1，层序遍历就是从所在二叉树的根节点出发，首先访问第 1 层的树根节点，然后从左到右访问第 2 层上的节点，接着是第 3 层的节点，以此类推，自上而下、自左至右逐层访问树的结点的过程。图 3-30 中二叉树的层序遍历顺序为：ABCDEFGHI。

2. 线索二叉树

遍历二叉树是以一定规则将二叉树中结点排列成一个线性序列，从而得到二叉树中结点的先序序列、中序序列或后序序列。这实质上是对一个非线性结构进行线性化操作，使每个结点（除第一个和最后一个外）在这些线性序列中有且仅有一个直接前驱和直接后继（在不至于混淆的情况可以省去直接二字）。

但是，当以二叉链表作为存储结构时，只能找到结点的左、右孩子信息而不能直接得到结点在任一序列中的前驱和后继信息，这些信息只有在遍历的动态过程中才能得到。如何保存这种在遍历过程中得到的信息呢？一个最简单的办法是在每个结点上增加两个指针域，分别指示结点在任意一次遍历时得到的前驱和后继信息。显然，这样做使得结构的存储密度大大降低。另一方面，在有 n 个结点的二叉链表中必定存在 $n+1$ 个空链域。由此设想能否利用这些空链域来存放结点的前驱和后继的信息。在创建时就记住这些前驱和后继信息，将会极大地减少计算时间。这种指向前驱和后继的指针被称为线索，加上线索的二叉链表被称为线索链表，相应的二叉树操作就被称为线索二叉树（Threaded Binary Tree）。

3.6　堆

3.6.1　堆的定义

如果有一个关键码的集合 $K=\{k, k_1, k_2, \cdots, k_{n-1}\}$，把它的所有元素按完全二叉树的顺序（数组）存储方式存放在一个一维数组中，并且满足：

$$k_i \leqslant k_{2i+1} \text{ 且 } k_i \leqslant k_{2i+2} \text{（或者 } k_i \geqslant k_{2i+1} \text{ 且 } k_i \geqslant k_{2i+2}\text{）, } i=0, 1, \cdots, [(n-2)/2]$$

则称这个集合为最小堆（或者最大堆）。图 3-31（a）为最小堆的例子，图中任一结点的关键码均小于或等于它的左、右子女的关键码，位于堆顶（即完全叉树的根结点位置）的结点的关键码是整个集合中最小的，所以称它为最小堆（MinHeap）；图 3-31（b）为最大堆的例子，图中任一结点的关键码均大于或等于它的左、右子女的关键码，位于堆顶的结点的关键码是整个集合中最大的，所以称它为最大堆（MaxHeap）。接下来介绍最小堆的定义，最大堆的情况与最小堆类似，这里不再介绍。

最小堆的定义：

一个最小堆是一棵具有下列性质的树

$$T=\{R, T_0, T_1, T_2, \cdots, T_{n-1}\}$$

（1）T 的每一棵子树都是一个堆。

（2）T 的根结点小于或等于每一棵子树的根结点，也就是说，存在 $0 \leq i < n$，使得 $R \leq R_1$，其中 R_1 是 T_1 的根结点。

根据上述定义，堆中每一个结点的关键字小于或等于那个结点所有子树的根结点。因此，通过推理可知，每个结点的关键字小于或等于包含在那个结点子树中的所有关键字。需要注意的是定义并没有说明某一给定结点的子树中关键字的相对顺序是如何的。

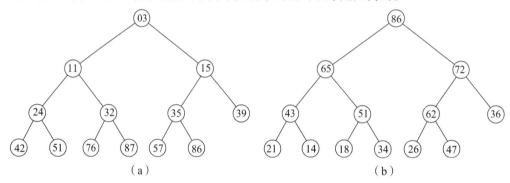

图 3-31　最小、最大堆

3.6.2　二叉堆

二叉堆（Binary Heap）是一棵具有特殊形状的、有序的二叉树，这样的一棵二叉树称为完全树（Complete Tree）。由于二叉堆形状特殊，它可用一个数组作为基本数据结构来实现。这样，它的实现就是基于数组的下标计算而不是指针操纵了。

上一小节已经介绍了完全二叉树的概念，接下来将介绍二叉堆是如何实现的，以及二叉堆的插入与删除方法。

1. 二叉堆的实现

二叉树是一棵有序的完全二叉树，可用数组来实现。在堆中，最小的关键字在根结点，且由于根结点总在数组的第一层，所以在二叉堆中查找最小关键字较为容易。

以下声明了类 BinaryHeap，它是从抽象基类 PriorityQueue 派生而来的。由于 BinaryHeap 是一个具体类，它必须为基类中所有的纯虚拟成员函数提供具体实现。为简洁起见，下列程序省略了这些函数的定义。

BinaryHeap 类的定义程序：

```
class BinaryHeap: public PriorityQueue
{
```

```
    Array<object*> array;
    Public:
    BinaryHeap (unsigned int);
    BinaryHeap ();
    // ···
};

BinaryHeap:: BinaryHeap (unsigned int length):
array (length, 1)
{}
void BinaryHeap: Purge ()
{
    if (IsOwner ())
    {
        for (unsigned int i = 1; i< count + 1; ++i)
        delete array[i];
    }
    count = 0;
}

BinaryHeap:: ~ BinaryHeap ()
{
    Purge ();
}
```

2. 二叉堆的插入

当一个数据项插入到二叉堆中的时候，有两个条件必须满足：第一，结果树必须有正确的形状；第二，树必须仍然保持堆序状态。

下列程序给出了在二叉堆中插入一个数据项的实现代码。BinaryHeap 类成员函数 Enqueue 只有一个指向插入数据项的引用参数。

BinaryHeap 类成员函数 Enqueue 定义程序：

```
void BinaryHeap:: Enqueue (Object& object)
{
    if (count == array.Length ())
        throw domain_error ("priority queue is full");
    ++count;
    unsigned int i = count;
    while (i>1 && *array[i/2]>object)
    {
        array[i]= array[i/2];
        i/=2;
```

```
    }
    array[i] = object;
}
```

3. 二叉堆的删除

DequeueMin 函数的作用是从优先队列中删除具有最小关键字的数据项。要删除最小项，必需首先确定最小项的位置。因此，DequeueMin 操作的实现要紧紧依靠成员函数 FindMin。若没有异常出现，那么 FindMin 的运行时间显然是 O（1）。

BinaryHeap 类成员函数 FindMin 的定义程序：

```
Object& BinaryHeap:: FintiMin ()const
{
    if (count == 0)
        throw domain_error ("priority queue is empty")
    return *array [1];
}
```

3.6.3　左式堆与斜堆

1. 左式堆

与二叉堆一样，左式堆（Leftist Heap）也具有结构特性和有序性。事实上，和所有使用的堆一样，左式堆具有相同的堆序性质，左式堆也是二叉树。左式堆和二叉树间唯一的区别是：左式堆不是理想平衡的（Perfectly Balanced），而实际上是趋于非常不平衡。

把任一结点的零路径长定义为从该结点到一个没有儿子的结点的最短路径的长。则左式堆的性质是：对于堆中的每一个结点，左儿子的零路径长至少与右儿子的零路径长一样。该性质实际上已经超出了确保树不平衡的要求，因为它显然更偏重使树向左增加深度。现实中确实存在由左节点形成的长路径构成的树（而且实际更便于合并操作），因此就有了左式堆（Leftist Heap）这个名称。

2. 斜　堆

斜堆（Skew Heap）是左式堆的自调节形式，实现起来极其简单。斜堆是具有堆序的二叉树，但是不存在对树的结构限制。不同于左式堆，关于任意结点的零路径长的任何信息都不保留。斜堆的右路径在任何时刻都可以任意长，因此，所有操作的最坏情形时间均为 $O(N)$。

3.7　图

3.7.1　图的定义

图（Graph）是一种较线性表和树更为复杂的数据结构。在线性表中，数据元素之间仅有线性关系，每个数据元素只有一个直接前驱和一个直接后继；在树形结构中，数据元素之间有着明显的层次关系，并且每一层上的数据元素可能和下一层中多个元素（即其孩子结点）相关，但只能和上一层中一个元素（即其双亲结点）相关；而在图形结构中，结点之间的关系可以是任意的，图中任意两个数据元素之间都可能相关。如图 3-32 所示即为一个图。

1. 图的定义

图（Graph）是由顶点的有穷非空集合和顶点之间边的集合组成，通常表示为：$G(V, E)$，其中，G 表示一个图，V 是图 G 中顶点的集合，E 是图 G 中边的集合。

2. 其他相关定义

（1）图中的数据元素通常被称为顶点（Vertex）。

（2）树中可以没有结点，此类树叫作空树。但是在图结构中，不允许没有顶点。定义中 V 是顶点的集合，则着重强调顶点集合 V 有穷非空。

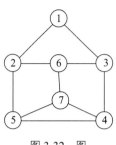

图 3-32　图

（3）在图中，任意两个顶点之间都可能有关系，顶点之间的逻辑关系用边来表示，因此边集可为空。

（4）无向边：若顶点 V_i 到 V_j 之间的边没有方向，则称这条边为无向边（Undirected Edge），用无序偶对 (V_i, V_j) 来表示。如果图中任意两个顶点之间的边都是无向边，则称该图为无向图（Undirected Graphs）。图 3-33 所示就是一个无向图，可以表示成 (V_1, V_4)，也可以写成 (V_4, V_1)。

（5）有向边：若从顶点 V_i 到 V_j 的边有方向，则称这条边为有向边，也称为弧（Arc），用有序偶 $<V_i, V_j>$ 来表示，V_i 称为弧尾（Tail），V_j 称为弧头（Head）。如果图中任意两个顶点之间的边都是有向边，则称该图为有向图（Directed Graphs）。图 3-34 所示为一个有向图，连接 V_1 到 V_4 的有向边就是弧，其中 V_1 是弧尾，V_4 是弧头，用 $<V_1, V_4>$ 表示，不能写成 $<V_4, V_1>$。

（6）在图中，若不存在顶点到其自身的边，且同一条边不重复出现，则称这样的图为简单图。

（7）在无向图中，若任意两个顶点之间都存在边，称该图为无向完全图，如图 3-35 所示。

（8）在有向图中，如果任意两个顶点之间都存在方向互为相反的两条弧，则称该图为有向完全图，如图 3-36 所示。

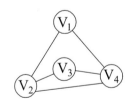

图 3-33　无向图

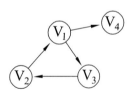

图 3-34　有向图

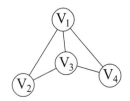

图 3-35　无向完全图

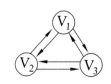

图 3-36　有向完全图

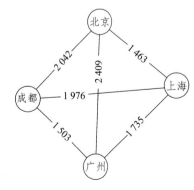

图 3-37　各地铁路距离示意图

（9）有很少条边或弧的图称为稀疏图，反之称为稠密图。

（10）有些图的边或弧具有与它相关的数值，这种与图的边或弧相关的数值叫作权（Weight），这些权可以表示从一个顶点到另一个顶点的距离或耗费。这种带权的图通常称为网（Network），如图 3-37 所示。

（11）在图形中，从顶点 A 到达顶点 B 所经过的所有的边叫作路径。路径的长度为经过的边数。

（12）在图形中，除了起点和终点可以重复（不重复亦可）以外，其余的顶点皆不相同的路径叫作简单路径（Simple Path）。图 3-34 所示有向图中，路径$<V_1, V_3>$、$<V_3, V_2>$、$<V_2, V_1>$、$<V_1, V_4>$就不是简单路径，因为该路径中 V_1 重复经过。

（13）在图形中，起点和终点相同的简单路径叫作回路。如图 3-33 所示，$<V_1, V_3>$，$<V_3, V_2>$，$<V_2, V_1>$就是一条回路。

（14）在无向图形中，顶点 A 到顶点 B 间存在一条路径，则称顶点 A 和顶点 B 为连通顶点（Connected Vertices）。

（15）在无向图形中，任意两个顶点间连通，则称为连通图形（Connected Graph），即任意两个顶点都存在有一条路径可到达。

（16）连通单元（Connected Component）是指将无向图形分为多个分离的子图形之后，原图形的连通顶点仍在同个子图中。

（17）在有向图形中，顶点 A 到顶点 B 之间存在一条路径，而顶点 B 到顶点 A 之间也存在一条路径，则称顶点 A 和顶点 B 为强连通顶点（Strongly Connected Vertices）。

（18）在有向图形中，任意两个顶点之间都存在一条路径可到对方，则称为强连通图形（Strongly Connected Graph）。

（19）强连通单元（Connected Component）是指将有向图形分为多个分离的子图形之后，原图形的连通顶点仍在同一个子图中。

3.7.2　图的储存表示

由于图的结构比较复杂，任意两个顶点之间都可能存在联系，因此无法以数据元素在存储区中的物理位置来表示元素之间的关系，即图没有顺序映像的存储结构，但可以借助数组的数据类型表示元素之间的关系。另外，用多重链表表示图是自然而然的，它是一种最简单的链式映像结构，即以一个数据域和多个指针域组成的结点表示图中一个顶点，其中数据域存储该顶点的信息，指针域存储指向其邻接点的指针。但是，由于图中各个结点的度数各不相同，最大度数和最小度数可能相差很多，若按度数最大的顶点设计结点结构，则会浪费很多存储单元；反之，若按每个顶点自己的度数设计不同的结点结构，又会给操作带来不便。因此，和树类似，在实际应用中不宜采用这种结构，而应根据具体的图和需要进行的操作，设计恰当的结点结构和表结构，常用的有邻接数组、邻接表和邻接多重表。下面将分别进行讨论。

1. 邻接数组表示法

邻接数组表示法（Adjacent Matrix）以一个 $n \times n$ 的数组来表示一个具有 n 个顶点的图形，通过以数组的索引值来表示顶点，以数组的内容值来表示顶点间的边是否存在（1 表示存在边，0 表示不存在边）。图 3-32 所示的无向图形的邻接数组如图 3-38 所示。

顶点	V_1	V_2	V_3	V_4
V_1	0	1	1	1
V_2	1	0	1	0
V_3	1	1	0	1
V_4	1	0	1	0

图 3-38 无向图形的邻接数组

在无向图形中，邻接数组中的内容值所呈现出的是种对称的关系，因为如果顶点 V_1 和顶点 V_2 存在共边，表示顶点 V_1 可到达顶点 V_2，顶点 V_2 也可到达顶点 V_1。但是对于有向图形，邻接数组中的内容值并不一定会呈现出对称的关系。图 3-34 所示的有向图形的邻接数组如图 3-39 所示。

顶点	V_1	V_2	V_3	V_4
V_1	0	0	1	1
V_2	1	0	0	0
V_3	0	1	0	0
V_4	0	0	0	0

图 3-39 无向图形的邻接数组

2. 邻接表

邻接表（Adjacent List）是图的一种链式储存结构，以链表来记录各顶点的邻接顶点。其结点结构为：邻接顶点→下一个邻接顶点。

如图 3-40 所示有向图：

其邻接表如图 3-41 所示。

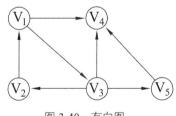

图 3-40 有向图

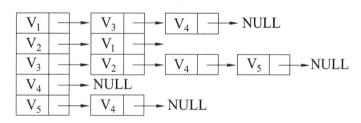

图 3-41 有向图邻接表

从遍历邻接列表的过程中得知个顶点的节点数、分支数。为了分支数的计算，还可利用另一个列表来记录到达该顶点的顶点数据，该列表为反转邻接表（Inverse Adjacency Lists）。该有向图形的反转邻接表如图 3-42 所示。

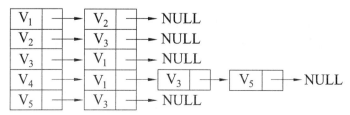

图 3-42 反转邻接表

如果邻接列表所存储的为无向图，因为无向图中的边都是对称的，所以对于图 3-43 所示无向图：

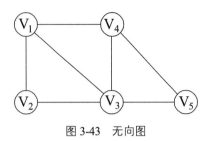

图 3-43　无向图

其邻接表如图 3-44 所示。

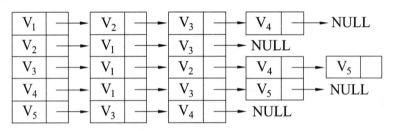

图 3-44　无向图邻接表

3. 邻接多重表

邻接多重表（Adjacency Multilist）是无向图的另一种链式存储结构。虽然邻接表是无向图的一种很有效的存储结构，在邻接表中容易求得顶点和边的各种信息，但是在邻接表中，每一条边（u，v）有两个结点，分别在第 i 个和第 j 个链表中，这给某些图的操作带来不便。例如在某些图的应用问题中需要对边进行某种操作，如对已被搜索过的边做记号或删除一条边等，此时需要找到表示同一条边的两个结点。因此，在进行这一类操作的无向图的问题中采用邻接多重表作存储结构更为适宜。

邻接多重表的结构和十字链表类型。边结点和顶点结点如图 3-45 所示。

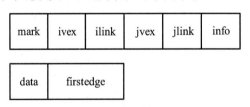

图 3-45　无向图邻接表

边结点由 6 个域组成：mark 为标志域，可标记这条边是否被搜索过；ivex 和 jvex 为该边依附的两个顶点在图中的位置；ilink 指向下一条依附于顶点 ivex 的边；jlink 指向下一条依附于顶点 jvex 的边，info 为指向和边相关的各种信息的指针域。

顶点结点由 2 个域组成：data 存储和该顶点相关的信息如顶点名称；firstedge 域指示第一条依附于该顶点的边。

其无向图及其邻接多重表分别如图 3-46、图 3-47 所示。

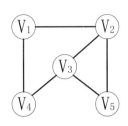

图 3-46　无向图

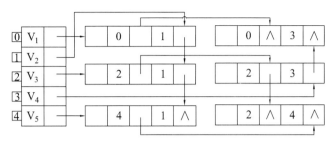

图 3-47　无向图的邻接多重表

3.7.3　常见算法

1. 图的遍历

图的遍历是指从图中的任一顶点出发，对图中的所有顶点访问一次且只访问一次。图的遍历操作和树的遍历操作类似，是图的一种基本操作，图的其他算法如求解图的连通性问题、拓扑排序和求关键路径等都是建立在遍历算法的基础之上。

由于图结构本身具有复杂性，所以图的遍历操作也较复杂，主要表现在以下四个方面：

（1）在图结构中，没有一个"自然"的首结点，图中任意一个顶点都可作为第一个被访问的结点。

（2）在非连通图中，从一个顶点出发只能够访问它所在的连通分量上的所有顶点，因此，还需考虑如何选取下一个出发点以访问图中其余的连通分量。

（3）在图结构中，如果有回路存在，那么一个顶点被访问之后，有可能沿回路又回到该顶点。

（4）在图结构中，一个顶点可以和其他多个顶点相连，当这样的顶点被访问过后，存在如何选取下一个要访问的顶点的问题。图的遍历通常有深度优先搜索和广度优先搜索两种方法，对无向图和有向图都适用，接下来将对深度优先搜索进行介绍。

深度优先搜索（Depth First Search）遍历类似于树的前序遍历，是树的前序遍历的推广。假设初始状态是图中所有顶点未曾被访问，则深度优先搜索可从图中某个顶点 v 出发，访问此顶点，然后依次从 v 的未被访问的邻接点出发深度优先遍历图，直至图中所有和 v 有路径相通的顶点都被访问到；若此时图中尚有顶点未被访问，则另选图中一个未曾被访问的顶点作起始点，重复上述过程，直至图中所有顶点都被访问到为止。

如果采用的是邻接矩阵的方式，则代码如下：

```
typedef int Boolean;        /*Boolen 是布尔类型，其值是 TRUE 或 FALSE*/
Boolean visited[MAX];        /*访问标志的数组*/
*邻楼矩阵的深度优先递归算法*
void DFS (MGraph G, int i)
{
    int j;
    visited[i] = TRUE;
    printf ("%c", G.vexs[i]);        /*打印顶点，也可以其他操作*/
    for (j=0; j<G.numVertexes; j++)
        if (G.arc[i][j] == 1 && !visited[j])
            DFS (G, j);        /*对为访问的邻接顶点进行递归调用*/
```

```
}
/*邻接矩阵的深度遍历操作*/
void DFSTraverse (MGraph G)
{
    int i;
    for (i=0; i<G.numVertexes; i++)
        visited[i] = FALSE;    /*初始所有顶点状态都是未访问过状态*/
    for (i=0; i<G.numVertexes; i++)
        if (!visited[i]) /*对未访问过的顶点调用 DFS, 若是连通图, 只会执行一次*/
        DES (G, i);
}
```

2. 最小生成树

假设现在需要在某个城市架设通信网络，其中在整个城市周围要建立 n 个通信点，则连通这 n 个通信点需要布置 n-1 条通信线路，如何在成本最低的情况下架设这个通信网络呢？可以通过引入连通图来解决这个问题，n 个通信点就是图上的 n 个顶点，然后边表示两个通信点之间的通信线路，每条边上的权重就是我们搭建这条线路所需要的成本，所以现在有 n 个顶点的连通网可以建立不同的生成树，每一颗生成树都可以作为一个通信网，当构造这个连通网所花费的成本最小时，搭建该连通网的生成树，该树就称为最小生成树。找出连通网的最小生成树，主要有两种经典的算法，普里姆算法和克鲁斯卡尔算法。

3.8 散列表

3.8.1 散列表与散列方法

当数据项的数量事先不可知时，链表可以作为一种在内存中存储数据的方法。链表的缺点是：它们的构造要求按顺序访问结点。也就是说，为了到达任意节点，都必须访问链表中它之前的所有结点。可以使用多种技术（比如对节点进行排序，或者把最近访问的节点放在靠近链表头部的位置）来减少顺序查找所需的时间，但是这些方法都无法消除查找本身是按顺序进行的要求。

为了提供对内存中存储数据项的快速、随机访问，一种巧妙的解决方案是散列表（Hash Table）。C 语言中的常规表（比如 Struct 数组）要求提前指定表中的元素数量，而散列表可以在表中存放数量不确定的项目，同时不会损失快速、近似随机的访问。

散列表（Hash Table），又称哈希表，是根据关键码值（Key Value）而直接进行访问的数据结构。在搜索时，首先对表项的关键码进行函数计算，把求得的函数值当作表项的存在位置，在结构中按此位置取表项进行比较，若关键码相等，则搜索成功。在存放表项时，依相同函数计算存储位置，并按此位置存放，这种方法就是散列方法，也叫作哈希方法。在散列方法中使用的转换函数叫作散列函数（或哈希函数）。

3.8.2 散列函数构造方法

构造散列函数的方法有很多,应选择合理的方法尽可能构造"好"的散列函数。而"好"的散列函数一般具有计算简单、耗时少且地址分布均匀等特点。下面介绍几种散列函数的构造方法。

1. 直接定址法

取关键字或关键字的某个线性函数值为散列地址。即

$$H(key)=key \text{ 或 } H(key)=a \cdot key+b$$

其中,a 和 b 为常数(这种散列函数叫作自身函数)。

例如:有一个从 1 岁到 100 岁的人口数字统计表,其中,年龄作为关键字,散列函数取关键字自身,如表 3-1 所示。

表 3-1　1~100 岁人口数字统计表

地址	01	02	03	…	25	26	27	…	100
年龄	1	2	3	…	25	26	27	…	…
人数	3000	2000	5000	…	1050	…	…	…	…
…									

若要询问 25 岁的人有多少,则只要查表的第 25 项即可。

又如:有一个 1949 年后出生的人口调查表,关键字是年份,哈希函数取关键字加一常数:H(key)=key + (-1948),如表 3-2 所示。

表 3-2　1949 年后出生的人口调查表

地址	01	02	03	…	22	…	
年份	1949	1950	1951	…	1970	…	
人数	…	…	…	…	…	…	
…							

若要查 1970 年出生的人数,则只要查第(1970-1948)=22 项即可。

由于直接定址所得地址集合和关键字集合的大小相同,因此对于不同的关键字不会发生冲突。但实际中能使用这种散列函数的情况很少。

2. 数字分析法

假设关键字是以 r 为基的数(如:以 10 为基的十进制数),并且散列表中可能出现的关键字都是事先知道的,则可取关键字的若干数位组成散列地址。

例如有 80 个记录,其关键字为 8 位十进制数。假设散列表的表长为 100,则可取两位十进制数组成散列地址,取哪两位呢?原则是使得到的散列地址尽量避免产生冲突,则需从分析这 80 个关键字着手。假设这 80 个关键字中的一部分如图 3-48 所示。

对关键字进行分析:第①②位都是"81",第③位只可能取 1、2、3 或 4,第⑧位只可能取 2、5 或 7,因此这 4 位都不可取。由于中间的 4 位可看成是近乎随机的,因此可取其中任意两位,或取其中两位与另外两位的叠加求和后舍去进位作为散列地址。

...

8	1	3	4	6	5	3	2
8	1	3	7	2	2	4	2
8	1	3	8	7	4	2	2
8	1	3	0	1	3	6	7
8	1	3	2	2	8	1	7
8	1	3	3	8	9	6	7
8	1	3	5	4	1	5	7
8	1	3	6	8	5	3	7
8	1	4	1	9	3	5	5

...

① ② ③ ④ ⑤ ⑥ ⑦ ⑧

图 3-48 部分关键字

3. 平方取中法

平方取中法是指取关键字平方后的中间几位为散列地址。这是一种较常用的构造散列函数的方法。通常在选定散列函数时不一定能知道关键字的全部情况，取其中哪几位也不一定合适，而一个数平方后的中间几位数和数的每一位都相关，由此使随机分布的关键字得到的散列地址也是随机的。取的位数由表长决定。

例如：为 Basic 源程序中的标识符建立一个散列表。假设 Basic 语言中允许的标识符为一个字母，或一个字母和一个数字。在计算机内可用两位八进制数表示字母和数字，如图 3-49（a）所示。取标识符在计算机中的八进制数为它的关键字。假设表长为 512=2^9，则可取关键字平方后的中间 9 位二进制数为散列地址。图 3-49（b）中列出了一些标识符及它们的散列地址。

A	B	C	...	Z	0	1	2	...	9
01	02	03		32	60	61	62		71

（a）字符的八进制表示对照关系

记录	关键字	关键字的平方	散列地址（$2^9 \sim 2^{17}$）
A	0100	0 010000	010
I	1100	1 210000	210
J	1200	1 440000	440
I0	1160	1 370400	370
P1	2061	4 310541	310
P2	2062	4 314704	314
Q1	2161	4 734741	734
Q2	2162	4 741304	741
Q3	2163	4 745651	745

（b）标志符及其散列地址

图 3-49 散列地址

4. 折叠法

将关键字分割成位数相同的几部分（最后一部分的位数可以不同），然后取这几部分的叠加和（舍去进位）作为散列地址，这种方法称为折叠法（Folding）。关键字位数很多而且关键字中每一位上数字分布大致均匀时，可以采用折叠法得到散列地址。

例如：每一种图书都有一个国际标准图书编号（ISBN），它是一个 10 位的十进制数字，若要以它作关键字建立一个散列表，当馆藏书种类不到 1000 时，可采用折叠法构造一个 4 位数的散列函数。在折叠法中数位叠加可以有移位叠加和间界叠加两种方法。移位叠加是将分割后的每一部分的最低位对齐，然后相加；间界叠加是从一端向另一端沿分割界来回折叠，然后对齐相加。

5. 除留余数法

取关键字被某个不大于散列表表长 m 的数 p 除后所得余数为散列地址。即

$$H(key)=key \ \mathrm{MOD} \quad p, p \leqslant m$$

这是一种最简单也最常用的构造散列函数的方法。它不仅可以对关键字直接取模（MOD），也可在折叠、平方取中等运算之后取模。

值得注意的是，在使用除留余数法时，对 p 的选择很重要。若 p 选得不好，容易产生同义词。请看下面 3 个例子。

假设取标识符在计算机中的二进制表示为它的关键字（标识符中每个字母均用两位八进制数表示），然后对 $p=26$ 取模。这个运算在计算机中只要移位便可实现，将关键字左移直至只留下最低的 6 位二进制数，这等于将关键字的所有高位值都忽略不计。因而使得所有最后一个字符相同的标识符，如 a1，i1，temp1，cp1 等均成为同义词。

若 p 含有质因子 f，则所有含有 f 因子的关键字的散列地址均为 f 的倍数。

例如，当 $p=21=3 \times 7$ 时，下列含因子 7 的关键字对 21 取模的哈希地址均为 7 的倍数：

关键字	28	35	63	77	105
哈希地址	7	14	0	14	0

假设有两个标识符 x 和 y，其中 x、y 均为字符，又假设它们的机器代码（6 位二进制数）分别为 $c(x)$ 和 $c(y)$，则上述两个标识符的关键字分别为

$$key1 = 2^6 c(x) + c(y) \text{ 和 } key2 = 2^6 c(y) + c(x)$$

假设用除留余数法求散列地址，且 $p=tq$，t 是某个常数，q 是某个质数。则当 $q=3$ 时，这两个关键字将被散列在差为 3 的地址上。因为

$$[H(key1) - H(key2)] \ \mathrm{MOD} \ q$$

$$= \{[2^6 c(x) + c(y)] \ \mathrm{MOD} \ p - [2^6 c(y) + c(x)] \ \mathrm{MOD} \ p\} \ \mathrm{MOD} \ q$$

$$= \{2^6 c(x) \ \mathrm{MOD} \ p + c(y) \ \mathrm{MOD} \ p - 2^6 c(y) \ \mathrm{MOD} \ p - c(x) \ \mathrm{MOD} \ p\} \ \mathrm{MOD} \ q$$

$$= \{2^6 c(x) \ \mathrm{MOD} \ q + c(y) \ \mathrm{MOD} \ q - 2^6 c(y) \ \mathrm{MOD} \ q - c(x) \ \mathrm{MOD} \ q\} \ \mathrm{MOD} \ q$$

因对任一 x 有

$$(x \mathrm{MOD} \ (t * q)) \mathrm{MOD} \ q = ((x \mathrm{MOD} q) \ \mathrm{MOD} q) = \{(2^6 \mathrm{MOD} 3) c(x) \mathrm{MOD} 3 + c(y) \mathrm{MOD} 3 -$$
$$(2^6 \mathrm{MOD} 3) c(y) \mathrm{MOD} 3 - c(x) \mathrm{MOD} 3\} \mathrm{MOD} 3$$

当 $q=3$ 时，上式化为

$$=0 \ \mathrm{MOD} 3$$

由经验得知：一般情况下，可选 p 为质数或不包含小于 20 的质因数的合数。

6. 随机数法

选择一个随机函数，取关键字的随机函数值为它的散列地址，即 $H(key)=$ random(key)，其中 random 为随机函数。通常，当关键字长度不等时采用此法构造散列函数较为适合。

实际工作中需视不同的情况采用不同的散列函数。通常考虑的因素有：

（1）计算哈希函数所需时间（包括硬件指令的因素）；

（2）关键字的长度；

（3）哈希表的大小；

（4）关键字的分布情况；

（5）记录的查找频率。

3.8.3　散列冲突处理方法

均匀的散列函数可以减少冲突，但是不能避免冲突的出现，因此如何处理冲突是散列表不可缺少的一个环节。

假设哈希表的地址集为 0 ~（n-1），冲突是指由关键字得到的散列地址为 j（$0 \leq j \leq n$-1）的位置上已存有记录，则"处理冲突"就是为该关键字的记录找到另一个"空"的散列地址。在处理冲突的过程中可能得到一个地址序列 H_i，其中 $i=1$，2，$\cdots$，k，（$H_i \in [0, n$-1]）。即在处理散列地址的冲突时，若得到的另一个散列地址 H_1 仍然发生冲突，则再求下一个地址 H_2，若 H_2 仍然冲突，再求得 H_3。以此类推，直至 H_k 不发生冲突为止，则 H_k 为记录在表中的地址。通常使用的散列冲突处理方法有下列几种：

1. 开放定址法

$$H_i = (H(key) + d_i) \bmod m, i = 1, 2, \cdots, k \ (k \leq m - 1)$$

其中，$H(key)$ 为散列函数；m 为散列表表长；d 为增量序列，可有下列 3 种取法：

（1）$d_i = 1, 2, 3, \cdots, m-1$，称线性探测再散列；

（2）$d_i = 1^2, -1^2, 2^2, -2^2, 3^2, \cdots, \pm k^2, (k \leq m/2)$，称二次探测再散列；

（3）$d_i =$ 伪随机数序列，称伪随机探测再散列。

例如，在长度为 11 的散列表中已填有关键字分别为 17、60、29 的记录（散列函数 $H(key) = key \bmod 11$），现有第 4 个记录，其关键字为 38，由散列函数得到散列地址为 5，产生冲突，若用线性探测再散列的方法处理时，得到下一个地址 6，仍冲突，再求下个地址 7，仍冲突，直到散列地址为 8 的位置为"空"时为止，处理冲突的过程结束，记录填入散列表中序号为 8 的位置。若用二次探测再散列则应该填入序号为 4 的位置。类似地可得到伪随机再散列的地址，如图 3-50 所示。

（a）插入前

（b）线性探测再散列

				8	0	17	29			

（c）二次探测再散列

				38		60	17	29			

（d）伪随机再散列

图 3-50　伪随机再散列的地址

从上述线性探测再散列的过程中可以看到一个现象：当表中 i，$i+1$，$i+2$ 位置上已填有记录时，下一个散列地址为 i、$i+1$、$i+2$ 和 $i+3$ 的记录都将填入 $i+3$ 的位置。这种在处理冲突过程中发生的两个第一个散列地址不同的记录争夺同一个后继散列地址的现象称作"二次聚集"，即在处理同义词的冲突过程中又添加了非同义词的冲突，显然，这种现象对查找不利。但另一方面，用线性探测再散列处理冲突可以保证只要散列表未填满，总能找到一个不发生冲突的地址 H，而二次探测再散列只有在散列表长 m 为形如 $4j+3$（j 为整数）的素数时才可能找到，随机探测再散列则取决于伪随机数列。

2．再哈希法

$$H_i = RH_i(key), \quad i = 1, 2, \cdots, k$$

RH_i 是不同的散列函数，即在同义词产生地址冲突时计算另一个哈希函数地址，直到冲突不再发生。这种方法不易产生"聚集"，但增加了计算的时间。

3．链地址法

将所有关键字为同义词的记录存储在同一线性链表中。假设某散列函数产生的散列地址在区间[0，$m-1$]上，则设立一个指针型向量：

Chain ChainHash[m];

其每个分量的初始状态都是空指针。凡散列地址为 i 的记录都插入到头指针为 ChainHash[i] 的链表中。在链表中的插入位置可以在表头或表尾，也可以在中间，以保持同义词在同一线性链表中按关键字有序。

4．公共溢出区法

建立一个公共溢出区也是处理冲突的一种方法。假设散列函数的值域为[0，$m-1$]，则设向量 HashTable[0..$m-1$]为基本表，每个分量存放一个记录，另设立向量 Over Table[0..v]为溢出表。所有关键字和基本表中关键字为同义词的记录，不管它们由散列函数得到的散列地址是什么，一旦发生冲突，都填入溢出表。

3.8.4　散列表查找

在散列表上进行查找的过程和散列造表的过程基本一致。给定 K 值，根据造表时设定的散列函数求得散列地址，若表中此位置上没有记录，则查找不成功；否则比较关键字，若和给定值相等，则查找成功；否则根据造表时设定的处理冲突的方法找"下一地址"，直至散列表中某个位置为"空"或者表中所填记录的关键字等于给定值时为止。下面就来实现查找的代码。

首先是需要定义一个散列表的结构以及一些相关的常数，其中 HashTable 就是散列表结构，结构中的 elem 为一个动态数组。

```
#define SUCCESS    1
#define UNSUCCESS   0
define HASHSIZE   12          /*定义散列表长为数组的长度*/
#define NULLKEY   -32768
typedef   struct   HashTable
{
    int *elem;                  /*数据元素存储基址，动态分配数组*/
    int count;                  /*当前数据元素个数*/

int   m=o;                      /*散列表表长，全局变量*/
};
int   m=o;                      /*散列表表长，全局变量*/
```

有了结构的定义，我们可以对散列表进行初始化：

```
/*初始化散列表*/
Status InitHashTable (HashTable *H)
{
    int   i;
    m=HASHSIZE;
    H-> count=m;
    H->elem= (int *)malloc (m*sizeof (int));
    for (i=0; i<m; i++)
        H->elem[i]=NULLKEY;
    return OK;
}
```

为了插入时计算地址，需要定义散列函数，散列函数可以根据不同情况更改算法。

```
/*散列函数*/
int Hash (int key)
{
    return key % m;           /*除留余数法*/
}
```

初始化完成后，可以对散列表进行插入操作：

```
/*插入关键字进散列表+/
void InsertHash (HashTable *H, int key)
{
    int addr = Hash (key);                      /*求散列地址*/
    while (H-> elem[addr] ! = NULLKEY)          /*如果不为空，则冲突*/
    addr = (addr+1) %   m;                      /*开放定址法的线性探测*/
    >elem[addr] = key;                          /*直到有空位后插入关键字*/
}
```

代码中插入关键字时，首先算出散列地址，如果当前地址不为空关键字，则说明有冲突。此时应用开放定址法的线性探测进行重新寻址，此处也可更改为链地址法等其他解决冲突的办法。

散列表存在后，在需要时就可以通过散列表查找需要的记录。

```
/*散列表查找关键字*/
status SearchHash (HashTable H, int key, int *addr)
{
    *addr = Hash (key);              /*求散列地址*/
    while (H.elem[*aadr] ! = key)     /*如果不为空，则冲突*/
    {
        *addr = (*addr + 1) % m;       /*开放定址法的线性探测*/
        if (H.elem[*addr] == NULLKEY  ||  *addr = = Hash (key))/*如果循环回到原点*/
            return UNSUCCESS; /*则说明关键字不存在*/
    }
    return SUCCESS;
}
```

查找的代码与插入的代码非常类似，只需做一个不存在关键字的判断而已。

接下来将对散列表查找的性能做一个简单分析。如果没有冲突，散列查找是本章介绍的所有查找算法中效率最高的，因为它的时间复杂度为 $O(1)$。但是没有冲突的散列只是一种理想情况，在实际的应用中，冲突是不可避免的。那么散列查找的平均查找长度取决于哪些因素呢?

1. 散列函数是否均匀

散列函数的好坏直接影响着出现冲突的频繁程度，不过由于不同的散列函数对同一组随机的关键字产生冲突的可能性是相同的，因此我们可以不考虑它对平均查找长度的影响。

2. 处理冲突的方法

相同的关键字、相同的散列函数，但处理冲突的方法不同，会使得平均查找长度不同。比如线性探测处理冲突可能会产生堆积，显然就没有二次探测法好，而链地址法处理冲突不会产生任何堆积，因而具有更好的平均查找性能。

3. 散列表的装填因子

装填因子 α=填入表中的记录个数/散列表长度，其标志着散列表的装满的程度。当填入表中的记录越多，α 就越大，产生冲突的可能性就越大。如果散列表长度是 15，而填入表中的记录个数为 14，那么此时的装填因子 $a=14/15=0.933$，再填入最后一个关键字产生冲突的可能性就非常之大。也就是说，散列表的平均查找长度取决于装填因子，而不是取决于查找集合中的记录个数。

不管记录个数 n 有多大，总可以选择一个合适的装填因子以便将平均查找长度限定在一个范围之内，此时散列查找的时间复杂度就真的是 $O(1)$了。为了做到这一点，通常都是将散列表的空间设置得比查找集合大，此时虽然浪费了一定的空间，但换来的是查找效率的大大提升，总的来说，还是非常值得的。

第4章 高级语言

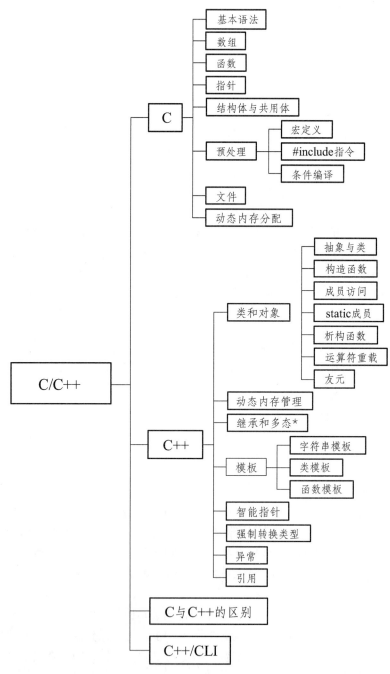

图 4-1　本章知识导图

4.1 C 语言

4.1.1 基本数据类型

变量可以保存的信息种类由其数据类型决定。程序中所有的数据和变量必须是某种已定义的类型，C 提供了一系列由特定保留字指定的基本数据类型。之所以称之为基本数据类型，是因为它们存储表示计算机中基本类型的值，特别是数值。字符也是数值，因为字符由数字字符代码表示。

1. 整型变量

整型变量只能包含整数值，可以使用保留字 int 来声明整型变量。int 类型在内存中占用 4 个字节，可以存储正负整数值，int 类型变量值的上下限对应最大和最小的带符号的二进制数字，它们可以表示为 32 位。int 类型的上限为 $2^{31}-1$，即 2 147 483 647；下限为 $-(2^{31})$，即 -2 147 483 648。下面是定义 int 类型变量的一个示例：

int count = 10;

保留字 short 可以定义占用 2 个字节的整型变量。保留字 short 等同于 short int，所以利用下列语句可以定义两个 short 类型变量：

short num1 = 2;

short int num2 = 3;

这两个变量具有相同的类型，因为 short 的含义和 short int 完全相同。在此使用这两种类型的名称是为了说明它们的用法，但最好使用一种表示方法，short 用得更多一些。

Visual C++中 long 占用 4 个字节，存储值域与 int 类型相同，在其他一些 C++编译器中，long 类型也可能占用 8 个字节，该类型也可以写作 long int。下面语句声明了 long 型变量：

long bigNum = 1000000L;

long int largeVal = 0;

这些语句声明了变量 bigNum 和 largeVal，它们的初值分别为 1000000 和 0。在 bigNumber 值尾处附加字母 L 用来指定它们是 long 类型。也可以用小写字母 l 达到相同的目的，但其缺点是它容易和数字 1 混淆。没有附加 L 的整型值属于 int 型。

备注：在代码中编写数值时，不能包括逗号，在正文中可以把数字写为 12，345，但是在代码中必须写为 12345。

使用 long long 型变量可以存贮更大的整数：

long long hugeNum = 100000000LL;

long long 型变量占用 8 个字节，可以存储的值的范围在 -9 223 372 036 854 775 808 ~ 9 223 372 036 854 775 807 之间。表明整数为 long long 类型的后缀为 LL 或者 ll，最好避免使用小写形式，因为看起来像数字 11。

2. 字符数据类型

字符数据类型 char 有双重用途。它是指 1 字节变量，可以存储给定值域内的整数，或者存储单个 ASCII（American Standard Code for Information Interchange，美国信息交换标准代码）字符的代码，可以利用下列语句声明 char 类型变量：

char letter ='A'

这个语句声明了变量 letter，并把它初始化为常量 A。指定的值是位于单引号之间的单个字符，而不是前面在定义要显示的一串字符时使用的双引号。由于 A 是由 ASCII 码表示的十进制数值 65，因此可以把上面语句写为：

```
char letter = 65;          //等同于 A
```

这个语句产生的结果和前面的语句相同，可以存储在 char 类型变量中的整数范围是-128 ~ +127。

类型 wchar_t 叫作宽字符类型，VC++中这种类型变量存储 2 字节字符代码，值域为 0 ~ 65 535。下面是定义 wchar_t 型变量的一个示例：

```
wchar_t    letter = L'Z';
```

这个语句定义了变量 letter，并用字母 Z 的 16 位代码初始化它。字符常量'Z'前面的字母 L 用来告诉编译器，这是一个 16 位字符代码值。

如果要在常数或变量中存储多个字符，则形成字符串。字符串变量可以用 char 类型声明。以下示例声明了一个名为 letter 的 char 变量。请注意，这里的字符常数就是赋给变量的值，要用双引号括起来。

```
char letter [10]= "ABCDEFG";
```

显然，用 char 声明的字符串实际上是一个字符数组。字符串最后系统会自动添加一个字符串结束符 '\0'，结束符会占用一个字符空间。

3. 整型修饰符

char、int、short、long 或者 long long 能存储有符号的整数值，所以可以使用这些类型存储正值或者负值，这是因为这些类型假定具有默认的类型修饰符 signed。因此，对于 int 或 long，都可以把它们写为 signed int 或 signed long。

还可以单独使用保留字 signed 来指定类型的变量，这时它表示 signed int。例如：

```
signed value = 5;                //等于 signed int
```

这种用法不常见，推荐使用 int，这会使含义比较明显。

char 类型变量的范围为-128 ~ 127，这和 signed char 变量相同，尽管如此，char 型和 signed char 型依然是不同的类型，因此不应该错误地认为它们是一样的。char 型是否带符号一般由具体的实现方法来决定。

如果确定不需要存储负值，则可以把变量指定为 unsigned：

```
unsigned long    meter = 0UL;
```

变量 meter 可以存储的最小值为 0，最大值为 4 294 967 295（即 $2^{32}-1$）。将该值域与 signed long 的-2 147 483 648 ~ 2 147 483 647（-2^{31} ~ $2^{31}-1$）比较，signed 变量中用于确定数值符号的位，在 unsigned 变量中是数值的一部分，因此 unsigned 变量可以存储更大的正值，但不能表示负值。

备注：signed 和 unsigned 都是保留字，不能用作变量名。

4. 布尔类型

布尔变量只能存储两个值：true（真）或 false（假）。布尔变量也称为逻辑变量，变量类型是 bool，这是由 George Boole 的名字命名的，他开发了布尔代数。bool 类型被认为是整数类型。bool 类型变量用来存储可以是 true 或者 false 的测试结果，如两个值是否相等。

可以利用下列语句声明 bool 类型变量：

```
bool testResult;
```

当然，也可以在声明 bool 变量时进行初始化：

bool result = false;

5. 浮点类型

不是整数的数值存储为浮点数。浮点数可以表示为 112.5 这样的小数值，或者指具有指数的小数值，如 1.125E2，其中小数部分与 E（代表指数）后面指定的 10 的幂相乘。因此，1.125E2 是 1.125×10^2，即 112.5。

备注：浮点数常量必须包含一个小数点，或者一个指数，或者两者都有。如果数字值既没有小数点，也没有指数，那么它是一个整数。

如下列语句所示，使用 double 保留字声明浮点类型变量：

double in_to_num = 25.4;

double 型变量占用 8 个字节，它存储的值可以精确到大约 15 个小数位，所存储值的值域则比 15 个数精度表示的值域宽的多，即 $1.7 \times 10^{-308} \sim 1.7 \times 10^{308}$，包括正数和负数，如果不需要 15 个位数的精度，也不需要 double 型变量提供的大值域，那么可以使用保留字 float 声明占用 4 个字节的浮点型变量。例如：

float pi = 3.141592f;

这个语句定义了初始值为 3.141592 的变量 pi。常量结尾的 f 指定它属于 float 类型。如果没有这个 f，这个常量就是 double 型。float 有大约 7 个小数位的精度，值域为 $\pm 3.4 \times 10^{\pm 38}$，包括正数和负数。

C++ 中还定义了 long double 浮点类型。在 Visual C++ 中实现时，这种类型具有和 double 类型相同的值域和精度。在某些编译器中，long double 浮点类型对应于 16 字节的浮点值，它的值域和精度都比 double 类型大得多。

表 4-1 总结了 C++ 中支持的所有基本类型及其值域。

表 4-1　C++ 数据类型及其值域

类型	字节数	值域
bool	1	true 或 false
char	1	默认情况下和 signed char 一样：-128～127。另外，也可以使 char 型变量的值域和 unsigned char 型一样
signed char	1	-128～127
unsigned char	1	0～255
wchar_t	2	0～65 535
short	2	-32 768～32 767
unsigned short	2	0～65 535
int	4	-2 147 483 648～2 147 483 647
unsigned int	4	0～4 294 967 295
long	4	-2 147 483 648～2 147 483 647
unsigned long	4	0～4 294 967 295
long long	8	-9 223 372 036 854 775 808～9 223 372 036 854 775 807

续表

类型	字节数	值域
unsigned long long	8	$0 \sim 18\ 446\ 744\ 073\ 709\ 551\ 615$
float	4	$\pm 3.4 \times 10^{\pm 38}$，精度大约为 7 个位数
double	8	$\pm 1.7 \times 10^{\pm 308}$，精度大约 15 个位数
long double	16	$\pm 1.1 \times 10^{\pm 4932}$，精度大约 18 个位数

6. 常　量

常量和变量相似，常量是具名的数据存储位置。但和变量不同，常量值在常量声明后不可更改，创建时必须初始化好，之后不能被赋予新值。C++有两种常量：字面值（Literal）和符号值（Symbolic），字面值直接在代码中输入。下面代码将字面值 40 和 Dog 分别赋值给变量noOfEmployees 和 name：

```
noOfEmployees = 40;
name = "Dog";
```

符号常量是一个用名称来代替的常量，定义方式和变量一样，但限定符必须以保留字 const开头，而且必须初始化。一经声明，在能使用该类型的变量的任何地方，都可以使用该常量名称，如下所示：

```
const unsigned long noOfFullTimeEmployees = 49;
const unsigned long noOfPartTimeEmployees = 249;
unsigned long noOfEmployees;
noOfEmployees = noOfFullTimeEmployees + noOfPartTimeEmployees;
```

与字面常量相比，符号常量有以下两个好处：

（1）符号名称增强了可读性。例如，符号常量 NoOfFullTimeEmployees（全职员工数量）就比字面值 49 更容易理解。

（2）符号常量可以统一更改，这比到处寻找字面值并进行更改容易多了。

不过，并非所有字面值都需要用符号常量取代。有的常量对于读者是一目了然的，不可能产生曲解。例如一周的天数或者一年的天数，这些值就以字面值（7 或 365）的形式表示，不会影响代码的可读性或者可维护性。

4.1.2 数　组

4.1.2.1　一维、二维数组

关于一维数组、二维数组、多维数组的概念已在 3.3 节陈述，在此不再复述。

一维数组定义的一般形式是：

```
dataType arrayName[length];
```

比如：

```
int a[3];
```

二维数组定义的形式与一维数组相似：

```
float a[3][4];
```

指针也可以定义数组，指针概念后续会马上介绍：

int (*p)[5];

4.1.2.2　字符数组

数组中的元素类型为字符型时称为字符数组。字符数组中的每一个元素可以存放一个字符。字符数组的定义和使用方法与其他基本类型的数组基本相似。一般形式如下：

char　数组标识符[常量表达式];

比如：

char Array[8];

在初始化字符数组时要注意，每一个元素的字符都是使用一对单引号进行表示的。

在对字符数组进行初始化操作时，可以采用逐个字符赋给数组中各元素的方式，例如：

char Array[5]={'H', 'E', 'L', 'L', 'O'};

如果初值个数与预定的数组长度相同，在定义时可以省略数组长度，系统会自动根据初值个数确定数组长度。例如：

char Array[]={'H', 'E', 'L', 'L', 'O'};

在实际使用中，通常用一个字符数组来存放一个字符串。例如：

char Array[]={"HELLO"};

或

char Array[]="HELLO";

在 C 语言中，使用字符数组保存字符串，也就是使用一个一维数组保存字符串中的每一个字符。此时系统会自动为其添加"/0"作为结束符。用字符串方式赋值比用字符逐个赋值要多占一个字节，多占的这个字节用于存放字符串结束标志"/0"。上面的字符数组 Array 在内存中的实际存放情况如图 4-2 所示。

H	E	L	L	O	/0

图 4-2　Array 在内存中的存放情况

为了使系统处理方法一致，且便于测定字符串的实际长度以及在程序中做相应的处理，在字符数组中也常常人为地加上一个'/0'。例如：

char Array[6]={'H', 'E', 'L', 'L', 'O', '/0'};

字符数组的输入和输出有两种方法：使用格式符"%c"实现字符数组中字符的逐个输入与输出；使用格式符"%s"将整个字符串依次输入或输出。

其中，使用格式符%s 将字符串进行输出时需注意以下几种情况：

（1）输出字符不包括结束符'/0'。

（2）用"%s"格式输出字符串时，printf 函数中的输出项是字符数组名 Array，而不是数组中的元素名 Array[0]等。

（3）如果数组长度大于字符串实际长度，则也只输出到'/0'为止。

（4）如果一个字符数组中包含多个'/0'结束字符，则在遇到第一个'/0'时输出就结束。

4.1.2.3　字符串处理函数

1. strcpy

在字符串操作中，字符串复制是比较常用的操作之一，字符串处理函数中的 strcpy 函数可用于复制特定长度的字符串到另一个字符串中。字符串结束标志 "/0" 也一同复制。函数形式如下：

```
char *strcpy(char* dest, const char *src);
```

该函数要求目的字符数组有足够的长度，否则不能全部装入所复制的字符串。"目的字符数组"必须写成数组名形式，而"源字符数组名"可以是字符数组名，也可以是一个字符串常量，这时相当于把一个字符串赋予一个字符数组。不能用赋值语句将一个字符串常量或字符数组直接赋给一个字符数组。

2. strcat

字符串连接就是将一个字符串连接到另一个字符串的末尾，使其组合成一个新的字符串。在字符串处理函数中，strcat 函数就具有字符串连接的功能，能把源字符数组中的字符串连接到目的字符数组中字符串的后面，并删去目的字符数组中原有的串结束标志 "/0"。函数形式如下：

```
extern char *strcat(char *dest, const char *src);
```

3. strcmp

字符串比较就是将一个字符串与另一个字符串从首字母开始，按照 ASCII 码的顺序进行逐个比较。在字符串处理函数中，strcmp 函数就具有在字符串间进行比较的功能。其函数形式如下：

```
extern int strcmp(const char *s1,const char *s2);
```

按照 ASCII 码顺序比较两个数组中的字符串，并由函数返回值返回比较结果。字符串 1 = 字符串 2，返回值为 0；字符串 1 > 字符串 2，返回值为正数；字符串 1 < 字符串 2，返回值为负数。

4. strupr 与 strlwr

字符串的大小写转换需要使用 strupr 函数和 strlwr 函数。strupr 函数将字符串中的小写字母变成大写字母，其他字母不变，其语法格式如下：

```
extern char *strupr(char *s);
```

strlwr 函数将字符串中的大写字母变成小写字母，其他字母不变，其语法格式如下：

```
extern char *strlwr(char *s);
```

5. strlen

strlen 函数可以用来计算字符串的长度（不含字符串结束标志 "/0"），函数返回值为字符串的实际长度。strlen 函数的语法格式如下：

```
size_t strlen(const char *string);
```

4.1.3　函　数

构成 C 程序的基本单元是函数。函数（Function）是完成特定任务的独立程序代码单元，其语法规则定义了函数的结构和使用方式。

使用函数可以避免重复编写代码。即使程序只完成某项任务一次，也值得使用函数。因为函数让程序更加模块化，从而提高了程序代码的可读性，更方便后期修改、完善。

每个 C 程序的入口和出口都位于 main 函数之中。编写程序时，我们并不是将所有的内容都放在主函数 main 中。为了方便规划、组织、编写和调试，一般的做法是将一个程序划分成若干个程序模块，每一个程序模块都完成一部分功能。这样，不同的程序模块可以由不同的人来完成，从而可以提高软件开发的效率。也就是说，主函数可以调用其他的函数，其他函数也可以相互调用。在 main 函数中调用其他的函数，这些函数执行完毕之后又返回到 main 函数中。通常把这些被调用的函数称为下层函数。函数调用发生时，立即执行被调用的函数，而调用者则进入等待的状态，直到被调用函数执行完毕。函数可以有参数和返回值。

4.1.3.1 函数的定义

在程序中编写函数时，函数的定义是让编译器知道函数的功能。定义的函数包括函数头和函数体两部分。

函数头分为 3 个部分：

（1）返回值类型。返回值可以是某个 C 数据类型。

（2）函数名。函数名也就是函数的标识符，其在程序中必须是唯一的。因为是标识符，所以函数名也要遵守标识符命名规则。

（3）参数列表。参数列表可以没有变量也可以有多个变量。在进行函数调用时，实际参数将被复制到这些变量中。

函数体包括局部变量的声明和函数的可执行代码。

所有的 C 程序都必须有一个 main 函数。该函数已经由系统声明过了，在程序中只需要定义即可。main 函数的返回值为整型，并可以有两个参数。这两个参数一个是整数，一个是指向字符数组的指针。虽然在调用时有参数传递给 main 函数，但是在定义 main 函数的时候可以不带任何参数，在前面的所有实例中都可以看到 main 函数就没有带任何的参数。除了 main 函数外，其他函数在定义和调用时，参数都必须是匹配的。

系统的启动过程在（开始运行程序时）将调用 main 函数。当 main 函数结束返回时，系统的结束过程将接收这个返回值。至于启动和结束的过程，程序员不必关心，编译器在编译和链接的时候会自动提供。不过根据习惯，当程序结束时，应该返回整数值。其他的返回值的意义由程序的要求所决定，通常都表示程序非正常终止。

4.1.3.2 函数定义的形式

C 语言的库函数在编写程序时是可以直接调用的，例如输出函数 printf。而自定义函数则必须由用户对其进行定义，在其函数的定义中完成函数特定的功能，这样才能被其他函数调用。

一个函数的定义分为两个部分：函数头和函数体。函数定义的语法格式如下：

```
返回值类型   函数名 (参数列表)
{
        函数体 (函数实现特定功能的过程)
}
```

定义一个函数的代码如下：

```
int Add (int Num1, int Num2)
{
    /*函数体部分，实现函数的功能*/
```

```
    int result;              /*定义整型变量*/
    result=Num1+Num2;    /*进行加法计算*/
    return result;          /*返回操作结果, 结束*/
}
```

下面利用上述代码分析一下定义函数的过程。

函数头用来表示一个代码的开始，这是一个函数的入口。函数头分为 3 个部分，如图 4-3 所示。

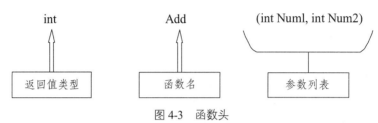

图 4-3 函数头

函数体位于函数头的下方位置，由一对大括号括起来，大括号决定了函数体的范围。函数要实现的特定功能，都是在函数体这个部分通过代码语句完成的。最后通过 return 语句返回实现的结果。在上面的代码中，Add 函数的功能是实现两个整数加法，因此定义一个整数用来保存加法的计算结果，之后利用传递进来的参数进行加法操作，并将结果保存在 result 变量中，最后函数要将所得到的结果进行返回。通过这些语句的操作，实现了函数的特定功能。

定义函数时还会有几种特殊情况：

无参函数：没有参数的函数。其语法形式如下：

```
返回值类型  函数名()
{
    函数体
}
```

比如：

```
void Time()
{
    printf ("12:10:30");
}
```

空函数：没有任何内容的函数，也没有什么实际作用。空函数既然没有什么实际功能，那么为什么要存在呢？原因是代码中空函数所处的位置是要放一个函数的，只是这个函数现在还未编好，用这个空函数先占一个位置，以后用一个编好的函数来取代它。其语法形式如下：

```
类型说明符  函数名()
{
}
```

比如：

```
void Time()
{
}
```

4.1.3.3　函数的声明

函数的定义是让编译器知道函数的功能，而函数的声明是让编译器知道函数的名称、参数、返回值类型等信息。声明的作用是告知其函数将在后面进行定义，如果将函数的定义放在调用函数之前，就不需要进行函数的声明。此时函数的定义就包含了函数的声明。

函数的声明格式由函数返回值类型、函数名、参数列表和分号四部分组成：

返回值类型　函数名　　　(参数列表);

4.1.3.4　返回语句

返回语句有两个主要用途：

（1）利用返回语句能立即从所在的函数中退出，即返回到调用的程序中去。

（2）返回语句能返回值。将函数值返回到调用的表达式中，当然有些函数也可以没有返回值，例如返回值类型为 void 的函数就没有返回值。

函数的返回值都通过函数中的 return 语句获得。return 语句将被调用函数中的一个确定值返回到调用函数中。定义函数时应明确指出函数返回值的类型，如果函数值的类型和 return 语句中表达式的值不一致，则以函数的返回值类型为准。数值型数据可以自动进行类型转化，即函数定义的返回值类型决定最终返回值的类型。

4.1.3.5　函数参数

函数参数的作用是传递数据给函数使用，函数利用接收的数据进行具体的操作处理。函数参数在定义函数时放在函数名称的后面，在使用函数时经常会用到形式参数和实际参数，两者都叫作参数。

在定义函数时，函数名后面括号中的变量名称为"形式参数"。在函数调用之前，传递给函数的值将被复制到这些形式参数中。

在调用一个函数时，也就是真正使用一个函数时，函数名后面括号中的参数为"实际参数"，即函数的调用者提供给函数的参数。实际参数是表达式计算的结果，并且被复制给函数的形式参数。

```
void Fun (int Num)      /*定义或声明函数，此时函数参数 Num 为形式参数*/
{
    ...
}

int main                /*调用函数，此时函数参数中的 101 或者变量 Num1 为实际参数  */
{
    int Num1;
    Fun (101);
    Fun (Num1);
}
```

将数组作为函数参数进行传递，不同于标准的赋值调用的参数传递方法。当数组作为函数的实参时，只传递数组的地址，而不是将整个数组赋值到函数中。当用数组名作为实参调用函数时，指向该数组的第一个元素的指针就被传递到函数中。

使用数组元素作为函数参数，由于实参可以是表达式形式，数组元素可以是表达式的组成部分，因此数组元素可以作为函数的实参，与用变量作为函数实参一样，是单向传递的。

```c
#include<stdio.h>
void Num (int Num0);
int main ()
{
    int Count[8];
    int i;

    for (i=0; i<8; i++)
    {
        Count[i]=i;
    }
    for (i=0; i<8; i++)
    {
        Num (Count[i]);
    }
    return 0;
}
void Num (int Num0)
{
    printf ("%d/n", Num0);
}
```

数组名可以作为函数参数，此时实参与形参都使用数组名：

```c
#include<stdio.h>
void Num (int Num0[8]);
int main ()
{
    int Count[8];

    Num (Count[8]);

    for (i=0; i<8; i++)
    {
        printf ("%d/n", Count[i]);
    }
    return 0;
}
```

```
void Num (int Num0[8])
{
    int i;
    for (i=0; i<8; i++)
    {
        Num0[i]=i;
    }
}
```

函数的参数可以声明为长度可变的数组，在此基础上利用上面的程序进行修改：

```
#include<stdio.h>
void Num (int Num0[]);              /*声明参数，参数为可变长度数组*/
int main ()
{
    int Count[8];
    Num (Count[8]);
    for (i=0; i<8; i++)
    {
        printf ("%d/n", Count[i]);
    }
    return 0;
}

void Num (int Num0[])
{
    int i;
    for (i=0; i<8; i++)
    {
        Num0[i]=i;
    }
}
```

使用指针作为函数参数，是 C 语言程序比较专业的写法：

```
#include<stdio.h>

void Num (int *Num0);               /*声明参数，参数为可变长度数组*/

int main ()
{
    int Count[8];

    Num (Count[8]);
```

```
        for (i=0; i<8; i++)
        {
                printf ("%d/n", Count[i]);
        }
        return 0;
}

void Num (int *Num0)
{
    int i;
    for (i=0; i<8; i++)
    {
        Num0[i]=i;
    }
}
```

运行程序时，有时需要将必要的参数传递给主函数。主函数 main 的语法形式为：

main (int argc, char* argv[])

两个特殊的内部形参 argc 和 argv 是用来接收命令行实参的，这是只有主函数 main 才能具有的参数。

argc 参数保存命令行的参数个数，是整型变量。这个参数的值至少是 1，因为程序名就是第一个实参。

argv 参数是一个指向字符指针数组的指针，这个数组里的每一个元素都指向命令行实参。所有命令行实参都是字符串，任何数字都必须由程序转变成为适当的格式。

4.1.3.6　函数的调用

函数就像要完成某项功能的工具，而使用函数的过程就是函数的调用。函数的调用方式有 3 种，包括函数语句调用、函数表达式调用、函数参数调用。

把函数的调用作为一个语句就叫函数语句调用。函数语句调用是最常使用的调用函数的方式，如：

Display ();   /*展示信息*/

这个函数的功能就是在函数的内部进行函数操作。这时不要求函数带返回值，只要求完成一定的操作。

当函数出现在一个表达式中，这时要求函数带回一个确定的值，并将这个值加入表达式的运算，我们称之为函数表达式调用。比如：

result=Num*Add (3, 5);

Add 函数的功能是将两数相加，上面表达式的功能是将 Num 与 Add 相乘的结果赋值给 result 变量。

函数参数调用是将函数返回值作为实参传递到另一个函数（也可以是相同函数）中使用。比如：

```
result=Add (3, Add (3, 5));        /*函数在参数中*/
```

在这条语句中，函数 Add 的功能还是进行两个数相加，Add 将相加的结果又作为 Add 函数的参数，继续进行计算。

在 C 语言中，函数的定义都是互相平行、独立的，也就是说在定义函数时，一个函数体内不能包含另一个函数的定义。虽然 C 语言不允许进行嵌套定义，但是可以嵌套调用函数，也就是说，在一个函数体内可以调用另外一个函数。

```
void Show ()                     /*定义函数*/
{
    printf ("What is it" );
}

void Display ()
{
    Show ();                      /*嵌套调用*/
}
```

C 语言的函数都支持递归，也就是说，每个函数都可以直接或者间接地调用自己，如图 4-4 所示。所谓的间接调用，是指在递归函数调用的下层函数中再调用自己。递归之所以能实现，是因为函数的每个执行过程在栈中都有自己的形参和局部变量的副本，这些副本和该函数的其他执行过程不发生关系。

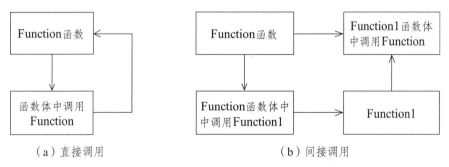

（a）直接调用　　　　　　　　　　　　（b）间接调用

图 4-4　递归调用过程

4.1.3.7　内部函数和外部函数

函数是 C 语言程序中的最小单位，往往把一个函数或多个函数保存为一个文件，这个文件称为源文件。定义一个函数后，这个函数就会被另外的函数所调用。但当一个源程序由多个源文件组成时，可以指定函数不能被其他文件调用。这样，C 语言又把函数分为两类：一个是内部函数，另一个是外部函数。

定义一个函数，如果希望这个函数只被其所在的源文件所使用，称这样的函数为内部函数。内部函数又称为静态函数。使用内部函数，可以使函数只局限在函数所在的源文件中，如果在不同的源文件中有同名的内部函数，则这些同名的函数是互不干扰的。在定义内部函数时，要在函数返回值和函数名前面加上保留字 static 进行修饰：

static 返回值类型 函数名 (参数列表)

例如定义一个功能是进行加法运算且返回值是 int 型的内部函数，代码如下：

static int Add (int Num1, int Num2);

使用内部函数的好处是，不同的开发者可以分别编写不同的函数，而不必担心所使用的函数是否会与其他源文件中的函数同名，因为内部函数只可以在所在的源文件中进行使用，所以即使不同的源文件中有相同的函数名也没有关系。

与内部函数相反的就是外部函数，外部函数是可以被其他源文件调用的函数。定义外部函数使用保留字 extern 进行修饰。在使用一个外部函数时，要先用 extern 声明所用的函数是外部函数，其形式可设置为：

extern 返回值类型 函数名 (参数列表)

4.1.3.8　局部变量和全局变量

作用域包括局部作用域和全局作用域，那么局部变量具有局部作用域，而全局变量具有全局作用域。在一个函数的内部定义的变量是局部变量，变量声明在函数内部，无法被别的函数所使用。函数的形式参数也是属于局部变量，作用域范围仅限于函数内部的所有语句块。局部变量的作用域范围如图 4-5 所示。

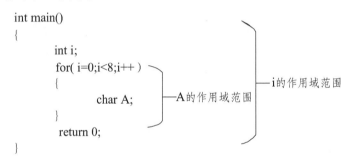

图 4-5　局部变量的作用域范围

在 C 语言中位于不同作用域的变量可以使用相同的标识符，也就是可以为变量起相同的名称。内层作用域中的变量将屏蔽外层作用域中的那个变量，直到结束内层作用域为止。这就是局部变量的屏蔽作用。

如果一个变量在所有函数的外部声明，这个变量就是全局变量。顾名思义，全局变量是可以在程序中的任何位置进行访问的变量。全局变量不属于某个函数，而属于整个源文件。但是如果外部文件要进行使用的话则要用 extern 进行引用修饰。

定义全局变量的作用是增加函数间数据联系的渠道。由于同一个文件中的所有函数都能引用全局变量的值，因此如果在一个函数中改变了全局变量的值，就能影响到其他函数，相当于各个函数间有直接传递通道。

4.1.4　指　针

4.1.4.1　指针的相关概念

指针是一种保存变量地址的变量。在 C 语言中，指针的使用非常广泛，原因之一是，指针常常是表达某个计算的唯一途径，另一个原因是，同其他方法比较起来，使用指针通常可以生成更高效、更紧凑的代码。但如果使用不当，则很容易造成系统错误。

地址是内存区中对每个字节的编号，而指针则可以看作是内存中的一个地址，多数情况下，这个地址是内存中另一个变量的位置。在程序中定义一个变量，在进行编译时就会给该变量在内存中分配一个地址，通过访问这个地址就可以找到所需的变量，这个变量的地址称为该变量的"指针"。

变量的地址是变量和指针二者之间连接的纽带，如果一个变量包含了另一个变量的地址，则可以理解成第 1 个变量指向第 2 个变量。所谓"指向"就是通过地址来体现的。因为指针变量是指向一个变量的地址，所以将一个变量的地址值赋给这个指针变量后，这个指针变量就"指向"了该变量。例如，将变量 i 的地址存放到指针变量 p 中，p 就指向 i，其关系如图 4-6 所示。

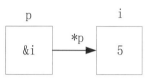

图 4-6　地址与指针

在程序代码中是通过变量名对内存单元进行存取操作的，但是代码经过编辑后已经将变量名转换为该变量在内存中的存放地址，对变量值的存取都是通过地址进行的。在低级语言的汇编语言中都是直接通过地址来访问内存单元的，在高级语言中一般使用变量名访问内存单元，但 C 语言作为高级语言提供了通过地址来访问内存单元的方式。

由于通过地址能访问指定的内存存储单元，可以说地址"指向"该内存单元。地址可以形象地称为指针，即通过指针能找到内存单元。一个变量的地址称为该变量的指针。如果有一个变量专门用来存放另一个变量的地址，它就是指针变量。在 C 语言中有专门用来存放内存单元地址的变量类型，即指针类型。定义指针变量的一般形式如下：

类型说明　*变量名

其中，"*"表示该变量是一个指针变量；变量名即为定义的指针变量名；类型说明表示本指针变量所指向的变量的数据类型。

指针变量同普通变量一样，使用之前不仅需要定义，而且必须赋予具体的值。未经赋值的指针变量不能使用。给指针变量所赋的值与给其他变量所赋的值不同，给指针变量的赋值只能赋予地址，而不能赋予任何其他数据，否则将引起错误。C 语言中提供了地址运算符"&"来表示变量的地址。其一般形式为：

&变量名；

给一个指针变量赋值，既可以采用定义指针变量的同时就进行赋值的方法，也可以采用先定义指针变量之后再赋值的方法。如采用在定义完指针变量之后再赋值，需要注意不需要再对指针变量加"*"。

在前面用到了"&"和"*"两个运算符，其中运算符"&"是一个返回操作数地址的单目运算符，叫作取地址运算符；运算符"*"也是单目运算符，称之为指针运算符，作用是返回指定的地址内的变量的值。"&"和"*"的运算符优先级别相同，按自右而左的方向结合。

指针的自加自减运算不同于普通变量的自加自减运算，如指针 p 是指向整型变量 i 的地址的，p++不是简单地在地址上加 1，而是指向下一个存放基本整型数的地址。

4.1.4.2　数组与指针

系统需要提供一定连续的内存来存储数组中的各元素，内存都有地址，指针变量就是存放地址的变量，如果把数组的地址赋给指针变量，就可以通过指针变量来引用数组。

当定义一个一维数组时，系统会在内存中为该数组分配一个存储空间，其数组的名称就是数组在内存中的首地址。若再定义一个指针变量，并将数组的首地址传给指针变量，则该指针就指向了这个一维数组。

定义一个 3 行 5 列的二维数组，其在内存中的存储形式如图 4-7 所示。

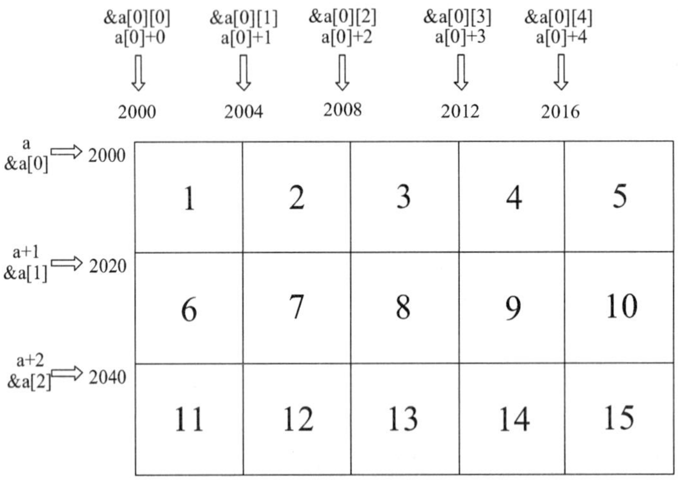

图 4-7 二维数组

&a[0][0]既可以看作数组 0 行 0 列的首地址，也可以看作二维数组的首地址。&a[m][n]就是第 m 行 n 列元素的地址。a[0]+n 表示第 0 行第 n 个元素的地址。&a[0]是第 0 行的首地址，当然 & a[n]就是第 n 行的首地址。a+n 也表示第 n 行的首地址。*（*（a+n）+m）表示第 n 行第 m 列元素。*（a[n]+m）表示第 n 行第 m 列元素。

对一个字符串进行访问可以通过两种方式：第一种方式就是使用字符数组来存放一个字符串，从而实现对字符串的操作；另一种方式就是使用字符指针指向一个字符串，此时可不定义数组：

```
char *string= "hello";
```

字符数组是一个一维数组，而字符串数组是以字符串作为数组元素的数组，可以将其看成一个二维字符数组。

```
char Num[3][8]=
{
    "123",
    "245235",
    "234"
};
```

通过观察上面定义的字符串数组可以发现，123 和 234 这样的字符串的长度仅为 3，加上字符串结束符也仅为 4，而内存中却要给它们分别分配一个 8 字节的空间，这样就会造成资源浪费。为了解决这个问题，可以使用指针数组，使每个指针指向所需要的字符常量，这种方法虽然需要在数组中保存字符指针，而且也占用空间，但是远少于字符串数组需要的空间。

一个数组，其元素均为指针类型数据，称为指针数组。也就是说，指针数组中的每一个元素都相当于一个指针变量。例如：

```
char *Num[]=
{
    "123",
    "245235",
    "234"
};
```

4.1.4.3　指向指针的指针

当指针变量用于指向指针类型变量时，则称之为指向指针的指针变量，即指针的指针。指向指针的指针变量定义如下：

类型标识符　**指针变量名；

其结构如图 4-8 所示。

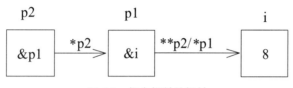

图 4-8　指向指针的指针

4.1.4.4　指针变量作函数参数

指针型变量也可以作为函数参数。例如对于自定义函数 swap，在 main 函数中调用该函数交换变量 a 和 b 的值，swap 函数的两个形参被传入了两个地址值，也就是传入了两个指针变量。在 swap 函数的函数体内使用整型变量 t 作为中间变量，将两个指针变量所指向的数值进行交换。在 main 函数内首先获取输入的两个数值，分别传递给变量 x 和 y，调用 swap 函数将变量 x 和 y 的数值互换。

```
#include<stdio.h>
void swap (int *a, int *b)
{
    int t;
    t=*a;
    *a=*b;
    *b=t;
}
void main ()
{
    int x, y;
    int *p_x, *p_y;
    printf ("请输入两个数: \n");
    scanf ("%d", &x);
    scanf ("%d", &y);
    p_x=&x;
```

```
    p_y=&y;
    swap (p_x, p_y);
    printf ("x=%d\n", x);
    printf ("y=%d\n", y);
}
```

C 语言中实参变量和形参变量之间的数据传递是单向的"值传递"方式，只能把实参的值传递给形参，在函数调用过程中，形参的值发生改变，实参的值不会发生变化。而采用指针变量做函数参数也是如此，调用函数不可能改变实参指针变量的值，但可以改变实参指针变量所指变量的值来达到目的。

数组使用指针变量做函数参数时，数组名就是这个数组的首地址，因此也可以将数组名作为实参传递给形参：

```
void order (int *p, int n)
{
    …
}
void main ()
{
    int b[], x;
    …
    order (b, x);
}
```

当形参为数组时，实参也可以为指针变量：

```
void order (int a[], int n)
{
    …
}
void main ()
{
    int *p, x, b[];
    p=b;
    …
    order (p, x);
}
```

4.1.4.5　返回指针值的函数

返回指针值的函数简称为指针函数，其一般形式为：

类型名　*函数名 (参数列表);

如：

int *Add (int x, int y);

上例中，Add 是函数名，调用它以后能得到一个指向整型数据的指针。x 和 y 是函数 Add 的形式参数，这两个参数均为基本整型。这个函数的函数名前面有一个"*"，表示此函数是指针型函数，函数类型是 int 表示返回的指针指向整型变量。

4.1.5　结构体与共用体

4.1.5.1　结构体类型的概念

"结构体"是一种构造类型，它是由若干"成员"组成的，其中的每一个成员可以是一个基本数据类型或者是一个构造类型。既然结构体是一种新的类型，就需要先对其进行构造，这里称这种操作为声明一个结构体。

声明结构体时使用的保留字是 struct。声明一种结构体的一般形式为：

```
struct    结构体名
{
    成员列表
};
```

保留字 struct 表示声明结构，其后的结构体名表示该结构的类型名，大括号中的变量构成结构的成员。

声明一个结构体表示的是创建一种新的类型名，要用新的类型名再定义变量。声明可采用的形式有三种，第一种为声明结构体类型后再定义变量，如：

```
struct Product product1;
```

其中 struct Product 是结构体类型名，而 product1 是结构体变量名。

第二种为声明结构类型同时定义变量，如：

```
struct Product
{
    char Name[10];
    int Price;
}product1;
```

第三种形式为直接定义结构体类型变量，如：

```
struct
{
    char Name[10];
    int Price;
}product1;
```

定义结构体类型变量以后，当然可以引用这个变量。但要注意的是，不能直接将一个结构体变量作为一个整体进行输入和输出，对结构体变量进行赋值、存取或运算，实质上就是对结构体成员的操作。以上述结构体为例，引用变量成员的一般形式是：

```
product1.Name="Apple";
```

如果成员本身又属于一个结构体类型，要使用若干个成员运算符，一级一级地找到最低一级的成员，只能对最低级的成员进行赋值、存取或运算操作。

结构体变量的成员不仅可以像普通变量一样进行各种运算，还可以对结构体变量成员的地址进行引用，也可以对结构体变量的地址进行引用。如：

```
product1.Price=product1.Price+5OO;
scanf ("%d", &product1.Price);
printf ("%o", &product1);
```

结构体类型初始化时要注意，定义的变量后面使用等号，然后将其初始化的值放在大括号中，并且每一个数据要与结构体的成员列表的顺序一样。如：

```
struct Product
{
    char Name[10];
    int Price;
}product1={"Apple", 8};
```

4.1.5.2　结构体数组

定义一个结构体数组的方式与定义结构体变量的方法相同，只是结构体变量替换成数组。定义结构体数组的实例如下：

```
struct Product
{
    char Name[10];
    int Price;
}product[3];
```

这种定义结构体数组的方式是：声明结构体类型的同时定义结构体数组。可以看到，定义结构体数组和定义结构体变量的位置是相同的，定义结构体数组的方式与定义结构体变量的方式相似。除上述形式外，还有先声明结构体类型再定义结构体数组或者直接定义结构体数组。

初始化上述结构体数组为：

```
struct Product
{
    char Name[10];
    int Price;
}product[3]={{"Apple", 8}, {"Banana", 6}};
```

在定义数组 Product 时，也可以不指定数组中的元素个数。这个时候编译器会根据数组后面的初始化值列表中给出的元素个数，来确定数组中元素的个数。

定义结构体数组时，可以先声明结构体类型，再定义结构体数组。同样，为结构体数组进行初始化操作也可以使用同样的方式，例如：

```
struct Product[3]={{"Apple", 8}, {"Banana", 6}};
```

4.1.5.3　结构体指针

如果一个指针指向结构体变量，那么该指针指向的是结构体变量的起始地址。同样指针变量也可以指向结构体数组中的元素。

一个指向 struct Product 结构体类型的 pStruct 指针变量如下：

struct Product *pStruct;

pStruct 为指向结构体变量的指针，指向结构体变量的指针访问成员有两种方法，第一种方法是使用点运算符引用结构成员：

(*pStruct).成员名

第二种方法是使用指向运算符引用结构成员：

pStruct->成员名

假如 product 为结构体变量，pStruct 为指向结构体变量的指针，可以看出以下 3 种形式的效果是等价的：

(*pStruct).成员名

pStruct->成员名

product.成员名

结构体指针变量不但可以指向一个结构体变量，还可以指向结构体数组，此时指针变量的值就是结构体数组的首地址。结构体指针变量也可以直接指向结构体数组中的元素，这时指针变量的值就是该结构体数组元素的首地址。例如定义一个结构体数组 product[6]，再使用结构体指针指向该数组：

struct Product *pStruct;

pStruct=product;

如果想利用指针指向第 3 个元素，则在数组名后附加下标，然后在数组名前使用取地址符号&，例如：

pStruct=&product[2];

另外，可以将结构体变量的值作为一个函数的参数。使用结构体作为函数的参数有 3 种形式：

（1）使用结构体变量作为函数的参数，采取的是"值传递"，会将结构体变量所占内存单元的内容全部顺序传递给形参，形参也必须是同类型的结构体变量。如：

void Display (struct Product pro);

（2）使用结构体变量的成员作为函数的参数，使用这种方式为函数传递参数与普通的变量作为实参是一样的，是传值方式传递。如：

Display (product.Name[0]);

（3）使用指向结构体变量的指针作为函数的参数，在传递结构体变量的指针时，只是将结构体变量的首地址进行传递，并没有将变量的副本进行传递。如：

void Display (struct Product *pro);

4.1.5.4 共用体

共用体看起来很像结构体，只不过保留字由 struct 变成了 union。共用体和结构体的区别在于：结构体定义了一个由多个数据成员组成的特殊类型，而共用体定义了一块为所有数据成员共享的内存。

共用体也称为联合体，它将几种不同类型的变量存放到同一段内存单元中。所有共用体在同一时刻只能有一个值，它属于某一个数据成员。由于所有成员位于同一块内存，因此共用体的大小就等于最大成员的大小。定义一个共用体变量 Var，其大小与 float 类型的大小相等，例如：

```
union DUnion                      /*共用体名*/
{
    int I;                        /*成员*/
    char C;
    float F;
}Var;                             /*变量*/
```

引用其中成员数据的一般形式为：

共用体变量. 成员名；

在程序中改变共用体的一个成员，其余的成员也会随之改变。当给某个特定的成员进行赋值时，其他成员的值也会具有一致的含义，这是因为它们的值的每一个二进制位都被新值所覆盖。

在使用共用体类型时，需要注意以下面：

（1）同一个内存段可以用来存放几种不同类型的成员，但是每一次只能存放其中一种，用一种成员表达其他几种类型。

（2）共用体变量中起作用的成员是最后一次存放的成员，在存入一个新的成员后原有的成员就失去作用。

（3）共用体变量的地址和它的各成员的地址是一样的。

（4）不能对共用体变量名赋值，也不能引用变量名来得到一个值。

4.1.6　基本语法

4.1.6.1　操作符、表达式

表达式由操作符和操作数构成，例如：c=a+b；其中，操作数 a 和 b 通过加法操作符（＋）相加，而通过赋值操作符（＝）将运算结果存储于变量 c 中。

1. 赋值操作符

赋值操作符用来将值赋给变量。所有表达式求好值后都会返回一个值，可把它赋给赋值操作符（＝）左侧的变量。可利用这个功能将相同的值赋给一系列变量。

2. 算术操作符

C 有 12 个算术符，其中 5 个执行标准的数学运算：加法操作符（＋）、减法操作符（－）、乘法操作符（＊）、除法操作符（／）和取余操作符（％），后者返回除法运算的余数。此外还有对应的复合赋值操作符，即+=，-=，*=，/=和%=，它们复合了求值和赋值两个步骤。

3. 关系和逻辑操作运算符

关系操作符比较两个值或表达式并返回 true 或 false。C++有 6 个关系操作符：>, <, <=, >=, ==, !=；

逻辑操作符关联两个关系表达式。C++有三个逻辑操作符：AND 操作符&&、OR 操作符||和 NOT 操作符!。其中，AND 操作符两个操作数都为 true 才返回 true；OR 操作符则任何操作数为 true 就返回 true。

这些操作符通常在判断或循环结构中使用。

4. 按位操作符

C 有 6 个按位操作符：AND 操作符&、OR 操作符|、XOR 操作符^、位取反操作符～、右移操作符>>和左移操作符<<。这些操作符操作的是字节中的位，而且只支持整数型操作数，即 char、short、int 和 long 类型。

5. 三元操作符

三元操作符? ：相当于一个内嵌的 if 语句。运算时先对问号左侧的表达式进行求值，为 true 就返回冒号左侧的值，为 false 就返回冒号右侧的值。

6. 操作符优先级和结合性

操作符优先级是为了避免有歧义而规定的。优先级高的先求值，优先级相同则按照从左到右顺序求值，另外可用圆括号对操作符进行分组并覆盖优先级。

4.1.6.2 控制语句

1. if-else 语句

if-else 语句用于条件判定。其语法如下所示：

```
if (表达式)
    语句 1
else
    语句 2
```

其中，else 部分是可选的。该语句执行时，先计算表达式的值，如果其值为真（即表达式的值为非 0），则执行语句 1；如果其值为假（即表达式的值为 0），并且该语句包含 else 部分，则执行语句 2。

由于 if 语句只是简单测试表达式的数值，因此可以对某些代码的编写进行简化。最明显的是用如下写法：

```
if (表达式)
```

来代替

```
if (表达式!=0)
```

某些情况下这种形式是自然清晰的，但也有些情况下可能会含义不清。

因为 if-else 语句中 else 部分是可选的，所以在嵌套的 if 语句中省略它的 else 部分也将导致歧义。解决的方法是将每个 else 与最近的前一个没有 else 配对的 if 进行匹配。例如，在下列语句中：

```
if (n>0)
    if (a>b)
        z=a;
    else
        z=b;
```

else 部分与内层的 if 匹配，这通过程序的缩进结构也可以看出来。如果这不符合我们的意图，则必须使用花括号强制实现正确的匹配关系：

```
if (n > 0)
```

```
{
    if (a > b)
        z = a;
}
else
    z = b;
```

歧义性问题的另一个例子：

```
if (n >= 0)
    for (i = 0; i < n; i++)
        if (s[i] > 0)
        {
            printf ("...");
            return i;
        }
else            /*错*/
    printf ("error -- n is negative\n");
```

程序的缩进结构明确地表明了设计意图，但编译器无法获得这一信息，它会将 else 部分与内层的 if 配对。这种错误很难发现，因此我们建议在有 if 语句嵌套的情况下使用花括号。

2. if-else-if 语句

在 C 语言中我们会经常会用到下列结构：

```
if (表达式)
    语句
else if (表达式)
    语句
else if (表达式)
    语句
else if (表达式)
    语句
else
    语句
```

这种 if 语句序列是编写多路判定最常用的方法。其中的各表达式将被依次求值，一旦某个表达式结果为真，则执行与之相关的语句，并终止整个语句序列的执行。同样，各语句既可以是单条语句，又可以是用花括号括住的复合语句。

最后一个 else 部分用于处理"上述条件均不成立"的情况或默认情况，也就是当上面各条件都不满足时的情形。有时候并不需要针对默认情况执行显式的操作，这种情况下可以把该结构末尾的 else 语句部分省略；该部分也可以用来检查错误，以捕获"不可能"的条件。

这里通过一个折半查找函数说明三路判定程序的用法。该函数用于判定已排序的数组中是否存在某个特定的值 x。数组 v[n] 的元素必须以升序排列。如果 v 中包含 x，则该函数返回 x 在 v 中的位置（介于 0 ~ n-1 的一个整数）；否则，该函数返回-1。

在折半查找时，首先将输入值 x 与数组 v 的中间元素进行比较。如果 x 小于中间元素的值，则在该数组的前半部分查找；否则，在该数组的后半部分查找。在这两种情况下，下一步都是将 x 与所选部分的中间元素进行比较。这个过程会一直进行下去，直到找到指定的值或查找范围为空为止。

3. switch 语句

switch 语句是一种多路判定语句，它测试表达式是否与一些常量整数值中的某一个值匹配，并执行相应的分支动作。

```
switch (表达式)
{
    case 常量表达式: 语句序列
    case 常量表达式: 语句序列
    …
    default: 语句序列
}
```

每一个分支都由一个或多个整数值常量或常量表达式标记。如果某个分支与表达式的值匹配，则从该分支开始执行。各分支表达式必须互不相同。如果没有哪一分支能匹配表达式，则执行标记为 default 的分支。default 分支是可选的，如果没有 default 分支也没有其他分支与表达式的值匹配，则该 switch 语句不执行任何动作。各分支及 default 分支的排列次序是任意的。

下面给出一个 switch 语句的例子：

```c
#include<stdio.h>
main ()               /* 统计数字、空白符及其他字符 */
{
    int c, i, nwhite, nother, ndigit[10];

    nwhite=nother=0;
    for (i = 0; i < 10; i++)
        ndigit[i] = 0;
    while ( ( c = getchar ())!= EOF)
    {
        switch (c)
        {
            case'0': case'1': case'2': case'3': case'4':
            case'5': case'6': case'7': case'8': case'9':
                    ndigit[c-'O']++;
                    break;
            case ' ';
            case '\n':
            case '\t':
                    nwhite++;
```

```
                        break;
                default:
                        nother++;
                        break;
            }
        }
        printf ("digits =");
        for (i = 0; i < 10; i++)
            printf ("%d", ndigit[i]);
        printf (", white space = %d, other = %d\n", nwhite, nother);
        return 0;
}
```

break 语句将导致程序立即从 switch 语句中退出执行。在 switch 语句中，case 的作用只是一个标号，因此，某个分支中的代码执行完后，程序将进入下一分支继续执行，除非在程序中显式地跳转。跳出 switch 语句最常用的方法是使用 break 语句与 return 语句。break 语句还可强制控制程序从 while、for 与 do 循环语句中立即退出，对于这一点，稍后还将做进一步介绍。

依次执行各分支的做法既有优点也有缺点。优点是它可以把若干个分支组合在一起完成一个任务，如上例中对数字的处理。但是正常情况下为了防止直接进入下一个分支执行，每个分支后必须以一个 break 语句结束。从一个分支直接进入下一个分支执行的做法并不安全，这样做在程序修改时很容易出错。除了计算需要多个标号的情况外，应尽量减少从一个分支直接进入下一个分支执行这种用法，在不得不使用的情况下应该加上适当的程序注释。

作为一种良好的程序设计风格，在 switch 语句最后一个分支（即 default 分支）的后面也要加上一个 break 语句。这样做在逻辑上没有必要，但当我们需要其他分支时，这种防范措施会降低犯错误的可能性。

4. while 循环与 for 循环

在 while 循环语句中，会先求表达式的值，如果其值为真（非 0），则执行语句，并再次求该表达式的值。这一循环过程一直进行下去，直到该表达式的值为假（0）为止，随后继续执行语句后面的部分。

while 语句如下：

```
表达式 1;
while (表达式 2)
{
    语句
    表达式 3;
}
```

它等价于下面的 for 循环语句：

```
for (表达式 1; 表达式 2; 表达式 3)
    语句
```

但当 while 与 for 这两种循环语句中包含 continue 语句时，上述二者之间就不一定等价了。

从语法角度看，for 循环语句的 3 个组成部分都是表达式。最常见的情况是：表达式 1 与表达式 3 是赋值表达式或函数调用，表达式 2 是关系表达式。这 3 个组成部分中的任何部分都可以省略，但分号必须保留。如果在 for 语句中省略表达式 1 与表达式 3，它就退化成了 while 循环语句。如果省略测试条件，即表达式 2，则认为其值永远是真值，因此，下列 for 循环语句：

```
for (; ; )
{
    …
}
```

是一个"无限"循环语句，这种语句需要借助其他手段（如 break 语句或 return 语句）才能终止执行。

在设计程序时到底选用 while 循环语句还是 for 循环语句，主要取决于程序设计人员的个人偏好。

如果语句中需要执行简单的初始化和变量递增，使用 for 语句更合适一些，它将循环控制语句集中放在循环的开头，结构更紧凑、清晰。通过下列语句可以很明显地看出这一点：

```
for (i = 0; i < n; i++)
        …
```

这是 C 语言处理数组前 n 个元素的一种习惯性用法，它类似于 Fortran 语言中的 do 循环或 Pascal 语言中的 for 循环。但是，这种类比并不完全准确，因为在 C 语言中，for 循环语句的循环变量和上限在循环体内可以修改，并且当循环因某种原因终止后循环变量 i 的值仍然保留。因为 for 语句的各组成部分可以是任何表达式，所以 for 语句并不限于通过算术级数进行循环控制。尽管如此，牵强地把一些无关的计算放到 for 语句的初始化和变量递增部分是一种不好的程序设计风格，该部分放置循环控制运算更合适。

5. do-while 循环

while 与 for 这两种循环会在循环体执行前对终止条件进行测试。与此相反，C 语言中的第三种循环——do-while 循环，则在循环体执行后测试终止条件，这样循环体至少被执行一次。

do-while 循环的语法形式如下：

```
do
    语句
while (表达式);
```

在这一结构中，先执行循环体中的语句部分，然后再求表达式的值。如果表达式的值为真，则再次执行语句，以此类推。当表达式的值变为假，则循环终止。

经验表明，do-while 循环比 while 循环和 for 循环用得少得多。尽管如此，do-while 循环语句有时还是很有用的，下面我们通过函数 itoa 来说明这一点。itoa 函数是 atoi 函数的逆函数，它把数字转换为字符串。这个工作比最初想象的要复杂一些，如果按照 atoi 函数中生成数字的方法将数字转换为字符串，则生成的字符串的次序正好是颠倒的。因此，我们首先要生成反序的字符串，然后再把该字符串倒置。

```
void itoa (int n, char s[]) /* itoa 函数: 将数字 n 转换为字符串保存到 s 中  */
{
    int i, sign;
```

```
    if ( (sign = n)< 0)          /*   记录符号  */
        n = -n;                  /* 使 n 成为正数 */
    i = 0;
    do
    {                                /* 以反序生成数字*/
        s[i++] = n % 10 + '0';       /* 取下一个数字 */
    } while ( (n /= 10)> 0);         /* 删除该数字 */
    if (sign < 0)
        s[i++]='-';
    s[i] = '\0';
    reverse (s);
}
```

这里有必要使用 do-while 语句，至少使用 do-while 语句会方便一些，因为即使 n 的值为 0，也至少要把一个字符放到数组 s 中。其中 do-while 语句体中只有一条语句，尽管没有必要，但我们仍然用花括号将该语句括起来了，这样做可以避免部分读者将 while 部分误认为是另一个 while 循环的开始。

6. break 语句与 continue 语句

不通过循环头部或尾部的条件测试而跳出循环，有时是很方便的。break 语句可用于从 for、while 与 do-while 等循环中提前退出，就如同从 switch 语句中提前退出一样。break 语句能使程序从 switch 语句或最内层循环中立即跳出。

```
int trim (char s[])/ * trim 函数: 删除字符串尾部的空格符、制表符与换行符 * /
{
    int n;
    for (n = strlen (s)-1; n >= 0; n--)
        if (s[n]!=' '&& s[n]!='\t' && s[n]! ='\n')
            break;
    s[n+1] = '\0';
    return n;
}
```

strlen 函数返回字符串的长度。for 循环从字符串的末尾开始反方向扫描寻找第一个不是空格符、制表符以及换行符的字符。当找到符合条件的第一个字符，或当循环控制变量 n 变为负数时（即整个字符串都被扫描完时），循环终止执行。

continue 语句与 break 语句是相关联的，但它没有 break 语句常用。continue 语句用于使 for、while 或 do-while 语句开始下一次循环的执行。在 while 与 do-while 语句中，continue 语句的执行意味着立即执行测试部分；在 for 循环中，continue 则意味着使控制转移到递增循环变量部分。continue 语句只用于循环语句，不用于 switch 语句。某个循环包含的 switch 语句中的 continue 语句，将导致进入下一次循环。

当循环的后面部分比较复杂时,常常会用到 continue 语句。这种情况下,如果不使用 continue 语句，则可能需要把测试颠倒过来或者缩进另一层循环，这样做会使程序的嵌套更深。

4.1.7　预处理

预处理功能是 C 语言特有的功能，可以使用预处理和具有预处理的功能是 C 语言和其他高级语言的区别之一。

4.1.7.1　宏定义

宏定义是预处理命令的一种，它提供了一种可以替换源代码中字符串的机制。根据宏定义中是否有参数，可以将宏定义分为不带参数的宏定义和带参数的宏定义两种。

宏定义指令#define 用来定义一个标识符和一个字符串，以这个标识符来代表这个字符串，在程序中每次遇到该标识符时就用所定义的字符串替换它。宏定义的作用相当于给指定的字符串起一个别名。不带参数的宏定义一般形式如下：

#define 宏名 字符串

"#"表示这是一条预处理命令；宏名是一个标识符，必须符合 C 语言标识符的规定；字符串这里可以是常数、表达式、格式字符串等。宏定义不是 C 语句，不需要在行末加分号，如：

#define PI 3.14159

它的作用是在该程序中用 PI 替代 3.14159，在编译预处理时，每当在源程序中遇到 PI 就自动用 3.14159 代替。

使用#define 进行宏定义的好处是需要改变一个常量的时候只需改变#define 命令行，整个程序的常量都会改变，大大提高了程序的灵活性。

对于不带参数的宏定义应注意，如果字符串长于一行，可以在该行末尾用一反斜杠"/"续行；#define 命令出现在程序中函数的外面，宏名的有效范围为定义命令之后到此源文件结束，可以使用#undef 命令终止宏定义的作用域；宏定义用于预处理命令，它与定义的变量不同，只作字符替换，不分配内存空间。

对于带参数的宏定义，不光要进行简单的字符串替换，还要进行参数替换。其一般形式如下：

#define 宏名 (参数表)字符串

具体表达形式如：

#define Mix (a, b) ((a)* (b)+ (b))　　　/*宏定义求两个数的混合运算*/

用宏替换代替实在的函数的一个好处是宏替换增加了代码的速度，因为不存在函数调用，但由于重复编码而增加了程序长度。

使用宏定义时需要注意，宏定义时参数要加括号，如不加括号，有时结果可能是错误的；宏扩展必须使用括号来保护表达式中低优先级的操作符，以确保调用时达到想要的效果；对带参数的宏的展开，只是将语句中的宏名后面括号内的实参字符串代替#define 命令行中的形参；在宏定义时，宏名与带参数的括号之间不可以加空格，否则会将空格以后的字符都作为替代字符串的 – 部分；在带参宏定义中，形式参数不分配内存单元，因此不必做类型定义。

4.1.7.2　#include 指令

在一个源文件中使用#include 指令可以将另一个源文件的全部内容包含进来，也就是将另外的文件包含到本文件之中。#include 使编译程序将另一源文件嵌入带有#include 的源文件，被读入的源文件必须用双引号或尖括号括起来。如：

#include "stdio.h"

```
#include <stdio.h>
```

上面给出了双引号和尖括号的形式，这两者之间的区别是：用尖括号时为标准方式，系统到存放 C 库函数头文件所在的目录中寻找要包含的文件；用双引号时，系统先在用户当前目录中寻找要包含的文件，若找不到再到存放 C 库函数头文件所在的目录中寻找要包含的文件。通常情况下，如果为调用库函数用#include 命令来包含相关的头文件，则用尖括号可以节省查找的时间；如果要包含的是用户自己编写的文件，一般用双引号，用户自己编写的文件通常是在当前目录中；如果文件不在当前目录中，双引号可给出文件路径。将文件嵌入#include 命令中的文件内是可行的，这种方式称为嵌套的嵌入文件，嵌套层次依赖于具体实现，如图 4-9 所示。

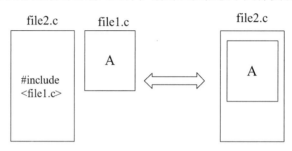

图 4-9　文件包含

经常用在文件头部的被包含的文件称为"标题文件"或"头部文件"，一般以.h 为后缀。一般情况下将宏定义、结构、联合和枚举声明，typedef 声明，外部函数声明，全局变量声明等内容放到.h 文件中。使用文件包含为实现程序修改提供了方便，当需要修改一些参数时不必修改每个程序，只需修改一个文件（头部文件）即可。"文件包含"在使用中应注意：一个#include 命令只指定一个被包含的文件；文件包含是可以嵌套的，即在一个被包含文件中还可以包含另一个被包含文件；若 file.c 中包含文件 file.h，那么在预编译后就成为一个文件而不是两个文件，这时如果 file2.h 中有全局静态变量，则该全局变量在 file1.c 文件中也有效，不需要再用 extern 声明。

4.1.7.3　条件编译

预处理器提供了条件编译功能。一般情况下，源程序中所有的行都参加编译，但是有时希望只对其中一部分内容在满足一定条件时才进行编译，这时就得要使用到一些条件编译命令。使用条件编译可方便地处理程序的调试版本和正式版本，同时还会增强程序的可移植性。

#if 的基本含义是：如果#if 指令后的参数表达式为真，则编译#if 到#endif 之间的程序段，否则跳过这段程序。#endif 指令用来表示#if 段的结束。#else 的作用是为#if 为假时提供另一种选择，其作用和条件判断中的 else 相近。#elif 指令用来建立一种"如果……或者如果……"这样阶梯状多重编译操作选择，这与多分支 if 语句中的 else if 类似。如：

```
#include<stdio.h>
#define NUM 50
main ()
{
    int i=0;
    #if NUM>50
        i++;
```

```
    #elif NUM==50
        i=i+50;
    #else
        i--;
    #end if
    printf ("%d", i);
}
```

#ifdef 与#ifudef 命令，分别表示"如果有定义"及"如果无定义"，二者可以与#else、#endif 连用，以#endif 表示结束。#ifdef 或#ifudef 后表达式为真时，则依序运行语句；表达式为假时，则跳转运行#else 或#endif 后语句。如：

```
#include<stdio.h>
#define NUM "666888\n"
main ()
{
    #ifdef NUM
        printf (NUM);                /*打印该语句*/
    #else
        printf ("000000\n");
    #end if
    printf ("\n");
    #ifndef ABC
        printf ("000000\n");         /*打印该语句*/
    #else
        printf (NUM);
    #endif
}
```

#undef 命令用于删除事先定义了的宏定义；#line 命令改变_LINE_与_FILE_的内容，主要用于调试及其他特殊应用，_LINE_存放当前编译行的行号，_FILE_存放当前编译的文件名。例如：

```
#define MAX_SIZE 100
char array[MAX_SIZE];
#undef MAX_SIZE
/***********************************************************/
#line 100 "line.c"        /*line.c 文件名*/
#include<stdio.h>
main ()
{
    printf ("1.当前行号: %d\n", _LINE_);          /*此时行号为103*/
    printf ("2.当前行号: %d\n", _LINE_);          /*此时行号为104*/
}
```

#pragma 命令的作用是设定编译器的状态，或者指示编译器完成一些特定的动作。#pragma

指令的一般形式如下：

#pragma 参数

参数可分为：

（1）message 参数，能够在编译信息输出窗口中输出相应的信息。

（2）code_seg 参数，设置程序中函数代码存放的代码段。

（3）once 参数，保证头文件被编译一次。

4.1.8　文　件

4.1.8.1　文件概述

"文件"是指一组相关数据的有序集合。这个数据集有一个名称，叫作文件名。通常情况下，使用计算机也就是在使用文件。在前面的程序设计中，我们介绍了输入和输出，即从标准输入设备（键盘）输入，由标准输出设备（显示器或打印机）输出。不仅如此，我们也常把磁盘作为信息载体，用于保存中间结果或最终数据。在使用一些字处理工具时，其会打开一个文件将磁盘的信息输入到内存的，或通过关闭一个文件来实现将内存数据输出到磁盘。这时的输入和输出是针对文件系统来说，因此文件系统也是输入和输出的对象。

文件可以分为文本文件和二进制文件两大类。文本文件，也称为 ASCII 文件，这种文件在保存时，每个字符对应一个字节，用于存放对应的 ASCII 码；二进制文件是按二进制的编码方式来保存文件内容。在 C 语言中，文件操作都是由库函数来完成的。

4.1.8.2　文件基本操作

文件的基本操作包括文件的打开和关闭。除了标准的输入、输出文件外，其他所有的文件都必须先打开再使用，而使用后也必须关闭该文件。

文件指针是一个指向文件有关信息的指针，这些信息包括文件名、状态和当前位置，它们保存在一个结构体变量中。在使用文件时需要在内存中为其分配空间，用来存放文件的基本信息。该结构体类型是由系统定义的，C 语言规定该类型为 FILE 型，其声明如下：

```
typedef struct
{
    char fd;
    short bsize;
}FILE;
```

typedef 定义了一个 FILE 为该结构体类型，在编写程序时可直接使用上面定义的 FILE 类型来定义变量。注意，在定义变量时不必将结构体内容全部给出，只需写成如下形式：

```
FILE *fp;
```

fp 是一个指向 FILE 类型的指针变量。

fopen 函数用来打开一个文件，打开文件的操作就是创建一个流。fopen 函数的原型在 stdio.h 中，其调用的一般形式为：

```
FILE *fp;
fp=fopen (文件名, 文件使用方式);
```

其中，"文件名"是将要被打开文件的文件名；"文件使用方式"是指对打开的文件需要进行的操作，方式如表 4-2 所示。

表 4-2　文件使用方式

文件使用方式	含义
r	打开一个文本文件，只允许读数据
w	打开或建立一个文本文件，只允许写数据
a	打开一个文本文件，并在文件末尾写数据
rb	打开一个二进制文件，只允许读数据
wb	打开或建立一个二进制文件，只允许写数据
ab	打开一个二进制文件，并在文件末尾写数据
r+	打开一个二进制文件，并在文件末尾写数据
w+	打开或建立一个文本文件，允许读写
a+	打开一个文本文件，允许读，或在文件末追加数据
rb+	打开一个二进制文件，允许读和写
wb+	打开或建立一个二进制文件，允许读和写
ab+	打开一个二进制文件，允许读，或在文件来追加数据

如以只读方式打开文件名为"666"的文本文档文件，可写成如下形式：

FILE *fp;

fp= ("666.txt", "r");

如果使用 fopen 函数打开文件成功，则返回一个有确定指向的 FILE 类型指针；若打开失败，则返回 NULL。通常打开失败的原因主要是由于指定的盘符或路径不存在、文件名中含有无效字符或者以 r 模式打开一个不存在的文件。

文件在使用完毕后，应使用 fclose 函数将其关闭。fclose 函数和 fopen 函数一样，原型也在 stdio.h 中，其调用形式为：

fclose (fp);　　　　/*fp 为文件指针*/

fclose 函数也返回一个值，当正常完成关闭文件操作时，fclose 函数返回值为 0，否则返回 EOF。

在程序结束之前应关闭所有文件，这样可以防止因为没有关闭文件而造成的数据流失。

4.1.8.3　文件的读写

打开文件后，即可对文件进行读出或写入的操作。

fputc 函数的一般形式如下：

ch=fputc (ch, fp);

该函数的作用是把一个字符写到磁盘文件（fp 所指向的是文件）中去。其中，ch 是要输出的字符，它可以是一个字符常量，也可以是一个字符变量；fp 是文件指针变量。如果函数输出成功，则返回值就是输出的字符；如果输出失败，则返回 EOF。

fputs 函数与 fputc 函数类似，区别在于 fputc 每次只向文件中写入一个字符，而 fputs 函数每次向文件中写入一个字符串。一般形式如下：

fputs (字符串, 文件指针);

该函数的作用是向指定的文件写入一个字符串，其中字符串可以是字符串常量，也可以是字符数组名、指针或变量。

fgetc 函数的一般形式如下：

ch=fgetc (fp);

该函数的作用是从指定的文件（fp 指向的文件）读入一个字符赋给 ch。需要注意的是，该文件必须是以读或读写的方式打开。当函数遇到文件结束符时将返回一个文件结束标志 EOF。

fgets 函数与 fgetc 函数类似，区别在于 fgetc 每次从文件中读出一个字符，而 fgets 函数每次从文件中读出一个字符串。其一般形式如下：

fgets (字符数组名, 文件指针);

该函数的作用是从指定的文件中读一个字符串到字符数组中。

fprintf 函数和 fscanf 函数两者都是格式化读写函数，与 printf 和 scanf 函数的作用相似，区别就是读写的对象不同，fprintf 和 fscanf 函数读写的对象不是终端而是磁盘文件。fprintf 函数的一般形式如下：

ch = fprintf (文件类型指针, 格式字符串, 输出列表);

如将整型变量 i 的值以%d 的格式输出到 fp 指向的文件中：

fprintf (fp, "%d", i);

fscanf 函数的一般形式如下：

fscanf (文件类型指针, 格式字符串, 输入列表);

如读入 fp 所指向的文件中的 i 的值：

fscanf (fp, "%d", &i);

fread 和 fwrite 函数的作用是实现整块读写功能。创建一个 fread 函数，该函数的作用是从 fp 所指的文件中读入 count 次，每次读 size 字节，读入的信息存在 site 地址中，如：

fread (site, size, count, fp);

建立一个 fwrite 函数，将 site 地址开始的信息输出 count 次，每次写 size 字节到 fp 所指的文件中，如：

fwrite (site, size, count, fp);

其中，site 表示一个指针，对于 fwrite 来说就是要输出数据的地址（起始地址），对 fread 来说是所要读入的数据存放的地址；size 表示要读写的字节数；count 表示要读写多少个 size 字节的数据项；fp 表示文件型指针。

4.1.8.4　文件的定位

在对文件进行操作时往往不需要从头开始，只需对其中指定的内容进行操作，这时就需要使用文件定位函数来实现对文件的随机读取。借助缓冲型系统 I/O 中的 fseek 函数可以完成随机读写操作。fseek 函数的一般形式如下：

fseek (文件类型指针, 位移量, 起始点);

该函数的作用是移动文件内部位置指针。其中，"文件类型指针"指向被移动的文件；"位移量"表示移动的字节数，要求位移量是 long 型数据，以便在文件长度大于 64 KB 时不会出错，当用常量表示位移量时，要求加后缀"L"；参数"起始点"表示从何处开始计算位移量，规定的起始点有 3 种：文件首、文件当前位置和文件尾，其表示方法如表 4-3 所示。

表 4-3　起始点

起始点	表示符号	数字表示
文件首	SEEK_SET	0
文件当前位置	SEEK_CUR	1
文件尾	SEEK_END	2

如表示将位置指针从当前位置向后退 20 个字节：

fseek (fp, -20L, 1);

rewind 函数也能起到定位文件指针的作用，从而达到随机读写文件的目的。其一般形式如下：

int rewind (文件类型指针);

该函数的作用是使位置指针重新返回文件的开头，该函数没有返回值。

ftell 函数也是随机读写函数，用于文件的定位，其一般形式如下：

long ftell (文件类型指针);

该函数的作用是得到流式文件中的当前位置，用相对于文件开头的位移量来表示。当 ftell 函数返回值为-1L 时，表示出错。

4.1.9　动态内存分配

软件在运行时，将所需要的数据存放在内存空间，以备程序使用。在软件开发的过程中，常常需要对内存进行管理，动态地分配和撤销内存空间。

4.1.9.1　内存组织方式

开发人员将程序编写完成之后，程序要先装载到计算机的内核或者半导体内存中，再运行程序。程序被组织成 4 个逻辑段：可执行代码、静态数据、动态数据（堆）、栈。这 4 个逻辑段的操作平台和编译器不同，堆和栈既可以是被所有同时运行的程序共享的操作系统资源，也可以是使用程序独占的局部资源。

堆用来存放动态分配内存空间，而栈用来存放局部数据对象、函数的参数以及调用函数和被调用函数的联系。在内存的全局存储空间当中，用于程序动态分配和释放的内存块称为自由存储空间，通常也称为堆。在 C 程序中，用 malloc 函数和 free 函数来从堆中动态地分配和释放内存。

程序不会像处理堆那样在栈中显示分配内存。当程序调用函数和声明局部变量时，系统将自动分配内存。栈是一个后进先出的压入弹出式的数据结构。在程序运行时，需要每次向栈中压入一个对象，然后栈指针向下移动一个位置。当系统从栈中弹出一个对象时，最晚进栈的对象将被弹出，然后栈指针向上移动一个位置。如果栈指针位于栈顶，则表示栈是空的；如果栈指针指向最下面的数据项的后一个位置，则表示栈为满的。栈操作过程如图 4-10 所示。

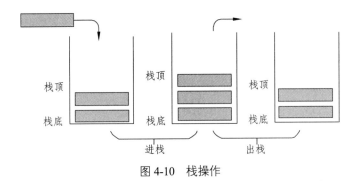

图 4-10 栈操作

当一个函数 A 调用另一个函数 B 时，系统将会把函数 A 的所有实参和返回地址压入栈中，栈指针将移到合适的位置来容纳这些数据。最后进栈的是函数 A 的返回地址。当函数 B 开始执行后，系统把函数 B 的自变量压入栈中，并把栈指针再向下移，以保证有足够的空间来存储函数 B 声明的所有自变量。当函数 A 的实参压入栈后，函数 B 就在栈中以自变量的形式建立了形参。函数 B 内部的其他自变量也是存放在栈里的。由于这一系列进栈操作，栈指针已经移到所有局部变量之下。但是函数 B 记录了刚开始执行时的初始栈指针，以这个指针为参考，用正偏移量或负偏移量来访问栈中的变量。当函数 B 准备返回时，系统弹出栈中的所有自变量，这时栈指针移到了函数 B 刚开始执行时的位置。接着函数 B 返回，系统从栈中弹出返回地址，函数 A 就可以继续执行了。当函数 A 继续执行时，系统还能从栈中弹出调用者的实参，于是栈指针又回到了调用发生前的位置。

```c
#include<stdio.h>
void B (char *string)
{
    printf ("%s\n", string);
}
void A (char *string)
{
    char String[20]="World";
    printf ("%s\n", string):
    B (String);
}
int main ()
{
    char String[20]="China";
    A (String);
    return 0;
}
```

4.1.9.2　内存管理基础

1. 作用域

C 语言变量的作用域分为：

代码块作用域（代码块是{}之间的一段代码）；

函数作用域；

文件作用域。

2. 局部变量

局部变量也叫作 auto 自动变量（auto 可写可不写），一般情况下代码块{}内部定义的变量都是自动变量，它有如下特点：

在一个函数内定义，只在函数范围内有效；

在复合语句中定义，只在复合语句中有效；

随着函数调用的结束或复合语句的结束，局部变量的声明周期也结束；

如果没有赋初值，内容为随机。

3. 静态（static）局部变量

static 局部变量的作用域也是在定义的函数内有效。static 局部变量的生命周期和程序运行周期一样，同时 static 局部变量的值只初始化一次，但可以赋值多次。static 局部变量若未赋以初值，则由系统自动赋值：数值型变量自动赋初值 0，字符型变量赋空字符。

4. 全局变量

全局变量在函数外定义，可被本文件及其他文件中的函数所共用，若其他文件中的函数调用此变量，须用 extern 声明。全局变量的生命周期和程序运行周期一样，不同文件的全局变量不可重名。

5. 静态（static）全局变量

静态全局变量在函数外定义，作用范围被限制在所定义的文件中。不同文件静态全局变量可以重名，但作用域不冲突。static 全局变量的生命周期和程序运行周期一样，同时 static 全局变量的值只初始化一次。

6. extern 全局变量声明

```
extern int a;
```
声明一个变量，这个变量在别的文件中已经定义了，这里只是声明，而不是定义。

7. 全局函数和静态函数

在 C 语言中函数默认都是全局的，使用保留字 static 可以将函数声明为静态，函数定义为 static 就意味着这个函数只能在定义这个函数的文件中使用，在其他文件中不能调用，即使在其他文件中声明这个函数都没用。

不同文件中的 staitc 函数名字可以相同。

```
main.c
#include <stdio.h>
extern int va;
extern int getG (void);
extern int getO (void);
int main (void)
{
```

```
        printf ("va=%d\n", va);
        printf ("getO=%d\n", getO ());
        printf ("getG=%d\n", getG ());
        printf ("%d", va*getO ()*getG ());
}
```

fun1.c

```
int va = 7;
int getG (void)
{
        int va = 20;
        return va;
}
```

fun2.c

```
static int va = 18;
static int getG (void)
{
        return va;
}
int getO (void)
{
        return getG ();
}
```

注意：

允许在不同的函数中使用相同的变量名，它们代表不同的对象，分配不同的单元，互不干扰。

同一源文件中，允许全局变量和局部变量同名，在局部变量的作用域内，全局变量不起作用。

所有的函数默认都是全局的，意味着所有的函数都不能重名，但如果是 static 函数，那么作用域是文件级的，所以不同的文件 static 函数名是可以相同的。

变量类型、作用域及生命周期如表 4-4 所示。

表 4-4　类型、作用域及生命周期总结

类型	作用域	生命周期
auto 变量	一对{}内	当前函数
static 局部变量	一对{}内	整个程序运行期
extern 变量	整个程序	整个程序运行期
static 全局变量	当前文件	整个程序运行期
extern 函数	整个程序	整个程序运行期
static 函数	当前文件	整个程序运行期
register 变量	一对{}内	当前函数

4.1.9.3　内存布局

1. 内存分区

C 代码经过预处理、编译、汇编、链接 4 步后生成一个可执行程序。

在 Linux 下，程序是一个普通的可执行文件，以下列出一个二进制可执行文件的基本情况，如图 4-11 所示。

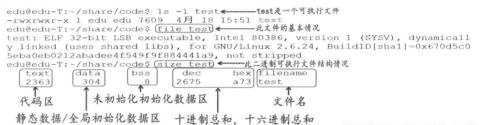

图 4-11　二进制可执行文件基本情况

通过图 4-12 可以得知，在没有运行程序前，也就是说程序没有加载到内存前，可执行程序内部已经分好 3 段信息，分别为代码区（text）、数据区（data）和未初始化数据区（bss）3 个部分（有些人直接把 data 和 bss 合起来叫作静态区或全局区）。

1）代码区

代码区存放 CPU 执行的机器指令。通常代码区是可共享的（即另外的执行程序可以调用它），使其可共享的目的是对于频繁被执行的程序，只需要在内存中有一份代码即可。代码区通常是只读的，使其只读的原因是防止程序意外地修改了它的指令。另外，代码区还规划了局部变量的相关信息。

2）全局初始化数据区/静态数据区（data 段）

该区包含了在程序中明确被初始化的全局变量、已经初始化的静态变量（包括全局静态变量和局部静态变量）和常量数据（如字符串常量）。

3）未初始化数据区（bss 区）

该区存入的是全局未初始化变量和未初始化静态变量。未初始化数据区的数据在程序开始执行之前被内核初始化为 0 或者空（NULL）。

程序在加载到内存前，代码区和全局区（data 和 bss）的大小就是固定的，程序运行期间不能改变。然后运行可执行程序，系统把程序加载到内存，除了根据可执行程序的信息分出代码区（text）、数据区（data）和未初始化数据区（bss）之外，还额外增加了栈区、堆区。

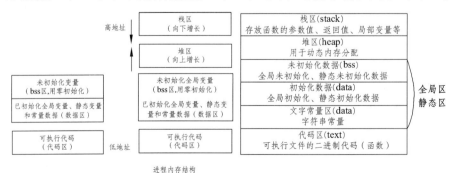

图 4-12　内存数据存储图

4）栈区（stack）

栈是一种先进后出的内存结构，由编译器自动分配释放，存放函数的参数值、返回值、局部变量等，在程序运行过程中实时加载和释放。因此，局部变量的生存周期为申请到释放该段栈空间。

5）堆区（heap）

堆是一个大容器，它的容量要远远大于栈，但没有栈那样先进后出的顺序，用于动态内存分配。堆在内存中位于 bss 区和栈区之间。一般由程序员分配和释放，若程序员不释放，程序结束时由操作系统回收。

4.1.9.4　动态内存分配与释放

内存地址动态分配函数 malloc 的原型如下：

```
void *malloc (unsigned int size);
```

使用时要包含头文件 stdlib.h，其作用是在内存中动态地分配一块 size 大小的内存空间。malloc 函数会返回一个指针，该指针指向分配的内存空间，如果出现错误则返回 NULL。malloc 函数分配的内存空间是在堆中，而不是在栈中。因此在使用完这块内存之后一定要将其释放掉，释放内存空间使用的是 free 函数。

例如，使用 malloc 函数分配一个整型内存空间：

```
int *pInt;
pInt= (int*)malloc (sizeof (int));
```

首先定义指针 pInt 用来保存分配内存的地址。在使用 malloc 函数分配内存空间时，需要指定具体的内存空间的大小（size），这时调用函数 sizeof 就可以得到指定类型的大小。malloc 成功分配内存空间后会返回一个指针，因为分配的是一个 int 型空间，所以在返回指针时也应该是相对应的 int 型指针，这样就要进行强制类型转化。最后将函数返回的指针赋值给指针 pInt 就可以保存动态分配的整型空间地址了。使用 malloc 函数动态分配空间例子如下：

```
int main ()
    {#include<stdio.h>
    #include<stdlib.h>

    int *pInt= (int*)malloc (sizeof (int));
    *pInt=100;
    printf ("%d\n", *pInt);
    free (pInt);
    return 0;
}
```

内存地址动态分配函数 calloc 的原型如下：

```
void *calloc (unsigned n, unsigned size);
```

使用该函数也要包含头文件 stdlib.h，该函数的功能是在内存中动态分配 n 个长度为 size 的连续内存空间数组。calloc 函数会返回一个指针，该指针指向动态分配的连续内存空间地址。当分配空间错误时，返回 NULL。

例如，使用 calloc 函数分配一个整型数组内存空间：

```
int *pArray;
pArray= (int*)calloc (3, sizof (int));
```

上面代码中的 pArray 为一个整型指针，使用 calloc 分配内存数组，在参数中第一个参数表示分配数组中元素的个数，而第二个参数表示元素类型所占大小。最后将返回的指针赋给 pArray 指针变量，pArray 指向的就是该数组的首地址。使用 calloc 分配数组内存例子如下：

```
#inciude<stdio.h>
#include<stdlib.h>
int main ()
{
    int *pArray;
    int i;
    pArray= (int*)calloc (3, sizeof (int));

    for (i=1; i<4; i++)
    {
        *pArray=10*i;
        printf ("NO%d is: %d\n", i, *pArray);
        pArray+=1;
    }
    free (pArray);
    return 0;
}
```

在代码中可以看到，使用 calloc 函数分配一个包含 3 个元素的整型数组空间，使用 pArray 得到该空间的首地址，因为首地址即为第一个元素的地址，所以通过该指针可以直接输出第一个元素的数据。然后通过移动指针使其指向数组中其他的元素，并显示输出。

realloc 函数的原型如下：

```
void *realloc (void *ptr, size_t size);
```

使用该函数也要包含头文件 stdlib.h，其功能是改变 ptr 指针指向的空间 size 的大小。设定的 size 大小可以是任意的，也就是说既可以比原来的数值大，也可以比原来的数值小。返回值是一个指向新地址的指针，如果出现错误则返回 NULL。

例如，将一个分配的实型空间改为整型空间：

```
fDouble= (double*)malloc (sizeof (double));
iInt=realloc (fDouble, sizeof (Int));
```

其中，fDouble 是指向分配的实型空间，之后使用 realloc 函数改变 fDouble 指向的空间的大小，其大小设置为整型，然后将改变后的内存空间的地址返回赋值给 iInt 整型指针，使用 realloc 函数重新分配内存例子如下：

```
#include<stdio.h>
#include<stdlib.h>
int main ()
{
```

```
        double *fDouble;
        int *iInt;
        fDouble= (double*)malloc (sizeof (double));
        printf ("%d\n", sizeof (*fDouble));
        iInt=realloc (fDouble, sizeof (int));
        printf ("%d\n", sizeof (*iInt));
        free (fDouble);
        free (iInt);
        return 0;
}
```

本例中，先使用 malloc 分配了一个实型大小的内存空间，然后通过 sizeof 函数输出内存空间的大小，接着使用函数 realloc 得到新的内存空间大小，最后输出新空间的大小，比较两者的数值可以看出新空间与原来的空间大小不一样。

内存地址释放函数 free 用来释放内存空间，其原型如下：

```
void free (void *ptr);
```

该函数的功能是释放由指针 ptr 指向的内存区，使该内存区能被其他变量使用。ptr 是最近一次调用 calloc 或 malloc 函数时返回的值，free 函数无返回值。

例如，释放一个分配整型变量的内存空间：

```
free (pInt);
```

其中，pInt 为一个指向一个整型大小的内存空间，使用 free 将其进行释放。

本节内存分配实例中都使用了 free 函数以释放内存空间。动态内存被分配使用结束后必须使用 free 函数释放该内存块。

4.1.9.5　内存丢失

在使用 malloc 等函数分配内存后，要对其使用 free 函数进行释放。如果不进行释放会造成内存遗漏，从而可能会导致系统崩溃。

free 函数的用处在于实时地执行回收内存的操作，如果程序很简单，即在程序结束之前也不会占用过多的内存，不会降低系统的性能，那么也可以不使用 free 函数去释放内存。这是由于当程序结束后，操作系统会自动完成内存释放的功能。

但是，如果在开发大型程序时不写 free 函数去释放内存，会产生严重的后果。这是因为在程序中需要重复多次分配内存，比如一个程序重复进行 1000 次分配 1 MB 的内存，且每次分配内存后都使用 free 函数去释放用完的内存空间，那么这个程序只需要使用 1 MB 的内存就可以运行。如果不使用 free 函数，那么程序就要使用 1 GB 的内存。其中包括绝大部分的虚拟内存，而基于虚拟内存的操作需要读写磁盘，因此，这样会极大地影响到系统的性能，造成系统崩溃。因此，在程序中使用 malloc 等分配内存时都应对应地写上 free 函数进行内存释放，这是一个良好的编程习惯。

但是有些时候，常常会有将内存丢失的情况，例如：

```
pOld= (int*)malloc (sizeof (int));
pNew= (int*)malloc (sizeof (int));
```

这两段代码分别表示创建了一块内存，并且将内存的地址传给了指针 pOld 和 pNew。此时指针 pOld 和 pNew 分别指向两块内存，如果进行这样的操作：

pOld=pNew;

pOld 指针就指向了 pNew 指向的内存地址，这时候再进行释放内存操作：

free (pOld);

此时释放 pOld 所指向的内存空间是原来 pNew 指向的，于是这块空间被释放掉了。但是 pOld 原来指向的那块内存空间还没有被释放，又因为没有指针指向这块内存，所以这块内存就造成了丢失。

4.2　C++

4.2.1　类与对象

4.2.1.1　抽象和类

C++与 C 的最大区别，或者说，C++对 C 的最重要的扩展是类！类是一种将抽象转换为用户定义类型的 C++工具，它将数据表示和操纵数据的方法组合成一个完整的包。

一般来说，类规范由两个部分组成：

（1）类声明：以数据成员的方式描述数据部分，以成员函数（被称为方法）的方式描述公有接口。

（2）类方法定义：描述如何实现类成员函数。

简单地说，类声明提供了类的蓝图，而方法定义则提供了细节。

为开发一个类并编写一个使用它的程序，需要完成多个步骤。这里开发过程被分成多个阶段，而不是一次性完成。通常，C++程序员将接口（类定义）放在头文件中，并将实现（类方法的代码）放在源代码文件中。

```
#ifndef STOCKOO_H_
#define STOCKOO_H_

#include<string>
class Stock
{
    private:
        std: : string company;
        long shares;
        double share_val;
        double total_val;
        void set_tot (){ total_val =shares * share_val; }
    public:
        void acquire (const std: : string & co, long n, double pr);
        void buy (long num, double price);
        void sell (long num, double price);
```

```
                    void update (double price);
                    void show ();
    };


    #endif
```

上面代码中，C++保留字 class 指出这些代码定义了一个类设计（与在模板参数中不同，在这里，保留字 class 和 typename 不是同义词，不能使用 typename 代替 class）。这种语法指出，Stock 是这个新类的类型名。该声明让我们能够声明 Stock 类型的变量——对象或实例。上面的代码定义一个股票的类，而每个对象都表示一只股票。例如，下面的声明创建两个 Stock 对象，它们分别名为 sa 和 so：

```
    Stock sa;
    Stock so;
```

其中，sa 对象可以表示 sa 持有的某公司股票。

接下来，要存储的数据以类数据成员（如 company 和 shares）的形式出现。例如，sa 的 company 成员存储了公司名称，shares 成员存储了 sa 持有的股票数量，share_val 成员存储了每股的价格，total_val 成员存储了股票总价格。同样，要执行的操作以类函数成员（方法，如 sell 和 update）的形式出现。成员函数可以立即定义（如 set_tot），也可以用原型表示（如其他成员函数）。其他成员函数的完整定义稍后将介绍，它们包含在实现文件中，对于描述函数接口而言，原型就足够了。将数据和方法组合成一个单元是类最具有吸引力的特性。有了这种设计，创建 Stock 对象时，系统将自动制定使用对象的规则。

private 和 public 为保留字，它们描述了对类成员的访问控制规则。使用类对象的程序都可以直接访问公有部分，但只能通过公有成员函数（或友元函数）来访问对象的私有成员。例如，要修改 Stock 类的 shares 成员，只能通过 Stock 的成员函数来实现。因此，公有成员函数是程序和对象的私有成员之间的桥梁，提供了对象和程序之间的接口。这种机制防止程序直接访问数据，因此被称为数据隐藏。C++还提供了第三个访问控制保留字 protected，我们在介绍类继承时将讨论该保留字。

类设计过程应尽可能将公有接口与实现细节分开。公有接口表示设计的抽象组件，将实现细节放在一起并将它们与抽象分开被称为封装。数据隐藏（将数据放在类的私有部分中）也是一种封装，它将实现的细节隐藏在私有部分中，就像 Stock 类中 set_tot()所做的那样。封装的另一个例子是将类函数定义和类声明放在不同的文件中。

数据隐藏不仅可以防止程序直接访问数据，还让开发者（类的用户）无须了解数据是如何被表示的。例如，show()成员将显示某只股票的总价格（还有其他内容），这个值可以存储在对象中（上述代码正是这样做的），也可以在需要时通过计算得到。从使用类的角度看，使用哪种方法没有什么区别，所需要知道的只是各种成员函数的功能，也就是说，需要知道成员函数接收什么样的参数以及返回什么类型的值。类设计原则是将实现细节从接口设计中分离出来，如果以后找到了更好地实现数据表示或成员函数细节的方法，可以对这些细节进行修改，而无须修改程序接口，这使程序维护起来更容易。

无论类成员是数据成员还是成员函数，都可以在类的公有部分或私有部分中声明它。但数据项通常放在私有部分，组成类接口的成员函数放在公有部分：否则就无法从程序中调用这些函数。正如 Stock 声明所表明的，也可以把成员函数放在私有部分中，不能直接从程序中调用这种函数，但公有方法却可以使用它们。通常，程序员使用私有成员函数来处理不属于公有接口的实现细节。

不必在类声明中使用保留字 private，因为这是类对象的默认访问控制。

还需要创建类描述的第二部分：为那些由类声明中的原型表示的成员函数提供代码。成员函数定义与常规函数定义非常相似，它们有函数头和函数体，也可以有返回类型和参数。但是它们还有两个特殊的特征：

（1）定义成员函数时，使用作用域解析运算符(::)来标识函数所属的类。

（2）类方法可以访问类的 private 组件。

成员函数的函数头使用作用域运算符(::)来指出函数所属的类。例如，update()成员函数的函数头如下：

```
void Stock: : update (double price)
```

这种表示法意味着我们定义的 update()函数是 Stock 类的成员。这不仅将 update()标识为成员函数，还意味着我们可以将另一个类的成员函数也命名为 update()。例如，Buffoon 类的 update 函数的函数头如下：

```
void Buffoon: : update ()
```

因此，作用域解析运算符确定了方法定义对应的类的身份。我们说，标识符 update()具有类作用域(Class Scope)。Stock 类的其他成员函数不必使用作用域解析运算符，就可以使用 update()方法，这是因为它们属于同一个类，因此 update()是可见的。

类方法的完整名称中应包括类名。比如，Stock: : update()是函数的限定名(Qualified Name)：而简单的 update()是全名的缩写（非限定名，Unqualified Name），它只能在类作用域中使用。

类方法的第二个特点是：类方法可以访问类的私有成员。例如，show()方法可以使用这样的代码：

```
std: : cout << "Company: " << company
          << "   Shares:   " << shares << endl
          << "   Share Price: $" << share_val
          << "   Total Worth: $" << total_val << endl;
```

其中，company、shares 等都是 Stock 类的私有数据成员。如果试图使用非成员函数访问这些数据成员，会被编译器禁止。

位于类声明中的函数都将自动成为内联函数，因此 Stock: : set_tot()是一个内联函数。类声明常将短小的成员函数作为内联函数，set_tot()符合这样的要求。如果愿意，也可以在类声明之外定义成员函数，并使其成为内联函数。为此，只需在类实现部分中定义函数时使用 inline 限定符即可：

```
class Stock
{
    private:
        …
        void set_tot ();
    public:
        …
};
```

```
inline void Stock: : set_tot ()
{
        total_val= shares * share_val;
}
```

内联函数的特殊规则要求在每个使用它们的文件中都对其进行定义，可以确保内联定义对多文件程序中的所有文件都可用的。最简便的方法是：将内联定义放在定义类的头文件中（有些开发系统包含智能链接程序，允许将内联定义放在一个独立的实现文件）。

根据改写规则（Rewrite Rule），在类声明中定义方法等同于用原型替换方法定义，然后在类声明的后面将定义改写为内联函数。也就是说，set_tot()的内联定义与上述代码（定义紧跟在类声明之后）是等价的。

声明类变量：

```
Stock kate, joe;
```

这将创建两个 Stock 类对象，一个为 kate，另一个为 joe。

接下来，看看如何使用对象的成员函数。和使用结构成员一样，通过成员运算符来实现：

```
kate.show ();
joe.show ();
```

第 1 条语句调用 kate 对象的 show()成员。这意味着 show()方法将把 shares 解释为 kate.shares，将 share_val 解释为 kate.share_val。同样，函数调用 joe.show()使 show()方法将 shares 和 share_val 分别解释为 joe.share 和 joe.share_val。

同样，函数调用 kate.sell()在调用 set_tot()函数时，相当于调用 kate.set_tot()，这样该函数将使用 kate 对象的数据。

所创建的每个新对象都有自己的存储空间，用于存储其内部变量和类成员；但同一个类的所有对象共享同一组类方法，即每种方法只有一个副本。例如，假设 kate 和 joe 都是 Stock 对象，则 kate.shares 将占据一个内存块，而 joe.shares 占用另一个内存块，但 kate.show()和 joe.show()都调用同一个方法，也就是说，它们将执行同一个代码块，只是将这些代码用于不同的数据。调用成员函数被称为发送消息，因此将同样的消息发送给两个不同的对象，它们将调用同一个方法，即该方法被用于两个不同的对象，如图 4-13 所示。

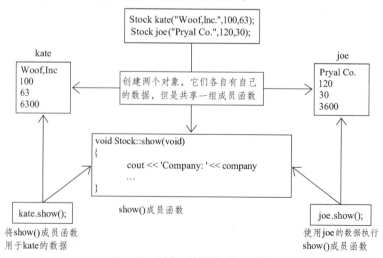

图 4-13　对象、数据和成员函数

4.2.1.2　class 和 struct

1. 类的定义

下面的语法结构：

class X{…};

称为类定义（class definition），它定义了一个名为 X 的类型。类定义也常常被称为类声明（class declaration），这样叫它的原因是与其他并非定义的 C++声明类似，我们可以在不同源文件中使用#include 重复类定义而不会违反单一定义规则。

根据定义，struct 就是一个成员默认为公有的类，即

struct S{/*...*/};

就是下面定义的简写：

class S{public: /*...*/};

class 的成员默认是私有的：

```
class Date1
{
    int d, m, y;       //默认私有
public:
    Date1 (int dd, int mm, int yy);
    void add_year (int n);    //增加 n 年
}
```

但是，我们也可以使用访问说明符 private：来指明接下来的成员是私有的，就像用 public：说明接下来的成员是公有的一样：

```
struct Date2
{
private:
    int d, m, y;
public:
    Date2 (int dd, int mm, int yy);
    void add_year (int n);      //增加 n 年
};
```

除了名字不同之外，Date1 与 Date2 是等价的。

C++并不要求在类定义中首先声明数据。实际上，将数据成员放在最后以强调提供公共用户接口的函数（位置在前）通常是很有意义的。例如：

```
class Date3
{
public:
    Date3 (int dd, int mm, int yy);
    void add_year (int n);      //增加 n 年
private:
```

```
    int d, m, y;
};
```

在一个类声明中可以多次使用访问说明符。例如：

```
class Date4
{
public:
    Date4 (int dd, int mm, int yy);
private:
    int d, m, y;
public:
    void add_year (int n);      //增加 n 年
};
```

像 Date4 这样使用多个公有声明段会让程序显得有些凌乱，而且可能影响对象布局。包含多个私有声明段也有这些问题。但是，允许多个访问说明符对机器生成代码是很有用的。

2. 类和结构的区别

结构和类有以下几个根本区别：

（1）不能在结构定义中初始化成员，只能定义构造器为结构提供初始化功能。

（2）不能重写结构的默认无参构造器。这是由于"运行时"自动将所有成员设为默认值：数值类型设为 0，布尔类型设为 false。

（3）结构没有析构器或者终结器，因为它们不支持垃圾回收。

（4）结构不支持继承，它们不能从别的任何东西继承，也不能作为父类使用。

（5）结构不能实现结构。

4.2.1.3 构造函数

构造一个给定类型的值，被称为构造函数（Constructor）。构造函数的显著特征是与类具有相同的名字。例如：

```
class Date
{
    int d, m, y;
public:
    Date (int dd, int mm, int yy);
};
```

如果一个类有一个构造函数，其所有对象都会通过调用构造函数完成初始化。如果上述构造函数需要参数，在初始化时就要提供这些参数：

```
Date today = Date (23, 6, 1983);
Date xmas (25, 12, 1990);              // 简写形式
```

由于构造函数定义了类的初始化方式，因此可以使用{}初始化记法：

```
Date today = Date{23, 6, 1983};
Date xmas{25, 12, 1990};               //简写形式
```

建议优先使用{}记法而不是(),因为前者明确表明了要做什么（初始化），从而避免了某些潜在错误，而且可以一致地使用。有些情况下必须使用()记法，但这种情况很少。

通过提供多个构造函数，可以为某类型的对象提供多种不同的初始化方法。例如：

```
class Date
{
    int d, m, y;
public:
    //…

    Date (int, int, int);
    Date (int, int);
    Date (int);
    Date ();
    Date (const char*);
};
```

构造函数的重载规则与普通函数相同。只要构造函数的参数类型明显不同，编译器就能选择正确的版本使用：

```
Date today{4};
Date july4{"July 4, 1983"};
Date guy{5, 11};
Date now;
Date start{};
```

在 Date 这个例子中，构造函数的扩展是很典型的。减少关联函数的一种方法是使用默认参数。对于 Date，我们可以赋予每个参数一个默认值，表示选择默认值：today。

```
class Date
{
    int d, m, y;
public:
    Date (int dd =O, int mm =O, int yy =O);
    …
};
Date: : Date (int dd, int mm, int yy)
{
    d = dd ? dd: today.d;
    m = mm ? mm: today.m;
    y = yy ? yy: today.y;
                        // 检查 Date 是否合法
}
```

另一种方法是直接用默认值作为默认参数：

```
class Date
```

```
{
    int d, m, y;
public:
    Date (int dd =today.d, int mm =today.m, int yy =today.y);
    …
};
Date: : Date (int dd, int mm, int yy)
{
    //检查 Date  是否合法
}
```

通过确保对象的正确初始化，构造函数极大地简化了成员函数的实现。有了构造函数，其他成员函数就不再需要处理未初始化数据的情况。

如果构造函数的声明带有保留字 explicit，则它只能用于初始化和显式类型转换。例如：

```
class Date
{
    int d, m, y;
public:
    explicit Date (int dd =O, int mm =O, int yy =O);
    …
};
Date d1 {15};                    //被看作显式类型转换
Date d2 = Date{15};              //显式类型转换
void f
{
    my_fct (Date{15});
    …
}
```

用 "=" 进行初始化可看作拷贝初始化（Copy Initialization）。一般来说，初始化器的副本会被放入待初始化的对象。但是，如果初始化器是一个右值，这种拷贝可能被优化掉（取消），而采用移动操作。省略=会将初始化变为显式初始化。显式初始化也称为直接初始化（Direct Initialization）。

默认情况下，应该将单参数的构造函数声明为 explicit。如果一个构造函数声明为 explicit 且定义在类外，则在定义中不能重复 explicit：

```
class Date
{
    int d, m, y;
public:
    explicit Date (int dd);
    //…
};
```

```
Date: : Date (int dd){/*...*/}                    //    正确
explicit Date: : Date (int dd){/*...*/}           //    错误
```

大多数 explicit 起很重要作用的构造函数都接受单一参数。但是，explicit 也可用于无参或多个参数的构造函数。例如：

```
struct X
{
    explicit X ();
    explicit X (int, int);
};
X x3{};
X x4{1, 2};
int f (X);
int i3 = f (X{});
int i4 = f (X{1, 2});
```

当使用多个构造函数时，成员初始化可以是重复的。例如：

```
class Date
{
    int d, m, y;
public:
    Date (int, int, int);
    Date (int, int);
    Date (int);
    Date ();
    Date (const char*);
    …
};
```

通过引入默认参数，我们就可以减少构造函数的数量来解决此问题。另一种方法是为数据成员添加初始化器：

```
class Date
{
    int d {today.d};
    int m {today.m};
    int y {today.y};
public:
    Date (int, int, int);
    Date (int, int);
    Date (int);
    Date ();
    Date (const char*);
```

```
    …
};
```

现在，每个构造函数都有已初始化的 d、m 和 y，当然它们也可以自己来做初始化。例如：

```
Date: : Date (int dd)
    : d{dd}
{
    //检查 Date 是否合法
}
```

这段代码等价于：

```
Date: : Date (int dd)
    : d{dd}, m{today.m}, y{today.y}
{
    //检查 Date 是否合法
}
```

4.2.1.4 类内函数定义与可变性

如果一个函数不仅在类中声明，还在类中定义，那么它就被当作内联函数处理，即很少修改且频繁使用的小函数，适合类内定义。类似所属类的定义，可在多个编译单元中使用#include 重复类内定义的成员函数，无论在哪里使用#include，其含义都应保持一致。

类成员可以访问同类的其他成员，而不管成员是在哪里定义的。考虑下面的代码：

```
class Date
{
public:
    void add_month (int n){ m+=n; }        //增加 Date 的 m
    …
private:
    int d, m, y;
};
```

即函数和数据成员的声明是不依赖于顺序的。可以编写等价代码如下：

```
inline void Date: : add_month (int n) //增加 n 个月
{
    m+=n;          //增加 Date 的 m
}
```

这种风格常用来保持类定义更为简单易读，它还实现了类接口和类实现在文本上的分离。

前面定义的 Date 提供了一些能为 Date 赋值的函数，但是没有提供检查 Date 值的方法。通过增加读取天、月和年的函数，可以很容易地弥补此不足：

```
class Date
{
    int d, m, y;
```

```
public:
    int day ()const { return d; }
    int month ()const { return m; }
    int year ()const;

    void add year (int n);      //增加 n 年
    ...
};
```

函数声明中（空）参数列表后的 const 指出这些函数不会修改 Date 的状态。

当 const 成员函数定义在类外时，必须使用 const 后缀：

```
int Date: : year ()const
{
    return y;
}
```

换句话说，const 是 Date::day()、Date::month()和 Date::year()类型的一部分。

const 和非 const 对象都可以调用 const 成员函数，而非 const 成员函数只能被非 const 对象调用。例如：

```
void f (Date& d, const Date& cd)
{
    int i= d.year ();
    d.add_year (1);

    int j = cd.year ();
    cd.add_year (1);         //错误: 不能改变 const Date 的值
}
```

有时，一个成员函数逻辑上是 const，但它仍然需要改变成员的值。即对一个用户而言，函数表面上不会改变其对象的状态，但它更新了用户不能直接观察的某些细节。这通常被称为逻辑常量性（Logical Constness）。例如，类 Date 可能有一个返回字符串表示的函数，构造这个字符串表示非常耗时，因此，保存一个拷贝，在反复要求获取字符串表示时可以简单地返回此拷贝（除非 Date 的值已被改变），这就很有意义了。更复杂的数据结构常使用这种缓存值的技术，现在对 Date 如何使用这种技术进行讨论。

```
class Date
{
public:
    ...
    string string_rep ()const;              //字符串表示
private:
    bool cache_valid;
    string cache;
    void compute_cache_value ();            //填入缓存
```

```
    …
};
```

从用户的角度来看，string_rep 并未改变其 Date 的状态，因此它显然应该是一个 const 成员函数。但另一方面，有时必须改变成员 cache 和 cache_valid，这种设计才能奏效。此问题可通过使用类型转换来解决，也存在不破坏类型规则的方法。

将一个类成员定义为 mutable，表示即使是在 const 对象中，也可以修改此成员：

```
class Date
{
public:
    …
    string string_rep ()const;    //字符串表示
private:
    mutable bool cache_valid;
    mutable string cache;
    void compute_cache_value ()const; //填入 (可变的)缓存
    …
};
```

显然可以这样定义 string_rep()：

```
string Date: : string_rep ()const
{
    if (!cache_valid)
    {
        compute_cache_value ();
        cache_valid = true;
    }
    return cache;
}
```

现在，string_rep()既可用于 const 对象，也可用于非 const 对象。例如：

```
void f (Date d, const Date cd)
{
    string s1 = d.string_rep ();
    string s2 = cd.string_rep ();        //正确
    …
}
```

对于小对象的表示形式只有一小部分允许改变的情形，将成员声明为 mutable 是最适合的。但在更复杂的情况下，通常更好的方式是将需要改变的数据放在一个独立对象中，并间接地访问它们。同时应注意的是，const 不能应用到通过指针或引用访问的对象，原因是编译器不能将这种指针或引用与其他指针或引用区分开来，即一个成员指针没有任何与其他指针不同的特殊语义。

在非 static 成员函数中，保留字 this 是指向调用它的对象的指针。在类 X 的非 const 成员函数中，this 的类型是 X。但是，this 被当作一个右值，因此我们无法获得 this 的地址或给它赋值。在类 X 的 const 成员函数中，this 的类型是 const X*，以防止修改对象。

```cpp
Date& Date: : add_year (int n)
{
    if (d==29 && m==2 && !leapyear (y+n))
    {
        d = 1;
        m=3;
    }
    y += n;
    return *this;
}
```

表达式*this 引用的就是调用此成员函数的对象。

this 的使用大多数是隐式的。特别是每当我们引用类内的一个非 static 成员时，都是依赖于一次 this 的隐式使用来获得恰当对象的该成员。例如，函数 add_year 可以定义为下面这样等价但更烦琐的形式：

```cpp
Date& Date:: add_year (int n)
{
    if (this->d==29 && this->m==2 && !leapyear (this->y+n))
    {
        this->d = 1;
        this->m = 3;
    }
    this->y += n;
    return *this;
}
```

this 的一种常见的显式应用是用于链表操作。例如：

```cpp
struct Link
{
    Link* pre;
    Link* sue;
    int data;
    Link* insert (int x)        //在 this 之前插入 x
    {
        return pre= new Link{pre, this.x};
    }
    void remove ()              //删除并销毁 this
    {
        if (pre)pre->suc = suc;
        if (sue)suc->pre = pre;
```

```
        delete this;
    }
    …
};
```

4.2.1.5 成员访问

我们可以通过对类 X 的对象使用.运算符或对 X 的对象的指针使用->运算符来访问 X 的成员。例如：

```
struct X
{
    void f ();
    int m;
};
void user (X x, X* px)
{
    x.m = 1;
    px->m = 1;
}
```

在类的内部访问成员则不需要任何运算符。例如：

```
void X: : f ()
{
    m=1;
}
```

即一个不带限定的名字就像加了前缀 this->一样。注意，成员函数似乎可以在一个成员声明前就引用它，但事实并非如此，实际引用必然发生在类完全声明后，所以成员函数可以在一个成员声明前引用只是一个假象：

```
struct X
{
    int f (){return m; }      //正确: 返回此 X 的 m
    int m;
};
```

如果我们希望引用类的一个公共成员，而不是某个特定对象的成员，应该使用类名后接::的限定方式。例如：

```
struct S
{
    int m;
    int f ();
    static int sm;
};
```

```
int X: : f (){return m; }          //X 的 f
int X: : sm{7};                    //X 的静态成员 sm
int (S: : *)pmf (){&S: : f};       //X 的成员 f
```

4.2.1.6　static 成员

Date 设定默认值非常方便，但会带来严重的潜在问题，因为 Date 类会依赖全局变量 today，这样的 Date 类只能用于定义和正确使用 today 的上下文中，这就限制一个类只有在最初编写它的上下文中才有用。尝试使用这种上下文依赖的类会给用户带来很多意料之外的问题，代码维护也会变得很混乱。static 成员可以帮助我们获得这种便利性而不需要承担使用可公开访问的全局变量的负担。static 成员是类的一部分，但不是某个类对象一部分的变量。static 成员只有唯一副本，而不是像普通非 static 成员那样每个对象都有其副本。类似地，需要访问类成员而不需要通过特定对象调用的函数称为 static 成员函数。

下面是重新设计的版本，它既保留了 Date 默认构造函数值的语义，又没有依赖全局变量所带来的问题：

```
class Date
{
    int d, m, y;
    static Date default_date;
public:
    Date (int dd =0, int mm =0, int yy =0);
    static void set_default (int dd, int mm, int yy); //将 default_date 设置为 Date (dd, mm, yy)
};
```

现在我们可以定义使用 default_date 的 Date 构造函数如下：

```
Date: : Date (int dd, int mm, int yy)
{
    d = dd ? dd: default_date.d;
    m = mm ? mm: default_date.m;
    y = yy? yy: default_date.y;
    //…检查 Date 是否合法…
}
```

使用 set_default()，可以在恰当的时候改变默认值。可以像引用任何其他成员一样引用 static 成员。此外，不必提及任何对象即可引用 static 成员，方法是使用其类的名字作为限定。例如：

```
void f ()
{
    Date: : set_default (4, 5, 1945); //调用 Date 的 static 成员 set_default ()
}
```

如果使用了 static 函数或数据成员，我们就必须在某处定义它们。在 static 成员的定义中不要重复保留字 static。例如：

```
Date Date: : default_date {16, 12, 1770};     //Date: : default_date 的定义
```

```
void Date: : set_default (int d, int m, int y)    //Date: : set_default 的定义
{
    default_date = {d, m, y};          //将新值赋予 default_date
}
```

注意，Date{}表示 Date：：default_date 的值。例如：

```
Date copy_of_default_date = Date{};
void f (Date);
void g ()
{
    f (Date{});
}
```

因此，我们不需要一个独立的函数来读取默认值。而且，当目标类型为 Date 无疑时，更简单的{}就足够了。例如：

```
void f1 (Date);
void f2 (Date);
void f2 (int);
void g ()
{
    f1 ({});
    f2 (Date{});
}
```

4.2.1.7　构造函数和析构函数

构造函数用来指出一个类的对象应如何初始化。与构造函数对应，我们还可以定义一个析构函数来确保在对象销毁时进行恰当的"清理操作"。C++中某些最有效的资源管理技术都依赖于构造函数/析构函数这对搭档。

构造函数的声明指出了其参数列表（与一个函数的参数列表完全一样），但未指出返回类型。类名不可用于此类内的普通成员函数、数据成员、成员类型，等等。构造函数的任务是初始化该类的一个对象。一般而言，初始化操作必须建立一个类不变式（Class Invariant），所谓不变式就是当成员函数（除类外）被调用时必须保持的某些东西。

构造函数用来初始化对象。换句话说，它创建供成员函数进行操作的环境。创建环境有时需要获取资源，如文件、锁或者一些内存，这些资源在使用后必须释放。因此，某些类需要一个函数，在对象销毁时保证它会被调用，就像在对象创建时保证构造函数会被调用一样。这样的函数就被称为析构函数（Destructor）。析构函数的名字是 ~ 后接类名，例如 ~ Vector()。一个类的析构函数恰好与其构造函数互补，析构函数不接受参数，每个类只能有一个析构函数。当出现一个自动变量离开作用域、自由空间中的一个对象被释放等情况时，析构函数会被隐式调用。只有在极少数情况下用户才需要显式调用析构函数。

析构函数一般会进行清理工作并释放资源。例如：

```
class Vector
{
```

```
public:
    Vector (int s): elem{new double[s]}, sz{s} {};        //构造函数: 获取内存
    ~ Vector (){delete[] elem; }                          //析构函数: 释放内存
    …
private:
    double* elem;     //elem 指向一个数组, 保存 sz 个 double
    int sz;           //sz 非负
};
```

这种基于构造函数/析构函数的资源管理风格被称为资源获取即初始化（Resource Acquisition Is Initialization，RAII）。

一对匹配的构造函数/析构函数是 C++中实现可变大小对象的常用机制。标准库容器，如 vector 和 unordered_map，都使用这种技术的变体来为它们的元素提供存储空间。没有声明析构函数的类型，如内置类型，被认为有一个不做任何事情的析构函数。

构造函数按声明顺序（而非初始化器的顺序）执行成员和基类的构造函数：如果两个构造函数使用了不同的顺序，析构函数不能保证（即使能保证也会有严重的额外开销）按构造的相反顺序进行销毁。

如果一个类的使用方式要求有默认构造函数，或者类没有其他构造函数，则编译器会尝试生成一个默认构造函数。例如：

```
struct S1
{
    string s;
};
S1 x;     //x.s 初始化为""
```

类似地，如果需要初始化器，可以使用逐个成员初始化。例如：

```
struct X {X (int); };
struct S2
{
    X x;
};
S2 x1;        //错误! 没有为 x1.x 提供值
S2 x2{1}; //正确: x2.x 用 1 进行初始化
```

4.2.1.8　运算符重载

运算符重载最常用于数字类型，但是用户自定义运算符的用处绝不仅仅局限于数字类型。例如，为了设计通用且抽象的访问接口，我们经常需要使用->、[]、（）等运算符。

运算符函数名字的组成规则是在保留字 operator 后面紧跟运算符本身，比如 operator<<。声明和调用运算符函数的方式与其他函数完全一致。使用运算符等价于显式地调用运算符函数，我们可以把前者看成是后者的一种简写形式。例如：

```
void f (complex a, complex b)
{
```

```
    complex c = a + b;                    //简写
    complex d = a.operator+ (b);       //显式调用
}
```

在已知 complex 定义的情况下，上面两个初始化器是等价的。

我们可以用接受一个参数的非 static 成员函数定义二元运算符，也可以用接受两个参数的非成员函数定义它。对于任意一种二元运算符@，aa@bb 可以理解成 aa.operator@（bb）或者 operator@（aa，bb）。如果这两种形式都被定义了，则由重载解析决定到底使用其中哪一个。例如：

```
class X
{
public:
    void operator+ (int);
    X (int);
};
void operator+ (X, X);
void operator+ (X, double);
void f (X a)
{
    a+1;      //a.operator+ (1)
    1+a;      //: : operator+ (X (1), a)
    a+1.0;    //: : operator (a, 1.0)
}
```

对于一元运算符，不管它是前置的还是后置的，我们既可以用不接受任何参数的非 static 成员函数定义它，也可以用接受一个参数的非成员函数定义它。对于任意一元前置运算符@，@aa 可以理解成 aa.operator@()或者 operator@（aa）。如果这两种形式都定义了，则由重载解析决定到底使用其中哪一个。对于任意一元后置运算符@，aa@可以理解成 aa.operator@（int）或者 operator@（aa，int）。如果这两种形式都定义了，则由重载解析决定到底使用其中哪一个。在声明运算符的时候，我们必须确保它的语法与 C++标准的规定一致。

如果某个运算符函数接受一个内置类型作为它的第一个运算对象，那么该函数不能是成员函数。例如，考虑把复数变量 aa 与整数 2 相加的情况：只要声明了适当的成员函数，我们就能把 aa+2 理解成 aa.operator+（2）；但是不能把 2+aa 看成 2.operator+（aa），因为类 int 并没有定义这样的+。就算是有，也需要为 2+aa 和 aa+2 分别定义不同的成员函数。因为编译器不了解用户自定义的+含义，它不清楚该运算符是否满足交换律，当然也就不能把 2+aa 当成 aa+2。上述问题可以通过定义一个或多个非成员函数来解决。

我们在定义运算符的时候通常希望提供一种比较便捷的符号，比如 a=b+c。因此，关于向运算符函数传递参数以及返回结果的问题，可供选择的方式比较有限。例如，我们不能请求一个指针类型的参数并且指望程序员使用取地址符，也不能让运算符返回指针并期望解引用它：*a=&b+&c 是不可接受的形式。

关于参数，主要有两种选择：值传递和引用传递。对于大小在 1～4 个字长之间的小对象来说，采用值传递的方式是最好的选择，得到的性能也最好。然而，传递和使用参数的实际性能会受机器的体系结构、编译器接口规范和参数访问次数等因素的影响。假设我们用一对 int 表示 Point：

```
void Point: : operator+= (Point delta);        //值传递
```

对于较大的对象，我们一般采用引用传递的方式。例如：

```
Matrix operator+ (const Matrix&, const Matrix&);    //常量引用传递
```

尤其是，如果传入被调函数的是内容不会被修改的较大对象，则应该采用 const 引用的方式。

通常情况下，一个运算符返回一个结果。向一个新创建的对象返回指针或者引用基本上是一种比较糟糕的选择：使用指针会带来符号使用方面的困难，而引用自由存储上的对象（不管使用指针还是引用）会导致资源管理困难。最好的方式是用传值的方式返回对象。对于 Matrix 等较大的对象来说，我们应该定义移动操作以使得值传递的过程足够有效。例如：

```
Matrix operator+ (const Matrix& a, const Matrix& b) //通过传值返回
{
    Matrix res {a};
    return res+=b;
}
```

如果运算符返回的是其参数对象中的某一个，则该运算符能够并且通常通过引用的方式返回。

运算符要么是类的成员函数，要么定义在某个名字空间。我们可以根据运算对象的类型找到名字空间中的运算符，就像根据参数类型可以找到函数一样。尤其是因为 cout 位于名字空间 std 中，所以当我们寻找合适的<<定义时会考虑 std。此时，编译器找到并且使用：

```
std: : operator<< (std: : ostream&, const std: : string&)
```

我们可以通过接受单参数的构造函数或类型转换运算符来实现类型转换。类型转换运算符（conversion operator）可以用来解决构造函数也无法指定的问题。成员函数 X: :operator T()定义了从 X 向 T 的类型转换，其中 T 是一个类型名。例如，我们定义一种只占 6 个二进制位的整数 Tiny。我们希望在算术运算中它可以和普通的整数完美地融合在一起，并且当 Tiny 的值超出其表示范围时抛出 Bad_range 异常：

```
class Tiny
{
    char v;
    void assign (int i){if (i&-077)throw Bad_range (); v=i; }
public:
    class Bad_range {};
    Tiny (int i){assign (i); }
    Tiny& operator= (int i){assign (i); return *this; }
    operator int ()const { return v; }      //转换成 int 的函数
};
```

用 int 初始化 Tiny 或者给它赋值时进行越界（溢出，包括上溢和下溢）检查。相反，当拷贝 Tiny 的时候无须检查是否越界，因此默认的拷贝构造函数和赋值运算是正确的，无须修改。为了让 Tiny 可以使用 int 的常规操作，我们定义了从 Tiny 向 int 的隐式类型转换 Tiny::operator int()。请注意，目标类型已经作为运算符名字的一部分出现，因此不必再重复出现在转换函数返回值的位置了：

```
Tiny: : operator int ()const{return v; }          //正确
int Tiny: : operator int ()const {return v; }      //错误
```

从这层意义上来说，类型转换运算符类似于构造函数。如果在需要 int 的地方出现了 Tiny，它会自动转换为对应的 int 值。

当数据结构的读取操作（实现为类型转换运算符）不多，而赋值和初始化操作明显更加重要的时候，类型转换函数显得比较有用。对于某种给定的数据类型，最好不要同时提供用户自定义的类型转换和用户自定义的运算符，因为这两者间可能产生二义性。

类型转换运算符也许能用在代码的任何地方。然而，最优的选择是把类型转换运算符声明成 explicit 并且明确只有当直接初始化时才使用它，当然我们也可以在此处使用等价的 explicit 构造函数。

如果类 X 定义了一个赋值运算符 X::operator=(Z)，且类型 V 就是类型 Z 或者存在从 V 向 Z 的唯一类型转换，那么用 V 的值给 X 的对象赋值就是合法的。在某些情况下，目标类型的值需要通过多次重复使用构造函数或者类型转换运算符来构造。此时，我们必须使用显式类型转换。只有同一个层级内的用户自定义隐式类型转换才是合法的。反之，如果目标类型的值可以通过多种不同的方式构建，这样的代码就是非法的。

C++选择或者执行类型转换的原则既不是最易于实现，也不是最易于记录，更不是最具有通用性。真正考虑的因素是该种类型转换必须足够安全，并且转换的结果最符合常理。

4.2.1.9 友   元

一条普通的成员函数声明语句在逻辑上包含相互独立的三层含义：

（1）该函数有权访问类的私有成员。

（2）该函数位于类的作用域之内。

（3）我们必须用一个含有 this 指针的对象调用该函数。

通过把成员函数声明成 static 的，我们可以令它只具有前两层含义；通过把非成员函数声明成 friend 的，我们可以令它只具有第一层含义。换句话说，一个 friend 函数可以像成员函数一样访问类的实现，但是在其他层面上与类是完全独立的。

例如，我们可以定义一个计算 Matrix 与 Vector 乘积的运算符。Vector 和 Matrix 会隐藏它们各自的表示部分，并向外提供一组可操作其对象的函数。然而，我们的乘法运算不应是它们之中任何一个的成员，而且我们也不希望用户可以通过底层操作访问 Vector 和 Matrix 的完整表示。为了避免这样，我们可以把 operator*声明成这两个类的 friend：

```
constexpr rc_max {4};      //行列的尺寸
class Matrix;
class Vector
{
    float v[rc_max];
    …
    friend Vector operator* (const Matrix&, const Vector&);
};
class Matrix
{
```

```
        Vector v[rc_max];
        …
        friend Vector operator* (const Matrix&, const Vector&);
};
```

此时 operator*()就可以访问 Vector 和 Matrix 的表示部分了。friend 声明既可以位于类的私有部分，也可以位于公有部分，二者没什么差别。就像一般的成员函数一样，友元函数也应该显式地声明在类的内部，它们共同构成了该类的完整接口。

类的成员函数可以是另一个类的友元，例如：

```
class List_iterator
{
    …
    int* next ();
};
class List
{
    friend int* List_iterator: : next ();
    …
};
```

要想令一个类的全部函数都成为另一个类的友元，可以用一种简写方法。例如：

```
class List
{
    friend class List_iterator;
    …
};
```

这个 friend 声明把 List_iterator 的所有成员函数都声明成 List 的友元。为类声明 friend 可以授权访问该类的所有函数。通常情况下，我们可以选择把类设计为成员（嵌套的类）或者非成员的友元。

友元必须在类的外层作用域中提前声明，或者定义在直接外层非类作用域中。对于在最内层嵌套名字空间作用域内首次声明成 friend 的名字来说，它的友元性到了更外层的作用域就失效了。例如：

```
class C1 { };     //将成为 N: : C 的友元类
void f1 ();        //将成为 N: : C 的友元函数
namespace N                    //名字空间 N
{
    class C2 {};     //将成为 C 的友元
    void f2 (){}        //将成为 C 的友元
    class C
    {
        int x;
    public:
```

```
        friend class C1;      //OK (已经预先定义)
        friend void f1 ();
        friend class C3;      //OK (已经在外层作用域中定义)
        friend void f3 ();
        friend class C4;      //首次声明出现在名字空间 N 内, 因此友元关系只存在于此
        friend void f4 ();
    };
    class C3{};  //C 的友元类
    void f3 (){ C x; x.x = 1; } //OK: C 的友元函数
}
    class C4 {};     //不是 N: : C 的友元
    void f4 (){N: : C x; x.x = 1; }   //错误: x 是私有的并且 f4 ()不是 N: : C 的友元
```

即使友元函数不是声明在直接外层作用域中, 也能通过它的参数找到它。例如:

```
void f (Matrix& m)
{
    invert (m);     //Matrix 的友元 invert ()
}
```

因此, 友元函数应该显式地声明在外层作用域中, 或者接受一个数据类型为该类或者其派生类的参数, 否则我们无法调用该友元函数。例如:

```
//该作用域中没有 f ()
class X
{
    friend void f ();           //没用
    friend void h (const X&);   //可以通过参数找到
};
void g (const X& x)
{
    f ();                       //作用域内找不到的
    h (x);                      //X 的友元 h ()
}
```

4.2.2   动态内存管理

在 C++中不再使用 malloc 和 free 函数进行动态内存管理。C++对 malloc 和 free 函数作了封装。内存分配改为运算符 new, 内存释放改为运算符 delete。当然它们操作的内存块仍然在动态内存中。

```
struct Enode
{
    Token_value oper;
    Enode* left;
```

```
        Enode* right;
        …
    };
    Enode* expr (bool get)
    {
        Enode* left = term (get);
        for (; ; )
        {
            switch (ts.current ().kind)
            {
                case Kind: : plus:
                case Kind: : minus:
                    left= new Enode{ts.current ().kind, left, term (true)};
                    break;
                default:
                    return left;          //返回节点
            }
        }
    }
```

在 Kind：：plus 和 Kind：：minus 分支中，我们在自由存储上新建了一个 Enode 并将其初始化为{ts.current(). kind，left，term(true)}，并将所得的指针赋给 left 并最终从 expr()返回。

对于一个用 new 创建的对象来说，我们必须用 delete 显式地将它销毁，否则它将一直存在。只有将它销毁了，它占用的空间才能被其他 new 使用。有一种思路是建立一个"垃圾回收器"，由它负责看管未引用的对象并使得 new 能重新使用这些对象所占的空间，但是 C++的具体实现并不能确保这一点。因此，假设 new 创建的对象需要由 delete 手动地释放。

delete 运算符只能作用于 new 返回的指针或者 nullptr，不过对 nullptr 使用 delete 不会产生什么实际效果。

如果被删除的对象的类型是一个含有析构函数的类，则 delete 将调用该析构函数，然后释放该对象所占的内存空间以供后续使用。

动态内存管理的问题主要包括：

（1）对象泄漏（Leaked Object）：使用 new，但是忘了用 delete 释放掉分配的对象。

（2）提前释放（Premature Deletion）：在尚有其他指针指向该对象并且后续仍会使用该对象的情况下过早地 delete。

（3）重复释放（Double Deletion）：同一对象被释放两次，两次调用对象的析构函数（如果存在的话）。

对象泄露是一种潜在的严重错误，因为它可能会令程序面临资源耗尽的情况。与之相比，提前释放更容易造成恶果，因为指向"已删对象"的指针所指的可能已经不是一个有效的对象了（此时读取的结果很可能与预期不符），又或者该内存区域已经存放了其他对象（此时对该区域执行写入操作将会影响本来无关的对象）。下面是一段非常糟糕的代码：

```
int* p1 = new int{99};
```

```
int* p2 = p1;                    //存在潜在的麻烦
delete p1;                       //此时，p2 所指的不再是一个有效对象
p1 = nullptr;                    //造成代码安全的错觉
char* p3 = new char{'x'};        //此时，p3 有可能指向了 p2 所指的内存区域
*p2= 999;                        //该行代码可能会造成错误
cout << *p3 <<'\n';              //输出的内容可能不是 x
```

重复释放的问题在于资源管理器通常无法追踪资源的所有者。例如：

```
void sloppy ()           //非常糟糕的代码
{
    int* p = new int[1000];        //请求内存
    //···使用*p ···
    delete[] p;          // 释放内存
    // ···完成一些其他操作..
    delete[] p;          //此时, sloppy ()已经不拥有*p 了
}
```

在执行第 2 个 delete[]的时候，*p 对应的内存区域可能已经被重新分配了，此时重新分配的内容可能会受到影响。如果把该段示例代码中的 int 替换成 string 的话，我们就能看到 string 的析构函数试图先读取一块已经被释放并且可能已被其他代码重写的内存区域,然后再 delete 这块区域，这显然是错误的。通常情况下，重复释放属于未定义的行为，将产生不可预知的结果，甚至引发程序灾难。

有两种方法可以避免上述问题：

（1）优先使用作用域内的变量，除非万不得已不要把对象放在自由存储上。

（2）在自由存储上构建对象时，把它的指针放在一个管理器对象（Manager Object）中，此类对象通常含有一个析构函数，可以确保释放资源。该方法简称为 RAII（资源获取即初始化）。RAII 是一项避免资源泄漏的基本技术，它让我们可以安全便捷地使用异常机制来处理错误。

new 还能用来创建对象的数组，例如：

```
char* save_string (const char* p)
{
    char* s = new char[strlen (p)+1];
    strcpy (s, p);               //从 p 拷贝到 s
    returns;
}

int main (int argc, char* argv[])
{
    if (argc < 2)    exit (1);
    char* p = save_string (argv[1]);
    //···
    delete[] p;
}
```

"普通" delete 用于删除单个对象，delete[]负责删除数组。

除非必须直接使用 char*，否则一般情况下，标准库 string 是更好的选择，它可以简化 save_string()：

```
string save_string (const char* p)
{
    return string{p};
}
int main (int argc, char* argv[])
{
    if (argc < 2)    exit (1);
    string s = save_string (argv[1]);
        //…
}
```

关键之处是我们无须纠结于 new[]和 delete[]了。

delete 和 delete[]必须清楚分配的对象有多大，才能准确地释放 new 分配的空间。这意味着用 new 的标准实现分配的对象要比静态对象所占的空间稍大一点，超出的部分至少要能存得下对象的尺寸。通常情况下，对于每次分配，我们需要两个或更多字来管理自由存储。绝大多数现代计算机都使用 8 字节的字。如果我们分配的很多对象组成了一个数组或者大对象，则消耗的管理空间就比较合适；但是如果我们在自由存储上分配了很多个小对象（比如很多 int 或者 Point），那么额外的空间就比较浪费了。

delete[]只能用于两种情况，一种是指向由 new 创建的数组的指针，另一种是空指针。delete[]作用于空指针时什么也不做。

切记不要用 new 创建局部对象，如：

```
void f1 ()
{
    X* p =new X;
    //…使用*p…
    delete p;
}
```

这种用法冗长、低效且极易出错。如果先有 return 语句或者抛出异常的语句后有 delete，则可能导致内存泄漏（除非辅以其他代码）。相反，使用局部变量可以解决这一问题：

```
void f2 ()
{
    X x;
    //…使用 x…
}
```

在退出 f2 之前，会先隐式地销毁局部变量 x。

动态内存运算符 new、delete、new[]和 delete[]的实现位于 <new>头文件中：

```
void* operator new (size_t);         //为单个对象分配空间
void operator delete (void* p);       //如果 p 为真，释放 new ()分配的全部空间
```

```
void* operator new[] (size_t);          //为数组分配空间
void operator delete[] (void* p);       //如果 p 为真，释放 new[] ()分配的全部空间
```

当运算符 new 需要为对象分配空间时，它调用 operator new()分配适当数量的字节。类似地，当运算符 new 需要为数组分配空间时，调用 operator new[]()来实现。

分配和释放函数负责处理元类型且未初始化的内存（通常称为"原始内存"），而非类型明确的对象。因此，其实参和返回值的类型都是 void*。无类型的内存层和带类型的对象层的映射关系由运算符 new 和 delete 负责。

当 new 发现没有多余的内存可供分配时，默认情况下，分配器会抛出一个标准库 bad_alloc 异常。new 运算符并不保证在耗尽物理主存后一定会抛出异常。因此，如果系统设置了虚拟内存，则该程序将可能消耗大量的磁盘空间，在很长一段时间后才抛出异常。

默认情况下，new 运算符在自由存储上创建它的对象，以一个简单的类为例在其他的地方分配对象：

```
class X
{
public:
    X (int);
    //…
};
```

如果我们想把对象放置在别的地方，可以提供一个含有额外实参的分配函数，然后在使用 new 的时候传入指定的额外实参：

```
void* operator new (size_t, void* p){return p; }    //显式运算符，将对象置于别处
void* but =reinterpret_cast<void*> (0xF00F);        //一个明确的地址
X* p2 = new (buf)X;                                  //调用: operator new (sizeof (X), buf)
```

由于这种用法的存在，我们通常把提供额外的实参给 operator new()的 new（buf）X 语法称为放置语法（Placement Syntax）。请注意，每个 operator new()都接受一个尺寸作为它的第一个实参，而该尺寸的对象是隐式提供的。编译器根据常规的实参匹配规则确定 new 运算符到底使用哪个 operator new()。每个 operator new()都以 size_t 作为它的第一个实参。

"放置式 delete"可能会告知垃圾回收器当前删掉的指针不再安全，除此之外就什么也不做了。

放置式 new 还能用于从某一特定区域分配内存：

```
class Arena
{
public:
    virtual void* alloc (size_t)=0;
    virtual void free (void*)=0;
    //…
};
void* operator new (size_t sz, Arena* a)
{
    return a->alloc (sz);
}
```

现在，我们就能在不同 Arena 里分配任意类型的对象了。例如：

```
extern Arena* Persistent;
extern Arena* Shared;
void g (int i)
{
    X* p = new (Persistent)X (i);        //在某持续性存储上分配 X
    X* q = new (Shared)X (i);            //在共享内存上分配 X
    //…
}
```

把对象置于一块标准自由存储管理器不（直接）控制的区域，意味着我们在销毁此类对象时必须特别小心。处理这一问题的常规做法是显式调用一个析构函数：

```
void destroy (X* p, Arena* a)
{
    p-> ~ X ();               //调用析构函数
    a->free (p);             //释放内存
}
```

请注意，除非我们实现的是资源管理类，否则应该尽量避免显式调用析构函数。甚至绝大多数资源句柄都能用 new 和 delete 构建。

4.2.3　继承和多态

面向对象编程的主要目的之一是提供可重用的代码。开发新项目，尤其是当项目十分庞大时，重用经过测试的代码比重新编写代码要好得多。使用已有的代码可以节省时间，由于已有的代码已被使用和测试过，因此有助于避免在程序中引入错误。另外，必须考虑的细节越少，便越能专注于程序的整体策略。

传统的 C 函数库通过预定义、预编译的函数（如 strlen()和 rand()，可以在程序中使用这些函数提供可重用性。C++类提供了更高层次的重用性。目前，很多厂商提供了类库，类库由类声明和实现构成。因为类组合了数据表示和类方法，因此提供了比函数库更加完整的程序包。通常，类库是以源代码的方式提供的，这意味着可以对其进行修改，以满足需求。然而，C++提供了比修改代码更好的方法来扩展和修改类。这种方法叫作类继承，它能够从已有的类派生出新的类，而派生类继承了原有类（称为基类）的特征，包括方法。

从一个类派生出另一个类时，原始类称为基类，继承类称为派生类。为声明继承，首先需要一个基类。Webtown 俱乐部决定跟踪乒乓球会会员，需要设计一个简单的 TableTennisPlayer 类。下面分别为 tabtenn0.h 和 tabtenn0.cpp 文件内容：

```
//tabtenn0.h -- a table-tennis base class
#ifndef TABTENN0_H
#define TABTENN0_H
#include <String>
using std: : string;
//simple base class
```

```
class TableTennisPlayer
{
private:
    string firstname;
    string lastname;
    bool hasTable;
public:
    TableTennisPlayer (const string & fn ="none",
                              const string & ln ="none", bool ht= false);
    void Name ()const;
    bool HasTable ()const { return hasTable; };
    void ResetTable (bool v){ hasTable = v; };
}
#endif

//tabtenn0.cpp -- simple base-class methods
#include "tabtenn0.h"
#include <iostream>
TableTennisPlayer: : TableTennisPlayer (const string &fn,
    const string &ln, bool ht): firstname (fn), lastname (ln), hasTable (ht} {}
void TableTennisPlayer: : Name ()const
{
    std: : cout<<lastname<<", "<< firstname;
}
```

TableTennisPlayer 类只是记录会员的姓名以及是否有球桌。有两点需要说明：一、这个类使用标准 string 类来存储姓名，相比于使用字符数组，这更方便、灵活、安全；二、构造函数使用了成员初始化列表语法。

Webtown 俱乐部的一些成员曾经参加过当地的乒乓球锦标赛，需要这样一个类，它能包括成员在比赛中的比分。与其从零开始，不如从 TableTennisClass 类派生出一个类。首先将 RatedPlayer 类声明为从 TableTennisClass 类派生而来：

```
//RatedPlayer derives from the TableTennisPlayer base class
class RatedPlayer: public TableTennisPlayer
{
    …
};
```

冒号指出 RatedPlayer 类的基类是 TableTennisplayer 类。上述特殊的声明头表明 TableTennisPlayer 是一个公有基类，这被称为公有派生。派生类对象包含基类对象。使用公有派生，基类的公有成员将成为派生类的公有成员；基类的私有部分也将成为派生类的一部分，但只能通过基类的公有和保护方法访问。

Ratedplayer 对象将具有以下特征：

（1）派生类对象存储了基类的数据成员（派生类继承了基类的实现）。

（2）派生类对象可以使用基类的方法（派生类继承了基类的接口）。

因此，RatedPlayer 对象可以存储运动员的姓名及其是否有球桌。另外，RatedPlayer 对象还可以使用 TableTennisPlayer 类的 Name()、hasTable()和 ResetTable()方法。

派生类不能直接访问基类的私有成员，而必须通过基类方法进行访问。例如，RatedPlayer 构造函数不能直接设置继承的成员（firstname、lastname 和 hasTable），而必须使用基类的公有方法来访问私有的基类成员。具体地说，派生类构造函数必须使用基类构造函数。

创建派生类对象时，程序首先创建基类对象。从概念上说，这意味着基类对象应当在程序进入派生类构造函数之前被创建。C++使用成员初始化列表语法来完成这种工作。例如，下面是第一个 RatedPlayer 构造函数的代码：

```
RatedPlayer: : RatedPlayer (unsigned int r, const string &fn,
    const string &ln, bool ht): TableTennisPlayer (fn, ln, ht)
{
    rating= r;
}
```

其中，TableTennisPlayer(fn, ln, ht)是成员初始化列表。它是可执行的代码，调用 TableTennisPlayer 构造函数。

如果省略成员初始化列表，情况将如何呢？

```
RatedPlayer: : RatedPlayer (unsigned int r, const string &fn,
const string &ln, bool ht)
{
    rating = r;
}
```

必须首先创建基类对象，如果不调用基类构造函数，程序将使用默认的基类构造函数，因此上述代码与下面等效：

```
RatedPlayer: : RatedPlayer {unsigned int r, const string &fn,
const string &ln, bool ht) //: TableTennisPlayer ()
{
    rating= r;
}
```

除非要使用默认构造函数，否则应显式调用正确的基类构造函数。

下面来看第二个构造函数的代码：

```
RatedPlayer: : RatedPlayer (unsigned int r, const TableTennisPlayer &tp)
    : TableTennisPlayer{tp)
{
    rating= r;
}
```

这里也将 TableTennisPlayer 的信息传递给了 TableTennisPlayer 构造函数：

```
TableTennisPlayer (tp)
```

由于 tp 的类型为 TableTennisPlayer ＆，因此将调用基类的复制构造函数。基类没有定义复制构造函数，如果需要使用复制构造函数但又没有定义，编译器将自动生成一个。在这种情况下，执行成员复制的隐式复制构造函数是合适的，因为这个类没有使用动态内存分配。

如果愿意，也可以对派生类成员使用成员初始化列表语法。在这种情况下，应在列表中使用成员名，而不是类名。所以，第二个构造函数可以按照下述方式编写：

```
//alternative version
RatedPlayer: : RatedPlayer (unsigned int r, canst TableTennisPlayer &tp)
    : TableTennisPlayer (tp), rating (r)
{
}
```

派生类与基类之间有一些特殊关系。其中之一是派生类对象可以使用基类的方法，条件是方法不是私有的：

```
RatedPlayer rplayer1 (l140, "Mallory", "Duck", true);
rplayer1.Name ();          //使用基类继承的方法
```

另外两个重要的关系是：基类指针可以在不进行显式类型转换的情况下指向派生类对象；基类引用可以在不进行显式类型转换的情况下引用派生类对象。

```
RatedPlayer rplayer1{l140, "Mallory", "Duck", true);
TableTennisPlayer & rt= rplayer;
TableTennisPlayer *pt= &rplayer;
rt.Name ();          //invoke Name ()with reference
pt->Name ();          //invoke Name ()with pointer
```

然而，基类指针或引用只能用于调用基类方法，因此，不能使用 rt 或 pt 来调用派生类的 RestRanking 方法。

通常，C++要求引用和指针类型与赋给的类型相匹配，但这对继承来说是个例外。然而，这种例外只是单向的，不可以将基类对象和地址赋给派生类引用和指针：

```
TableTennisPlayer player ("Betsy", "Bloop", true};
RatedPlayer & rr = player;          //NOT ALLOWED
RatedPlayer *pr= player;          //NOT ALLOWED
```

派生类和基类之间的特殊关系是基于 C++继承的底层模型的。实际上，C++有 3 种继承方式：公有继承、保护继承和私有继承。公有继承是最常用的方式，它建立一种 is-a 关系，即派生类对象也是一个基类对象，可以对基类对象执行的任何操作，也可以对派生类对象执行。例如，假设有一个 Fruit 类，可以保存水果的重量和热量。因为香蕉是一种特殊的水果，所以可以从 Fruit 类派生出 Banana 类。新类将继承原始类的所有数据成员，因此，Banana 对象将包含表示香蕉重量和热量的成员。新的 Banana 类还添加了专门用于香蕉的成员，这些成员通常不用于水果，例如 Banana Institute Peel Index（香蕉机构果皮索引）。因为派生类可以添加特性，所以，将这种关系称为 is-a-kind-of 关系可能更准确，但是通常使用术语 is-a。

为阐明 is-a 关系，来看一些与该模型不符的例子。公有继承不建立 has-a 关系。例如，午餐可能包括水果，但通常午餐并不是水果。所以，不能通过从 Fruit 类派生出 Lunch 类来在午餐中添加水果。在午餐中加入水果的正确方法是将其作为一种 has-a 关系：午餐有水果。

公有继承不能建立 is-like-a 关系，也就是说，它不采用明喻。人们常说老师就像春蚕，但老师并不是春蚕，春蚕可以吐丝。所以，不应从 Teacher 类派生出 Silkworm 类。继承可以在基类的基础上添加属性，但不能删除基类的属性。在有些情况下，可以设计一个包含共有特征的类，然后以 is-a 或 has-a 关系，在这个类的基础上定义相关的类。

公有继承不建立 is-implemented-as-a（作为……来实现）关系。例如，可以使用数组来实现，但从 Array 类派生出 Stack 类是不合适的，因为栈不是数组。例如，数组索引不是栈的属性。另外，可以以其他方式实现栈，如链表。正确的方法是，通过让栈包含一个私有 Array 对象成员来隐藏数组实现。

公有继承不建立 uses-a 关系。例如，计算机可以使用激光打印机，但从 Computer 类派生出 Printer 类（或反过来）是没有意义的。然而，可以使用友元函数或类来处理 Printer 对象和 Computer 对象之间的通信。

在 C++中，完全可以使用公有继承来建立 has-a、is-implemented-as-a 或 uses-a 关系，然而这样做通常会导致编程方面的问题。因此，还是应坚持使用 is-a 的关系。

RatedPlayer 继承示例很简单，派生类对象使用基类的方法，而未做任何修改。然而，可能会遇到这样的情况，即希望同一个方法在派生类和基类中的行为是不同的。换句话来说，方法的行为应取决于调用该方法的对象。这种较复杂的行为称为多态——具有多种形态，即同一个方法的行为随上下文而异。有两种重要的机制可用于实现多态公有继承：在派生类中重新定义基类的方法和使用虚方法。

```cpp
//brass .h -- bank account classes
#ifndef BRASS_H
#define BRASS_H
#include <string>
//Brass Account Class
class Brass
{
private:
    std: : string fullName;
    long acctNum;
    double balance;
public:
    Brass (const std: : string & s ="Nullbody", long an= -1,
                double bal = 0.0);
    void Deposit (double amt);
    virtual void Withdraw (double amt);
    double Balance ()const;
    virtual void ViewAcct ()const;
    virtual ~ Brass (){}
};
//BrassPlus Account Class
class BrassPlus: public Brass
private:
    double maxLoan;
```

```
        double rate;
        double owesBank;
public:
        BrassPlus (const std: : string & s ="Nullbody", long an= -1,
                        double bal = 0.0, double ml= 500,
                        double r= 0.11125);
        BrassPlus (const Brass & ba, double ml= 500,
                                        double r= 0.11125);
        virtual void ViewAcct {} const;
        virtual void Withdraw (double amt);
        void ResetMax (double m} {maxLoan = m; }
        void ResetRate (double r){rate = r; };
        void ResetOwes (){ owesBank = 0; }
};
#endif
```

其中，Brass 类和 BrassPlus 类都声明了 ViewAcct()和 Withdraw()方法，但 BrassPlus 对象和 Brass 对象的这些方法的行为是不同的，介绍了声明如何指出方法在派生类的行为的不同。两个 ViewAcct()原型表明将有 2 个独立的方法定义。基类版本的限定名为 Brass::ViewAcct()，派生类版本的限定名为 BrassPlus::ViewAcct()。程序将使用对象类型来确定使用哪个版本。

Brass 类在声明 ViewAcct()和 Withdraw()时使用了新保留字 virtual。这些方法被称为虚方法（Virtual Method）。如果方法是通过引用或指针而不是对象调用的，它将确定使用哪一种方法。如果没有使用保留字 virtual，程序将根据引用类型或指针类型选择方法；如果使用了 virtual，程序将根据引用或指针指向的对象的类型来选择方法。

假设要同时管理 Brass 和 BrassPlus 账户，如果能使用同一个数组来保存 Brsss 和 BrassPlus 对象，将很有帮助，但这是不可能的。数组中所有元素的类型必须相同，而 Brass 和 BrassPlus 是不同的类型。然而，我们可以创建指向 Brass 的指针数组。这样，每个元素的类型都相同，但由于使用的是公有继承模型，因此 Brass 指针既可以指向 Brass 对象，也可以指向 BrassPlus 对象。因此，可以使用一个数组来表示多种类型的对象，这就是多态性。

保留字 protected 与 private 相似，在类外只能用公有类成员来访问 protected 部分中的类成员。private 和 protected 之间的区别只有在基类派生的类中才会表现出来。派生类的成员可以直接访问基类的保护成员，但不能直接访问基类的私有成员。因此，对于外部世界来说，保护成员的行为与私有成员相似；但对于派生类来说，保护成员的行为与公有成员相似。

例如，假如 Brass 类将 balance 成员声明为保护的：

```
class Brass
{
protected:
    double balance;
    …

};
```

在这种情况下，BrassPlus 类可以直接访问 balance，而不需要使用 Brass 方法。

4.2.4　模　板

4.2.4.1　字符串模板

C++模板机制允许在定义类、函数或类型别名时将类型或值作为参数。这提供了一种直接表示各种一般概念的途径，以及组合这些概念的一种简单方法。而且，这样定义的类和函数在运行时间和空间效率上并不逊于手工打造的非通用代码。

模板仅依赖于它真正使用的那些参数类型属性，并不要求参数类型是显式相关的。特别是，模板的参数类型不必是继承层次中的一部分。内置类型作为模板参数类型是允许的，而且也很常见。

模板提供的代码组成是类型安全的（不会隐含地以不符合定义的方式使用对象），但模板对参数的要求并不能简单、直接地用代码表达出来。

所有主要的标准库抽象都是以模板的形式实现的（例如 string、ostream、regex、complex、list、map、unique_ptr、thread、future、tuple 和 function），关键操作也是如此（例如 string 比较、输出运算符<<、complex 算术运算、list 插入删除以及 sort()）。如下为一个通用的字符串模板：

```
template<typename C>
class String
{
public:
    String ();
    explicit String (const C*);
    String (const String&);
    Str ing operator= (const String&);
    //…
    C& operator[] (int n){ return ptr[n]; }          //无范围检查的元素访问
    String& operator+= (C c);                        //将 c 追加到末尾
    //…
private:
    static const int short_max = 15;                 //用于短字符串优化
    int sz;
    C* ptr;                                          //ptr 指向 sz 个 C
};
```

前缀 template<typename C>指出将要声明一个模板，而在声明中将用到类型参数 C。像这样引入 C 之后，我们就可以像使用普通类型名一样使用它。C 的作用域一直延伸到以 template<typename C.>为前缀的模板声明的末尾。同样可以使用一个等价但更短的前缀 template<class C >。但即使使用这种形式，C 仍然是一个类型名，而不是一个类名。数学家可能将 template<class C>看作"对所有 C"或更具体的"对所有类型 C"甚至"对所有是类型的 C"这些习惯陈述的变形。如果沿着这种思路思考，你就会注意到 C++缺乏一种完全通用的机制来指明对一个模板参数 C 的要求。即，我们无法用 C++陈述"对所有……的 C"，其中"……"表示对 C 的一组要求。换句话说，C++没有提供一种直接的方法来陈述希望一个模板参数 C 是什么类型。

对于一个类模板，如果在其名字后面跟一个用<>包围的类型，它就会成为一个类名（由此模板定义的类），我们就可以像使用其他类名一样来使用它。例如：

```
String<char> cs;
String<unsigned char> us;
String<wchar_t> ws;
struct Jchar {/*...*/};      //日文字符
String<Jchar> js;
```

从类模板生成的类和普通类没什么两样。因此，使用模板并不意味着比一个等价的实际编写的类多出一些运行时机制。实际上，使用模板还会减少生成的代码量，因为对类模板来说，只有当一个成员函数被使用时才会为其生成代码。

模板本质上是一个说明，用来描述如何基于给定的恰当的模板实参来生成某些东西。实现这种通用性的编程语言机制并不太关心到底是生成了一个类还是一个函数。因此，除非特别说明，本章介绍的模板相关的规则都是既适用于类模板，也适用于函数模板。

当定义一个类模板时，通常一种好的方式是：先编写调试一个特定类，如 String，然后再将其转换为一个模板，如 String<C>。这样就能针对一个具体实例来处理很多设计问题和大多数代码错误。理解一个模板时，一个通常很有用的方法是首先设想它对一个特定类型实参（如 char）的行为是怎样的，然后再尝试理解它最通用的行为。

类模板成员的声明和定义与非模板类成员完全一样。模板成员不必定义在模板类中，也可以在外部定义。模板类成员本身也是模板，通过所属模板类的参数进行参数化。因此，当在模板类外部定义一个成员时，必须显式声明一个模板。例如：

```
template<typename C>
String<C>: : String ()       //String<C>的构造函数
    : sz{0}, ptr{ch}
{
    ch[0] = {};          //结尾字符 0，具有恰当的字符类型
}
template<typename C>
String& String<C>: : operator+= (C c)
{
    //··· 将 c 追加到字符串末尾···
    return *this;
}
```

像 C 这样的模板参数并不是一个特定类型的名字，而是一个参数，但这并不影响在编写模板代码时将它当作一个类型名来使用。在 String<C>的作用域中，对模板本身的名字来说限定符<C>是多余的，因此构造函数的名字是 String<C>::String。

在一个程序中，一个类成员函数只能由唯一的函数定义，与此类似，在一个程序中，一个类模板成员函数也只能有唯一一个函数模板定义它。对于类模板成员函数，我们也可以用重载机制为不同实参类型提供不同的函数定义。

不能重载一个类模板名。因此，如果在一个作用域中声明了一个类模板，在此作用域中就不能再声明任何其他同名实体了。例如：

```
template<typename T>
class String {/*...*/};
class String {/*...*/}; //错误: 重复定义
```

如果一个类型被用作模板实参,那么它必须提供模板所要求的接口。另外需要注意的是,同一个模板参数的不同实参并不要求具有继承关系。

从一个模板和一个模板实参列表生成一个类或一个函数的过程通常被称为模板实例化(Template Instantiation)。一个模板针对某个特定模板实参列表的版本被称为特例化(Specialization)。

一般来说,保证从所用的模板实参列表生成模板的特例化是 C++实现的责任,例如:

```
String<char> cs;
void f ()
{
    String<Jchar> js;
    cs ="It's OK";
}
```

对这段代码,C++编译器负责为 String<char>类和 String<Jchar>类、它们的析构函数和默认构造函数以及 String<char>::operator=(char*)生成声明。其他成员函数并未使用,因此不会被生成。所生成的类与普通类完全一样,服从普通类的所有基本规则。类似地,生成的函数也和普通函数完全一样,服从普通函数的所有基本规则。

模板提供了一种从相对较短的定义生成大量代码的强有力的方法,但也正因为如此,我们要小心避免几乎相同的函数定义泛滥,导致占据大量内存。另一方面,模板代码能达到其他方式编写的代码所达不到的质量。特别是,组合使用模板和简单内联来编写程序能消除很多直接或间接的函数调用。因此,轻率使用模板会生成大量非常相似的函数,从而导致代码膨胀,而正确使用模板则会使很少的函数实现内联,从而和其他方法相比能大幅度缩减代码量,提高运行速度。特别是,为简单的<或[]生成的代码通常就是单个机器指令,既比任何函数调用都快得多,也比任何需要调用函数取得返回结果的代码短得多。

4.2.4.2 类型检查

模板实例化就是从一个模板和一组模板实参来生成代码。由于这些信息在实例化时都能获得,因此从模板定义和模板实参类型来编织这些信息能提供最大程度的灵活性和无与伦比的运行时性能。不幸的是,这种灵活性同时也意味着复杂的类型检查和难以精确报告错误类型。

编译器对模板实例化生成的代码进行类型检查。生成的代码可能包含很多模板用户从未听说过的内容(如模板实现细节用到的名字),而在随后的构建过程中,经常是这些内容出现问题。因此需要在编写程序时尽量避免此问题带来的不良后果。

模板机制最大的弱点是无法直接表达对模板实参的要求。例如,我们无法这样编写代码:

```
template<Container Cont, typename Elem>
    requires Equal_comparable<Cont: : value_type, Elem> ()
                             //对类型 Cont 和 Elem 的要求
int find_index (Cont& c, Elem e);        //在 c 中查找 e 出现的位置
```

即在 C++中无法直接陈述 Cont 必须是一个容器类型以及类型 Elem 的值必须能和 Cont 的元素进行比较。

有效处理模板实参传递问题的第一步是建立一个用于讨论对模板实参的要求的框架和词汇表。我们可以将一组对模板实参的要求看作一个谓词。例如，可以将"C 必须是一个容器"看作一个谓词，它接受一个类型参数 C，若 C 是一个容器则返回 true，反之则返回 false。例如，Container<vector<int>>()和 Container<list<string>>()应该为真，而 Container<int>()和 Container< shared_ptr<string>>()应该为假。我们称这种谓词为概念（Concept）。概念并非 C++中的语言结构，它是一种理念，可以用来推理对模板实参的要求，可以用于注释中。

给定一个模板，我们可以通过提供模板实参生成类型。例如：

```
String<char> s1;
String<unsigned char> s2;
String<int> s3;
using Uchar = unsigned char;
using uchar = unsigned char;
String<Uchar> s4;
String<uchar> s5;
String<char> s6;
template<typename T, int N>
    class Buffer;
Buffer<String<char>, 10> b1;
Buffer<char, 10> b2;
Buffer<char, 20-10> b3;
```

如果对一个模板使用相同的模板实参，我们希望得到相同的生成类型。但"相同"的含义是什么，即并未引入新的类型，因此 String<Uchar>和 String<uchar>是与 String<unsignedchar>相同的类型。相反，由于 char 和 unsigned char 是不同类型，因此 String<char>和 String<unsigned char>是不同类型。

编译器可以对常量表达式求值，因此 Buffer<char，20-10 > 被认为是与 Buffer<char，10 > 相同的类型。

一个模板使用不同模板实参生成的类型是不同类型。特别是，用相关实参生成的类型不一定是相关的。例如，假定 Circle 是一种 Shape：

```
Shape* p {new Circle (p, 100)};          //Circle*转换为 Shape*
vector<Shape>* q{new vector<Circle>{}};
                            //错误: vector<Circle>*不能转换为 vector<Shape>*
vector<Shape>vs{vector<Circle>{}};
                            //错误: vector<Circle>不能转换为 vector<Shape>
vector<Shape*>vs{vector<Circle*>{}};
                            //错误: vector<Circle* > 不能转换为 vector<Shape*>
```

如果允许这些转换，就会导致类型错误。如果需要在生成的类之间进行转换，程序员可以定义这种转换操作。

我们在程序中应首先定义模板，随后提供一组模板实参来使用模板。当定义模板时，会检查语法错误和其他可能的错误，当然，这些错误都是与特定的模板实参无关的。例如：

```
template<typename T>
struct Link
{
    Link* pre;
    Link* sue      //语法错误：漏掉了分号
    T val;
};

template<typename T>
class List
{
    Link<T>* head;
public:
    List (): head{7}{}                         //错误：用整数初始化指针
    List (const T& t): head{new Link<T>{0, o, t}}{}     //错误：未定义标识符 o
    //…
    void print_all ()const;
};
```

编译器可以在模板定义时或稍后使用时检查出简单的语义错误。用户通常希望更早地检查出错误，但并不是所有"简单"错误都能很容易地检测出来。在上例中出现了 3 个"错误"：

（1）一个简单的语法错误：在一条声明语句的末尾漏掉了分号。

（2）一个简单的类型错误：无论模板参数是什么，都不能用整数 7 来初始化一个指针。

（3）一个名字查询错误：标识符 o（本应输入 0，误输入 o）不能作为 Link<T> 的构造函数的实参，因为在此作用域中没有定义这个名字。

模板定义中用到的名字要么是所在作用域中已定义的，要么是明显依赖于模板参数的。最常见、最明显的依赖于一个模板参数 T 的方式就是显式使用名字 T、使用 T 的成员以及接受一个类型为 T 的参数。例如：

```
template<typename T>
void List<T>: : print_all{} const
{
    for (Link<T>* p = head; p; p=p->suc)      //p 依赖于 T
        cout<<*p;                             //<<依赖于 T
}
```

与模板参数使用相关的错误直到使用模板时才能被检测出来。例如：

```
class Rec
{
    string name;
    string address;
};
```

```
void f (const List<int>& li, const List<Rec>& lr)
{
    li.print_all ();
    lr.print_all ();
}
```

li.print_all()完美地通过了类型检查，但 lr.print_all()给出了一个类型错误，因为 Rec 没有定义<<输出运算符。与模板参数相关的错误最早也只能在模板第一次使用，给定了特定的模板实参时被检测出来。这个时刻被称为实例化。C++实现实际上可以将所有类型检查都推迟到程序链接时，而确实有一些错误的最早可能发现时刻就是链接时。不管类型检查是什么时候进行的，所应用的检查规则都相同。

4.2.4.3 类模板成员

与普通类一样，模板类可以有几种不同类型的成员：
（1）数据成员（变量和常量）；
（2）成员函数；
（3）成员类型别名；
（4）static 成员（函数和数据）；
（5）成员类型（例如成员类）；
（6）成员模板（例如成员类模板）。

此外，类模板也可以声明 friend，就像普通类那样。

类模板成员的规则与生成类成员的规则是一样的，即如果你想知道一个模板成员的规则有哪些，查找一个普通类成员的规则就行了。

就像"普通类"一样，类模板可以有任意类型的数据成员。非 static 数据成员可以在其定义时初始化，也可以在构造函数中初始化。例如：

```
template<typename T>
struct X
{
    int m1 = 7;
    T m2;
    X (const T& x): m2{x}{}
};
    X<int> xi {9};
    X<string> xs{"Rapperswil"};
```

非 static 数据成员可以是 const 的，但不能是 constexpr 的。

与"普通类"一样，非 static 成员函数的定义可以在类模板内部实现，也可以在外部实现。例如：

```
template<typename T>
struct X
{
```

```
        void mf1 (){ /*…*/} //类内定义
        void mf2 ();
};

template<typename T>
void X<T>: : mf2 (){ /*…*/}//类外定义
```

类似地，类模板的成员函数可以是 virtual 的，也可以不是。但是，一个虚成员函数名不能再用作一个成员函数模板名。

我们可以使用 using 或 typedef 向类模板引入成员类型别名，它在类模板的设计中起着非常重要的作用。类型别名定义了类的相关类型，定义的方式非常方便类外访问。例如，我们将容器的迭代器和元素类型指定为别名：

```
template<typename T>
class Vector
{
public:
        using value_type = T;
        using iterator= Vector_iter<T>;          // Vector_iter 是在其他地方定义的
        //…
};
```

模板参数名 T 只能被模板自身访问，如果其他代码想使用元素类型，目前我们能用的方法只有提供一个别名。

类型别名在泛型程序设计中起着重要作用，它允许类设计者为来自不同类（和类模板）但具有共同语义的类型提供通用的名字。通过成员别名来表示的类型名通常被称为关联类型（Associated Type）。在本例中，名字 value_type 和 iterator 的设计借鉴了标准库中的容器的设计。如果一个类漏掉了需要的成员别名，可以用类型萃取机制弥补。

一个类外定义的 staic 数据或函数成员在整个程序中只能有唯一一个定义。例如：

```
template<typename T>
struct X
{
        static constexpr Point p{100, 250}; //Point 必须是一个字面值常量类型
        static const int m1 = 7;
        static int m2 = 8;                //错误: 不是 const
        static int m3;
        static void f1 (){/*...*/}
        static void f2 ();
};
        template<typename T> int X<T>: : m1 = 88;
        template<typename T> int X<T>: : m3 = 99;
        template<typename T> void X: : <T>: : f2 (){ /*...*/}
```

与非模板类一样，const 或 constexpr static 的字面值常量类型数据成员可以在类内初始化，

不必在类外定义。

一个 static 成员只有真正被使用时才需要定义。例如：

```
template<typename T>
struct X
{
    static int a;
    static int b;
};
int* p = &X<int>::a;
```

如果这些就是程序中所有用到 X<int>的地方，编译器会报告 X<int>::a "未定义"，而对 X<int>::b 就不会。

与"普通类"一样，我们可以将类型定义为类模板的成员。同样，成员类型可以是一个类或是一个枚举。例如：

```
template<typename T>
struct X
{
    enum E1{a, b};
    enum E2;                  //错误：基础类型未知
    enum class E3;
    enum E4: char;
    struct C1{/*...*/};
    struct C2;
};
template<typename T>
enum class X<T>: : E3 {a, b};          //必须的

template<typename T>
enum class X<T>: : E4: char{x, y};     //必须的

template<typename T>
struct X<T>: : C2{ /*...*/};           //必须的
```

成员枚举可以在类外定义，但在类内声明中必须给出其基础类型。

非 class 的 enum 枚举量照例是在枚举类型的作用域中，也就是说，对于一个成员枚举类型来说，枚举量在所在类的作用域中。

一个类或一个类模板可以有模板成员，这使得我们表示相关类型时能得到满意的控制度和灵活性。例如，复数类型最好表示为某种标量类型的值对：

```
template<typename Scalar>
class complex
{
    Scalar re, im;
```

```
public:
        complex (): re{}, im{} {}      //默认构造函数
        template<typename T>
        complex (T rr, T ii =0): re{rr}, im{ii} {}

        complex (const complex&)= default;    //拷贝构造函数
        template<typename T>
            complex (const complex<T>& c): re{c.real ()}, im{c.imag ()} {}
        //···
};
```

这种定义允许数学上有意义的复数类型转换，同时禁止不合需要的窄化转换：

```
complex<float> cf;              //默认值
complex<double> cd {cf};        //正确: 使用 float 向 double 的转换
complex<float> cf2 {cd};        //错误: 不存在隐式的 double 向 float 转换

complex<float>cf3{2.0, 3.0};        //错误: 不存在隐式的 double 向 float 转换
complex<double>cd2{2.0F, 3.0F};     //正确: 使用 float 向 double 的转换
class Quad
{
    //没有到 int 的转换
};
complex<Quad> cq;
complex<int> ci{cq};        //错误: 不存在 Quad 向 int 的转换
```

根据 complex 的定义，当且仅当我们可以从一个 T2 构造一个 T1 时，我们可以从一个 complex<T2>或是一对 T2 值构造一个 complex<T1>这看起来是合理的。

要注意的是，从 complex<double>向 complex<float>窄化转换的错误直至 complex<float>的模板构造函数实例化时才会被捕获，而且造成转换错误的唯一原因是在构造函数的成员初始化列表中使用了{}初始化语法，而这种语法不允许窄化转换。

4.2.4.4 函数模板

对于编写可用于各种容器类型的通用算法来说，函数模板是必不可少的。而对于一次函数模板调用，从函数实参推断出模板实参的能力则是函数模板机制的关键。编译器可以从一次调用中推断类型和非类型模板实参，前提是函数实参列表唯一标识出模板实参集合。例如：

```
template<typename T, int max>
struct Buffer
{
    T buf[max];
public:
    //···
};
```

```
template<typename T, int max>
T& lookup (Buffer<T, max>& b, const char* p);
Record& f (Buffer<string, 128>& buf, const char* p)
{
    return lookup (buf, p); //使用 lookup (), 其中 T 是 string 类型, max 为 128
}
```

在本例中, lookup()的 T 被推断为 string, max 被推断为 128。

注意, 类模板参数并不是靠推断来确定的。原因在于一个类可以有多个构造函数, 这种灵活性使得实参推断在很多情况下不可行, 而在更多情况下会得到含混不清的结果。取而代之的, 类模板依赖特例化机制在可选的定义中隐式地进行选择。如果我们需要基于推断出的类型创建一个对象, 常用的方法是通过调用一个函数来进行推断（以及对象创建）。例如, 考虑标准库 make_pair()的一个简单变体:

```
template<typename T1, type name T2>
pair<T1, T2> make_pair (T1 a, T2 b)
{
    return {a, b};
}
auto x = make_pair (1, 2);                      //x 是 pair<int, int>
auto y = make_pair (string ("New York"), 7, 7); //y 是 pair<string, double>
```

如果不能从函数实参推断出一个模板实参, 我们就必须显式指定它。这与模板类显式指定模板实参的方法一样。例如:

```
template<typename T>
T* create ();              //创建一个 T, 返回指向它的指针
void f ()
{
    vector<int> v;          //类模板, 实参为 int
    int* p = create<int> (); //函数模板, 实参为 int
    int* q = create ();      //错误: 无法推断模板实参
}
```

这种通过显式说明来确定函数模板返回类型的方法很常用。采用这种方法, 我们可以定义一簇对象创建函数（如 create()）或是一族类型转换函数。这种显式限定函数模板的语法与 static_cast、dynamic_cast 等的语法相似。

如果一个模板函数实参的类型是下列结构的组合, 则编译器可以从此函数实参推断出一个类型模板实参 T 或 TT, 或是非类型模板实参 I。

表 4-5 函数实参的类型表

T	const T	volatile T
T*	T&	T[constant_expression]
type[I]	class_template_name<T>	class_template_name<I>
TT<T>	T<I>	T<>

续表

T	const T	volatile T
T type::*	T T::*	type T::*
T（*）（args）	type（T::*）（args）	T（T::*）（args）
type（type::*）（args_TI）	T（T::*）（args_TI）	type（*）（args_TI）
T（type::*）（args_TI）	type（*）（args_TI）	

表 4-5 中的 args_TI 是一个参数列表，对其递归地应用推断规则，可以推断出一个 T 或一个 I，而 args 则是不允许进行推断的参数列表。如果有参数不能用这种方法推断出来，则调用会有二义性。例如：

```
template<typename T, typename U>
void f (const T*, U (*) (U));
int g (int);
void h (const char* p)
{
    f (p, g);        //T 是 char, U 是 int
    f (p, h);        //错误: 不能推断 U
}
```

观察第一次调用 f()的实参，我们可以很容易地推断出模板实参。但对于第二次 f()调用，我们可以看到 h()不匹配模式 U（*）（U），因为它的参数类型和返回类型不同。

如果一个以上的函数实参都可以推断出一个模板参数，则多次推断的结果必须是一致的。否则，调用就是错误的。例如：

```
template<typename T>
void f (T i, T* p);

void g (int i)
{
    f (i, &i);              //正确
    f (i, "Remember!");     //错误, 二义性: T 是 int 还是 canst char?
}
```

我们可以声明多个同名的函数模板，甚至函数模板和普通函数也可以同名。当调用一个重载函数时，就必须利用重载解析机制找到正确的函数或函数模板进行调用。例如：

```
template<typename T>
    T sqrt (T);
template<typename T>
    complex<T> sqrt (complex<T>);
double sqrt (double);

void f (complex<double> z)
{
```

```
sqrt (2);        //sqrt<int> (int)
sqrt (2.0);      //sqrt<double> (double)
sqrt (z);        //sqrt<double> (complex<double>)
}
```

函数模板是函数概念的泛化，与此类似，函数模板的重载解析规则是普通函数重载解析规则的泛化。基本原则是：对每个模板，我们要找到对给定函数实参集合来说最佳的特例化版本。

4.2.4.5　模板别名

using 语法或 typedef 语法可以为一个类型定义别名。using 语法更常用，一个重要原因是它能用来为模板定义别名，模板的一些参数可以固定。考虑下面的代码：

```
template<typename T, typename Allocator = allocator<T> > class vector;

using Cvec = vector<char>;                //两个参数都固定了

Cvec vc = {'a', 'b', 'c'};                //vc 的类型为 vector<char, allocator<char>>

template<typename T>
using Vec = vector<T, My_alloc<T>>;       //vector 使用了我的分配器 (第 2 个参数固定)

Vec<int>fib = {0, 1, 1, 2, 3, 5, 8, 13};  //fib 的类型为 vector<int, My_alloc<int>>
```

一般来说，如果绑定一个模板的所有参数，我们就会得到一个类型；但如果只绑定一部分，我们得到的还是一个模板。注意，我们在别名定义中从 using 得到的永远是一个别名，即当使用别名时，与使用原始模板是完全一样的。例如：

```
vector<char, alloc<char>> vc2 = vc;       //vc2 和 vc 是相同类型
vector<int, My_alloc<int>> verbose = fib; //verbose 和 fib 是相同类型
```

别名和原始模板的等价性暗示：当你在使用别名时，如果用到了模板特例化，就会得到特例化版本。例如：

```
template<int>
struct int_exact_traits
{
    //思路: int_exact_ traits<N>: : type 是一个 N 位的类型
    using type = int;
};
template<>
struct int_exact_traits<8>
{
    using type = char;
};
template<>
struct int_exact_traits<16>
{
```

```
        using type = short;
    };
    template<int N>
    using int_exact = typename int_exact_traits<N>: : type; //定义简便的别名
    int_exact<8> a= 7;                    //int_exact<8>是一个 8 位整型
```

如果在别名中并未用到特例化，我们就不能简单认为 int_exact 是 int_exact_traits<N>::type 的一个别名，此时两者的行为是不同的。另一方面，你不能定义别名的特例化版本，如果这样做了，代码的读者就很容易困惑到底特例化了什么，因此 C++不提供特例化别名的语法。

4.2.5 智能指针

4.2.5.1 智能指针的作用

C++程序设计中使用堆内存是非常频繁的操作，堆内存的申请和释放都由程序员自行管理。程序员自己管理堆内存可以提高程序的效率，但是整体来说堆内存的管理是麻烦的，C++11 中引入了智能指针的概念，方便管理堆内存。使用普通指针，容易造成堆内存泄漏（忘记释放）、二次释放、程序发生异常时内存泄露等问题等，使用智能指针能更好地管理堆内存。

理解智能指针需要从下面三个层次来进行：

（1）从较浅的层面看，智能指针是利用了一种叫作 RAII（资源获取即初始化）的技术对普通的指针进行封装，这使得智能指针实质是一个对象，行为表现却像一个指针。

（2）智能指针的作用是防止忘记调用 delete 释放内存和程序异常的进入 catch 块忘记释放内存。另外，指针的释放时机也是非常有考究的，多次释放同一个指针会造成程序崩溃，这些都可以通过智能指针来解决。

（3）智能指针还有一个作用是把值语义转换成引用语义。C++和 Java 有一处最大的区别在于语义不同，在 Java 里面代码如下：

```
Animal a = new Animal ();
Animal b = a;
```

这里其实只生成了一个对象，a 和 b 仅仅是把持对象的引用而已。但在 C++中不是这样的：

```
Animal a;
Animal b = a;
```

这里就是生成了两个对象。

4.2.5.2 智能指针的使用

智能指针在 C++11 版本开始引入，包含在头文件<memory>中，分为 shared_ptr、unique_ptr、weak_ptr。

1. shared_ptr 的使用

shared_ptr 多个指针指向相同的对象。shared_ptr 使用引用计数，每一个 shared_ptr 的拷贝都指向相同的内存。每使用它一次，内部的引用计数加 1，每析构一次，内部的引用计数减 1，减为 0 时，自动删除所指向的堆内存。shared_ptr 内部的引用计数是线程安全的，但是对象的读取需要加锁。

智能指针的初始化：智能指针是个模板类，可以指定类型，传入指针通过构造函数初始化，也可以使用 make_shared 函数初始化。不能将指针直接赋值给一个智能指针，因为一个是指针，一个是类。例如，std:: shared_ptr<int> p4 = new int（1）; 的写法是错误的。

智能指针的拷贝和赋值：拷贝使得对象的引用计数增加 1，赋值使得原对象引用计数减 1，当计数为 0 时，自动释放内存。后来指向的对象引用计数加 1，指向后来的对象。

get 函数用来获取原始指针。

注意不要用一个原始指针初始化多个 shared_ptr，否则会造成两次释放同一内存。

注意避免循环引用，shared_ptr 的一个最大的陷阱是循环引用，循环引用会导致堆内存无法正确释放，导致内存泄漏。循环引用在 weak_ptr 中介绍。

```cpp
#include <iostream>
#include <memory>
int main ()
{
    int a = 10;
    std: : shared_ptr<int> ptra = std: : make_shared<int> (a);
    std: : shared_ptr<int> ptra2 (ptra); //copy
    std: : cout << ptra.use_count ()<< std: : endl;

    int b = 20;
    int *pb = &a;
    //std: : shared_ptr<int> ptrb = pb;    //error
    std: : shared_ptr<int> ptrb = std: : make_shared<int> (b);
    ptra2 = ptrb; //assign
    pb = ptrb.get (); //获取原始指针

    std: : cout << ptra.use_count ()<< std: : endl;
    std: : cout << ptrb.use_count ()<< std: : endl;
}
```

2. unique_ptr 的使用

unique_ptr "唯一" 拥有其所指对象，同一时刻只能有一个 unique_ptr 指向给定对象（通过禁止拷贝语义、只有移动语义来实现）。与原始指针相比，unique_ptr 用于其 RAII 的特性，使得在出现异常的情况下，动态资源能得到释放。unique_ptr 指针本身的生命周期：从 unique_ptr 指针创建时开始，直到离开作用域。离开作用域时，若其指向对象，则将其所指对象销毁（默认使用 delete 操作符，用户可指定其他操作）。unique_ptr 指针与其所指对象的关系：在智能指针生命周期内，可以改变智能指针所指对象，如创建智能指针时通过构造函数指定、通过 reset 方法重新指定、通过 release 方法释放所有权、通过移动语义转移所有权。

```cpp
#include <iostream>
#include <memory>
int main ()
```

```
{
    std: : unique_ptr<int> uptr (new int (10));    //绑定动态对象
    //std: : unique_ptr<int> uptr2 = uptr;    //不能赋值
    //std: : unique_ptr<int> uptr2 (uptr);    //不能拷贝
    std: : unique_ptr<int> uptr2 = std: : move (uptr); //转换所有权
    uptr2.release (); //释放所有权
    //超过 uptr 的作用域，内存释放
}
```

3. weak_ptr 的使用

weak_ptr 是为了配合 shared_ptr 而引入的一种智能指针，因为它不具有普通指针的行为，没有重载 operator*和->，它的最大作用在于协助 shared_ptr 工作，像旁观者那样观测资源的使用情况。weak_ptr 可以从一个 shared_ptr 或者另一个 weak_ptr 对象构造，获得资源的观测权。但 weak_ptr 没有共享资源，它的构造不会引起指针引用计数的增加。使用 weak_ptr 的成员函数 use_count()可以观测资源的引用计数，另一个成员函数 expired()的功能等价于 use_count()==0，但很快，表示被观测的资源（也就是 shared_ptr 管理的资源）已经不复存在。weak_ptr 可以使用一个非常重要的成员函数 lock()从被观测的 shared_ptr 获得一个可用的 shared_ptr 对象，从而操作资源。但当 expired()==true 的时候，lock()函数将返回一个存储空指针的 shared_ptr。

```
#include <iostream>
#include <memory>
int main ()
{
    std: : shared_ptr<int> sh_ptr = std: : make_shared<int> (10);
    std: : cout << sh_ptr.use_count ()<< std: : endl;

    std: : weak_ptr<int> wp (sh_ptr);
    std: : cout << wp.use_count ()<< std: : endl;

    if (!wp.expired ())
    {
        std: : shared_ptr<int> sh_ptr2 = wp.lock (); //get another shared_ptr
        *sh_ptr = 100;
        std: : cout << wp.use_count ()<< std: : endl;
    }
    //delete memory
}
```

4.2.5.3 智能指针的设计和实现

下面是一个智能指针的例子。智能指针类将一个计数器与类指向的对象相关联，引用计数跟踪该类有多少个对象共享同一指针。每次创建类的新对象时，会初始化指针并将引用计数置为 1；当对象作为另一对象的副本而创建时，拷贝构造函数拷贝指针并增加与之相应的引用计数；对一个对象进行赋值时，赋值操作符减少左操作数所指对象的引用计数（如果引用计数为减至 0，则删除对象），并增加右操作数所指对象的引用计数；调用析构函数时，构造函数减少引用计数（如果引用计数减至 0，则删除基础对象）。智能指针就是模拟指针动作的类，所有的智能指针都会重载->和*操作符。智能指针还有许多其他功能，比较有用的是自动销毁，这主要是利用栈对象的有限作用域以及临时对象（有限作用域实现）析构函数释放内存。

```cpp
#include <iostream>
#include <memory>

template<typename T>
class SmartPointer
{
private:
    T* _ptr;
    size_t* _count;
public:
    SmartPointer (T* ptr = nullptr): _ptr (ptr)
    {
        if (_ptr){
            _count = new size_t (1);
        } else {
            _count = new size_t (0);
        }
    }

    SmartPointer (const SmartPointer& ptr)
    {
        if (this != &ptr){
            this->_ptr = ptr._ptr;
            this->_count = ptr._count;
            (*this->_count)++;
        }
    }

    SmartPointer& operator= (const SmartPointer& ptr)
    {
        if (this->_ptr == ptr._ptr){
            return *this;
        }
```

```
        if (this->_ptr){
            (*this->_count)--;
            if (this->_count == 0){
                delete this->_ptr;
                delete this->_count;
            }
        }

        this->_ptr = ptr._ptr;
        this->_count = ptr._count;
        (*this->_count)++;
        return *this;
    }

    T& operator* ()
    {
        assert (this->_ptr == nullptr);
        return * (this->_ptr);
    }

    T* operator-> ()
    {
        assert (this->_ptr == nullptr);
        return this->_ptr;
    }

    ~ SmartPointer ()
    {
        (*this->_count)--;
        if (*this->_count == 0){
            delete this->_ptr;
            delete this->_count;
        }
    }

    size_t use_count ()
    {
        return *this->_count;
    }
};
```

```
int main ()
{
    SmartPointer<int> sp (new int (10));
    SmartPointer<int> sp2 (sp);
    SmartPointer<int> sp3 (new int (20));
    sp2 = sp3;
    std: : cout << sp.use_count ()<< std: : endl;
    std: : cout << sp3.use_count ()<< std: : endl;
}    //delete operator
```

4.2.6 强制转换类型

C++支持 C 风格的强制类型转换操作符，也就是把要转换成的类型放在表达式前的圆括号中，例如（float）7。另外还支持 5 个 C++强制类型转换操作符：

```
static_cast< >
const_cast< >
dynamic_cast< >
safe_cast< >
reinterpret_cast< >
```

4.2.6.1 dynamic_cast 运算符

dynamic_cast 运算符是最常用的 RTTI（Run-Time Type Identification，运行阶段类型识别）组件，它可以安全地将对象的地址赋给特定类型的指针。该运算符的用法如下，其中 pg 指向一个对象：

```
Superb* pm== dynamic_cast<Superb *> (pg);
```

这提出了这样的问题：指针 pg 的类型是否可被安全地转换为 Superb *？ 如果可以，运算符将返回对象的地址，否则返回一个空指针。注意：如果指向的对象（*pt）的类型为 Type 或者是从 Type 直接或间接派生而来的类型，则下面的表达式将指针 pt 转换为 Type 类型的指针：

```
dynamic_cas t< Type *> (pt)        //否则，结果为 0, 即空指针。
```

为解决此问题，首先可以定义 3 个类，名称为 Grand、Superb 和 Magnificent。Grand 类定义了一个虚函数 Speak()，而其他类都重新定义了该虚函数。Superb 类定义了一个虚函数 Say()，而 Manificent 也重新定义了它。程序定义了 GetOne()函数，该函数随机创建这 3 种类中某种类的对象，并对其进行初始化，然后将地址作为 Grand*指针返回（GetOne()函数模拟用户做出决定）。循环将该指针赋给 Grand *变量，然后使用 pg 调用 Speak()函数。因为这个函数是虚拟的，所以代码能够正确地调用指向的对象的 Speak()版本。

```
for (int i= 0; i < 5; i++)
{
    pg=GetOne ();
    pg->Speak ();
```

```
        ...
    }
```

然而，不能用相同的方式（即使用指向 Grand 的指针）来调用 Say()函数，因为 Grand 类没有定义它。然而，可以使用 dynamic_cast 运算符来检查是否可将 pg 的类型安全地转换为 Superb 指针。如果对象的类型为 Superb 或 Magnificent，则可以安全转换。在这两种情况下，都可以安全地调用 Say()函数：

```
if {ps = dynamic_cast<Superb * > (pg)}
    ps->Say ();
```

赋值表达式的值是它左边的值，因此 if 条件的值为 ps。如果类型转换成功，则 ps 的值为非零（true）；如果类型转换失败，即 pg 指向的是一个 Grand 对象，ps 的值将为 0（false）。以下程序列出了所有的代码。

```cpp
// rttil.cpp -- using the RTTI dynamic_cast operator
#include <iostream>
#include <cstdlib>
#include <ctime>
using std: : cout;
class Grand
{
private:
    int hold;
public:
    Grand (int h = 0): hold (h){}
    virtual void Speak ()const { cout <<"I am a grand class!\n"; }
    virtual int Value ()const { return hold; }
};
class Superb: public Grand
{
public:
    Superb (int h=0): Grand (h){}
    void Speak ()const {cout <"I am a superb class!!\n"; }
    virtual void Say ()const
    { cout << "I hold the superb value of "<< Value ()<<" ! \n"; }
};
class Magnificent: public Superb
{
private:
    char ch;
public:
    Magnificent (int h=0, char c ='A'): Superb (h), ch (c){}
    void Speak ()const {cout << " I am a magnificent class!! ! \n "; }
```

```
        void Say ()canst {cout<<"I hold the character "<< ch <<
        " and the integer"<< Value ()<<"!\n "; }
};
Grand* GetOne ();
int main ()
{
    std: : srand (std: : time (0));
    Grand* pg;
    Superb* ps;
     for (int i=0; i<5; i++)
     {
        pg= GetOne ();
        pg->Speak ();
        if (ps = dynarnic_cast<Superb *> (pg))
        ps -> Say ();
     }
     return 0;
}
Grand * GetOne ()            // generate one of three kinds of objects randomly
{
    Grand* p;
    switch (std: : rand ()%3)
    {
        case 0: p = new Grand (std: : rand ()%100);
        break;
        case 1: p = new Superb (std: : rand ()%100);
        break;
        case 2: p = new Magnificent (std: : rand ()%100, 'A' + std: : rand ()%26);
        break;
    }
    return p;
}
```

上面的程序说明了重要的一点，即应尽可能使用虚函数，而只在必要时使用 RTTI。下面是该程序的输出：

```
I am a superb class!!
I hold the superb value of 68!
I am a magnificent class!!!
I hold the character R and the integer 68!
I am a magnificent class!!!
I hold the character D and the integer 12!
```

I am a magnificent class!!!

I hold the character V and the integer 59!

I am a grand class!

程序只为 Superb 和 Magnificent 类调用了 Say()方法（每次运行时输出都可能不同，因为该程序使用 rand()来选择对象类型）。

4.2.6.2 const_cast 运算符

const_cast 运算符用于执行只有一种用途的类型转换，即改变值为 const 或 volatile，其语法与 dynamic_cast 运算符相同：

const_cast<type-name> (expression)

如果类型的其他方面也被修改，则上述类型转换将出错。也就是说，除了 const 或 volatile 特征〈有或无〉可以不同外，type_name 和 expression 的类型必须相同。再次假设 High 和 Low 是两个类：

```
High bar;
const High* pbar = &bar;
    …
High * pb = const_cast<High *> (pbar);              // 有效的
const Low* pl = const_cast<const Low*> (pbar);      // 无效的
```

第一个类型转换使得*pb 成为一个可用于修改 bar 对象值的指针，它删除 const 标签。第二个类型转换是非法的，因为它同时尝试将类型从 const High *改为 const Low *。

提供该运算符的原因是，有时候可能需要这样一个值，它在大多数时候是常量，而有时又是可以修改的。在这种情况下，可以将这个值声明为 const，并在需要修改它的时候使用 const_cast。这也可以通过通用类型转换来实现，但通用转换也可能同时改变类型：

```
High bar;
const High* pbar = &bar;
…
High* pb = (High *) (pbar);      // 有效
Low* pl= (Low*) (pbar);          // 仍然有效
```

由于编程时可能无意间同时改变类型和常量特征，因此使用 const_cast 运算符更安全。const_cast 不是万能的。它可以修改指向一个值的指针，但修改 const 值的结果是不确定的。以下示例阐明了这一点：

```
// constcast .cpp -- using const_ cast<>
#include <iostream>
using std: : cout;
using std: : endl;
void change (const int* pt, int n);
int main ()
{
    int popl = 38383;
    canst int pop2 = 2000;
```

```
    cout <<    " popl, pop2: " << popl << ", "<< pop2 << endl;
    change (&popl, -103);
    change (&pop2, -103);
    cout <<    " popl, pop2: " << popl << ", "<< pop2 << endl;
    return 0;
}
void change (const int * pt, int n)
{
    int * pc;
    pc= canst_cast<int *> (pt);
    *pc += n;
}
```

const_cast 运算符可以删除 const int* pt 中的 const，使得编译器能够接受 change()中的语句：

*pc += n;

但由于 pop2 被声明为 const，因此编译器可能禁止修改它，如下面的输出所示：

popl, pop2: 38383, 2000

popl, pop2: 38280, 2000

正如所看到的，调用 change()时，修改了 popl，但没有修改 pop2。在 chang()中，指针被声明为 const int*，因此不能用来修改指向的 int。指针 pc 删除了 const 特征，因此可用来修改指向的值，但仅当指向的值不是 const 时才可行。因此，pc 可用于修改 popl，但不能用于修改 pop2。

4.2.6.3　static_cast 运算符

static_cast 运算符的语法与其他类型转换运算符相同：

static_cast <type-name> (expression)

仅当 type_name 可被隐式转换为 expression 所属的类型或 expression 可被隐式转换为 type_name 所属的类型时，上述转换才是合法的，否则将出错。假设 High 是 Low 的基类，而 Pond 是一个无关的类，则从 High 到 Low 的转换、从 Low 到 High 的转换都是合法的，而从 Low 到 Pond 的转换是不允许的：

```
High bar;
Low blow;
    …
High * pb = static_cast<High *> (&blow);       // 合法的向上转换
Low* pl= statiq cast<Low *> (&bar);            // 合法的向下转换
Pond* pmer = static cast<Pond *> (&blow);      // 无关，非法转换
```

第一种转换是合法的，因为向上转换可以显示地进行。第二种转换是从基类指针到派生类指针，在不进行显示类型转换的情况下，将无法进行。但由于无须进行类型转换，便可以进行另一个方向的类型转换，因此使用 static_cast 来进行向下转换是合法的。

同理，由于无须进行类型转换，枚举值就可以被转换为整型，所以可以用 static_cast 将整型转换为枚举值。同样，可以使用 static_cast 将 double 转换为 int、将 float 转换为 long 以及其他

各种数值转换。

4.2.6.4 reinterpret_cast 运算符

reinterpret_cast 运算符用于天生危险的类型转换。它不允许删除 const，但会执行其他令人生厌的操作。有时程序员必须做一些依赖于实现的、令人生厌的操作，使用 reinterpret_cast 运算符可以简化对这种行为的跟踪工作。该运算符的语法与另外 3 个相同：

reinterpret_cast <type-name > (expression)

下面是一个使用示例：

struct dat {short a; short b; };

long value= 0xA224Bl l8;

dat *pd= reinterpret_cast< dat *> (&value);

cout << hex << pd->a;   // 以 16 进制形式显示值的前 2 个字节

通常，这样的转换适用于依赖于实现的底层编程技术，是不可移植的。例如，不同系统在存储多字节整型时，可能以不同的顺序存储其中的字节。然而，reinterprete_cast 运算符并不支持所有的类型转换。例如，可以将指针类型转换为足以存储指针表示的整型，但不能将指针转换为更小的整型或浮点型。另一个限制是，不能将函数指针转换为数据指针，反之亦然。

在 C++中，普通类型转换也受到限制。基本上，可以执行其他类型转换可执行的操作，加上一些组合，如 static_cast 或 reinterpret_cast 后跟 const_cast，但不能执行其他转换。因此，下面的类型转换在 C 语言中是允许的，但在 C++中通常不允许，因为对于大多数 C++实现，char 类型都太小，不能存储指针：

char ch = char (&d);   // 将地址转换为字符

4.2.6.5 explicit 保留字

在构造函数声明中使用 explicit 可防止隐式转换，而只允许显式转换。可以这样声明构造函数：

explicit Stonewt (double lbs); // 不允许隐式转换

这将关闭隐式转换，但仍然允许显式转换，即显式强制类型转换：

Stonewt myCat;   // 创建 Stonewt 对象

myCat = 19.6;   // 如果 Stonewt（double）声明为显式，则本语句无效

mycat = Stonewt (19.6);   //显式转换

mycat = (Stonewt)19.6;   //显式类型转换的旧格式

注意：只接受一个参数的构造函数定义了从参数类型到类类型的转换。如果使用保留字 explicit 限定了这种构造函数，则它只能用于显示转换，否则也可以用于隐式转换。

C++允许指定在类和基本类型之间进行转换的方式。首先，任何接受唯一一个参数的构造函数都可被用作转换函数，将类型与该参数相同的值转换为类。如果将类型与该参数相同的值赋给对象，则 C++将自动调用该构造函数。例如，假设有一个 String 类，它包含一个将 char *值作为其唯一参数的构造函数，那么如果 bean 是 String 对象，则可以使用下面的语句：

bean ="pinto";   //将 char*类型隐式转换为 String 类型

然而，如果在该构造函数的声明前加上了保留字 explicit，则该构造函数将只能用于显式转换：

bean= String ("pinto");   //将 char*类型显式转换为 String 类型

要将类对象转换为其他类型，必须定义转换函数，指出如何进行这种转换。转换函数必须是成员函数。将类对象转换为 typeName 类型的转换函数的原型如下：

Operator   typeName ();

注意，转换函数没有返回类型、参数，但必须返回转换后的值（虽然没有声明返回类型）。例如，下面是将 Vector 转换为 double 类型的函数：

```
Vector: : operator double ()
{
    …

    return a double value;

}
```

4.2.7 异 常

程序有时会遇到运行阶段错误，导致无法正常地运行下去。例如，程序可能试图打开一个不可用的文件，请求过多的内存，或者遭遇不能容忍的值等。通常，程序员都会试图预防这种意外情况为处理这种情况，C++提供了一种功能强大而灵活的工具——异常。异常是相对较新的功能，有些老式编译器可能没有实现。另外，有些编译器默认关闭这种特性，用户可能需要使用编译器选项来启用它。

讨论异常之前，先来看看程序员可使用的一些基本方法。作为试验，以一个计算两个数的调和平均数的函数为例。两个数的调和平均数的定义是：这两个数字倒数的平均值的倒数，因此表达式为：

$2.0 \times x \times y / (x + y)$

如果 y 是 x 的负值，则上述公式将导致被零除——一种不允许的运算。对于被零除的情况，很多新式编译器通过生成一个表示无穷大的特殊浮点值来处理，cout 将这种值显示为 Inf、inf、INF 或类似的符号；而其他的编译器可能生成在发生被零除时崩溃的程序。最好编写在所有系统上都以相同的受控方式运行的代码。

4.2.7.1   调用 abort()

对于这种问题，处理方式之一是，如果其中一个参数是另一个参数的负值，则调用 abort() 函数。abort()函数的原型位于头文件 cstdlib（或 stdlib.h）中，其典型实现是向标准错误流（即 cerr 使用的错误流）发送消息 Abnormal Program Termination（程序异常终止），然后终止程序。它还返回一个随实现而异的值，告诉操作系统（如果程序是由另一个程序调用的，则告诉父进程）处理失败。abort()是否刷新文件缓冲区（用于存储读写到文件中的数据的内存区域）取决于实现。如果愿意，也可以使用 exit()，该函数刷新文件缓冲区，但不显示消息。下面是一个使用 abort()的小程序。

```
//errorl.cpp -- using the abort ()function
#include <iostream>
#include <cstdlib>
double hmean (double a, double b);
int main ()
```

```
{
    double x, y, z;
    std: : cout<<"Enter two numbers: ";
    while (std: : cin>>X>>y)
    {
        z = hmean (x, y);
        std: : cout <<"Harmonic mean of "<<X<<"and"<<y
        <<"is"<<Z<< std: : endl;
        std: : cout <<"Enter next set of numbers <q to quit>: ";
    }
    std: : cout <<"Bye! \ n ";
    return 0;
}
double hmean (double a, double b)
{
    if (a==-b)
    {
        std: : cout <<"untenable arguments to hmean ()\n ";
        std: : abort ();
    }
}
return 2.0*a*b/ (a+b);
```

程序的运行情况如下:

```
Enter two numbers: 3 6
Harmonic mean of 3 and 6 is 4
Enter next set of numbers <q to quit>: 10 -10
untenable arguments to hmean ()
abnormal program termination
```

注意，在 hmean()中调用 abort()函数将直接终止程序，而不是先返回到 main()。一般而言，显示的程序异常中断消息随编译器而异，下面是另一种编译器显示的消息:

```
This application has requested the Runtime to terminate it
in an unusual way. Please contact the application's support
team for rnor·e i nformat i on.
```

为了避免异常终止，程序应在调用 hmean()函数之前检查 x 和 y 的值。然而依靠程序员来执行这种检查是不安全的。

4.2.7.2 返回错误码

一种比异常终止更灵活的方法是，使用函数的返回值来指出问题。例如，ostream 类的 get（void）成员通常返回下一个输入字符的 ASCII 码,但到达文件尾时,将返回特殊值 EOF。对 hmean()

来说，这种方法不管用。任何数值都是有效的返回值，因此不存在可用于指出问题的特殊值。在这种情况下，可使用指针参数或引用参数来将值返回给调用程序，并使用函数的返回值来指出成功还是失败。istream 重载>>运算符使用了这种技术的变体。通过告知调用程序是成功了还是失败了，使得程序可以采取除异常终止程序之外的其他措施。以下程序是一个采用这种方式的示例，它将 hmean()的返回值重新定义为 bool，让返回值指出成功了还是失败了，另外还给该函数增加了第三个参数，用于提供答案。

```cpp
//error2.cpp--returning an error code
#include <iostream>
#incl ude <cf l oat>      // (or float. h)for DBL MAX
bool hmean (double a, double b, double* ans);
int main ()
{
    double x, y, z;
    std: : cout <<"Enter two numhers: ";
    while (std: : cin>>X>>y)
    {
        if (hmean (x, y, &z))
        std: : cout<<"Harmonic mean of "<<X<<" and "<<Y
        <<" is "<<Z<<std: : endl;
    else
        std: : cout <<"One value should not be the negative "
        <<" of the other-try again.\n";
        std: : cout<<"Enter next set of numbers <q to quit>:";
    }
    std: : cout<"Bye!\n";
    return O;
    }
    bool hmean1 (double a, double b, double* ans)
    {
        if (a==-b)
        { *ans=DBL_MAX; return false; }
        else
        {*ans=2.0*a*b/ (a+b); return true; }
}
```

程序的运行情况如下：

```
Enter two numbers: 3 6
Harmonic mean of 3 and 6 is 4
Enter next set of numbers <q to quit>: 10 -10
One value should not be the negative of the other-try again.
Enter next set of numbers <q to quit>: 1 19
```

Harmonic mean of 1 and 19 is 1.9

Enter next set of numbers <g to quit>: q

Bye!

程序说明：在程序中，程序设计避免了错误输入导致的后果，让用户能够继续输入。当然，程序设计可以让用户检查函数的返回值，但大多数情况下程序员不会这样做。例如，为使程序简洁，本书的程序清单都没有检查 cout 是否成功地处理了输出。第三参数可以是指针或引用，对内置类型的参数，很多程序员都倾向于使用指针，因为这样可以明显看出是哪个参数用于提供答案。

另一种在某个地方存储返回条件的方法是使用一个全局变量。可能有问题的函数可以在出现问题时将该全局变量设置为特定的值，而调用程序可以检查该变量。传统的 C 语言数学库使用的就是这种方法，它使用的全局变量名为 errno。当然，必须确保其他函数没有将该全局变量用于其他目的。

4.2.7.3 异常机制

下面介绍如何使用异常机制来处理错误。C++异常是对程序运行过程中发生的异常情况（例如被 0 除）的一种响应。异常提供了将控制权从程序的一个部分传递到另一部分的途径。对异常的处理有 3 个组成部分：

（1）引发异常；

（2）使用处理程序捕获异常；

（3）使用 try 块。

程序在出现问题时将引发异常。例如，可以修改调用 abort() 示例程序中的 hmean()，使之引发异常，而不是调用 abort() 函数。throw 语句实际上是跳转，即命令程序跳到另一条语句。throw 保留字表示引发异常，紧随其后的值（例如字符串或对象）指出了异常的特征。

程序使用异常处理程序（Exception Handler）来捕获异常。异常处理程序位于要处理问题的程序中，catch 保留字表示捕获异常。处理程序以保留字 catch 开头，随后是位于括号中的类型声明，它指出了异常处理程序要响应的异常类型；然后是一个用花括号括起的代码块，指出要采取的措施。catch 保留字和异常类型用作标签，指出当异常被引发时，程序应跳到这个位置执行。异常处理程序也被称为 catch 块。

try 块标识其中特定的异常的可能被激活的代码块，它后面跟一个或多个 catch 块。try 块是由保留字 try 指示的，保留字 try 的后面是一个由花括号括起的代码块，表明需要注意这些代码引发的异常。以下程序给出了这 3 个元素是如何协同工作的。

```cpp
// error3.cpp -- using an exception
#include <iostream>
double hmean (double a, double b);
int main ()
{
    double x, y, z;
    std: : cout<<"Enter two numbers: ";
    while (std: : cin >> X >> y}
    {
```

```
        try {                                //开始块
            z=hmean (x, y);
        }                                    // 结束块
        catch (const char * s)          // 异常处理程序的开始
        {
            std: : cout << S << std: : endl;
            std: : cout <<"Enter a new pair of numbers: ";
            continue;
        }                                    // 处理程序结束
        std: : cout<<"Harmonic mean of " << X <<" and "<< y
        <<" is "<<Z<<std: : endl;
        std: : cout<<"Enter next set of numbers <q to quit>: ";
    }
    std: : cout<<"Bye!\n";
    return 0;
}
double hmean (double a, double b)
{
    if (a==-b)
    throw "bad hmean ()arguments: a=-b not allowed";
    return 2.0*a*b/ (a+b);
}
```

在程序中，try 块与下面类似：

```
try {                   // 开始
    z = hmean (x, y);
}                       //结束
```

如果其中的某条语句导致异常被引发，则后面的 catch 块将对异常进行处理。如果程序在 try 块的外面调用 hmean()，将无法处理异常。引发异常的代码与下面类似：

```
if (a == -b)
throw "bad hmean ()arguments: a=-b not allowed";
```

其中被引发的异常是字符串 " bad hmean()arguments：a = -b not allowed " 。异常类型可以是字符串或其他 C++类型，通常为类类型。

执行 throw 语句类似于执行返回语句，因为它也将终止函数的执行。但 throw 不是将控制权返回给调用程序，而是导致程序沿函数调用序列后退，直到找到包含 try 块的函数。

catch 块点类似于函数定义，但并不是函数定义。保留字 catch 表明这是一个处理程序，而 char*s 则表明该处理程序与字符串异常匹配。s 与函数参数定义极其类似，因为匹配的引发将被赋给 s。另外，当异常与该处理程序匹配时，程序将执行括号中的代码。

4.2.7.4　栈解退

假设 try 块没有直接调用引发异常的函数，而是调用了对引发异常的函数进行调用的函数，则程序流程将从引发异常的函数跳到包含 try 块和处理程序的函数。这涉及栈解退（unwing the stack），下面对其进行介绍。

首先来看一看 C++通常是如何处理函数调用和返回的。C++通常通过将信息放在栈中来处理函数调用。具体地说，程序将调用函数的指令的地址（返回地址）放到栈中。当被调用的函数执行完毕后，程序将使用该地址来确定从哪里开始继续执行。另外，函数调用将函数参数放到栈中。在栈中，这些函数参数被视为自动变量。如果被调用的函数创建了新的自动变量，则这些变量也将被添加到栈中。如果被调用的函数调用了另一个函数，则后者的信息将被添加到栈中，以此类推。当函数结束时，程序流程将跳到该函数被调用时存储的地址处，同时栈顶的元素被释放。因此，函数通常都返回到调用它的函数，以此类推，同时每个函数都在结束时释放其自动变量。如果自动变量是类对象，则类的析构函数（如果有的话）将被调用。

现在假设函数由于出现异常（而不是由于返回）而终止，则程序也将释放栈中的内存，但不会在释放栈的第一个返回地址后停止，而是继续释放栈，直到找到一个位于 try 块中的返回地址。随后，控制权将转到块尾的异常处理程序，而不是函数调用后面的第一条语句。这个过程被称为栈解退。引发机制的一个非常重要的特性，和函数返回一样，对于栈中的自动类对象，类的析构函数将被调用。然而，函数返回仅仅处理该函数放在栈中的对象，而 throw 语句则处理 try 块和 throw 之间整个函数调用序列放在栈中的对象。如果没有栈解退这种特性，则引发异常后，对于中间函数调用放在栈中的自动类对象，其析构函数将不会被调用。

4.2.7.5　异常何时会迷失方向

异常被引发后，在两种情况下会导致问题。首先，如果它是在带异常规范的函数中引发的，则必须与规范列表中的某种异常匹配（在继承层次结构中，类类型与这个类及其派生类的对象匹配），否则称为意外异常（Unexpected Exception）。在默认情况下，这将导致程序异常终止。如果异常不是在函数中引发的（或者函数没有异常规范），则必须捕获它。如果没被捕获（在没有 try 块或没有匹配的 catch 块时，将出现这种情况），则异常被称为未捕获异常（Uncaught Exception）。在默认情况下，这将导致程序异常终止。然而，可以修改程序对意外异常和未捕获异常的反应。下面来看如何修改，先从未捕获异常开始。

未捕获异常不会导致程序立刻异常终止。相反，程序将首先调用函数 terminate()。在默认情况下，terminate()调用 abort()函数。可以指定 terminate()应调用的函数（而不是 abort()）来修改 terminate()的这种行为。为此，可调用 set_terminate()函数。set_terminate()和 terminate()都是在头文件 exception 中声明的：

```
typedef void (*terminate_handler) ();
terminate_handler set_terminate (terminate handler f)throw ();       // C++ 98
terminate_handler set_terminate (terminate_handler f)noexcept;     // C++ 11
void terminate ();                          // C++ 98
void terminate ()noexcept;       // C++ 11
```

其中的 typedef 使 terminate_handler 成为这样一种类型的名称：指向没有参数和返回值的函数的指针。set_terminate()函数将不带任何参数且返回类型为 void 的函数的名称（地址）作为参数，并返回该函数的地址。如果调用了 set_terminate()函数多次，则 terminate()将调用最后一次 set_terminate()调用设置的函数。

知道应捕获哪些异常很有帮助，因为默认情况下，未捕获的异常将导致程序异常终止。如果要捕获所有的异常（不管是预期的异常还是意外异常），则可以这样做：

首先确保异常头文件的声明可用，然后设计一个替代函数，将意外异常转换为 bad_exception 异常，该函数的原型如下：

```
void myUnexpected ()
{ throw std: : bad_exception ();        //或者直接丢弃;
}
```

仅使用 throw，而不指定异常将导致重新引发原来的异常。然而，如果异常规范中包含了这种类型，则该异常将被 bad_exception 对象所取代。

接下来在程序的开始位置，将意外异常操作指定为调用该函数：

```
set_unexpected (myUnexpected};
```

最后，将 bad_exception 类型包括在异常规范中，并添加如下 catch 块序列：

```
double Argh (double, double)throw (out_of_bounds, bad_exception);
…
Try
{
    x = Ar gh (a, b);
}
catch (out_of_bounds & ex)
{…}
catch (bad_exception & ex)
{…}
```

4.2.8　引　用

通过使用指针，我们就能以很低的代价在一个范围内传递大量数据，与直接拷贝所有数据不同，我们只需要传递指向这些数据的指针的值就行了。指针的类型决定了我们能对指针所指的对象进行哪些操作。使用指针与使用对象名存在以下差别：

（1）语法形式不同，*p 和 p->m 分别取代了 obj 和 obj.m。

（2）同一个指针在不同时刻可以指向不同对象。

（3）使用指针要比直接使用对象更小心：指针的值可能是 Nullptr（空指针），也可能指向一个我们并不想要的对象。

这些差别有时候很麻烦。例如，程序员常常受困于到底该用 f（&x）还是 f（x）。并且程序员必须花费大量精力去管理变化多端的指针变量，而且还得时时防范指针取值为 nullptr 的情况。此外，当我们重载运算符时（比如+），肯定希望写成 x+y 的形式而不是&x+&y。解决这些问题的语言机制是使用引用（Reference）。和指针类似，引用作为对象的别名存放的也是对象的机器地址。引用与指针的区别主要包括：

（1）访问引用与访问对象本身从语法形式上看是一样的。

（2）引用所引用的永远是一开始初始化的那个对象。

（3）不存在"空引用"，可以认为引用一定对应着某个对象。

引用实际上是对象的别名。引用最重要的用途是作为函数的实参或返回值，此外，它也被用于重载运算符。例如：

```
template<class T>
class vector
{
    T* elem;
    public:
    T& operator[] (int i){ return elem[i]; }        //返回元素的引用
    const T& operator[] (int i)const { return elem[i]; }      //返回常量元素的引用
    void push_back (const T& a);          //通过引用传入待添加的元素
}
void f (const vector<double>& v)
{
    double d1 = v[1];        // 把 v.operator[] (1)所引的 double 的值拷给 d1
    v[2] = 7;               // 把 7 赋给 v.operator[] (2)所引的 double
    v.push_back (d1);        // 给 push_back ()传入 d1 的引用
}
```

为了体现左值 / 右值以及 const/非 const 的区别，存在三种形式的引用：

左值引用（Lvalue Reference）：引用那些希望改变值的对象。

const 引用（Const Reference）：引用那些不希望改变值的对象（比如常量）。

右值引用（Rvalue Reference）：所引对象的值在使用之后就无须保留了（比如临时变量）。

这三种形式统称为引用，其中前两种形式都是左值引用。

4.2.8.1 左值引用

在类型名字中，符号 X& 的意思是"X 的引用"，它常用于表示左值的引用，因此称为左值引用。例如：

```
void f ()
{
int var= 1;
int& r {var};        // r 和 var 对应同一个 int
int x = r;          // x 的值变为 1
r = 2;              // var 的值变为 2
}
```

为了确保引用对应某个对象（即把它绑定到某个对象），我们必须初始化引用。例如：

```
int var=1;
int& r1 {var};        // OK: 初始化 r1
int& r2;             // 错误: 缺少初始化器
extern int& r3;        // OK: r3 在别处初始化
```

初始化引用和给引用赋值是完全不同的操作。除了形式上的区别外，没有专门针对引用的运算符。

　　引用本身的值一旦经过初始化就不能再改变了，它永远都指向一开始指定的对象。我们可以使用&rr得到一个指向rr所引对象的指针，但是我们既不能令某个指针指向引用，也不能定义引用的数组。从这个意义上来说，引用不是对象。

　　显然，引用的实现方式应该类似于常量指针，每次使用引用实际上是对该指针执行解引用操作。绝大多数情况下像这样理解引用是没问题的，不过程序员必须谨记：引用不是对象，而指针是一种对象。当初始值是左值时（你能获取地址的对象），引用的初始化过程没什么特殊之处。提供给"普通"T&的初始值必须是T类型的左值。

4.2.8.2　右值引用

　　C++之所以设计了几种不同形式的引用，是为了支持对象的不同用法：

　　（1）非const左值引用所引的对象可以由用户写入内容。

　　（2）const左值引用所引的对象从用户的角度来看是不可修改的。

　　（3）右值引用对应一个临时对象，用户可以修改这个对象（通常确实会修改它），并且认定这个对象以后不会被用到了。

　　我们最好事先判断引用所引的是否是临时对象，如果是的话，就能用比较廉价的移动操作代替昂贵的拷贝操作了。对于像string和list这样的对象来说，它们本身所含的信息量可能非常庞大，但是用于指向这些信息的描述符（比如引用）可能非常小。此时，如果我们确认以后不会再用到该信息，则执行廉价的移动操作是最好的选择。

　　右值引用可以绑定到右值，但是不能绑定到左值。从这一点上来说，右值引用与左值引用正好相反。例如：

```
string var {"Cambridge"};
string f ();
string& r1 {var};           // 左值引用, rl 绑定到 var (左值)上
string& r2 {f()};           // 左值引用, 错误: f ()是右值
string& r3 {"Princeton"};       // 左值引用, 错误: 不允许绑定到临时变量
string&& rr1 {f()};          //右值引用, 正确: rr1 绑定到一个右值 (临时变量)
string&& rr2 {var};          // 右值引用, 错误: var 是左值
string&& rr3 {"Oxford"};        // rr3 引用的是一个临时变量, 它的内容是"Oxford"
const string &cr1 {"Harvard"};     // OK: 创建一个临时常量, 然后把它绑定到 crl
```

声明符&&表示"右值引用"。我们不使用const右值引用，因为右值引用的大多数用法都是建立在能够修改所引对象的基础上的。const左值引用和右值引用都能绑定右值，但是它们的目标完全不同：

　　右值引用实现了一种"破坏性读取"，某些数据本来需要被拷贝，使用右值引用可以优化其性能。

　　左值引用的作用是保护参数内容不被修改。

4.2.8.3　引用的引用

　　如果让引用指向某类型的引用，那么得到的还是该类型的引用，而非特殊的引用的引用类

型。但得到的是左值引用还是右值引用呢？考虑如下情况：

```
using rr_i = int&&;
using lr_i = int&;
using rr_rr_i = rr_i&&;        // "int & & & &"的类型是 int&&
using lr_rr_i = rr_i&;         // "int & & &"的类型是 int&
using rr_lr_i = lr_i&&;        // "int & & &"的类型是 int&
using lr_lr_i = lr_i&;         // "int & &"的类型是 int&
```

总之，永远是左值引用优先。这种规定也是合情合理的：不管我们怎么做都无法改变左值引用绑定左值的事实。有时候，我们把这种现象称为引用合并（Reference Collapse）。

C++不允许下面的语法形式：

```
int && & r = i;
```

引用的引用只能作为别名的结果或者模板类型的参数。

4.2.8.4 指针与引用

指针和引用是两种无须拷贝就能在别处使用对象的机制。指针和引用各有优势，也都存在不足之处。如果需要更换所指的对象，应该使用指针，可以用=、+=、-=、++和--改变指针变量的值。例如：

```
void fp (char* p)
{
    while (*P)
    cout << ++*p;
}
void fr (char& r)
{
    while (r)
    cout<<++r;          //增加的是所引用的 char 的值，而非引用本身，很可能是个死循环！
}
void fr2 (char& r)
{
    char* p = &r;       //得到一个指向所引用对象的指针
    while (*P)
    cout<<++* p;
}
```

反之，如果你想让某个名字永远对应同一个对象，应该使用引用。例如：

```
template<class T> class Proxy {        // Proxy 引用初始化它的那个对象
    T&m;
public:
    Proxy (T& mm): m{mm} {}
    // …
}
```

```
template<class T> class Handle {      // Handle 引用当前对象
    T*m;
public:
    Proxy (T* mm): m{mm} O
    void rebind (T* mm){ m = mm; }
    //···
}
```

如果想自定义（重载）一个运算符，使之用于指向对象的某物，应该使用引用。C++不允许重新定义指针等内置类型的运算符含义。如果想让一个集合中的元素指向对象，应该使用指针。如果需要表示"值空缺"，则应该使用指针。指针提供了 nullptr 作为"空指针"，但是并没有"空引用"与之对应。当确实需要的时候，也可以为特定的类型构造一个"空引用"。

4.3　C/C++的区别与联系

C++是 C 的超集，也可以说 C 是 C++的子集，因为 C 先出现。按常理说，C++编译器能够编译任何 C 程序，但是 C 和 C++还是有一些差别。

例如，C++增加了 C 不具有的保留字。这些保留字能作为函数和变量的标识符在 C 程序中使用，尽管 C++包含了所有的 C，但显然没有任何 C 编译器能编译这样的 C 程序。

4.3.1　函　数

C 程序可以省略函数原型，而 C++不可以；一个不带参数的 C 函数原型必须把 void 写出来，而 C++可以使用空参数列表；C++中 new 和 delete 是对内存分配的运算符，取代了 C 中的 malloc 和 free。标准 C++中的字符串类取代了 C 标准 C 函数库头文件中的字符数组处理函数（C 中没有字符串类型）；C++中用来做控制态输入输出的 iostream 类库替代了标准 C 中的 stdio 函数库；C++中的 try/catch/throw 异常处理机制取代了标准 C 中的 setjmp()和 longjmp()函数。

4.3.2　保留字和变量

相对于 C，C++增加了一些保留字，如下：

typename	bool	dynamic_cast	mutable	namespace	static_cast	using	catch
explicit	new	virtual	operator	false	private	template	volatile	const
protected		this	wchar_r	const_cast	public	throw	friend	true	reinterpret_cast
try	bitor	xor_e	and_eq	compl	or_eq	not_eq	bitand

在 C++中还增加了 bool 型变量和 wchar_t 型变量：

布尔型变量是有两种逻辑状态的变量，它包含两个值：真和假。如果在表达式中使用了布尔型变量，那么将根据变量值的真假而赋予整型值 1 或 0。要把一个整型变量转换成布尔型变量，如果整型值为 0，则其布尔型值为假；反之如果整型值为非 0，则其布尔型值为真。布尔型变量在运行时通常用作标志，比如进行逻辑测试以改变程序流程。

C++中还包括 wchar_t 数据类型，wchar_t 也是字符类型，但是是双字节数据类型。许多外文字符集所含的数目超过 256 个，char 字符类型无法完全囊括。wchar_t 数据类型为 16 位。

标准 C++的 iostream 类库中包括了可以支持宽字符的类和对象。用 wout 替代 cout 即可。

4.3.3　强制类型转换

有时候根据表达式的需要，某个数据需要被当成另外的数据类型来处理，这时就需要强制编译器把变量或常数由声明时的类型转换成需要的类型。为此，就要使用强制类型转换说明，格式如下：

int* iptr= (int*)&table;

表达式的前缀（int*）就是传统 C 风格的强制类型转换说明（Typecast），又可称为强制转换说明（Cast）。强制转换说明告诉编译器把表达式转换成指定的类型。有些情况下强制转换是禁用的，例如不能把一个结构类型转换成其他任何类型。数字类型和数字类型、指针和指针之间可以相互转换。当然，数字类型和指针类型也可以相互转换，但通常认为这样做是不安全而且也是没必要的。强制类型转换可以避免编译器的警告。

```
long int el = 123;
short i = (int)el;
float m = 34.56;
int i = (int)m;
```

上面两个都是 C 风格的强制类型转换，C++还增加了一种转换方式，比较一下上面和下面这个书写方式的不同：

```
long int el = 123;
short i = int (el);
float m = 34.56;
int i = int (m);
```

使用强制类型转换的最大好处就是：禁止编译器对你故意去做的事发出警告。但是，利用强制类型转换说明使得编译器的类型检查机制失效，这不是明智的选择。通常，是不提倡进行强制类型转换的。除非不可避免，如要调用 malloc()函数时要用的 void 型指针转换成指定类型指针。

4.3.4　标准输入输出流

在 C 语言中，输入输出是使用语句 scanf()和 printf()来实现的，而 C++中是使用类来实现的。

```
#include "iostream.h"
main ()//C++中 main ()函数默认为 int 型，而 C 语言中默认为 void 型。
{
    int a;
    cout << "input a number: " ;
    cin >> a;           /*输入一个数值*/
    cout << a << endl;   //输入并回车换行

    return 0;
}
```

cin、cout、endl 对象本身并不是 C++语言的组成部分。虽然它们已经在 ANSI 标准 C++中被定义，但是它们不是语言的内在组成部分。在 C++中不提供内在的输入输出运算符，这与其他语言是不同的。输入和输出是通过 C++类来实现的，cin 和 cout 是这些类的实例，它们在 C++语言的外部实现。

C++语言有了一种新的注释方法，就是//，在//后的所有说明都被编译器认为是注释，这种注释不能换行。C++中仍然保留了传统 C 语言的注释风格/*……*/。

C++也可采用格式化输出的方法：

```cpp
#include "iostream.h"
main ()//C++中 main ()函数默认为 int 型，而 C 语言中默认为 void 型
{
    int a;
    cout <<" input a number: ";
    cin >> a;
    cout << dec <<a<< "   "              //输出十进制数
        << oct << a << "   "            //输出八进制数
        << hex << a << endl;           //输出十六进制数
    return 0;
}
```

从上面也可以看出，dec，oct，hex 也不可作为变量的标识符在程序中出现。

4.3.5　函数参数问题

1. 无名的函数形参

声明函数时可以包含一个或多个用不到的形式参数。这种情况多出现在用一个通用的函数指针调用多个函数的场合，其中有些函数不需要函数指针声明中的所有参数。看下面的例子：

```cpp
int fun (int x, int y)
{
    return x*2;
}
```

尽管这样的用法是正确的，但大多数 C 和 C++的编译器都会给出一个警告，说明参数 y 在程序中没有被用到。为了避免这样的警告，C++允许声明一个无名形参，以告诉编译器存在该参数，且调用者需要为其传递一个实际参数，但是函数不会用到这个参数。下面给出使用了无名参数的 C++函数代码：

```cpp
int fun (int x, int) //注意此处不同
{
    return x*2;
}
```

2. 函数的默认参数

C++函数的原型中可以声明一个或多个带有默认值的参数。如果调用函数时，省略了相应的

实际参数，那么编译器就会把默认值作为实际参数。可以这样来声明具有默认参数的 C++函数原型：

```
#include "iostream.h"
void show (int = 1, float = 2.3, long = 6);
int main ()
{
    show ();
    show (2);
    show (4, 5.6);
    show (8, 12.34, 50L);

    return 0;
}
void show (int first, float second, long third)
{
    cout << "first ="<< first
        <<" second ="<< second
        <<" third ="<< third << endl;
}
```

上面例子中，第一次调用 show()函数时，编译器自动提供函数原型中指定的所有默认参数；第二次调用时，代码提供了第一个参数，而编译器提供剩下的两个；第三次调用时，代码则提供了前面两个参数，编译器只需提供最后一个，最后一个调用则给出了所有三个参数，没有用到默认参数。

4.3.6 函数重载

在 C++中，允许有相同的函数名，不过它们的参数类型不能完全相同，这样这些函数就可以相互区别开来，而这在 C 语言中是不允许的。

1. 参数个数不同

```
#include "iostream.h"
void a (int, int);
void a (int);
int main ()
{
    a (5);
    a (6, 7);
    return 0;
}
void a (int i)
{
```

```
        cout << i << endl;   //输出 5
}
void a (int i, int j)
{
        cout << i << j << endl;   //输出 67
}
```

2. 参数格式不同

```
#include "iostream.h"
void a (int, int);
void a (int, float);
int main ()
{
        a (5, 6);
        a (6, 7.0);
        return 0;
}
void a (int i, int j)
{
        cout << i << j <<endl;   //输出 56
}
void a (int i, float j)
{
        cout << i << j << endl;   //输出 67.0
}
```

4.3.7　变量作用域

C++语言中，允许变量定义语句出现在程序中的任何地方，只要在使用它之前就可以；而 C 语言中，其必须要在函数开头部分。而且 C++允许重复定义变量，C 语言也是做不到这一点的。看下面的程序：

```
#include "iostream.h"
int a;
int main ()
{
        cin >> a;
        for (int i = 1; i <= 10; i++)//C 语言中，不允许在这里定义变量
        {
                static int a = 0; //C 语言中，同一函数块，不允许有同名变量
                a += i;
                cout<<: : a<< "   " <<a<<endl;
```

```
    }
    return 0;
}
```

4.3.8 new 和 delete 运算符

在 C++语言中，仍然支持 malloc()和 free()来分配和释放内存，同时增加了 new 和 delete 来管理内存。

1. 为固定大小的数组分配内存

```
#include "iostream.h"
int main ()
{
    int *birthday = new int[3];
    birthday[0] = 6;
    birthday[1] = 24;
    birthday[2] = 1940;
    cout <<" I was born on "
        << birthday[0] << '/' << birthday[1] << '/' << birthday[2] << endl;
    delete []    birthday;        //注意这里：内存必须释放

    return 0;
}
```

在删除数组时，delete 运算符后要有一对方括号。

2. 为动态数组分配内存

```
#include "iostream.h"
#include "stdlib.h"
int main ()
{
    int size;
    cin >> size;
    int *array = new int[size];
    for (int i = 0; i < size; i++)
        array[i] = rand ();
    for (i = 0; i < size; i++)
        cout << '\n' << array[i];
    delete [] array;

    return 0;
}
```

4.3.9 引用型变量

在 C++中，引用是一个经常使用的概念。引用型变量是其他变量的一个别名，我们可以认为它们只是名字不相同，其他都是相同的。

1. 引用是一个别名

C++中的引用是其他变量的别名。声明一个引用型变量，需要给它一个初始化值，在变量的生存周期内，该值不会改变。& 运算符定义了一个引用型变量：

```
int a;
int& b=a;
```

先声明一个名为 a 的变量，它还有一个别名 b。以后对这两个标识符的操作都会产生相同的效果。

2. 引用的初始化

与指针不同，引用变量的值不可改变。引用作为真实对象的别名，必须进行初始化，除非满足下列条件之一：

（1）引用变量被声明为外部的，它可以在任何地方初始化。

（2）引用变量作为类的成员，在构造函数里对它进行初始化。

（3）引用变量作为函数声明的形参，在函数调用时，用调用者的实参来进行初始化

3. 作为函数形参的引用

引用常常被用作函数的形参。以引用代替拷贝作为形参的优点：

引用避免了传递大型数据结构带来的额外开销；引用无须像指针那样需要使用*和->等运算符。

```
#include "iostream.h"
void func1 (s   p);
void func2 (s& p);
struct s
{
    int n;
    char text[10];
};
int main ()
{
    static s str = {123, China};
    func1 (str);
    func2 (str);
    return 0;
}
void func1 (s   p)
{
```

```
        cout << p.n << endl;
        cout << p.text << endl;
}
void func2 (s& p)
{
        cout << p.n << endl;
        cout << p.text << endl;
}
```

从表面上看，这两个函数没有明显区别，不过它们所花的时间却有很大差异，func2()函数所用的时间开销会比 func1()函数少很多。它们还有一个差别，如果程序递归 func1()，随着递归的深入，会因为栈的耗尽而崩溃，但 func2()没有这样的担忧。

4. 以引用方式调用

当函数把引用作为参数传递给另一个函数时，被调用函数将直接对参数在调用者中的拷贝进行操作，而不是产生一个局部的拷贝（传递变量本身是这样的），这就称为以引用方式调用。把参数的值传递到被调用函数内部的拷贝中则称为以传值方式调用。

```
#include "iostream.h"
void display (const Date&, const char*);
void swapper (Date&, Date&);
struct Date
{
        int month, day, year;
};
int main ()
{
        static Date now={2, 23, 90};
        static Date then={9, 10, 60};
        display (now, Now: );
        display (then, Then: );
        swapper (now, then);
        display (now, Now: );
        display (then, Then: );

        return 0;
}
void swapper (Date& dt1, Date& dt2)
{
        Date save;
        save=dt1;
        dt1=dt2;
        dt2=save;
```

```
}
void display (const Date& dt, const char *s)
{
    cout << s;
    cout << dt.month << '/' << dt.day << '/'<< dt.year << endl;
}
```

5. 以引用作为返回值

```
#include "iostream.h"
struct Date
{
    int month, day, year;
};
Date birthdays[]=
{
    {12, 12, 60};
    {10, 25, 85};
    {5, 20, 73};
};
const Date& getdate (int n)
{
    return birthdays[n-1];
}
int main ()
{
    int dt=1;
    while (dt!=0)
    {
        cout<<Enter date # (1-3, 0 to quit)<<endl;
        cin>>dt;
        if (dt>0 && dt<4)
        {
            const Date& bd = getdate (dt);
            cout << bd.month << '/' << bd.day << '/'<< bd.year << endl;
        }
    }
    return 0;
}
```

4.4　C++ CLI

4.4.1　.NET 框架

什么是. NET Framework？

.NET Framework 是旨在简化现代应用程序开发的一种 Microsoft 计算平台。这些应用程序包括：

使用复杂 GUI 前端的应用程序；

使用 Internet 的应用程序；

分布于多台计算机的应用程序；

利用数据库和其他数据资源的应用程序。

.NET Framework 的两个主要组件是公共语言运行时（Common Language Runtime，CLR）和.NET Framework 类库。本节将讨论这两个组件。

4.4.1.1　公共语言运行时

CLR 是.NET 管理代码运行的组件，负责提供垃圾回收等功能。作为运行时执行引擎，它负责在.NET 环境中执行代码，提供安全性、内存管理和远程处理（在不同域、进程或者计算机的对象之间通信）等服务。CLR 运行的代码称为托管代码（所以，引申出托管 C++的概念，即 Managed C++），不受 CLR 控制的则称为"非托管代码"。所有 Microsoft Visual Basic 和 C#代码都是托管代码，但使用 Microsoft Visual C++既可以写托管代码，也可以写非托管代码，而且两种类型的代码可以在同一个应用程序中协作。

4.4.1.2　Microsoft 中间语言

所有.NET 语言都要编译成一种中间形式，称为 Microsoft 中间语言（Microsoft Intermediate Language，MSIL 或 IL）。它类似于 Java 字节码，都是编译器生成的中间代码，不能直接在目标系统上运行。IL 代码可移植，必须在执行前由 Just-In-Time（.JIT）编译器转换成原生代码。转换的时机非常灵活，可以按需转换，可以在应用程序执行期间逐个函数转换，也可以在应用程序安装时一次性转换好。

IL 的创新在于，它不仅仅是一种低级的、与机器无关的目标码。事实上，IL 还内建了对面向对象功能的支持，支持类、封装和隐藏、多态性以及继承等概念，所以实际可以把它看成是一种面向对象的汇编语言，这使它显得比 Java 字节码更强，可以用它执行跨语言的面向对象编程，例如可以在 Visual Basic 中调用 C++/CLI 类的成员，反之亦然，甚至能在 Visual Basic 中从 C++/CLI 类继承。

4.4.1.3　通用类型系统

通用类型系统（Common Type System，CTS）提供了一套类型定义、管理和使用规范，是.NET 跨语言集成的重要组成部分和基础。CTS 提供了语言必须遵守的一组规则，确保用不同语言创建的类型能互操作。

4.4.1.4 公共语言规范

公共语言规范（Common Language Specification，CLS）是编译器和库的作者要遵守的一组规则和限制，目的是确保它们生成的语言和代码能够和其他.NET语言进行互操作。CLS是CTS的子集，兼容CLS的语言或库必然能和其他兼容CLS的语言进行互操作。

查看联机文档时，会发现有些.NET成员函数没有标记为兼容CLS，这意味着它们在某些.NET语言中不能被访问。例如，使用了无符号整数的函数就不兼容CLS。Visual Basic不支持无符号整数。

4.4.1.5 .NET Framework 类库

.NET Framework类库是面向对象的类库，提供了写各种应用程序所需的全套工具。自Windows问世之日起，程序员就开始用Windows API写各种Windows应用程序。该API提供了大量（实际有几千个）可从应用程序中调用以便与Windows交互的C函数。但Windows API主要有两方面的问题：一、它不是面向对象的；二、它是C库，不保证在任何语言中都能轻松使用。

Windows API的规模已达数千个函数，正在变得越来越难以管理。面向对象编程能解决这个问题，它的主要优势在于大型项目的构建与管理。除了封装和多态性等优点，面向对象编程还允许统一代码的结构。例如，Dialog类可包含和对话框有关的所有函数。这显著简化了库的使用。

Windows API的第二个问题是它主要面向C程序员编写，使用了C独有的一些功能，比如指针和null终止的字符串，造成很难（有时根本不可能）使用除了C和C++之外的其他语言的功能调用。另外，有时还不得不在Visual Basic等语言和API之间进行一些很难看的"桥接"操作。

.NET Framework类库提供了一系列能在任何.NET语言中使用的类，因为它们都在IL的级别上工作。所有.NET语言都编译成相同的IL。由于都使用引用，而且都支持一组基本的值类型，所以都能使用类库中定义的类。这是很重要的一个优点，达到了语言互操作性的巅峰。

4.4.1.6 程序集

程序集是.NET应用程序的基本构件，是部署和版本控制的基础。程序集包含IL代码、对程序集及其内容进行描述的元数据以及执行运行时操作所需的其他文件。程序集比标准 Windows可执行文件或COM对象更加"自主"，它不依赖于像Windows注册表这样的外部信息源。每个.NET类型都是某个程序集的一部分，没有.NET类型能独立于程序集而存在。

程序集是.NET的基础，这主要反映在以下4个方面：

版本控制：程序集是版本控制的最小单元，程序集清单描述了程序集及其依赖程序集的版本。版本信息不正确的组件在运行时不会使用。

部署：程序集需要时才加载，所以特别适合分布式应用程序。

类型：类型的标识记录了它所在的程序集。不同程序集中的同名类型不会混淆。

安全性：程序集之间具有安全边界。

4.4.1.7 元数据

.NET类是自描述的。.exe或.dll文件包含称为元数据的描述信息。这些信息描述了以下几个方面：

程序集的名称、版本和语言文化信息（比如所用的语言和日历）；

程序集公开的类型；

该程序集依赖的其他程序集；

运行所需的安全权限；

程序集中的每个类型的信息，包括名称、可见性、基类、实现的接口和成员的详细信息；

额外的特性信息。

大多数元数据都是标准的，由编译器在生成 IL 代码时创建，但也可利用特性添加额外的元数据信息。

4.4.2　Managed C++和 C++/CLI 简介

4.4.2.1　什么是 C++/CLl

托管 C++（Managed C++）是 C++/CLI（Common Language Infrastructure，通用语言框架）的前身，存在于 VS2002 和 VS2003 版本中，技术不成熟，存在很多问题。从 Microsoft Visual Studio 2005 开始，改称 C++/CLI。C++/CLI 让 C++按照 NET FRAMEWORK 规范编程的架构实现，它希望一方面仍然拥有 ISO/ANSI C++的全部功能，同时又充分利用.NET FRAMEWORK 的功能。C++/CLI 现已成为一项国际标准。ECMA（欧洲计算机制造商协会）标准可参考以下网址：http://www.ecma-international.org/publications/standards/Ecma-372.htm

它对标准 C++进行了一些修改以支持.NET 功能（例如接口和属性）以及兼容.NET 运行时。标准 C++允许的一些操作在 C++/CLI 中是不允许的（例如不能从多个基类继承）。

4.4.2.2　第一个 C++/CLI 应用程序

先看一个简单的 C++/CLI 应用程序：

```
using namespace system;
int main ()
{
    console: : WriteLine ("Hello, world!");
    return 0;
}
```

程序虽小，却演示了 C++/CLI 的基本概念。

（1）第一行（从 using 开始）告诉编译器要使用.NET System 库。项目中能使用许多不同的库，using 语句的作用就是告诉编译器要使用什么库。

（2）剩下的是一个 C++函数。C++的所有代码块都称为"函数"，没有过程或子程序等。每个 C++函数都包含函数头（int main()）和函数主体（大括号中的所有内容）。函数头要列出函数的返回类型（本例是 int）、函数名称（main）和圆括号中的参数列表。注意，即使无参也要加上圆括号。

（3）所有 C++语句都以分号结尾。

示例程序共 6 行，只有 2 行是 C++语句，即函数主体中的 2 行。以 Console 开头的行向控制台输出字符，传给函数的是要输出的字符串。以 return 开头的行作用是退出函数，在本例中还退出了程序，因为退出 main 函数就相当于退出程序。返回值 0 是表明执行成功的标准值。

1. main 函数

上面程序只有一个函数 main，所有可执行程序都必须包含该函数。C++应用程序可能包含许多函数（和许多类），那么编译器怎么知道先调用哪个函数呢？显然不能让编译器随便挑选一个，答案是编译器总是查找 main 函数，没有就会报错，无法创建可执行的应用程序。

C++是自由格式的语言。意味着编译器会忽略任何空格、回车符、换行符、制表符、分页符等。这些字符统称为空白字符，只有字符串中的空白字符才会被识别，自由格式的语言允许程序员灵活利用制表符或空格对代码进行缩进，例如，代码块中的语句（比如 for 循环或 if 语句主体）通常都要缩进（2 ~ 4 个空格）。这使代码块的内容一目了然。大括号建议和代码一起缩进并对齐，方便程序员阅读。

编译器不仅会检查名为main的函数，还会检查返回类型和参数等内容。main可获取命令行参数，但不用命令行可省略这些参数。

2．C++保留字和标识符

C++保留字是对编译器有意义的特殊单词。示例程序用到的保留字包括 using，namespace 和 return。变量或函数名不允许使用保留字，否则编译器会报错。Visual Studio 用特殊颜色区分保留字。

程序员用标识符表示变量和函数的名称。标识符必须以字母或下划线开头，而且只能包含字母，数字或下划线。以下 C++标识符有效：

My_variable

AReallyLongName

表 4-6 所示的标识符是无效的。

表 4-6　无效的标识符

无效标识符	无效原因
0800Number	不能以数字开头
You+Me	只能包含字母、数字和下划线
return	不能是保留字

只要不违反这些限制，任何标识符都合法。但不推荐使用表 4-7 所示的标识符。

表 4-7　不推荐使用的标识符

标识符	不推荐的原因
main	和 main 函数混淆
INT	和保留字 int 混淆
B4ugotxtme	不易读懂
_identifier1	虽然允许以下划线开头，但不推荐，因为编译器经常在创建内部变量名时添加下划线前缀，系统代码中的变量也是如此。使用下划线的前缀可能会跟它们冲突

4.4.3 动态内存管理

4.4.3.1 CLR 堆内存分配机理

与本地 C++需要用户自己维护堆不同，C++/CLI 中动态分配的内存是由 CLR 来维护的。当不需要堆时，CLR 自动将其删除回收，同时 CLR 还能自动地压缩内存以避免产生不必要的内存碎片。这种机制能够避免内存泄漏和内存碎片，被称为垃圾回收（Garbage Collection, GC），而由 CLR 管理的这种堆被称为 CLR 堆。在 CLR 堆中分配内存使用操作符 gcnew。

由于垃圾回收机制会改变堆中对象的地址，因此不能在 CLR 堆中使用普通 C++指针，因为如果指针指向的对象地址发生了变化，则指针将不再有效。为了能够安全地访问堆对象，CLR 提供了跟踪句柄（类似于 C++指针）和跟踪引用（类似于 C++）。

1. 跟踪句柄

跟踪句柄类似于本地 C++指针，但能够被 CLR 垃圾回收器自动更新以反映被跟踪对象的新地址。同时不允许对跟踪句柄进行地址的算术运算，也不能够进行强制类型转换。

凡是在 CLR 堆上创建的对象必须通过跟踪句柄引用，这些对象包括：（1）用 gcnew 操作符显示创建在堆上的对象；（2）所有的引用数据类型（数值类型默认分配在堆栈上）。注意：所有分配在堆上的对象都不能在全局范围内被创建。

2. 跟踪引用

跟踪引用类似于本地 C++引用，表示某对象的别名。可以给堆栈上的值对象、CLR 堆上的跟踪句柄创建跟踪引用。跟踪引用本身总是在堆栈上创建的。如果垃圾回收移动了被引用的对象，则跟踪引用将被自动更新。

跟踪引用用%来声明，下面的例子创建了一个对堆栈上值对象的跟踪引用：

```
int value = 10;
int% trackValue = value;
stackValue 为 value 变量的引用，可以用 stackValue 来访问 value：
trackValue *= 5;
Console::WriteLine(value);     // Result is 50
```

3. 内部指针

C++/CLI 还提供一种用关键字 interior_ptr 定义的内部指针，它允许进行地址的算术操作。必要时，该指针内存储的地址会由 CLR 垃圾回收自动更新。注意，内部指针总是函数的局部自动变量。

下面的代码定义了一个内部指针，它含有某数组中第一个元素的地址：

```
array<double>^ data = {1.5, 3.5, 6.7, 4.2, 2.1};
interior_ptr<double> pstart = %data[0];
```

必须给 interio_ptr 指定内部指针指向的对象类型。此外还应该给指针进行初始化，如果不提供初始值，系统将其默认初始化为 nullptr。

内部指针在指定类型时应注意：可以包含堆栈上值类型对象的地址，也可以包含指向 CLR 堆上某对象句柄的地址，还可以是本地类对象或本地指针，但不能是 CLR 堆上整个对象的地址。也就是说，可以使用内部指针存储作为 CLR 堆上对象组成部分的数值类对象（如 CLR 数组元素）的地址，也可以存储 System::String 对象跟踪句柄的地址，但不能存储 String 对象本身的地址。

```
interior_ptr<String^>   pstr1; // OK -- pointer to a handle
interior_ptr<String>   pstr2;  // ERROR -- pointer to a String object
```

与本地 C++指针一样，内部指针可以进行算术计算：可以通过递增或递减来改变其包含的地址，从而引用后面或前面的数据项；还可在内部指针上加上或减去某个整数；可以比较内部指针。下面的例子展示了内部指针的用法：

```
#include "stdafx.h"
using namespace System;

int main(array<System::String ^> ^args)
{
    array<double>^ data = {1.5, 3.5, 6.7, 4.2, 2.1};
    interior_ptr<double> pstart = &data[0];
    interior_ptr<double> pend = &data[data->Length - 1];
    double sum = 0;

    while(pstart<=pend)
        sum += *pstart++;

    Console::WriteLine(L"Total of data array elements = {0}\n", sum);

    array<String^>^ strings = { L"Land ahoy!",
        L"Splice the mainbrace!",
        L"Shiver me timbers!",
        L"Never throw into the wind!"
    };

    for(interior_ptr<String^> pstrings = &strings[0]; pstrings-&strings[0] < strings->Length; ++pstrings)

        Console::WriteLine(*pstrings);

    return 0;
}
```

4.4.3.2　CLR 堆内存分配方法

C++/CLI 中使用 gcnew 保留字取代 new 在托管堆上分配内存，并且为了与以前的指针区分，用^来替换*，就语义上来说它们的区别大致如下：

（1）gcnew 返回的是一个句柄（Handle），而 new 返回的是实际的内存地址。

（2）gcnew 创建的对象由虚拟机托管，而 new 创建的对象必须自己来管理和释放。

下面的示例使用 gcnew 分配 Message 对象：

```cpp
// mcppv2_gcnew_1.cpp
// compile with: /clr
ref struct Message {
    System::String^ sender;
    System::String^ receiver;
    System::String^ data;
};


int main() {
    Message^ h_Message   = gcnew Message;
    //...
}
```

下面的示例使用 gcnew 创建装箱值类型以供使用（如引用类型）：

```cpp
// example2.cpp : main project file.
// compile with /clr
using namespace System;
value class Boxed {
    public:
            int i;
};
int main()
{
    Boxed^ y = gcnew Boxed;
    y->i = 32;
    Console::WriteLine(y->i);
    return 0;
}
```

输出结果为 32。

4.4.4　数据类型

4.4.4.1　基本数据类型

在 C++/CLI 中，基本数据类型使用方法与 C++中基本相同，在此不再重述。但需要注意一点：C++/CLI 中的基本数据类型也属于类，都是从 Object 类派生出来的，而不是简单数据类型。

4.4.4.2　String 类型

C++/CLI 字符串（Unicode 字符组成的字符串）是指在 System 命名空间中定义的 String 类，即由 System:Char 类型的字符序列组成的字符串。String 类不像是 int 或者 long 那样的内建类型，它是.NET Framework 的一部分。它包含大量强大的功能,使得字符串的处理非常容易。由于 String 类型不是内建类型,所以要在项目中包含一些文件,才允许编译器使用它。为了使用 String,要在源代码顶部添加下面这行语句:

```
using namespace System;
```

上面代码的作用是方便读者使用特定的.NET 类,由于 String 在 System 命名空间中,所以全名是 System::String,但像这样的 using namespace 语句允许直接使用名称而不进行限定。

创建一个 String 对象的方法如下例所示:

System::String^ saying = L"Many hands make light work.";

跟踪句柄 saying 用于访问 String 类对象。该对象的字符为宽字符,因为采用了前缀 "L",如果省略 "L",该字符串由 8 位的字符组成。

访问字符串内字符可以像访问数组元素一样,使用索引来访问,首字符的索引为 0。这种方法只能用于读取字符串内字符,但不能用于修改字符串的内容。

做一简单比较:对于字符串,在 C++/CLI 中定义有 String 类,在 C++中定义有 string 类,在 C 中则只能用 char 字符数组保存。

4.4.4.3 数　组

数组是多个数据存储位置的集合,每个位置容纳的都是相同类型的数据,例如全部都是 int,或全部都是 double。数组在表示值的集合(比如每个月的天数,或者公司员工的姓名),而且知道值的数量时很有用。

和传统 C++不同,C++/CLI 的数组知道需要管理多少个数据。这使它们比传统 C++数组安全,试图越过数组尾进行读写会造成运行时错误,防止损坏内存。

每个存储位置都是数组中的一个元素,数组元素通过索引访问。索引始于零,终于数组边界减 1。索引为什么不从 1 开始呢? 这是为了保持与 C 风格语言的兼容。这些语言的数组索引都是从零开始的。

声明数组要指定准备在其中存储的数据项的类型。数组对象使用 gcnew 操作符动态和传统 C++不同,C++/CLI 的数组知道需要管理多少个数据,这使它们比传统 C++数组安全,试图越过数组尾进行读写会造成运行时错误,防止损坏内存。

声明数组要指定准备在其中存储的数据项的类型。数组对象用 gcnew 操作符动态创建:

```
array<int>   ^arr  = gcnew    array<int>(10);//声明十个整数的数组
int x ;
arr[0] = 23;//第一个元素的索引是0
arr[9] = 21;//最后一个数组元素的索引是9,实际是第十个元素
x = arr[0];//访问数组元素
```

4.4.4.4 结　构

结构(也称为"结构体"或者 struct)提供了创建符合数据或记录类型的一种方式。结构就是由几个数据组成的结构,这些数据可能具有不同类型。结构和类相似,结构能包含成员函数、数据成员以及其他.NET 功能。但结构和类有一个重要的区别,即结构是值类型而非引用类型。所以,如果要在值类型中包含一些数据结构,比如具有 X 和 Y 的坐标值的点,就适合用结构来实现。

1. 创建和使用结构

下面练习如何创建结构来表示具有 x 和 y 坐标的点，以及如何创建和使用结构的示例。

备注：标准 C++和 C++/CLI 都能使用保留字 struct 定义结构，本次讨论的是.Net 结构，而非传统结构。.Net 结构的优点是可由其他.Net 语言使用。

定义结构使用 struct 保留字，在 using namespace System; 这一行代码下方添加结构定义，如下所示：

```
value struct<typeName>
{
    <memberDeclarations>
};
```

结构从 value struct 保留字开始定义。注意，结构的定义和类相似。结构主体放在花括号中，以分号结尾，可以使用 public、private 保留字设置结构成员的访问级别。

value 保留字用来告诉编译器这是一个.Net 值类型，而非传统 C++结构，定义结构时应记住要使用 value。

```
//定义 Point 结构
value struct Point
{
    int x, y;
};
```

上面的代码定义了一个 Point 结构，这个结构表示图上的一点，用两个整数成员 x 和 y 表示坐标。

备注：在传统 C++中，结构和类唯一的区别就是默认访问级别。类的成员默认私有，而结构的成员默认公有。C++/CLI 中继承了这个设计，所以不用特意将结构成员标记为公有。

在程序的 main 函数中添加下面的代码来初始化 Point 对象：

```
//创建一个 Point
Point p1;
//初始化成员
p1.x = 30;
p1.y = 40;
```

注意这里没有使用 gcnew 操作符。gcnew 操作符用于创建对象引用，而值类型不通过引用访问。相反 Point 创建在栈上，直接作为 p1 访问。由于数据成员是公共的，所以可以用熟悉的点记号法访问他们。

下面添加两行代码打印结构成员的值：

```
Console: : WriteLine ("p1.x={0}", p1.x);
Console: : WriteLine ("p1.y={0}", p1.y);
```

点击运行按钮，将结果输出到控制台，输出结果为 p1.x=30，p1.y=40。

2. 为结构实现构造器

以下练习将为 Point 结构添加构造器，使实例能在创建时初始化。

为 Point 结构添加构造器，如下所示：

```
value struct Point
{
    int x, y;
    Point(int xVal,int yVal){ x = xVal;    y = yVal;}
}
```

构造器获取两个 int 值，并将他们初始化 x 和 y 数据成员。

4.4.4.5　枚　举

枚举（Enum）是一组命名的整数常量，适合表示从一组固定值中取其一的类型。比如一周中的某一天，或者一年中的某一月。枚举是值类型，从抽象类 System::Enum 派生，后者从 System::Value 类派生。

定义枚举使用 enum class 保留字，在 using namespace System；这一行代码下方添加结构定义。如下所示：

```
public enum class <typename>
{
    <value1>,
    <value2>
    …
    <valueN>
}
```

枚举定义由 enum class 保留字开始，注意枚举的定义和类相似。枚举主体放在花括号中，以分号结尾。enum class 保留字用来告诉编译器这是一个.Net 值类型，而非传统 C++枚举。枚举成员在定义时，一定要用 public 或者 private 限定，不然会报错。枚举的主体包含一组以逗号分隔的名称，每个都代表一个整数量。

```
public enum class Week
{
    Monday,
    Tuesday,
    Wednesday,
    Thursday,
    Friday,
    Saturday,
    Sunday,
};
```

上面代码定义了一个枚举变量，在程序的 main 函数中添加下面的代码来创建和初始化 Week 对象：

```
//创建一个 Week,
Week week = Week: : Friday;
```

和结构一样，枚举没有使用 gcnew 操作符。Week 类型的枚举变量在栈上创建，直接作为

week 被访问。

备注：C++/CLI 和标准的 C++不同，枚举类型必须使用类型名称限定。要使用 Week::Friday，而不能单独使用 Friday。

可以通过下面的语句把 Week 的值输出到控制台：

```
Console: : WriteLine ("value of week is {0}",   (int)week);
```

应该打印值 4。构成枚举的每一个常量都代表着一个整数值。这些值默认从 0 开始，每个枚举成员递增 1。

虽然枚举包含了整数值，但枚举和整数之间并不存在隐式转换，看看下面这些代码就能明白：

```
//**以下代码无法编译**//
//   '1'代表 Tuesday
week = 1;
//'8'代表什么？
week   = 8;
```

如果允许整数和枚举之间的隐式转换，就可能将无效的值存入枚举。两者之间要进行转换，便须使用显示强制类型转换，让编译器知道你的意图，例如：

```
int day = static_cast<int>(week);
```

也可以进行反向强制类型转换，将整数转换为枚举，但这不是一个好的实践。

枚举成员也可以不使用默认值，为了更自然地将 1 ~ 7 赋值给周一到周日，而不是使用默认的 0 ~ 6，将 1 赋值给 Monday 成员就可以了：

```
public enum class Week
{
    Monday = 1,
    Tuesday,
    Wednesday,
    Thursday,
    Friday,
    Saturday,
    Sunday,
};
```

如果你愿意，可以为枚举成员分配不连续的值，例如：

```
public enum class StatusCodes
{
    Ok = 0，FileNotFound = 2,AccessDenied = 5,OutOfMemory = 8
};
```

4.4.4.6 自定义

任何 typedef 都是用户自己现有类型定义的同义词。要创建类型的同义词，需要使用保留字 typedef，后跟类型名称和要定义的新名称。由于 typedef 是 C++语句，所以必须以分号结尾：

```
typedef unsigned int positiveNumber;
```

该 typedef 将 positiveNumber 声明为 unsigned int 的同义词,可在声明中用于代替实际的类型名称,具体如下所示:

```
positiveNumber one, two;
```

4.4.4.7 类

C++/CLI 中可以定义两种类型的 struct 和 class 类型,一种为数值类(或数值结构): value class(value struct);一种是引用类(或引用结构): ref class(ref value)。与本地 C++一样,class 与 struct 的区别在于前者的成员默认为私有,后者默认为公有。下面仅以类来介绍,内容同样适用于结构。

value class 与 ref class 组成的是双保留字,也就是说,单独的 value、ref 并不是保留字。数值类与引用类的区别,以及它们与本地 C++类的区别主要包括以下几个方面:

(1)数值类的对象包含自己的数据,引用类的对象只能用句柄来访问。

(2)在 C++/CLI 中,函数成员不能声明为 const 类型,取而代之的是字面值类型,修饰词关键字为 literal。

(3)在非静态函数成员中,this 指针类型与本地 C++不同:数值类的 this 指针为内部指针类型(interior_ptr<T>),而引用类的 this 指针为句柄类型(T^)。

(4)C++/CLI 类的数据成员不能包含本地 C++数组或本地 C++类对象。

(5)C++/CLI 类无友元函数。

(6)C++/CLI 类的数据成员不能包含位类型的数据成员。

(7)C++/CLI 类的函数成员不能有默认的形参。

此外,在 C++/CLI 中,不推荐类命名时使用前缀"C",其成员变量命名也不用前缀"m_"。

1. 类的定义

声明 ref 类和结构,ref 类和 ref 结构基本上是传统 C++类和结构的扩展。与传统的 C++类和结构一样,ref 类和 ref 结构是由变量和方法组成的。与传统的类和结构不同,ref 类和 ref 结构的创建和销毁方式完全不同。此外,ref 类和 ref 结构有一个称为属性的附加构造。

除了对其成员的默认访问之外,ref 类和 ref 结构之间没有实际的区别。ref 类默认为对其成员的私有访问,而 ref 结构默认为对其成员的公共访问。

ref 类的定义方式和传统 C++类的定义方式类似,下面的例子是 Square ref 类,它由一个构造函数、一个计算区域的方法和一个变量组成:

```
ref class Square
{
    //方法
    int Area ()
    {
        return Dims * Dims;
    }
    int Dims;
};
```

2. 访问修饰符

关于这个 ref 类要注意的第一件事是，因为对 ref 类的访问默认为 private，所以在 ref 类之外不能访问构造函数、方法和变量。为了使 ref 类的成员可以在 ref 类之外访问，用户需要在定义中添加访问修饰符 public：

```
ref class Square
{
public:
    //成员函数
    int Area ()
    {
        return Dims * Dims;
    }
    //数据成员
    int Dims;
};
```

访问修饰符除了上面提到了 public（公开的）外，还有 private（私有的）和 protected（受保护的）。

这三个访问修饰符限制了类或类成员的作用范围。public 访问修饰符是公共的，同一个工程都可以访问。private 表示私有的，只有在同一个类中能够访问。protected 只有在同一个类及其子类中能够访问。

3. 类的数据成员和成员函数

可以使用访问结构成员时用过的直接成员选择操作符来引用类对象的数据成员。因此，如果想把 Square 类中的 Dims 设定为 1000，可以使用下面的语句：

```
Square^ square;
square = gcnew Square ();
square->Dims = 1000;              //给数据成员赋值
```

因为 Dims 的访问修饰符为 public，所以在类的外部函数中可以通过这种方式访问数据成员。如果访问修饰符不是 public，则不能编写这条语句。

类的成员函数是其定义或原型定义在内部的函数，它们可以处理本类的任何对象，有权访问本类对象的所有成员，而不管访问修饰符是什么。在成员函数体中使用类的成员名称自动引用于调用函数的特定对象成员，且只能给该类型的特定对象调用该函数。利用下面的语句调用成员函数：

```
Square^ square;
square = gcnew Square ();
square->Dims = 100;
int area = square->Area ();       //area = 10000
```

成员函数也可以定义在类的外部，此时只需要将函数原型放在类内部。如果这样重写 Square 类，并将函数定义放在类的外部，则类的定义将如下所示：

```
ref class Square
```

```
{
public:
    //方法
    int Area ();
    int Dims;
};
int Square: : Area ()
{
    return Dims * Dims;
}
```

因为 Area()成员函数定义在类的外部，所以必须以某种方式告诉编译器：该函数属于 Square 类，即给函数加上类名作为前缀，并用作用域解析运算符::（两个冒号）将二者分开，如上面语句所展示的那样。

4. 构造函数

构造函数是类的特殊函数，在对象创建时会自动调用构造函数。因此，该函数提供了创建对象时进行初始化的机会，并确保数据成员只包含有效值。构造函数是一个成员函数，所以无论成员的访问特性是什么，都可以设置成员的值。类可以有多个构造函数，以确保用不同的方式创建对象。

构造函数的命名总是与所属类的名称相同，甚至类有两个或多个构造函数时也是如此。例如，函数 Square()是类 Square 的构造函数。构造函数没有任何返回类型，给构造函数指定的返回类型是错误的，甚至写成 void 也不允许。构造函数的首要目的是给类的初始成员赋予初值，因此返回任何类型都是不必要或不允许的。

下面扩展前面的 Square 类，并加入构造函数：

```
ref class Square
{
public:
    //构造函数
    Square (int d)
    {
        Dims = d;
    }
    //成员函数
    int Area ();
private:
//数据成员
    int Dims;
};
int Square: : Area ()
{
```

```
        return Dims * Dims;
    }
```

构造函数有一个 int 类型的形参，对应 Square 类中 Dims 的初始值。

在 main()函数内，声明对象 square 时应该给出 Dims 的初值。如下面语句所示：

```
Square^ square;
square = gcnew Square (100);
int area = square->Area ();          //area = 10000
```

5. 析构函数

析构函数用于销毁不再需要或超出其作用域的对象。当对象超出其作用域时，程序将自动调用类的析构函数。销毁对象需要释放该对象的数据成员（即使没有类对象存在时也将继续存在的静态成员除外）占用的内存。类的析构函数是与类同名的成员函数，只是类名前需要加个波形符（ ~ ），类的析构函数不返回任何值，也没有形参。就 Square 类来说，其析构函数原型如下：

```
~ Square ();                    //Square 的析构函数
Square ();                      //Square 的构造函数
```

因为析构函数有特定的名称，没有任何形参，所以无法构成重载，因此一个类只能有一个析构函数。

与构造函数相似，析构函数无法指定返回值，指定返回类型会报错。

6. 属性成员

面向对象的一个公认的原则就是不要让用户直接访问数据成员，原因主要有两个。一是用户直接访问数据成员需要知道类的实现，这样以后修改实现就很麻烦，另一个是类的用户可能使用不恰当的值有意或无意地破坏数据，造成应用程序错误，或者其他不期望的结果。

有鉴于此，建议隐藏数据成员，使它们私有，并通过成员函数来访问。传统 C++一般使用取值和赋值函数来实现间接访问。.Net Framework 的属性为类实现了虚拟数据成员。用户实现属性的 get 和 set 部分，编译器将它们转化为对取值或赋值函数的调用。

下面例子演示如何实现属性，例子使用了包含 name 和 age 成员的简单 Person 类。

```
ref class Person
{
    String^ name;
    int age;
public:
    //构造函数
    Person ()
    {
        Name = "";
        Age = 0;
    }
    //name 属性
    property String^ Name
```

```
    {
        String^ get (){ return name; }
        void set (String^ n){ name = n; }
    }
    //Age 属性
    property int Age
    {
        int get (){ return age; }
        void set (int val){ age = val; }
    }
};
```

类有两个私有数据成员，分别容纳人的姓名和年龄。定义属性要先写 property 保留字，后跟类型和属性名。规范是要求属性名首字母大写。

取值和赋值函数在代码中声明。其中取值函数的名称总是 get，返回类型与属性类型相匹配。赋值函数的名称总是 set，获取属性类型的一个参数，返回类型为 void。属性在 C++代码中就像真正的数据成员那样使用。

在 main()函数中来测试属性：

```
int main (array<System: : String^>^ args)
{
//创建 Person 对象
  Person^ p = gcnew Person ();
//使用属性设置年龄和名字
  p->Name = "jack";
  p->Age = 18;
//访问属性
  Console: : WriteLine ("age of {0} is {1}", p->Name, p->Age);
  return 0;
}
```

Person 对象创建并初始化好之后，name 和 age 成员就可以通过编译器生成的虚拟数据成员 Name 和 Age 来访问。

当属性取值或者赋值出错时，比如年龄出现负值：

```
p->Name = "jack";
p->Age = -18;
```

要让 age 属性不接受负值，可以像下面这样修改代码：

```
void set (int val)
{
    if (val < 0)
    {
        val = 0;
    }
```

```
        else
        {
            age = val;
        }

    }
```

如果有人将年龄设置为负值，就会将年龄设置为 0。

许多属性纯粹就是对数据成员赋值和取值操作，如下所示：

```
property String^ Name
{
    String^ get (){ return name; }
    void set (String^ n){ name = n; }
}
```

这时可以告诉编译器自动实现属性的取值和赋值函数，它会生成一个支持变量来存储数据。看不到该变量，但可以通过取值和赋值函数来间接访问。可以像这样简单的声明 Name 属性：

```
property String ^Name;
```

7. 抽象类

继承是面向对象编程的重要概念，旨在以类型安全、灵活和可扩展的方式建立类型之间的关系，以及对类型进行分类。

定义继承结构层次时，一般在基类中容纳派生类需要的所有通用成员函数和数据成员，但基类通常不代表一个真实的对象。

以银行开户为例，去银行开户时，必须指定一种具体的账户类型（现金账户还是储蓄账户），而不能说开一个"银行账户"。

类似的，编程时需要避免创建泛化的 BankAccount 对象，只实例化 CurrentAccount 和 SavingAccount 这样的派生对象。在 C++/CLI 中为了实现这个思路，需要将 BankAccount 定义为抽象类，如下所示：

```
ref class BankAccount abstract
{
    //主体不变
};
```

注意类名后使用 abstract 修饰符，抽象类不能实例化。

8. 虚函数

定义基类成员时，要想好基类成员是否要由派生类重写。基类中每个成员函数都有三种可能性：

（1）基类函数适合所有派生类，派生类不需要重写。

（2）基类函数本身能执行一些任务，但派生类可能需要重写函数来提供定制行为。基类函数如果想允许派生类重写函数，就必须使用 virtual 保留字来声明，如下所示：

```
ref class BankAccount abstract
```

```
{
public:
    virtual String^ ToString ()override; //该函数可以重写
    …
};
```

这个函数声明用了 virtual 和 override 保留字，前面说过 virtual 能使派生类重写函数，而派生类重写基类函数函数必须用 override 保留字。在本例中，ToString 是 object 定义的函数，所以如果这里用 override 表示重写这个函数，但又不是添加一个和基类版本完全一样的函数。如果想添加和基类版本完全不一样的函数，但又不想重写，可以用 new 修饰符。

```
//该函数没有重写 ToString
virtual String ^ToString () new;
```

（3）基类函数规定所有派生类都要执行的操作，但每个派生类都可以稍有不同的方式实现这个操作。基类无法针对派生类的实际情况来定义怎么做。这时候要将基类的成员函数声明为抽象，C++中称之为纯虚函数。

有两种方式指定纯虚函数。第一种来自标准 C++，要求在函数末尾添加 "=0"。第二种是 C++/CLI 引入的，要求在末尾添加 abstract 保留字：

```
ref class BankAccount abstract
{
public:
//使用标准 C++语法声明纯虚函数
virtual void Debit (double amount)= 0;
//使用 C++/CLI 语法声明虚函数
virtual void Debit (double amount)abstract;
};
```

4.4.4.8　类型转换

对于涉及基本类型的混合表达式，编译器将在必要的地方自动安排类型转换，也可以使用显示类型转换（也叫强制转换），强制进行从一种到另一种的转换。

C++/CLI 支持 C 风格的强制类型转换操作符，也就是把要转换的类型放在表达式前的圆括号中，如（float）7。另外，它还支持 5 个 C++强制类型转换操作符：

（1）static_cast< >；
（2）dynamic_cast< >；
（3）const_cast< >；
（4）reinterpret_cast< >；
（5）safe_cast< >。

static_cast< >操作符更改数据的变量类型，尖括号是目标类型。可以编写下列形式的强制转换语句：

```
// static_cast <要转换成的类型> (表达式)
int a = 10;
```

```
double b;
b = (int)a;                    //老式 C 风格的强制类型转换
b = static_cast<double> (a);   //C++静态强制转换类型
```

dynamic_cast< >操作符在继承层次结构中向下或者跨越继承层次结构转换对象。const_cast< >操作符配合指针使用，可用引用添加或删除变量的常量限定。safe_cast< >操作符是 C++/CLI 新增的扩展，它执行和 dynamic_cast< >操作符一样的操作，但转换失败会抛出异常。reinterpret_cast< >操作符将任何形式指针转换为其他类型指针，但它很少使用。

Convert 和 Parse 是.Net 才有的转换方法，Convert 和 Parse 方法是数据类型转换中最灵活的方法，它能够将任意数据类型的值转换成任意数据类型，前提是不要超出指定数据类型的范围。

Convert 和 Parse 方法具体的语句如下：

数据类型 变量名 = Convert：:To 数据类型 (变量名);
数据类型 变量名 = 数据类型：:Parse (变量名);

这里 Convert::To 后面的数据类型要与等号左边的数据类型相匹配。::Parse 前面的数据类型也要同左边一样。

具体的语句如下所示：

```
String ^ str = "123";
float f = 82.26f;
int num1 = Convert：: ToInt32 (str);   //num1 = 123
double num2 = Double：: Parse (str);   //num2 = 123
int num4 = Convert：: ToInt32 (f)      //num3 = 82
```

实际上，Convert 与 Parse 较为类似，Convert 内部调用了 Parse 函数，但 Convert 能转化类型较多，Parse 方法只能转换数字字符串类型。

表 4-8 总结了 Convert 方法常用的类型转换方法。

表 4-8　Convert 转换常用方法

方法	说明
Convert::ToInt16()	转换为整型（short）
Convert::ToInt32()	转换为整型（int）
Convert::ToInt64()	转换为整型（long）
Convert::ToChar()	转换为字符型（char）
Convert::ToString()	转换为字符串型（String）
Convert::ToDouble()	转换为双精度浮点型（double）
Conert::ToSingle()	转换为单精度浮点型（float）

对于整型和浮点型的强制数据类型操作也可以使用 Convert 方法代替，但是依然会损失存储范围大的数据类型的精度。上面语句中，把浮点数 f 转换为 int 类型，精度有所损失，所以在进行转换时候依旧要注意。

4.4.4.9　命名空间

命名空间是.Net 中提供应用程序代码容器的方式，这样就可以唯一标识其代码及其内容。

名称空间也作为.Net Framework 中给项分类的一种方式。大多数项都是类定义型。

.Net Framework 类库由 400 多个命名空间中的类、结构、和枚举组成。

在 C++/CLI 中使用 using 保留字时，其实已经在和.Net 的命名空间打交道了。例如：

using namespace System: : Collections;

和传统 C++命名空间一样，.Net 命名空间提供了额外的范围限制措施，帮助组织代码和防范名称冲突。不同两个命名空间的类名能一起使用。附加了命名空间信息的类型名称称为完全限定名称。例如：

System: : Collections: : Generic: : List   //来自 System: : Collections: : Generic 的
    //List<T>类

System: : Threading: : Thread   //来自 System: : Threading 的 Thread 类

.Net 命名空间的名称通常由多个单词构成。C++/CLI 要求名称的各个组成部分由作用域解析操作符（::）分隔。而其他.Net 语言（比如 C#和 Visual Basic）要求用句点（.）分隔。

.Net Framework 类库所有的类、接口、结构、枚举都从属于某个命名空间。Microsoft 提供的大多数命名空间都具有两个前缀：以 System 开头的作为.Net Framework 类库的一部分开发，而以 Microsoft 开头的由 Microsoft 的其他产品部门开发。

命名空间的名称可以包含多个部分，但同根的名称并不意味在层次结构上有什么关系。命名空间的结构层次只是方便用来组织类，例如，System：：Collections：：Generic 和 System：：Collections 都包含集合，但除此之外就没什么关系了。

不要求一个命名空间的所有类都在同一个.dll 文件中定义，也不要求一个.dll 文件只能包含一个命名空间的类。

4.4.5 从指针到句柄

在标准 C++中，指针容纳的是另一个变量或函数的内存地址。这意味着可用指针间接引用变量。

但 C++/CLI 中是"运行时"来管理内存，所以它保留了将内存里的数据搬移以最大化可用内存的权利。这意味着对象在内存中可能不会一直待在一个位置，那么指针中的地址可能会"过期"，使用时会出现问题。

因此，C++/CLI 没有了传统的"指针"概念。相反是用句柄（也称为跟踪句柄）来包含变量的地址，"运行时"会自动更新这个地址。

虽然句柄能存储任意数据类型的内存地址，但句柄变量要声明为特定的数据类型。Person 对象的句柄不能存储 Account 对象的地址。声明的方式和普通变量一样，只是要在变量名前附加句柄操作符^。例如：

Person ^pp; //一个 Person 的句柄

Account ^ac; //一个 Account 的句柄

一般用 gcnew 操作符动态创建对象并获取它的句柄，如下所示：

Person ^pp = gcnew Person ("Fred");

代码指示"运行时"新建一个 Person 对象，传递字符串"Fred"作为初始数据，并返回对象的句柄。要使用指针操作符->通过句柄访问对象的成员。

这里稍微总结一下关于类的知识。第一，类被称为引用类型，因为总是使用称为句柄的引用变量访问对象。例如以下代码：

MyClass ^pc = gcnew MyClass ();

pc 是引用变量，引用 gcnew 操作符创建的 MyClass 对象。通过引用来访问对象，.NET 垃圾回收机制就可以在对象没被引用时回收它使用的资源。这个.NET 功能不仅提高了内存使用效率，还杜绝了 C++应用程序的一个传统问题：内存泄漏。

第二，类是由数据成员和成员函数构成的。数据成员描述对象状态，最好将它们设为类的私有成员。成员函数描述对象行为，它们可能修改数据成员。对象上发生的所有操作都通过->操作符调用成员函数来完成。例如：

result = pc->DoOperation ();

在 C++/CLI 中用栈的语义创建对象，使其看起来和传统 C++局部变量一样，可以使用点操作符（.）访问成员。例如：

MyClass m;

result = m.DoOperation ();

事实上，它们的工作方式和使用 gcnew 创建的对象一样。

4.4.6　Windows 窗口应用编写

对于大多数 Windows 图形应用程序而言，开发核心是窗口设计器。为创建用户界面，将控件从工具箱拖放到窗口当中，放在应用程序运行时希望其出现的位置上。

4.4.6.1　WPF 控件

微软从.NET Framework 3.0 开始引入 WPF（Windows Presentation Foundation，Windows 展示架构），不仅可以使用我们之前所了解到的标准属性，还支持一种新的"依赖属性（Dependency Property）"。WPF 是微软新一代图形系统，运行在.NET Framework 3.0 及以上版本下，为用户界面、2D/3D 图形、文档和媒体提供了统一的描述和操作方法。基于 DirectX 9/10 技术的 WPF 不仅带来了前所未有的 3D 界面，而且其图形向量渲染引擎也大大改进了传统的 2D 界面，比如 Vista 中的半透明效果的窗体等都得益于 WPF。但遗憾的是，分析最近几年的 UI 技术发展，WPF 又被微软抛弃了，未来发展不明。

所谓控件，是将程序代码和 GUI 预先打包到一起，可供重复利用，并创建出复杂的应用程序。控件可以定义自身默许的绘制形式及一系列标准行为。Label、Button 和 TextBox 等控件是很容易识别的。

自带控件的外观看起来与标准 Windows 应用程序中的控件是一样的，它们可以按照当前的 Windows 主体设置绘制自身。不过，所有的外观元素都可以高度自定义，只需单击几次鼠标就可以完全改变这些控件的显示方式。这样的自定义是通过设置控件的属性值来实现的。

除了可以定义其在屏幕上的外观外，控件中也定义了一些标准行为，例如单击按钮或从列表中选择某项。通过"处理"控件定义的事件，可以决定当用户对某个控件执行相应操作时会发生什么。何时以及如何实现这些事件处理程序，取决于具体的应用程序和具体的控件。但一般来说，对于 Button 控件，我们都会处理 Click 事件；对于 ListBox 控件，则需要在用户改变所选项时执行某种操作，因此通常会处理 SelectionChanged 事件。对于 Label、TextBlock 等其他控件来说，也许并不需要实现任何事件。

4.4.6.2 属　性

所有控件中都包含许多属性，这些属性可用来控制控件的行为。某些属性的含义很容易理解，例如 Height 和 Width，但另外一些却难以理解，例如 RenderTransform。所有属性都可以通过属性（Properties）面板来设置，也可以直接在 XAML 中设置或直接在设计视图中进行调整。

4.4.6.3 事　件

本节专门讨论由 WPF 控件生成的事件，还将介绍一种通常与用户操作关联的路由事件（Routed Event）。例如，当用户单击某个按钮时，该按钮会生成一个事件，用于表明自身发生了什么。通过处理该事件，程序员为该按钮提供了某种功能。我们要处理的大部分事件都是本书中所涉及控件的通用事件，例如 LostFocus 和 MouseEnter 等。这是因为这些事件本身继承诸如 Control 或 ContentControl 的基类。此外，像 DatePicker 控件的 CalendarOpened 事件是专用事件，只存在于特定的控件中。表 4-9 列出了一些最常用的事件。

表 4-9　常用事件

事件	说明
Click	当控件被单击时发生。某些情况下，当用户按下 Enter 键时也会发生这样的事件
Drop	当拖曳操作完成时发生。也就是说当用户将某个对象拖曳到该控件上，然后松开鼠标按钮时发生
DnagEnter	当某个对象被拖曳进入该控件的边缘范围内时发生
DragLeave	当某个对象被拖曳出该控件的边缘范围之外时发生
DagOver	当某个对象被拖曳到控件上时发生
KeyDown	当该控件具有焦点，并且某个按键被按下时发生。该事件总在 KoyPres 和 KeyUp 事件之前发生
KeyUp	当读控件具有焦点，并且某个按键被释放时生。该事件总在 KeDon 事件后发生
GotFocus	当该控件获得集点时发生。勿用该事件对控件执行验证操作，应该改用 Vidaring 和 Vlidted
LosFocus	当该控件失去焦点时发生。勿使用事件对控件执行验证操作，应该改用 Vidating 和 Vialidated
MouseDoubleCiek	当双击该控件时发生
MouseDown	当鼠标指针经过某个控件，鼠标按钮被按下时发生。这事件与 Click 事件并不相同，因为 MouseDown 事件在按钮被按下后，在其释放前发生
MouseMove	当鼠标经过控件时持续发生
MouseUp	当鼠标指针经过控件，而鼠标按钮又被释放时发生

1. 处理事件

为事件添加处理程序有两种基本方式。其一是使用 Properties 窗口中的事件列表，当单击 Properties 窗口中的闪电图标按钮时，就会出现事件列表。其二是当为特定事件添加处理程序，可以输入事件名，然后按回车键，也可以在事件列表中的事件名的右侧双击。

2. 路由事件

WPF 中存在一种路由事件（Routed Event）。标准的.NET 事件会被显式订阅该事件的代码处理，且只发送到这些订阅者那里。路由事件的不同之处在于，可将事件发送到包含该控件所在层次的所有控件。

当路由事件发生时，它会向发生该事件的控件的上层与下层控件传递。也就是说，如果右击了某个按钮，会首先将 MouseRightButtonDown 事件发送给该按钮本身，然后发送给该控件的父控件，在之前的示例中，就是 Grid 控件。如果 Grid 控件未处理该事件，该事件会最终传递给窗口。如果不希望该事件被继续传往更高的控件层次，只需要将 RoutedEventArgs 的属性 Handled 设置为 true 即可，此时不会再发生其他调用。当某个事件像这样往上层传递时，就称其为冒泡事件（Bubbling Event）。

路由事件也可以往其他方向传递，例如从根元素传往执行操作的控件。这样的事件被称作隧道事件（Tunneling Event），并且按照约定，所有这类事件都应该加上 Preview 前缀，并且总是在相应的冒泡事件之前发生。PreviewMouseRightButtonDown 事件就属于这一类

最后需要说明的是，路由事件的行为也可以和标准的.NET 事件一样，只发送给执行操作的控件。

3. 路由命令

路由命令（Routed Command）的作用与事件相似，都会引起一些代码开始执行。但事件只能直接与 XAML 中的单个元素和代码中的一个处理程序绑定，路由命令则更复杂。

事件和命令的关键差异主要在使用过程中体现出来。如果一段代码响应的是只在应用程序中的一个位置发生的用户操作，则应该使用事件。例如，当用户单击某个窗口中的 OK 按钮以便保存并关闭该窗口时，就使用此类事件。当代码响应多个位置的操作时，则应该使用命令。例如，很多时候既可以在菜单中选择 Save 命令，也可以使用某个工具栏按钮来保存应用程序的内容。这样的需求实际上也可以使用事件处理程序来完成，但这意味着我们需要在许多地方编写相同的代码；而使用命令，则只需要编写一次即可。

在创建命令时，还需要通过一些代码来回答这样一个问题："当前是否允许用户使用这段代码?"也就是说，当将一个命令与某个按钮关联起来时，该按钮可以询问这个命令能否执行，并相应地设置其状态。

4.4.6.4　控件布局

本章使用 Grid 元素来设计一些控件的布局，这主要是因为在新建一个 WPF 应用程序时，它是默认的布局控件。不过，我们还没有介绍这一控件的所有功能，也没有介绍除此之外其他能用来进行布局的容器。本节将进一步介绍控件布局，这是 WPF 的一项基本概念。

所有内容布局控件都继承自抽象的 Panel 类。该类仅定义了一个容器，可以容纳继承自 UIElement 的对象集合。实际上，所有 WPF 控件都继承自 UIElement。我们不能直接使用 Panel 类对控件进行布局，但可以从它派生出其他需要的控件。可直接使用以下这些继承自 Panel 的布局控件：

Canvas——该控件允许以任何合适的方式放置子控件。它不会对子控件的位置施加任何限制，但不会对位置摆放提供任何辅助。

DockPanel——该控件可让其中的子控件贴靠到自己四条边中的任意一边。最后一个子控件

则可以充满剩余区域。

Grid——该控件让子控件的定位变得比较灵活。可将该控件的布局分为若干行和若干列，这样就可以在网格布局中对齐控件。

StackPanel——该控件能够按照水平方向或垂直方向依次对子控件进行排列。

WrapPanel——与 StackPanel 一样，该控件也能按照水平方向或垂直方向依次对子控件进行排列，但它不是按照一行或一列来排序，而是根据可用空间大小以多行多列的方式来排列。稍后就将详细介绍如何使用这些控件，但需要先了解几个基本问题：

控件如何以堆叠顺序排列？

如何使用对齐、边距和填充来定位控件及其内容？

如何使用 Border 控件？

4.4.6.5　堆叠顺序

当某个容器控件包含多个子控件时，这些子控件会按特定的堆叠顺序进行排列。如果使用过绘图软件，可能已经熟悉了这个概念。我们可以将堆叠顺序想象为，每个控件都包含在一个玻璃盘中，而容器包含一摞这样的玻璃盘。这样一来，容器的外观看起来就类似于从这些玻璃的上方往下看时的样子。当容器中的控件重叠时，我们看到的最终结果就由这些玻璃盘的上下堆叠顺序来决定。如果某个控件位于上层，在重叠的部分，该控件就是可见的，而下层的控件则可能会被它们上层的控件挡住一部分或全部。

堆叠顺序也影响在窗口中进行鼠标单击时的点中行为。如果考虑控件的上下堆叠情况，被点中的控件总是在最上层的那一个。而控件的堆叠顺序则是由这些控件在容器的子控件列表中出现的顺序来决定的。容器中的第一个子控件位于最下方，而最后一个子控件则位于最上方，在这里两者之间的子控件则按照出现的顺序自下而上排列，此外，控件的堆叠顺序还会对在 WPF 中使用的某些布局控件产生其他影响。

4.4.6.6　对齐、边距、填充和尺寸

可以通过 Margin、HorizontalAlignment 和 VerticalAlignment 属性在 Grid 容器中安排控件的位置。另外，我们可以使用 Height 和 Width 来指定控件的维度。上述这些属性，以及尚未介绍过的 Padding 属性一起，在大多数甚至所有布局控件中都十分有用，只不过它们各自的作用有所不同。不同的布局控件也可对这些属性设置一些默认值。

HorizontalAlignment 和 VerticalAlignment 这两个对齐属性确定控件的对齐方式。可将 HorizontalAlignment 设置为 Left、Right、Center 或 Stretch。Left 和 Right 用于让控件对齐容器的左边缘或右边缘，Center 则表示位于中间，Stretch 则自动调整控件宽度，使其接触到容器的左右边缘。VerticalAlignment 与此类似，但值为 Top、Bottom、Center 或 Stretch。

Margin 和 Padding 分别用于指定控件边缘外侧和内侧的留白。之前的示例使用 Margin 属性让控件与窗口的边缘保持一定距离。由于还将 HorizontalAlignment 设置为 Left，VerticalAlignment 设置为 Top，因此控件会保持在左上角特定的位置上，Margin 属性使其与容器边缘保持了一定的距离。Paddin 与此类似，所不同的只是它用来指定控件内容与控件边缘的距离。这对于指定控件的 Border 比较有用，Padding 和 Margin 可按照四个方向来指定，也可指定一个值。

4.4.7 托管与事件

托管和事件是 Microsoft .NET Framework 相当强大和重要的两种构造。事件在 GUI 应用程序中被广泛应用于组件之间的通信，但无论托管还是事件，在非 GUI 代码中都很有用。

4.4.7.1 什么是托管？

C 和 C++的函数指针功能历史悠久，特别适合实现像事件处理程序这样的机制。遗憾的是，函数指针是 C++语言的功能，在.NET 环境中没有用处，因为任何功能要适应.NET 环境，就必须能由多种语言访问。

托管是函数指针的.NET 等价物，可以在任何.NET 语言中创建和使用。它们可以单独使用，也可在本章下半部分讨论的.NET 事件机制中使用。

4.4.7.2 托管的作用

托管是特殊的类，作用是调用具有特定签名的一个或多个方法。基本原理是将函数的执行托管给一个中间对象。下面这个简单的例子展示了在什么情况下使用托管。

假定要向函数传递一个数，并返回对其进行计算的结果，如下所示：

```
double d = 3.0;
double result = Square (d);
result = Cube (d);
result = SquareRoot (d);
result = TenToThePowerof (d);
```

这些函数具有相同的签名，都是获取一个 double 类型变量并返回一个 double 类型变量。

托管提供了调用具有相同签名的方法的机制。通过托管不仅能调用上述 4 个方法，还能调用其他所有具有相同签名的方法。这样就可以在一个类或组件中定义托管，在其他类中将函数与托管绑定并使用它。本章稍后讨论事件时会演示托管的这种用法。

本例只是通过托管一次调用一个方法，但完全可以将多个函数与托管绑定。托管被调用时，所有函数都会被依次调用。.NET Framework 定义的 System∷Delegate 类是调用单个方法的托管的基类，System∷MulticastDelegate 是调用多个方法的托管的基类。C++/CLI 的所有托管都属于 MulticastDelegate。

4.4.7.3 定义托管

以下练习利用上一节的数字运算例子来演示如何在 C++/CLI 代码中创建和使用简单托管。

（1）启动 Microsoft Visual Studio 并新建 CLR 控制台应用程序 Delegate。

（2）打开 Delegate.cpp，在 using namespace System；这一行下方添加托管定义：

delegate double NumericOp（double）；

delegate 保留字定义一个托管。从表面看，这一行是名为 NumericOp 的函数的原型，但它实际定义了从 System∷MulticastDelegate 派生的托管类型 NumericOp。

它可以和获取一个 double 类型并返回一个 double 类型的任何函数绑定。

4.4.7.4　使用托管

定义好托管后就可以通过它调用函数。使用托管的一个规则是只能调用作为 C++/CLI 类成员的函数。不能通过托管调用全局函数或者作为非托管 C++类成员的函数。

1. 使用托管调用静态成员函数

先看看最简单的情况，即使用托管调用静态成员函数。

（1）沿用上个练习的项目，想调用的所有函数都必须是类的静态成员，所以在源代码文件中添加以下类，放到 main 函数之前：

```
ref class Ops
{
public:
static double Square (double d)
{
        return d*d;
}
};
```

该托管类包含一个公共静态方法，作用是获取一个数并返回它的平方。

（2）在 main 函数中创建如下所示的托管：

```
//创建托管
NumericOp ^op = gcnew NumericOp (&Ops: : Square);
```

创建托管实际是新建一个 NumericOp 对象。由于构造器要求获取和托管关联的函数的地址，所以用&操作符指定 Ops：: square 的地址。

op 指向的对象现在已经设置好了，调用它将调用 square 函数。它要求获取和 Ops：: square 完全一样的参数（返回类型也一样）。

（3）每个托管都有一个 Invoke 方法，可通过它调用和托管绑定的函数。Invoke 的参数和返回类型都和要调用的函数一样。添加以下代码通过 op 调用 square：

```
//通过托管调用函数
double result = op->Invoke (3.0);
Console: : WriteLine ("Result is {0}", result);
```

（4）生成并运行应用程序。

（5）现在可以简单地创建另一个静态成员，创建托管，再调用函数。为了进行测试，请在 Ops 类中添加另一个公共静态成员 Cube：

```
static double Cube (double d)
{
return d*d*d;
}
```

（6）创建托管，这一次传递 Cube 函数的地址：

```
//创建第二个托管，通过它调用 Cube
op = gcnew NumericOp (&Ops: : Cube);
result = op (3.0);
```

```
Console: : WriteLine ("Result of Cube ()is {0}", result);
```

这段代码要注意两点：第一点是重用了 op 来引用新的托管对象。这意味着现在没人引用之前用来调用 Square 的托管，那个托管可以被垃圾回收了。

第二点是没有显式调用 Invoke。这复制了托管在 C#中的用法（以及函数指针在非拖管 C++中的用法）。Invoke 保留字可以省略，直接将托管看成是函数调用。

（7）生成并运行应用程序，验证结果符合预期。

2. 使用托管调用非静态成员函数

还可使用托管调用类的非静态成员函数。根据定义，非静态成员函数必须在某个对象上调用，所以在托管的构造器中，除了要指定托管调用的函数，还要指定对象：

```
//声明和非静态成员绑定的托管
MyDelegate ^pDel = gcnew MyDelegate (myObject, &MyClass: : MyFunction);
```

构造器获取 myObject 对象和 myObject 所在类的一个成员函数的地址。调用该托管相当于直接调用 myObject->MyFunction。

3. 使用 MulticastDelegate

前面展示了如何通过托管来调用单个函数。托管实际允许通过调用 Invoke 来调用多个函数。这种托管称为 MulticastDelegate，是从 System: : MulticastDelegate 类继承而来。

所有托管对象都有一个调用列表，其中容纳了要调用的函数。普通托管的调用列表仅一个成员。而对于 MutlcastDelegate，可以使用 Combine 和 Remove 方法直接操纵调用列表，虽然这在实际编程中很少发生。

查看 Combine 方法的文档，会发现它获取两个或更多 Delegate 对象。MulticastDelegate 不是在调用列表中添加更多函数来生成。相反，它通过合并其他托管来生成。

4.4.7.5 什么是事件？

大多数 GUI 平台都支持事件，GUI 编程严重依赖事件。以按钮为例，按钮不是独立使用的，它是 UI 的一部分，包含在其他界面元素中。这个界面元素可能是窗体，但也可能是其他控件，如工具栏。

按钮的作用让用户点击它来传达一个意图。例如，"点击'确定'按钮关闭对话框"，或者"点击工具栏上的 Print 按钮打印文档"。

事件提供了正式的、标准的机制让事件源（比如按钮）与事件接收者（比如窗体）关联。.NET Framework 的事件实现的是一个 "发布-订阅" 机制。事件源公开事件（发布事件），而事件接收者告诉事件源它们对哪些事件感兴趣（订阅事件），事件接收者还可在不想接收特定事件时退订事件。

.NET Framework 的事件基于托管。事件源为想要生成的每个事件（例如 Click 和 DoubleClick）声明托管。事件接收者定义合适的方法并将方法传给事件源，后者将方法添加到它的托管中。引发事件时，事件源在托管上调用 Invoke，进而在接收者中调用必要的方法。

4.4.7.6 实现事件源类

实际的事件处理机制在语法上进行了简化，所以不需要直接和托管打交道。而且这个机制和以前的 Microsoft Visual Basic 事件处理机制是兼容的。以下练习创建一个事件源类和多个事件接收者类。后者向事件源登记，确保在事件引发时能使用事件。

（1）新建 CLR 控制台应用程序 Event。

（2）事件源和接收者都使用托管，所以为事件源可能引发的每个事件都定义一个托管。

本例使用了两个事件，所以在 Event.cpp 中定义以下两个托管，放到 using namespace System;这一行之后：

```
//托管
delegate void FirstEventHandler (String^);
delegate void SecondEventHandler (String^);
```

托管定义了要由事件接收者实现的事件处理方法的签名。托管事件名称一般约定以 Handler 结尾，增加可读性。本例每个事件处理方法都传递一个字符串作为事件数据，但实际上可以传递很复杂的数据。

（3）添加事件源类：

```
//事件源类
ref class EvtSrc
{
public:
//声明事件
event FirstEventHandler ^OnFirstEvent;
event SecondEventHandler ^OnSecondEvent;
//用于引发事件的函数
void RaiseOne (String ^msg)
{
    OnFirstEvent (msg);
}
void RaiseTwo (String ^msg)
{
    OnSecondEvent (msg);
}
};
```

首先注意用 event 保留字声明两个事件。要引发的每个事件都要有对应的 event 声明。其类型是和事件关联的托管的句柄。所以，第一个事件对象的类型是 FirstEventHandler，它匹配 FirstEventHandler 托管。event 保留字造成编译器自动生成大量托管处理代码。然后就可以在 EvtSrc 类中使用事件对象引发事件，即像函数调用那样使用事件对象，传递恰当的参数就可以了。

4.4.7.7　实现事件接收者

现在已经有一个类能引发事件。接下来，我们需要一个类来侦听事件，并在事件发生时有所响应。

（1）沿用上个练习的项目，添加新类 EvtRcv：

```
//事件接收者类
ref class EvtRcv
{
    EvtSrc ^theSource;
public:
};
```

接收者必须知道它要使用的事件源才能订阅和退订，所以在类中添加一个 EvtSrc 成员。

（2）为类添加构造器，获取一个 EvtSrc 句柄并验证非空。如果指针有效，就把它存储到 EvtSrc 成员中：

```
EvtRcv (EvtSrc ^src)
{
    if (src == nullptr)
    throw gcnew ArgumentNullException ("Must have event source");
    //保存事件源
    theSource = src;
}
```

（3）在 EvtRcv 中定义要由 EvtSrc 调用的处理函数。之前讨论托管时说过，这些方法的签名一定要和用于定义事件的托管匹配：

```
//事件处理函数
void FirstEvent (String ^msg)
{
    Console: : WriteLine ("EvtRcv: event one, message was {0}", msg);
}
void SecondEvent (String ^msg)
{
    Console: : WriteLine ("EvtRcv: event two, message was {0}", msg);
}
```

FirstEvent 是 FirstEventHandler 托管的处理函数，SecondEvent 则是 SecondEventHandler 的处理函数。两个函数都只是打印传给它们的字符串。

（4）定义好处理函数之后，就可以向事件源登记。像下面这样编辑 EvtRcv 类的构造器：

```
EvtRcv (Evtsrc ^src)
{
    if (src == nullptr)
    throw gcnew ArgumentNullException ("Must have event source");
    //保存事件源
    theSource = src;
    //添加处理函数
    theSource->OnFirstEvent +=
    gcnew FirstEventHandler (this, &EvtRcv: : FirstEvent);
    theSource->OnSecondEvent +=
```

```
        gcnew SecondEventHandler (this, &EvtRcv: : SecondEvent);
   }
```

这里用操作符+=订阅事件。代码创建了两个新托管对象，它们会在当前对象上回调 FirstEvent 和 SecondEvent 处理函数。这和手动创建托管的语法一样，区别在于操作符+=，它将新建的托管与事件源的托管合并。

如之前的补充内容所述，+=调用编译器生成的 add_OnFirstEvent 方法，后者又调用 Delegate: : Combine。

虽然这里是在构造器中自动订阅所有事件，但也可以使用成员函数订阅单独的事件。

（5）匹配的操作符-=允许退订事件。在 EvtRcv 中添加以下成员函数来退订第一个事件：

```
//删除处理函数
void RemoveHandler ()
{        //删除第一个事件的处理函数
        theSource-> OnFirstEvent -=gcnew FirstEventHandler (this,
        EvtRcv: : FirstEvent);

}
```

用操作符-=退订的语法和用+=操作符订阅的语法完全一样。

（6）生成应用程序并验证没有错误。

4.4.8　数据库操作

ADO.NET 是 Microsoft 为.NET Framework 开发的数据访问 API。它为.NET 而优化，分布式应用程序和服务可以利用其来简单和可靠地交换数据。

ADO.NET 提供两个不同的编程模型，具体取决于要构建的应用程序的类型。

4.4.8.1　什么是 ADO.NET

ADO.NET 是 Microsoft 为分布式、基于互联网的应用程序提供的战略性数据访问 API。利用 ADO.NET 包含的接口和类，我们可以对大范围的数据库进行操作，包括 Microsoft SQL Server，Oracle，Sybase 及 Access 等。

4.4.8.2　数据提供程序

ADO.NET 使用"数据提供程序"（Data Provider）的概念来实现对不同类型的数据库的高效访问。每个数据提供程序都包含类来连接特定类型的数据库。.NET Framework 包含 6 个数据提供程序，如表 4-10 所示。

表 4-10　数据提供程序及说明

数据提供程序	说明
System.Data.SqlClient	提供类来优化对 SQL Server7 和更高版本的访问
System.Data.OleDb	提供类来访问 SQL Server 6.5 和更早的版本，还提供了对 Oracle、Sybase 和 Access 等数据库的访问

续表

数据提供程序	说明
System.Data.ODBC	提供类来访问"开放数据库连接"（Open Database Connectivity，ODBC）数据源
System.Data.OracleClient	提供类来访问 Oracle 数据库
System.Data.EntityClient	提供类来支持程序的实体框架
System.Data.SqlServerCe	提供类来支持 SQL Server Compact Edition

除此之外，还有大量第三方厂商开发了用于其他数据库产品的数据提供程序。支持的数据库包括 MySQL，IBM DB2，Informix，Sybase，SQLite，Firebird 和 PostgreSQL 等。

4.4.8.3 ADO.NET 命名空间

ADO.NET 的类划分为多个命名空间，如表 4-11 所示。

表 4-11 命名空间及说明

命名空间	说明
System：：Data	ADO.NET 的核心命名空间。该命名空间中的类定义了 ADO.NET 架构，提供了像 DataSet 这样适合任何数据源的、独立于提供程序的类
System：：Data：：Common	为数据提供程序定义了通用类和接口
System：：Data：：EntityClient	定义了用于实体框架数据提供程序的类
System：：Data：：Linq	定义了通过 LINQ 访问关系数据的类
System：：Data：：SqlClient	定义了用于 SQL Server 数据提供程序的类
System：：Data：：OleDb	定义了用于"对象链接和嵌入数据库"（OLE DB）数据提供程序的类
System：：Data：：OracleClient	定义了用于 Oracle 数据提供程序的类
System：：Data：：Odbc	定义了直接操作 ODBC 的类
System：：Data：：Services	定义了创建 Windows Communication Foundation（WCF）数据服务的类
System：：Data：：Spatial	定义了处理空间数据的类
System：：Data：：SqlTypes	定义了代表原生 SQL Server 数据类型的类

4.4.8.4 ADO.NET 程序集

许多 ADO.NET 类都在 System：：Data 程序集中，虽然有的较新的功能（比如 LINQ 和实体框架）有自己的程序集。使用这些程序集需要添加恰当的 using 语句，如下例所示：

#include <iostream>//定义了标准输入/输出流对象

#using <System.Data.dll> //该程序集包含 ADO.NET 类

#using <System.Data.Entity.dll>//该程序集包含 Entity Framework 提供程序的类

导入需要的程序集后，就可添加 using 指令来使用命名空间，如下例所示：

using system：：Data：：SqlClient；

4.4.8.5 创建连接式应用程序

接着创建一个 C++/CLI 应用程序来连接 Access 数据库。将在应用程序配置文件中设置数据库连接和提供程序的详细信息，然后用 DbConnection 对象建立连接。

连接好之后，将创建 DbCommand 对象来代表 SQL 语句，然后执行以下任务：

使用 DbCommand 的 ExecuteScalar 方法执行返回单个值的语句。

使用 DbCommand 的 ExecuteNonQuery 方法执行更新数据库的语句。

使用 ExecuteReader 方法执行查询数据库的语句。方法返回一个 DbDataReader 对象，用于对结果集中的行进行快速的、只有正向的访问。将用这个 DbDataReader 对象处理结果集。

4.4.8.6　连接数据库

本小节要创建一个应用程序来执行前面描述的所有操作。

（1）新建 CLR 控制台应用程序 ConnectedApplication。

（2）添加#include <iostream>;：

```
#include <iostream>//定义了标准输入/输出流对象
```

（3）在 using namespace system; 语句后添加以下语句：

```
//常规 ADO.NET 定义
using namespace System: : Data;
//和提供程序无关的类
using namespace System: : Data: : Common;
```

（4）为项目添加应用程序配置文件。在解决方案资源管理器中右击项目名称，选择"添加"→"新建项"。在"添加新项"对话框左侧选择"实用工具"，选择"配置文件（app.config）"。然后单击"添加"按钮。

（5）编辑 app.config 文件来添加配置字符串：

```
<?xml version="1.0" encoding="utf-8"?>
<configuration>
<connectionStrings>
<clear/ >
<add name="Blog"
connectionString=
"Provider=Microsoft.Jet.OLEDB.4.0; Data Source=C: \path\to\blog.mdb"
providerName="System.Data.OleDb"/>
</connectionStrings>
</configuration>
```

注意，请将路径改成 blog.mdb 数据库文件的存储位置。

connectionStrings 区域容纳连接字符串信息。clear 元素清除从计算机配置设置继承的任何集合。本例只定义了一个名为 Blog 的连接字符串，它使用 System.Data.OleDb 数据提供程序连接 Access 数据库。

（6）使用配置文件要求添加对 System.Configuration.dll 的引用。按照之前补充内容"引用外部程序集"的指示操作。

（7）添加以下 using 指令：

```
using namespace System: : Configuration;
```

（8）在 main 函数开头从.config 文件获取连接字符串：

```
ConnectionStringSettings ^settings
= ConfigurationManager: : ConnectionStrings["Blog"];
if (settings==nullptr)
{
    Console: : WriteLine ("Couldn't get settings");
    return -1;
}
Console: : Writeline ("Have settings");
```

ConfigurationManager 类的作用是与配置文件中储存的设置进行交互，所以它维护了一个 ConnectionStringSettings 对象集合，可用索引器访问这些对象。如果索引器调用返回 null，表明.config 文件中没有指定名称的条目。

（9）获取 ConnectionStringSettings 对象后，可以用它的 ProviderName 属性获取一个 DbProviderFactory：

```
//获取这种提供程序的工厂对象
DbProviderFactory ^fac = DbProviderFactories: : GetFactory (settings->ProviderName);
```

DbProviderFactory 是创建我们需要的其他各种对象（连接与命令等）的工厂。无论底层的实际提供程序是什么，DbProviderFactory 的使用方式都一样。

（10）获得工厂后，就用它创建连接并打开：

```
DbConnection ^conn = nullptr;
try
{
    //创建连接并设置它的连接字符串
    conn = fac->CreateConnection ();
    conn->ConnectionString = settings->ConnectionString;
    conn->Open ();
    Console: : WriteLine ("Connection opened");
}
catch (Exception ^ex)
{
    Console: : WriteLine (ex->Message);
}
finally
{
    if (conn != nullptr) conn->Close ();
    Console: : WriteLine ("Connection closed");
}
```

几乎所有数据库操作都可能造成异常，所以访问数据库的代码必须放到 try 块中。连接要在使用前打开，在使用完毕后关闭以释放资源。最好的办法是使用 finally 块，它保证无论是否发生异常都关闭连接。

（11）生成应用程序并改正任何编译错误。

（12）运行应用程序。

4.4.8.7　创建和执行命令

本小节要创建代表以下 SQL 语句的 DbCommand 对象：

SELECT COUNT（*）FROM Entries

语句返回一个整数来指出 Entries 表的行数。要在对象上执行 ExecuteScalar 方法来执行该语句。

（1）沿用上个练习的项目。

（2）在 main 函数中将以下代码添加到 try 块中，放到打开数据库连接的语句之后。

```
//统计文章数
DbCommand ^cmd = fac->CreateCommand ();
cmd->CommandText = "SELECT COUNT (*)FROM Entries";
cmd->CommandType = CommandType: : Text;
cmd->Connection = conn;
```

代码创建并配置封装了 SQL 语句的一个 DbCommand 对象。CommandText 属性定义要执行的 SQL，CommandType 指出这是 SQL 命令而不是存储过程。Connection 属性指定执行命令时要使用的数据库连接。

（3）添加以下代码来执行 SQL 语句并在控制台上显示结果：

```
//打印结果
int numberOfEntries = (int)cmd->ExecuteScalar ();
Console: : WriteLine ("Number of entries: {0}", numberOfEntries);
```

（4）生成应用程序并改正任何编译错误。

（5）运行应用程序。

4.4.8.8　执行数据修改命令

本小节使用以下 SQL 语句在数据库中添加一篇新文章：

INSERT INTO [Entries]（[Date]，[Text]，[Author]）

VALUES（'Dec 02，2012'，'Some text'，'Julian'）

要用 ExecuteNonQuery 方法执行该语句。方法返回一个整数来指出多少行受到该语句影响。由于只插入单行，所以值应该是 1。

（1）沿用上小节的例子。

（2）在上小节写的语句后添加以下语句：

```
//插入文章
Cmd->CommandText =
"INSERT INTO [Entries] ([Date], [Text], [Author])"
"VALUES ('Dec 02, 2012', 'A blog entry', 'Julian')";
```

代码重用了上个练习的 DbCommand 对象，但指定了不同的 SQL 语句。

（3）添加以下代码执行 SQL 语句并在控制台上显示结果：

```
int rowsAffected = cmd->ExecuteNonQuery ();
Console: : WriteLine ("Added {0} rows", rowsAffected);
```

（4）生成应用程序并改错。

（5）运行应用程序。

4.4.8.9　执行查询并解析结果

本小节是使用以下 SQL 语句从数据库获取信息。

SELECT* FROM Entries

这里将用 ExecuteReader 方法执行该语句，它返回一个 DbDataReader 对象。这是一个快速的、只正向的 reader，作用是依次读取结果集的每一行。

（1）沿用上个小节的例子。

（2）在上小节写的语句后添加以下语句：

```
//查询数据库

cmd->CommandText = "SELECT * FROM Entries";
```

代码重用了上小节的 DbCommand 对象，但指定了不同的 SQL 语句。

(3)添加以下代码执行 SQL 语句并返回一个 DbDataReader 对象：

```
DbDataReader ^reader = cmd->ExecuteReader ();
```

（4）添加以下代码遍历结果集，每次读取一行。每一行都打印它的 4 列。只有第 1 列（记录 ID）是整数，其他 3 列（日期、文本和作者）都是字符串：

```
Console: : Writeline ("\n-------------------------------------------------");
while (reader->Read ())
{
    Console: : WriteLine ("{0}: {1} by {2}", reader->GetInt32 (0),
    reader->GetString (1), reader->GetString (3));
    Console: : WriteLine (" {0}", reader->Getstring (2));
}
Console: : WriteLine ("-------------------------------------------------")
```

Read 方法每次读取结果集的一行。注意，这里使用了强类型方法 Getstring 和 GetInt32。

（5）循环结束后关闭 reader：

```
Reader->Close();
```

（6）运行应用程序。

4.4.8.10　创建断开式应用程序

本章剩余部分将重点放在断开式应用程序上。这种应用程序到数据源的连接不是永久性的。如果仅在需要访问数据库时才建立连接，应用程序的伸缩性将得到极大改善。也只有这样，网站才能通过数量有限的连接支持众多用户。

ADO.NET 的 DataSet 类代表的就是一个断开式的本地数据存储。DataTable 来容纳多个 SQL 查询结果。

DataSet 是 DataTable 对象及其相互关系的内存集合。可在一个 DataSet 中创建许多 DataTable 来容纳多个 SQL 查询结果。

每个 DataTable 都有一个 DataRow 和 DataColumn 集合。每个 DataColumn 都包含关于一列

的元数据，包括它的名称、数据类型和默认值等。DataRow 对象实际地包含了 DataSet 的数据。

我们可以从头创建 DataSet、DataTable，使用 DataColumn 设置架构，再添加所有 DataRow。但 DataSet 更常见的是随同数据库使用。

这里的关键在于数据适配器，它位于数据库和 DataSet 之间。它知道怎样从数据库获取数据以及怎样向数据库插入和更新数据。所有提供程序都有自己的数据适配器类，但正如你期望的那样，平时只需和独立于提供程序的 DbDataAdapter 类型打交道。

每个数据适配器都操作 DataSet 中的一个 DataTable。在数据适配器上调用 Fill 方法将来自数据库的数据填充到 DataSet 中。调用 Update 方法则将 DataSet 中的更改保存回数据库。

数据适配器内部有 4 个命令对象，分别对应选择、删除、插入和更新操作，每一个都封装了一个 SQL 命令。表 4-12 描述了这些命令对象。

表 4-12　数据适配器及对象

数据适配器中的命令对象	说明
SelectCommand	包含 SQL SELECT 语句获取数据库的信息并存储到 DataSet 表中
InsertCommand	包含 SQL INSERT 语句将 DataSet 表中的新行插入数据库
UpdateCommand	包含 SQL UPDATE 语句修改数据库现有的行
DeleteCommand	包含 SQL DELETE 语句从数据库删除行

4.4.8.11　使用 DataSet 执行断开式操作

本小节展示如何创建 DataSet，用一个 DataAdapter 填充它，然后从 DataSet 的表中提取数据。配置和创建连接的方式和前面完全一样，所以许多代码都可以重用。

（1）创建 CLR 控制台应用程序 DataSetApp。

（2）引入 iostream 库并为准备使用的程序集添加 using 指令来使用命名空间：

```
#include <iostream>//定义了标准输入/输出流对象
```

（3）利用项目属性对话框，添加对 System∷Configuration 程序集的外部引用。

（4）为准备使用的程序集添加 using 指令来使用命名空间：

```
// ADO.NET 命名空间
using namespace System: : Data;
using namespace System: : Data: : Common;
//用于读取配置数据
using namespace system: : Configuration;
//用于打印 DataSet 的内容
using namespace System: : IO;
```

（5）为项目添加应用程序配置文件。在解决方案资源管理器中右击项目名称，选择"添加"→"新建项"。在"添加新项"对话框左侧选择"实用工具"，选择"配置文件（app.config）"。然后单击"添加"按钮。

（6）记住为后期生成事件添加命令行，将 app.config 重命名为和可执行程序一样的名称。

（7）复制上个练习的 app.config 文件的内容：

```
<?xml version="1.0" encoding="utf-8"?>
<configuration>
```

```
<connectionStrings>
<clear/ >
<add name="Blog"
connectionString=
"Provider=Microsoft.Jet.OLEDB.4.0; Data Source=C: \path\to\blog.mdb"
providerName="System.Data.OleDb"/>
</connectionStrings>
</configuration>
```

注意将路径改成用户 blog.mdb 数据库文件位置。

（8）复制读取连接字符串设置和创建 DbProviderFactory 的代码。下面重复了代码，它们和第 4.4.9.6 节相同：

```
//获取连接设置
ConnectionStringSettings ^settings
= ConfigurationManager: : ConnectionStrings["Blog"];
if (settings==nullptr)
{
    Console: : WriteLine ("Couldn't get settings");
    return −1;
}
Console: : Writeline (" Connection settings OK ");
//获取这种提供程序的工厂对象
DbProviderFactory ^fac = DbProviderFactories: : GetFactory (settings->ProviderName);
```

（9）添加 try 块并在其中创建连接，添加 catch 块来处理错误，最后添加 finally 块关闭连接。下面同样重复了代码，你可以从第 4.4.9.6 节的练习复制：

```
DbConnection ^conn = nullptr;
try
{
    //创建连接并设置它的连接字符串
    conn = fac->CreateConnection ();
    conn->ConnectionString = settings->ConnectionString;
    conn->Open ();
    Console: : WriteLine ("Connection opened");
}
catch (Exception ^ex)
{
    Console: : Writeline (ex->Message);
        }
        finally
        {
        if (conn != nullptr)
```

```
    {
        conn->Close ();
        Console: : WriteLine ("Connection closed");
    }
}
```

（10）设置好后就可以开始获取数据了。首先要求工厂创建一个 DataAdapter：

//创建 DataAdapter 并设置它的选择命令

DbDataAdapter ^adapter = fac->CreateDataAdapter ();

（11）DataAdapter 可以关联 4 个命令，但由于只是获取数据，所以只需设置选择命令。像以上代码那样创建 DbCommand 对象，把它赋给适配器的 SelectCommand 属性：

DbCommand ^cmd = fac->CreateCommand ();

cmd->CommandText = "SELECT * FROM Entries";

cmd->CommandType = CommandType: : Text;

cmd->Connection = conn;

adapter->SelectCommand = cmd;

（12）现在可以创建 DataSet 并要求适配器填充它：

DataSet ^dataset = gcnew DataSet ("Blog");

adapter->Fill (dataset, "Entries");

第一行创建名为"Blog"（博客）的空白 DataSet。在适配器上调用 Fill 造成适配器执行 SelectCommand，创建名为"Entries"的 DataTable，用查询结果填充它，然后把它添加到 DataSet 的 DataTable 集合中。

可以不为 DataSet 和 DataTable 指定名称，但稍后就会看到，从 DataSet 数据生成 XML 文档时，这些名称非常有用。

（13）现在有了一个 DataSet，接着看看它包含什么。WriteXml 函数将 DataSet 的内容以 XML 格式写入任意流。XmlTextWriter 类提供了一个很合适的流，它以正确的格式将输出写入文件：

XmlTextWriter^xwriter = gcnew XmlTextWriter ("c: \\SbS\\ldataset.xm1", nullptr);

xwriter->Formatting = Formatting::Indented;

这两行创建 XmlTextWriter 并确保它以缩进形式写入 XML。编辑路径将 XML 文件放到你觉得合适的位置。记得添加 using namespace 语句来使用命名空间 System: : Xml，或者使用全名 System: : Xml: : XmlTextWriter。

（14）使用表的 WriteXml 方法将数据输出到文件：

DataTable ^table = dataset->Tables[0];

table->WriteXml (xwriter, XmlWriteMode: : IgnoreSchema);

xwriter->Close ();

声明 DataTable 句柄使后续的代码变得更简单，它还表明适配器创建的表是 DataSet 的 Tables 集合中的第一个表。由于适配器创建表时为表指定了名称，所以还可指定名称而不是索引。本程序中 WriteXml 的第二个参数指出用户只需要数据，不需要架构。

（15）生成并运行应用程序，然后在文本编辑器中打开 XML 文件。前几行如下所示：

<Blog>

    <Entries>

```
<ID>2</ID>
<Date>Jul 01, 2009</Date>
<Text>A first entry</Text>
<Author>Julian</Author>
</Entries>
<Entries>
<ID>3</ID>
<Date>Jun 27, 2009</Date>
<Text>Second entry</Text>
<Author>Julian</Author>
</Entries>
…
```

根元素和 DataSet 同名，每一行都根据表来命名。如果没有为 DataSet 和 DataTable 指定名称，那么根元素将使用默认名称"NewDataSet"，每一行都叫作"Table"。

（16）修改 WriteXml 语句，在生成的数据中包含架构：

```
table->WriteXml (xwriter, XmlWriteMode: : Writeschema);
```

再次生成并运行应用程序，应该看到输出文件包含了对数据进行描述的架构：

```
<Blog>
<xs: schema id="Blog" xmlns="" xmlns: xs="http: //www.w3.org/2001/XMLSchema"
xmlns: msdata="urn: schemas-microsoft-com: xml-msdata">
<xs: element name="Blog" msdata: IsDataSet="true"
msdata: MainDataTable="Entries" msdata: UseCurrentLocale="true">
<xs: complexType>
<xs: choice minOccurs="0" maxOccurs="unbounded">
<xs: element name="Entries">
<xs: complexType>
<xs: sequence>
<xs: element name="ID" type="xs: int" minOccurs="0" />
<xs: element name="Date" type="xs: string" minOccurs="0"/>
<xs: element name="Text" type="xs: string" minOccurs="0" />
<xs: element name="Author" type="xs: string" minOccurs="0" />
</xs：sequence>
</xs：complexType>
</xs：element>
</xs：choice>
</xs：complexType>
</xs：element>
</xs：schema>
<Entries>
<ID>2</ID>
```

```
<Date>Jul 01，2009</Date>
<Text>A first entry</Text>
<Author>Julian</Author>
</Entries>
...
```

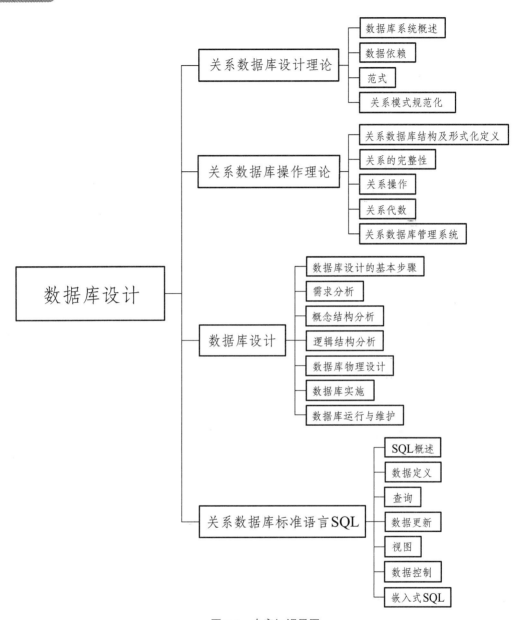

图 5-1　本章知识导图

5.1 关系数据库设计理论

5.1.1 数据库系统概述

5.1.1.1 数据库的四个基本概念

1. 数据（Data）

描述事务的符号记录，称之为数据。

数据并不仅仅是我们日常使用的数字，它还包括图像、文件、视频、音频等一系列的由符号记录组成的内容。而且它的本身也和数据语义分不开。比如，数据库中有一个数字 43，你需要给出它一个明确的语义，才能把其称为数据。

2. 数据库（Data Base）

数据库，顾名思义，是用来存储数据的仓库，而且是长期的、有组织的、可共享的大量数据的集合。

数据库中的数据是按一定的数据模型组织、描述和存储的，具有较小的冗余度（抗干扰能力强）、较高的数据独立性和易扩展性，并可为各种用户共享。

数据库的三个基本特点：永久存储、有组织、可共享。

3. 数据库管理系统（Data Base Management System）

从上面我们已经了解到了数据和数据库，下面就来看一看如何有效地组织和存储数据，以及高效地获取和维护数据。这个任务就交给了数据库管理系统。

数据库管理系统就是介于操作系统和用户之间的一层数据管理软件，它能够为用户更加方便地组织、管理数据奠定基础。

它主要有 4 个功能：

1）定义数据

数据库管理系统提供了数据定义语言（Data Definition Language，DDL），用户通过它可以方便地对数据库中的数据对象的组合和结构进行定义。

2）数据组织、存储和管理功能

数据库管理系统要分类、组织、存储和管理各种数据，包括数据字典、用户数据、数据的存取路径，同时提供多种存取方式，如 Hash 查找、索引查找、顺序查找等来保证存取效率。

3）数据操纵功能

数据操纵即对数据的增、删、改、查。它提供了数据操纵语言（Data Manipulation Language，DML），我们可以通过使用它来操纵数据。

数据库的事务管理和运行管理。数据库在建立、运行、维护的整个生命周期中都是由数据库管理系统来统一管理和控制的，用以保证事务的正确运行，保证数据的独立性、完整性、安全性和多个用户对数据的并发使用及发生故障后的系统恢复。

4）数据库的建立和维护功能

数据库的建立和维护功能包括数据库初始数据的输入、转换功能，数据库的转储和恢复功能，数据库管理系统对数据库进行的性能监视、分析功能。这些功能通常由一些实用程序或管理工具完成。

其他功能：诸如数据库管理系统通过网络和其他软件系统的通信功能，一个数据库管理系统和另一个数据库管理系统或文件系统的数据转换功能，异构数据库之间的互访和互操功能，还有就是数据库的故障恢复功能，以及通过网络能和其他系统通信的功能，最后还有能够和其他类型的文件系统进行数据的转入中的数据格式问题处理的功能。

总体来说，数据库管理系统首先需要去定义数据的类型，它是最基本的功能。其次是它能够组织、管理、维护数据。然后是为用户提供基本的增、删、改、查功能，即所谓的数据操纵功能，然后还需要提供一些事务管理，以及数据库运行的管理功能。

4. 数据库系统

数据库系统是由数据、数据库、数据库管理系统、应用程序、数据库管理员（Database Administrator，DBA）组成的存储、管理、处理和维护数据的系统。

5.1.1.2　数据管理技术的产生和发展

随着计算机技术的发展，特别是在计算机软件、硬件与网络技术发展的前提下，人们的数据处理要求不断提高，在此情况下，数据管理技术也不断改进。数据库技术是计算机科学技术中发展最快的技术之一，也是应用最广的技术之一，它成为计算机信息系统与应用系统的核心技术和重要基础。

数据管理的水平是和计算机硬件、软件的发展相适应的，随着计算机技术的发展，人们的数据管理技术经历了三个阶段的发展：人工管理阶段；文件系统阶段；数据库系统阶段。

1. 人工管理阶段

20 世纪 50 年代中期以前，计算机主要用于科学计算。硬件方面，计算机的外存只有磁带、卡片、纸带，没有磁盘等直接存取的存储设备，存储量非常小；软件方面，没有操作系统，没有高级语言，数据处理的方式是批处理，也即机器一次处理一批数据，直到运算完成为止，然后才能进行另外一批数据的处理，中间不能被打断，原因是此时的外存（如磁带、卡片等）只能顺序输入。

人工管理阶段的数据具有以下的几个特点：

（1）数据不保存。由于当时计算机主要用于科学计算，数据保存上并不做特别要求，只是在计算某一个课题时将数据输入，用完就退出，对数据不保存，有时对系统软件也是这样。

（2）数据不具有独立。数据是作为输入程序的组成部分，即程序和数据是一个不可分割的整体，数据和程序同时提供给计算机运算使用。对数据进行管理，就像现在的操作系统可以以目录、文件的形式管理数据。程序员不仅要知道数据的逻辑结构，也要规定数据的物理结构，程序员对存储结构、存取方法及输入输出的格式有绝对的控制权，要修改数据必须修改程序。要对 100 组数据进行同样的运算，就要给计算机输入 100 个独立的程序，因为数据无法独立存在。

（3）数据不能共享。数据是面向应用的，一组数据对应一个程序。不同应用的数据之间是相互独立、彼此无关的，即使两个不同应用涉及相同的数据，也必须各自定义，无法相互利用，互相参照。数据不但高度冗余，而且不能共享。

（4）由应用程序管理数据：数据没有专门的软件进行管理，需要应用程序自己进行管理，应用程序中要规定数据的逻辑结构和设计物理结构（包括存储结构、存取方法、输入\输出方式等），因此程序员负担很重。

综上所述，所以有人也称这一数据管理阶段为无管理阶段。

2. 文件系统阶段

20 世纪 50 年代后期到 60 年代中期，数据管理发展到文件系统阶段。此时的计算机不仅用于科学计算，还大量用于管理。外存储器有了磁盘等直接存取的存储设备。在软件方面，操作系统中已有了专门的管理数据软件，称为文件系统。从处理方式上讲，不仅有了文件批处理，而且能够联机实时处理。联机实时处理是指在需要的时候随时从存储设备中查询、修改或更新，因为操作系统的文件管理功能提供了这种可能。这一时期的特点是：

（1）数据长期保留。数据可以长期保留在外存上反复处理，即可以经常有查询、修改和删除等操作，所以计算机大量用于数据处理。

（2）数据的独立性。由于有了操作系统，利用文件系统进行专门的数据管理，使得程序员可以集中精力在算法设计上，而不必过多地考虑细节。比如要保存数据时，只需给出保存指令，而不必所有的程序员都还要精心设计一套程序，控制计算机物理地实现保存数据。在读取数据时，只要给出文件名，而不必知道文件的具体的存放地址。文件的逻辑结构和物理存储结构由系统进行转换，程序与数据有了一定的独立性。数据的改变不一定要引起程序的改变。保存的文件中有 100 条记录，使用某一个查询程序，当文件中有 1000 条记录时，仍然使用保留的这一个查询程序。

（3）可以实时处理：由于有了直接存取设备，也有了索引文件、链接存取文件、直接存取文件等，所以既可以采用顺序批处理，也可以采用实时处理方式。数据的存取以记录为基本单位。

上述各点都比第一阶段有了很大的改进。但这种方法仍有很多缺点，主要是：

（1）数据共享性差，冗余度大。当不同的应用程序所需的数据有部分相同时，仍需建立各自的独立数据文件，而不能共享相同的数据。因此，数据冗余大，空间浪费严重。并且相同的数据重复存放，各自管理，相同部分的数据需要修改时比较麻烦，稍有不慎，就造成数据的不一致。比如，学籍管理需要建立包括学生的姓名、班级、学号等数据的文件。这种逻辑结构和学生成绩管理所需的数据结构是不同的。在学生成绩管理系统中，进行学生成绩排列和统计，程序需要建立自己的文件，除了特有的语文成绩、数学成绩、平均成绩等数据外，还要有姓名、班级等与学籍管理系统的数据文件相同的数据，数据冗余是显而易见的。此外，当有学生转学离开或转来时，两个文件都要修改，否则就会出现有某个学生的成绩，却没有该学生的学籍的情况，反之亦然。如果系统庞大，则会牵一发而动全身，一个微小的变动引起一连串的变动，利用计算机管理的规模越大，问题就越多。常常发生实际情况是这样，而从计算机中得到的信息却是另一回事儿。

（2）数据和程序缺乏足够的独立性：文件中的数据是面向特定的应用的，文件之间是孤立的，不能反映现实世界事物之间的内在联系。在上面的学籍文件与成绩文件之间没有任何的联系，计算机无法知道两个文件中的哪两条记录是针对同一个人的。要对系统进行功能的改变是很困难的。如在上面的例子中，要将学籍管理和成绩管理从两个应用合并到一个应用中，则需要修改原来的某一个数据文件的结构，增加新的字段，还需要修改程序，后果就是浪费时间和进行重复工作。此外，应用程序所用的高级语言的改变，也将影响到文件的数据结构。比如 BASIC 语言生成的文件，COBOL 语言就无法像如同是自己的语言生成的文件一样顺利地使用。总之数据和程序之间缺乏足够的独立性是文件系统的一个大问题。

文件管理系统在数据量相当庞大的情况下，已经不能满足需要。美国在 20 世纪 60 年代进行阿波罗计划的研究。阿波罗飞船由约 200 万个零部件组成，分散在世界各地制造。为了掌握计划进度及协调工程进展，阿波罗计划的主要合约者罗克威尔（Rockwell）公司曾研制了一个计算机零件管理系统。系统共用了 18 盘磁带，其中 60%是冗余数据，虽然可以工作，但效率极低，维护困难。这个系统一度严重阻碍了阿波罗计划的实现。应用的需要推动了技术的发展。文件管理系统面对大量数据时的困境促使人们去研究新的数据管理技术，数据库技术便应运而生了。例如，最早的数据库管理系统之一 IMS 就是上述的罗克威尔公司在实现阿波罗计划中与 IBM 公司合作开发的，从而保证了阿波罗飞船 1969 年顺利登月。

3. 数据库系统阶段

从 20 世纪 60 年代后期开始，数据管理进入数据库系统阶段。这一时期计算机管理的规模日益庞大，应用越来越广泛，数据量急剧增长，数据要求共享的呼声越来越强。这种共享的含义是多种应用、多种语言互相覆盖地共享数据集合。此时的计算机有了大容量磁盘，计算能力也非常强。硬件价格下降，编制软件和维护软件的费用相对在增加。联机实时处理的要求更多，并开始提出和考虑并行处理。

现实世界是复杂的，反映现实世界的各类数据之间必然存在错综复杂的联系。为反映这种复杂的数据结构，让数据资源能为多种应用需要服务，并为多个用户所共享，同时为了让用户能更方便地使用这些数据资源，在计算机科学中，逐渐形成了数据库技术这一独立分支。计算机中的数据及数据的管理统一由数据库系统来完成。

数据库系统的目标是解决数据冗余问题，实现数据独立性，实现数据共享并解决由于数据共享而带来的数据完整性、安全性及并发控制等一系列问题。为实现这一目标，数据库的运行必须有一个软件系统来控制，这个系统软件称为数据库管理系统（Database Management System，DBMS）。数据库管理系统将程序员进一步解脱出来，就像当初操作系统将程序员从直接控制物理读写中解脱出来一样。程序员此时不需要再考虑数据中的数据是不是因为改动会造成不一致，也不用担心由于应用功能的扩充而导致数据结构重新变动。在这一阶段，数据管理具有以下优点：

（1）数据结构化。数据结构化是数据库系统与文件系统的根本区别。在数据库系统中，相互独立的数据文件内部是有结构的，数据文件的最简单形式是等长同格式的记录集合，这样就可以节省许多储存空间。

数据的结构化是数据库主要特征之一，至于这种结构化是如何实现的，则与数据库系统采用的数据模型有关，后面会有较详细的描述。

（2）数据共享性高，冗余度小，易扩充。数据库从整体的观点来看待和描述数据，数据不再是面向某一应用，而是面向整个系统，这样就减小了数据的冗余，节约存储空间，缩短存取时间，避免数据之间的不相容和不一致。对数据库的应用可以很灵活，面向不同的应用可以存取相应的数据库的子集。当应用的需求改变或增加时，只要重新选择数据子集或者加上一部分数据，便可以满足更多更新的要求，也就是保证了系统的易扩充性。

（3）数据独立性高。数据库提供数据的存储结构与逻辑结构之间的映像或转换功能，使得当数据的物理存储结构改变时，数据的逻辑结构可以不变，从而程序也不用改变。这就是数据与程序的物理独立性。也就是说，程序面向逻辑数据结构，不去考虑物理的数据存放形式。数据库可以保证数据的物理改变不引起逻辑结构的改变。

数据库还提供了数据的总体逻辑结构与某类应用所涉及的局部逻辑结构之间的映像或转换

功能。当总体的逻辑结构改变时，局部逻辑结构可以通过这种映像的转换保持不变，从而程序也不用改变。这就是数据与程序的逻辑独立性。举例来讲，在进行学生成绩管理时，姓名等数据来自数据的学籍部分，成绩来自数据的成绩部分，经过映像组成局部的学生成绩，由数据库维持这种映像。当总体的逻辑结构改变时，比如学籍和成绩数据的结构发生了变化，数据库为这种改变建立一种新的映像，就可以保证局部数据——学生数据——的逻辑结构不变，程序是面向这个局部数据的，所以程序就无须改变。

（4）统一的数据管理和控制功能，包括数据的安全性控制、数据的完整性控制及并发控制、数据库恢复。

数据库是多用户共享的数据资源，对数据库的使用经常是并发的。为保证数据的安全可靠和正确有效，数据库管理系统必须提供一定的功能来保证。

数据库的安全性是指防止非法用户非法使用数据库而提供的保护。比如，不是学校的成员不允许使用学生管理系统，学生允许读取成绩但不允许修改成绩等。

数据的完整性是指数据的正确性和兼容性。数据库管理系统必须保证数据库的数据满足规定的约束条件，常见的有对数据值的约束条件。比如在建立学生管理系统数据库时，数据库管理系统必须保证输入的成绩值大于 0，否则，系统发出警告。

数据的并发控制是多用户共享数据库必须解决的问题。并发控制指的是当多个用户同时更新运行时，用于保护数据库完整性的各种技术。并发机制不正确可能导致脏读、幻读和不可重复读等此类问题。并发控制的目的是保证一个用户的工作不会对另一个用户的工作产生不合理的影响。在某些情况下，这些措施保证了当用户和其他用户一起操作时，所得的结果和它单独操作时的结果是一样的。在另一些情况下，这表示用户的工作按预定的方式受其他用户的影响。要说明并发操作对数据的影响，必须首先明确，数据库是保存在外存中的数据资源，而用户对数据库的操作是先读入内存操作，修改数据时，是在内存上修改读入的数据复本，然后再将这个复本写回到储存的数据库中，实现物理的改变。

由于数据库的这些特点，它的出现使信息系统的研制从围绕以加工数据的程序为中心转变到围绕共享的数据库来进行，这样便于数据的集中管理，也提高了程序设计和维护的效率。提高了数据的利用率和可靠性。当今的大型信息管理系统均是以数据库为核心的。数据库系统是计算机应用中的一个重要阵地。

5.1.1.3　数据库系统的特点

数据库系统（Data Base System，DBS）通常由软件、数据库和数据管理员组成。其软件主要包括操作系统、各种宿主语言、实用程序以及数据库管理系统。数据库由数据库管理系统统一管理，数据的插入、修改和检索均要通过数据库管理系统进行。数据管理员负责创建、监控和维护整个数据库，使数据能被任何有权使用的人有效使用。数据库管理员一般是由业务水平较高、资历较深的人员担任。

数据库系统的个体含义是指一个具体的数据库管理系统软件和用它建立起来的数据库；它的学科含义是指研究、开发、建立、维护和应用数据库系统所涉及的理论、方法、技术所构成的学科。在这一含义下，数据库系统是软件研究领域的一个重要分支，常称为数据库领域。

数据库系统是为适应数据处理的需要而发展起来的一种较为理想的数据处理的核心机构。计算机的高速处理能力和大容量存储器提供了实现数据管理自动化的条件。

数据的结构化，数据的共享性好，数据的独立性好，数据存储粒度小，数据管理系统，等等，为用户提供了友好的接口。

数据库系统的基础是数据模型，现有的数据库系统均是基于某种数据模型的。

数据库系统的核心是数据库管理系统。

数据库研究跨越了计算机应用、系统软件和理论三个领域，其中应用促进新系统的研制开发，新系统带来新的理论研究，而理论研究又对前两个领域起着指导作用。数据库系统的出现是计算机应用的一个里程碑，它使得计算机应用从以科学计算为主转向以数据处理为主，从而使计算机得以在各行各业乃至家庭中被普遍使用。在它之前的文件系统虽然也能处理持久数据，但是文件系统不提供对任意部分数据的快速访问，而这对数据量不断增大的应用来说是至关重要的。为了实现对任意部分数据的快速访问，就要研究许多优化技术。这些优化技术往往很复杂，是普通用户难以实现的，所以就由系统软件（数据库管理系统）来完成，而提供给用户的是简单易用的数据库语言。由于对数据库的操作都由数据库管理系统完成，所以数据库就可以独立于具体的应用程序而存在，从而数据库又可以为多个用户所共享。因此，数据的独立性和共享性是数据库系统的重要特征。数据共享节省了大量人力物力，为数据库系统的广泛应用奠定了基础。数据库系统的出现使得普通用户能够方便地将日常数据存入计算机并在需要的时候快速访问它们。

数据库系统有大小之分，大型数据库系统有 SQL Server、Oracle、DB2 等，中小型数据库系统有 Foxpro、Access 等。

5.1.1.4 数据库系统的构成

数据库系统一般由 4 个部分组成：

（1）数据库（Database，DB）：是指长期存储在计算机内的、有组织、可共享的数据的集合。数据库中的数据按一定的数学模型组织、描述和存储，具有较小的冗余，较高的数据独立性和易扩展性，并可为各种用户共享。

（2）硬件：构成计算机系统的各种物理设备，包括存储所需的外部设备。硬件的配置应满足整个数据库系统的需要。

（3）软件：包括操作系统、数据库管理系统及应用程序。数据库管理系统是数据库系统的核心软件，是在操作系统的支持下工作，解决如何科学地组织和存储数据，如何高效获取和维护数据的系统软件。其主要功能包括：数据定义功能、数据操纵功能、数据库的运行管理和数据库的建立与维护。

（4）人员。人员主要有 4 类：第一类为系统分析员和数据库设计人员。系统分析员负责应用系统的需求分析和规范说明，他们和用户及数据库管理员一起确定系统的硬件配置，并参与数据库系统的概要设计。数据库设计人员负责数据库中数据的确定、数据库各级模式的设计。第二类为应用程序员，负责编写使用数据库的应用程序。这些应用程序可对数据进行检索、建立、删除或修改。第三类为最终用户，他们利用系统的接口或查询语言访问数据库。第四类用户是数据库管理员负责数据库的总体信息控制。DBA 的具体职责包括：定义数据库中的信息内容和结构，决定数据库的存储结构和存取策略，定义数据库的安全性要求和完整性约束条件，监控数据库的使用和运行，负责数据库的性能改进、重组和重构，以提高系统的性能。

5.1.1.5 关系数据库概述和结构

关系数据库应用数学方法来处理数据库中的数据。最早将这类方法用于数据处理的是 1962 年 CODASYL（数据系统语言会议）发表的"信息代数"，之后有 1968 年 David Child 在 IBM7090 机上实现的集合论数据结构，但系统、严格地提出关系模型的是美国 IBM 公司的 E.F.Codd。

1970 年，E.F.Codd 在美国计算机学会会刊 Communications of the ACM 上发表了题为 A Relational Model of Data for Shared Data Banks 的论文，开创了数据库系统的新纪元。1983 年，ACM（国际计算机学会）把这篇论文列为从 1958 年以来的四分之一世纪中具有里程碑意义的 25 篇研究论文之一。此后，E.F.Codd 连续发表了多篇论文，奠定了关系数据库的理论基础。

20 世纪 70 年代末，关系方法的理论研究和软件系统的研制均取得了丰硕的成果，IBM 公司的 San Jose 实验室在 IBM370 系列机上研制的关系数据库实验系统 System R 历时 6 年获得成功。1981 年，IBM 公司又宣布了具有 System R 全部特征的新的数据库软件产品 SQL/DS 问世。与 System R 同期，美国加州大学伯克利分校也研制了 NGRES 关系数据库实验系统并由 INGRES 公司发展成为 INGRES 数据库产品。多年来，关系数据库系统的研究和开发取得了辉煌的成就。关系数据库系统从实验室走向了社会，成为最重要、应用最广泛的数据库系统，大大促进了数据库应用领域的扩大和深入。

数据模型中有"型"（Type）和"值"（Value）的概念。型是指对某一类数据的结构和属性的说明，值是型的一个具体赋值。模式（Schema）是数据库中全体数据的逻辑结构和特征的描述，它仅仅涉及型的描述，不涉及具体的值。模式的一个具体值称为模式的一个实例（Instance）。同一个模式可以有很多实例。

1. 数据库系统的三级模式结构

数据库系统的三级模式结构是指数据库系统是由外模式、模式和内模式三级构成的，如图 5-2 所示。

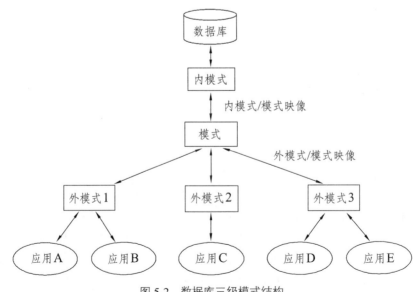

图 5-2　数据库三级模式结构

1）模式（Schema）

模式也称逻辑模式，是对数据库中全体数据的逻辑结构和特征的描述，是所有用户的公共数据视图。它是数据库系统模式结构的中间层，既不涉及数据的物理存储细节和硬件环境，又与具体的应用程序、所使用的应用开发工具及高级程序设计语言无关。

模式实际上是数据库数据在逻辑层面上的视图。一个数据库只有一个模式，数据库模式以某一种数据模型为基础，统一综合地考虑了所有用户的需求，并将这些需求有机地结合成一个逻辑整体。定义模式时不仅要定义数据的逻辑结构，例如数据记录由哪些数据项构成，数据项的名字、类型、取值范围等，而且要定义数据之间的联系，以及与数据有关的安全性、完整性要求。

数据库管理系统提供模式数据定义语言（模式DDL）来严格地定义模式。

2）外模式（External Schema）

外模式也称子模式（Subschema）或用户模式，它是数据库用户（包括应用程序员和最终用户）能够看见和使用的局部数据的逻辑结构和特征的描述，是数据库用户的数据视图，是与某一应用有关的数据的逻辑表示。

外模式通常是模式的子集。一个数据库可以有多个外模式。由于它是各个用户的数据视图，如果不同的用户在应用需求、看待数据的方式、对数据保密的要求等方面存在差异，则其外模式描述就是不同的。即使是模式中同一数据，在外模式中的结构、类型、长度保密级别等都可以不同。另一方面，同一外模式也可以为某一用户的多个应用系统所使用，但一个应用程序只能使用一个外模式。

外模式是保证数据库安全性的一个有力措施。每个用户只能看见和访问所对应的外模式中的数据，数据库中的其余数据是不可见的。

数据库管理系统提供外模式数据定义语言（外模式DDL）来严格地定义外模式。

3）内模式（Internal Schema）

内模式也称存储模式（Storage Schema），一个数据库只有一个内模式，它是对数据物理结构和存储方式的描述，是数据在数据库内部的组织方式。例如，记录的存储方式是堆存储还是按照某个（些）属性值的升（降）序存储，或按照属性值聚簇（Cluster）存储；索引按照什么方式组织，是B+树索引还是hash索引；数据是否压缩存储，是否加密；数据的存储记录结构有何规定，如定长结构或变长结构，一个记录不能跨物理页存储；等等。

2. 关系数据库的结构组成

数据库系统一般由数据库、数据库管理系统（及其应用开发工具）、应用程序和数据库成员等构成。

1）硬件平台及数据库

由于数据库系统的数据量都很大，加之数据库管理系统丰富的功能使得其自身的规模也很大，因此整个数据库系统对硬件资源提出了较高的要求，这些要求是：

（1）要有足够大的内存，存放操作系统、数据库管理系统的核心模块、数据缓冲区和应用程序。

（2）有足够多的磁盘或磁盘阵列等设备存放数据库，有足够大的磁带（或光盘）作为数据备份。

（3）要求系统有较高的通道能力，以提高数据传送率。

2）数据库系统的软件

数据库系统的软件主要包括：

（1）数据库管理系统。数据库管理系统是为数据库的建立、使用和维护配置的系统软件。

（2）支持数据库管理系统运行的操作系统。

（3）具有与数据库接口的高级语言及其编译系统，便于开发应用程序。

（4）以数据库管理系统为核心的应用开发工具。应用开发工具是系统为应用开发人员和最终用户提供的高效率、多功能的应用生成器、第四代语言等各种软件工具。它们为数据库系统的开发和应用提供了良好的环境。

（5）为特定应用环境开发的数据库应用系统。

3）人员

开发、管理和使用数据库系统的人员主要包括数据库管理员、系统分析员、数据库设计人员、应用程序员和最终用户，如图 5-3 所示。不同的人员涉及不同的数据抽象级别，具有不同的数据视图。包括以下职责：

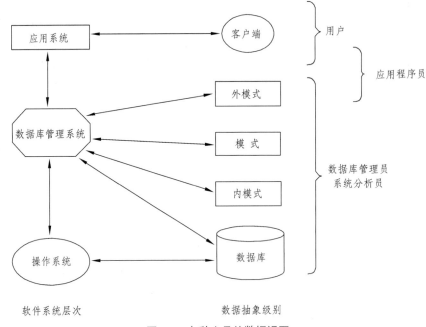

图 5-3　各种人员的数据视图

（1）数据库管理员（Data Base Administrator，DBA）。

在数据库系统环境下有两类共享资源，一类是数据库，另一类是数据库管理系统软件，因此需要有专门的管理机构来监督和管理数据库系统。数据库管理员则是这个机构的一个（组）人员，负责全面管理和控制数据库系统。具体包括如下职责：

① 决定数据库中的信息内容和结构。数据库中要存放哪些信息，数据库管理员要参与决策。因此，数据库管理员必须参加数据库设计的全过程，并与用户、应用程序员、系统分析员密切合作，共同协商，做好数据库设计。

② 决定数据库的存储结构和存取策略。数据库管理员要综合各用户的应用要求，和数据库设计人员共同决定数据的存储结构和存取策略，以求获得较高的存取效率和存储空间利用率。

③ 定义数据的安全性要求和完整性约束条件。数据库管理员的重要职责是保证数据库的安全性和完整性。因此，数据库管理员负责确定各个用户对数据库的存取权限、数据的保密级别

和完整性约束条件。

④ 监控数据库的使用和运行。数据库管理员还有一个重要职责就是监视数据库系统的运行情况，及时处理运行过程中出现的问题。比如系统发生各种故障时，数据库会因此遭到不同程度的破坏，数据库管理员必须在最短时间内将数据库恢复到正确状态，并尽可能不影响或少影响计算机系统其他部分的正常运行。为此，数据库管理员要定义和实施适当的后备和恢复策略，如周期性的转储数据、维护日志文件等。

⑤ 数据库的改进和重组、重构。数据库管理员还负责在系统运行期间监视系统的空间利用率、处理效率等性能指标，对运行情况进行记录、统计分析，依靠工作实践并根据实际应用环境不断改进数据库设计。不少数据库产品都提供了对数据库运行状况进行监视和分析的工具，数据库管理员可以使用这些软件完成这项工作。

另外，在数据运行过程中，大量数据不断插入、删除、修改，时间一长，数据的组织结构会受到严重影响，从而降低系统性能。因此，数据库管理员要定期对数据库进行重组织，以改善系统性能。当用户的需求增加和改变时，数据库管理员还要对数据库进行较大的改造，包括修改部分设计，即数据库的重构。

（2）系统分析员和数据库设计人员。

系统分析员负责应用系统的需求分析和规范说明，要和用户及数据库管理员相互配合，确定系统的硬件和软件配置，并参与数据库系统的概要设计。

数据库设计人员负责数据库中数据的确定及数据库各级模式的设计。数据库设计人员必须参加用户需求调查和系统分析，然后进行数据库设计。在很多情况下，数据库设计人员就由数据库管理员担任。

（3）应用程序员。

应用程序员负责设计和编写应用系统的程序模块，并进行调试和安装。

（4）用户。

这里用户是指最终用户（End User）。最终用户通过应用系统的用户接口使用数据库，常用的接口方式有浏览器、菜单驱动、表格操作、图形显示、报表书写等。

最终用户可以分为如下三类：

① 偶然用户。这类用户不经常访问数据库，但每次访问数据库时往往需要不同的数据库信息，这类用户一般是企业或组织机构的高中级管理人员。

② 简单用户。数据库的多数最终用户都是简单用户，其主要工作是查询和更新数据库，一般都是通过应用程序员精心设计并具有友好界面的应用程序存取数据库。银行的职员、航空公司的机票预订工作人员、宾馆总台服务员等都属于这类用户。

③ 复杂用户。复杂用户包括工程师、科学家、经济学家、科学技术工作者等具有较高科学技术背景的人员。这类用户一般都比较熟悉数据库管理系统的各种功能，能够直接使用数据库语言访问数据库，甚至能够基于数据库管理系统的应用程序接口编制自己的应用程序。

5.1.2 数据依赖

（1）数据依赖的类型：

函数依赖（Functional Dependency，FD）；

多值依赖（Multivalued Dependency，MVD）。

（2）"好"的模式：

不会发生插入异常、删除异常、更新异常，数据冗余应尽可能少。

（3）产生"不好"的模式的原因：

由存在于模式中的某些数据依赖引起的。

解决方法：通过分解关系模式来消除其中不合适的数据依赖。

1. 函数依赖

定义 5.1：设 $R(U)$ 是一个属性集 U 上的关系模式，X 和 Y 是 U 的子集。若对于 $R(U)$ 的任意一个可能的关系 r，r 中不可能存在两个元组在 X 上的属性值相等，而在 Y 上的属性值不等，则称 X 函数确定 Y 或 Y 函数依赖于 X，记作 $X{\to}Y$。

在关系模式 $R(U)$ 中，对于 U 的子集 X 和 Y：

若 $X{\to}Y$，但 $Y\nsubseteq X$，则称 $X{\to}Y$ 是非平凡的函数依赖。

若 $X{\to}Y$，但 $Y\subseteq X$，则称 $X{\to}Y$ 是平凡的函数依赖，对于任一关系模式，平凡函数依赖都是必然成立的，它不反映新的语义。如不特别声明，总是讨论非平凡的函数依赖。

若 $X{\to}Y$，则 X 称为这个函数依赖的决定属性组，也称为决定因素（Determinant）。

若 $X{\to}Y$，$Y{\to}X$，则记作 $X{\leftrightarrow}Y$。

若 Y 函数不依赖于 X，则记作 $X\nrightarrow Y$。

2. 完全函数依赖与部分函数依赖

定义 5.2：在 $R(U)$ 中，如果 $X{\to}Y$，并且对于 X 的任何一个真子集 X'，都有 $X'\nrightarrow Y$，则称 Y 对 X 完全函数依赖，记作：

$$X\overset{F}{\to}Y$$

若 $X{\to}Y$，又有 $X'{\to}Y$，则称 Y 对 X 部分函数依赖，记作：

$$X\overset{P}{\to}Y$$

3. 传递函数依赖

定义 5.3：在关系模式 $R(U)$ 中，如果 $X{\to}Y$，且 $X\nleftarrow Y$，$Y{\to}Z$，则称 Z 对 X 传递函数依赖。

注：如果 $Y{\to}X$，即 $X{\leftrightarrow}Y$，则 $X{\to}Z$，即 Z 直接函数依赖于 X。

4. 关键字

定义 5.4：设 K 为 $R<U,F>$ 中的属性或属性组合。若 U 对 K 完全函数依赖，则 K 称为 R 的候选关键字（Candidate Key）。若候选关键字多于一个,则选定其中的一个作为主关键字（Primary Key）。

1）主属性与非主属性

包含在任何一个候选关键字中的属性，称为主属性（Prime Attribute）。

不包含在任何关键字中的属性称为非主属性（Nonprime Attribute）或非关键字属性（Non-key Attribute）。

2）全关键字

整个属性组是关键字，称为全关键字（All-key）。

3）外来关键字

关系模式 R 中属性或属性组 X 并非 R 的关键字，但 X 是另一个关系模式的关键字，则称 X 是 R 的外来关键字（Foreign key），也称外码。

5．多值依赖

1）定义

定义 5.5　设 $R(U)$ 是一个属性集 U 上的一个关系模式，X、Y 和 Z 是 U 的子集，并且 $Z=U-X-Y$。关系模式 $R(U)$ 中多值依赖 $X\rightarrow\rightarrow Y$ 成立，当且仅当对 $R(U)$ 的任一关系 r，给定的一对（x，z）值，有一组 Y 的值，这组值仅仅决定于 x 值而与 z 值无关。

多值依赖的另一个等价的形式化的定义：

在 $R(U)$ 的任一关系 r 中，如果存在元组 t、s，使得 $t[X]=s[X]$，那么就必然存在元组 w、v 属于 r（w，v 可以与 s、t 相同），使得 $w[X]=v[X]=t[X]$，而 $w[Y]=t[Y]$，$w[Z]=s[Z]$，$v[Y]=s[Y]$，$v[Z]=t[Z]$（即交换 s、t 元组的 Y 值所得的两个新元组必在 r 中），则 Y 多值依赖于 X，记为 $X\rightarrow\rightarrow Y$。这里，$X$，$Y$ 是 U 的子集，$Z=U-X-Y$。

2）平凡多值依赖和非平凡的多值依赖

若 $X\rightarrow\rightarrow Y$，而 $Z=\phi$，则称 $X\rightarrow\rightarrow Y$ 为平凡的多值依赖，否则称 $X\rightarrow\rightarrow Y$ 为非平凡的多值依赖。

3）多值依赖的性质

（1）多值依赖具有对称性：若 $X\rightarrow\rightarrow Y$，则 $X\rightarrow\rightarrow Z$，其中 $Z=U-X-Y$。

（2）多值依赖具有传递性：若 $X\rightarrow\rightarrow Y$，$Y\rightarrow\rightarrow Z$，则 $X\rightarrow\rightarrow Z-Y$。

（3）函数依赖是多值依赖的特殊情况：若 $X\rightarrow Y$，则 $X\rightarrow\rightarrow Y$。

（4）若 $X\rightarrow\rightarrow Y$，$X\rightarrow\rightarrow Z$，则 $X\rightarrow\rightarrow YZ$。

（5）若 $X\rightarrow\rightarrow Y$，$X\rightarrow\rightarrow Z$，则 $X\rightarrow\rightarrow Y\cap Z$。

（6）若 $X\rightarrow\rightarrow Y$，$X\rightarrow\rightarrow Z$，则 $X\rightarrow\rightarrow Y-Z$，$X\rightarrow\rightarrow Z-Y$。

4）多值依赖与函数依赖的区别

（1）多值依赖的有效性与属性集的范围有关。

（2）若函数依赖 $X\rightarrow Y$ 在 $R(U)$ 上成立，则对于任何 $Y'\subset Y$，均有 $X\rightarrow Y'$ 成立。

（3）多值依赖 $X\rightarrow\rightarrow Y$ 若在 $R(U)$ 上成立，不能断言对于任何 $Y'\subset Y$ 有 $X\rightarrow\rightarrow Y'$ 成立。

5）4NF

定义 5.6：关系模式 $R<U$，$F>\in 1NF$，如果对于 R 的每个非平凡多值依赖 $X\rightarrow\rightarrow Y$（$\not\subseteq$），$X$ 都含有码，则 $R\in 4NF$。如果 $R\in 4NF$，则 $R\in BCNF$，不允许有非平凡且非函数依赖的多值依赖，允许有非平凡多值依赖是函数依赖、数据依赖的公理系统。

6）逻辑蕴涵

定义 5.7：对于满足一组函数依赖 F 的关系模式 $R<U$，$F>$ 其任何一个关系 r，若函数依赖 $X\rightarrow Y$ 都成立（即 r 中任意两元组 t，s，若 $t[X]=s[X]$，则 $t[Y]=s[Y]$），则称 F 逻辑蕴涵 $X\rightarrow Y$。

关系模式 $R<U$，$F>$ 有以下的推理规则：

A1　自反律（Reflexivity）：若 $Y\subseteq X\subseteq U$，则 $X\rightarrow Y$ 为 F 所蕴涵。

A2　增广律（Augmentation）：若 $X\rightarrow Y$ 为 F 所蕴涵，且 $Z\subseteq U$，则 $XZ\rightarrow YZ$ 为 F 所蕴涵。

A3　传递律（Transitivity）：若 $X\rightarrow Y$ 及 $Y\rightarrow Z$ 为 F 所蕴涵，则 $X\rightarrow Z$ 为 F 所蕴涵。

7）导出规则

（1）根据 A1，A2，A3 这三条推理规则可以得到下面三条推理规则：

合并规则（Union Rule）：由 $X\rightarrow Y$，$X\rightarrow Z$，有 $X\rightarrow YZ$。（A2，A3）

伪传递规则（Pseudo Transitivity Rule）：由 $X{\to}Y$，$WY{\to}Z$，有 $XW{\to}Z$。（A2，A3）

分解规则（Decomposition rule）：由 $X{\to}Y$ 及 $Z{\to}Y$，有 $X{\to}Z$。（A1，A3）

（2）根据合并规则和分解规则，可得：

$X{\to}A_1A_2{\cdots}A_k$ 成立的充分必要条件是 $X{\to}A_i$ 成立（i=1，2，…，k）。

8）函数依赖闭包

定义 5.8：在关系模式 $R{<}U$，$F{>}$ 中为 F 所逻辑蕴涵的函数依赖的全体叫作 F 的闭包（Closure），记为 F^+。

定义 5.9：设 F 为属性集 U 上的一组函数依赖，$X{\to}U$，$X_F^+{=}\{A|X{\to}A$ 能由 F 根据 Armstrong 公理导出\}，X_F^+ 称为属性集 X 关于函数依赖集 F 的闭包。

9）函数依赖集等价

定义 5.10：如果 $F^+{=}G^+$，就说函数依赖集 F 覆盖 G（F 是 G 的覆盖，或 G 是 F 的覆盖），或 F 与 G 等价。

$F^+{=}G^+$ 的充分必要条件是 $F{\subseteq}G$，和 $G{\subseteq}F$。

证：必要性显然，只证充分性。

（1）若 $F^+{\subseteq}G^+$，则 $X_F^+{\subseteq}X_{G^+}^+$。

（2）任取 $X{\to}Y{\subseteq}F^+$ 则有 $Y{\subseteq}X_F^+{\subseteq}X_{G^+}^+$。

所以 $X{\to}Y{\subseteq}(G^+)^+{=}G^+$，即 $F^+{\subseteq}G^+$。

（3）同理可证 $G^+{\subseteq}F^+$，所以 $F^+{=}G^+$。

10）最小依赖集

定义 5.11：如果函数依赖集 F 满足下列条件，则称 F 为一个极小函数依赖集，亦称为最小依赖集或最小覆盖（Minimal Cover）。

（1）F 中任一函数依赖的右部仅含有一个属性。

（2）F 中不存在这样的函数依赖 $X{\to}A$，使得 F 与 $F{-}\{X{\to}A\}$ 等价。

（3）F 中不存在这样的函数依赖 $X{\to}A$，X 有真子集 Z，使得 $F{-}\{X{\to}A\}{\cup}\{Z{\to}A\}$ 与 F 等价。

11）极小化过程

定理：每一个函数依赖集 F 均等价于一个极小函数依赖集 F_m。此 F_m 称为 F 的最小依赖集。

5.1.3 范 式

范式，又叫数据库的设计范式，是符合某一种级别的关系模式的集合。构造数据库必须遵循一定的规则，在关系数据库中，这种规则就是范式。关系数据库中的关系必须满足一定的要求，即满足不同的范式。关系数据库有六种范式：第一范式（1NF）、第二范式（2NF）、第三范式（3NF）、Boyce-Codd 范式（BCNF）、第四范式（4NF）和第五范式（5NF）。满足最低要求的范式是第一范式（1NF）。在第一范式的基础上进一步满足更多要求的称为第二范式（2NF），其余范式以此类推。一般说来，数据库只需满足第三范式（3NF）就行了。下面举例介绍第一范式（1NF）、第二范式（2NF）、第三范式（3NF）和 BCNF。

在创建一个数据库的过程中，范化是将数据 ERD（实体关系图）转化为表结构过程的优化操作，这种方法可以使数据库设计结果更加明确合理。这样操作可能会使数据库产生一定的重复数据（外来关键字），从而产生冗余，但这种冗余是必要的，它使得数据的结构性更加合理、规范。范化是在识别数据库中的数据元素、关系，以及定义所需的表和各表中字段工作之后的一个优化的过程。

5.1.3.1　第一范式（1NF）

在任何一个关系数据库中，第一范式（1NF）是对关系模式的基本要求，不满足第一范式（1NF）的数据库就不是关系数据库。

所谓第一范式（1NF）是指数据库表的每一列都是不可分割的基本数据项，同一列中不能有多个值，即实体中的某个属性不能有多个值或者不能有重复的属性。如果出现重复的属性，就可能需要定义一个新的实体，新的实体由重复的属性构成，新实体与原实体之间为一对多关系。在第一范式（1NF）中表的每一行只包含一个实例的信息。简而言之，第一范式就是无重复的列。

5.1.3.2　第二范式（2NF）

第二范式（2NF）是在第一范式（1NF）的基础上建立起来的，即满足第二范式（2NF）必须先满足第一范式（1NF）。第二范式（2NF）要求数据库表中的每个实例或行必须可以被唯一地区分。为实现区分通常需要为表加上一个列，以存储各个实例的唯一标识。这个唯一属性列被称为主关键字或主键、主码。

第二范式（2NF）要求实体的属性完全依赖于主关键字。所谓完全依赖是指不能存在仅依赖主关键字一部分的属性，如果存在，那么这个属性和主关键字的这一部分应该分离出来形成一个新的实体，新实体与原实体之间是一对多的关系。为实现区分通常需要为表加上一个列，以存储各个实例的唯一标识。简而言之，第二范式就是非主属性非部分依赖于主关键字。

5.1.3.3　第三范式（3NF）

满足第三范式（3NF）必须先满足第二范式（2NF）基础上，并且每个关系中每个非关键字属性不能传递函数依赖于关键字。简而言之，第三范式（3NF）要求一个数据库表中不包含已在其他表中已包含的非主关键字信息。例如，存在一个部门信息表，其中每个部门有部门编号（Dept_id）、部门名称、部门简介等信息。那么在员工信息表中列出部门编号后就不能再把部门名称、部门简介等与部门有关的信息再加入员工信息表中。如果不存在部门信息表，则根据第三范式（3NF）也应该构建它，否则就会有大量的数据冗余。简而言之，第三范式就是属性不依赖于其他非主属性。

5.1.3.4　BCNF

BCNF 是由 Boyce 和 Codd 提出的，比 3NF 又进了一步，通常认为是修正的第三范式。

对 3NF 关系进行投影，将消除原关系中主属性对码的部分与传递依赖，得到一组 BCNF 关系。

关系模式中，若 X 函数确定 Y 且 Y 不在 X 内时 X 必含有码，则此关系属于 BCNF。

一个满足 BCNF 的关系模式的条件：

（1）所有非主属性对每一个码都是完全函数依赖。

（2）所有的主属性对每一个不包含它的码，也是完全函数依赖。

（3）没有任何属性完全函数依赖于非码的任何一组属性。

由于 $R \in$ BCNF，按定义排除了任何属性对码的传递依赖与部分依赖，所以 $R \in$ 3NF。但是

若 $R \in 3NF$，则 R 未必属于 BCNF。

其他范式还有：

第四范式（4NF）：关系模式 $R<u, f> \in 1NF$，如果对于 R 的每个非平凡多值依赖 $X \rightarrow \rightarrow Y$（$Y$ 不属于 X），X 都含有候选码，则 $R \in 4NF$。4NF 就是限制关系模式的属性之间不允许有非平凡且非函数依赖的多值依赖。显然一个关系模式是 4NF，则必为 BCNF。

第五范式（5NF）是最终范式，消除了 4NF 中的连接依赖。

5.1.4 关系模式规范化

5.1.4.1 关系模式规范化的步骤

（1）对 1NF 关系进行投影，消除原关系中非主属性对码的部分函数依赖，将 1NF 关系转换为若干个 2NF。

（2）对 2NF 关系进行投影，消除原关系中非主属性对码的传递函数依赖，从而产生一组 3NF。

（3）对 3NF 关系进行投影，消除原关系中主属性对码的部分函数依赖和传递函数依赖，得到一组 BCNF 关系。

（4）对 BCNF 关系进行投影，消除原关系中非平凡函数依赖的多值依赖，从而产生一组 4NF。

5.1.4.2 关系模式的分解

对一个模式的分解是多种多样的，但是分解后产生模式应与原模式"等价"。对"等价"的概念有三种不同的定义：

（1）分解具有无损连接性；

（2）分解要保持函数依赖；

（3）分解既要保持函数依赖，又要具有无损连接性。

定义 5.12：关系模式 $R<U, F>$ 的一个分解是指：$\rho = \{ R_1<U_1, F_1>, R_2<U_2, F_2>, \cdots, R_n<U_n, F_n> \}$，$U = \bigcup U_i$（$i = 1, 2, \cdots, n$），且不存在 $U_i \subseteq U_j$，$i \geq 1$，$j \geq 1$，F_i 为 F 在 U_i 上的投影。

定义 5.13：函数依赖集合 $\{ X \rightarrow Y | X \rightarrow Y \subseteq F^+ \wedge XY \subseteq U_i \}$ 的一个覆盖 F_i 叫作 F 在属性 U_i 上的投影具有无损连接性的模式分解。

关系模式 $R<U, F>$ 的一个分解 $\rho = \{ R_1<U_1, F_1>, R_2<U_2, F_2>, \cdots, R_n<U_n, F_n> \}$，若 R 与 R_1、R_2、$\cdots$、R_n 自然连接的结果相等，则称关系模式 R 的这个分解 ρ 具有无损连接性（Lossless Join）。

具有无损连接性的分解保证不丢失信息，无损连接性不一定能解决插入异常、删除异常、修改复杂、数据冗余等问题。

保持函数依赖的模式分解，设关系模式 $R<U, F>$ 被分解为若干个关系模式 $R_1<U_1, F_1>, R_2<U_2, F_2>, \cdots, R_n<U_n, F_n>$，其中 $U = U_1 \cup U_2 \cup \cdots \cup U_n$，且不存在 $U_i \subseteq U_j$，F_i 为 F 在 U_i 上的投影），若 F 所逻辑蕴涵的函数依赖一定也由分解得到的某个关系模式中的函数依赖 F_i 所逻辑蕴涵，则称关系模式 R 的这个分解是保持函数依赖的（Preserve Dependency）。

5.2 关系数据库操作理论

5.2.1 关系数据结构及形式化定义

5.2.1.1 关 系

关系模型的数据结构非常简单，只包含单一的数据结构——关系。在用户看来，关系模型中数据的逻辑结构是一张扁平的二维表。

1. 域

域是一组具有相同数据类型值的集合。

2. 笛卡儿积

笛卡儿积是域上的一种集合运算。

定义 5.14：给定一组域 D_1，D_2，$\cdots$，D_n，允许其中某些域是相同的，D_1，D_2，$\cdots$，D_n 的笛卡儿积为 $D_1 \times D_2 \times \cdots D_n = \{ (d_1, d_2, \cdots, d_n) | d_i \in D_i, i = 1, 2, \cdots, n \}$。

每一个元素 $(d_1, d_2, \cdots, d_n)$ 叫作一个元组，元素中的每一个值 d_i 叫作一个分量。

一个域允许的不同取值个数称为这个域的基数。若 D_i（$i = 1$，2，$\cdots$，n）为有限集，其基数为 m_i（$i = 1$，2，$\cdots$，n）。

笛卡儿积可表示为一张二维表，表中的每行对应一个元组，每一列的值来自一个域。

3. 关 系

定义 5.15：$D_1 \times D_2 \times \cdots \times D_n$ 的子集叫作在域 D_1，D_2，$\cdots$，D_n 上的关系，表示为 $R(D_1, D_2, \cdots, D_n)$。这里 R 表示关系的名字，n 是关系的目或度，关系中的每个元素是关系中的元组，通常用 t 表示。当 $n=1$ 时，称该关系为单元关系或一元关系；当 $n=2$ 时，称该关系为二元关系。

关系是笛卡儿积的有限子集，所以关系也是一张二维表，表的每行对应一个元组，表的每列对应一个域。由于域可以相同，为了加以区分，必须对每列起一个名字，称为属性。n 目关系必有 n 个属性。

若关系中的某一属性组的值能唯一的标识一个元组，而其子集不能，则称该属性组为候选码。若一个关系中有多个候选码，则选定其中一个为主码（Primary Key）。候选码的诸属性称为主属性，不包含在候选码中的属性称为非主属性或非码属性。简单的情况下，候选码只包含一个属性。最坏情况下，关系模式的所有属性是这个关系模式的候选关键字，称为全关键字。

一般来说，笛卡儿积是没有实际语义的，只有它的真子集才有实际含义。

1）关系的三种类型

基本关系（基本表）：是实际存在的表，是实际存储的逻辑表示；

查询表：查询结果对应的表；

视图表：是由基本或其他视图表导出的表，是虚表，不对应实际存储的数据。

2）关系的限定和扩充

（1）无限关系在数据库系统中是无意义的，限定关系数据模型中的关系必须是有限集合。

（2）通过为关系的每个列附加一个属性名的方法取消关系属性的有序性。

3）基本关系具备的性质

（1）列是同质的，每一列中的分量是同一类型的数据，来自同一个域。

（2）不同的列可出自同一个域，称其中的每一个列为一个属性，不同的属性要给予不同的属性名。

（3）列的次序可以任意交换。

（4）任意两个元组的候选码不能取相同的值。

（5）行的次序可以任意交换。

（6）分量必须取原子值，每一个分量都必须是不可再分的数据项。

关系模型要求关系必须是规范化的，即要求关系必须满足一定的规范条件。规范化的关系称为范式。

5.2.1.2 关系模式

定义 5.13：关系的描述称为关系模式，它可以表示为 $R（U, D, DOM, F）$。R 是关系名，U 为组成该关系的属性名集合，D 为 U 中属性所来自的域，DOM 为属性向域的映像集合（说明它们出自哪个域，常常直接说明为属性的类型和长度），F 为属性间数据的依赖关系集合。

关系是关系模式在某一时刻的状态或内容，关系模式是静态的、稳定的，而关系是动态的、随时间不断变化的，因为关系操作在不断地更新着数据库中的数据。

5.2.1.3 关系数据库

所有关系的集合构成一个关系数据库。关系数据库也有型和值之分。关系数据库的型称为关系数据库模式，是对关系数据库的描述。关系数据库的值是这些关系模式在某些时刻对应的关系的集合，通常称作关系数据库。

5.2.1.4 关系模型的存储结构

表是关系数据的逻辑模型。在关系数据库的物理组织中，有的使一个表对应一个操作系统文件，将物理数据组织交给操作系统来完成；有的从操作系统那里申请若干个大的文件，自己划分文件空间，组织表、索引等存储结构，并进行存储管理。

5.2.2 关系的完整性

关系模型的完整性规则是对关系的某种约束条件。也就是说关系的值随着时间变化时应该满足一些约束条件，这些约束条件实际上是现实世界的要求。任何关系在任何时刻都要满足这些语义约束。

关系模型中有三类完整性约束：实体完整性（Entity Integrity）、参照完整性（Referential Integrity）和用户定义的完整性（User-defined Integrity）。其中实体完整性和参照完整性是关系模型必须满足的完整性约束条件，被称作是关系的两个不变性，应该由关系系统自动支持。用户定义的完整性是应用领域需要遵循的约束条件，体现了具体领域中的语义约束。

5.2.2.1 实体完整性

关系数据库中每个元组应该是可区分的、唯一的。这样的约束条件用实体完整性来保证。

实体完整性规则：若属性（指一个或一组属性）A 是基本关系 R 的主属性，则 A 不能取空值（Null Value）。所谓空值就是"不知道""不存在"或"无意义"的值。

例如，学生（学号，姓名，性别，专业号，年龄）关系中学号为主码，则学号不能取空值。

按照实体完整性规则的规定，如果主码由若干属性组成，则所有这些主属性都不能取空值。例如选修（学号，课程号，成绩）关系中，"学号、课程号"为主码，则"学号"和"课程号"两个属性都不能取空值。

对于实体完整性规则说明如下：

（1）实体完整性规则是针对基本关系而言的。一个基本表通常对应现实世界的一个实体集。例如学生关系对应于学生的集合。

（2）现实世界中的实体是可区分的，即它们具有某种唯一性标识。例如每个学生都是独立的个体，是不一样的。

（3）相应地，关系模型中以主码作为唯一性标识。

（4）主码中的属性即主属性不能取空值。如果主属性取空值，就说明存在某个不可标识的实体，即存在不可区分的实体，这与（2）相矛盾，因此这个规则称为实体完整性。

5.2.2.2 参照完整性

现实世界中的实体之间往往存在某种联系，在关系模型中实体及实体间的联系都是用关系来描述的，这样就自然存在着关系与关系间的引用。先来看三个例子。

例 5.1 学生实体和专业实体可以用下面的关系来表示，其中主关键字用下划线标识。

学生（<u>学号</u>，姓名，性别，专业号，年龄）

专业（<u>专业号</u>，专业名）

这两个关系之间存在着属性的引用，即学生关系引用了专业关系的主关键字"专业号"。显然，学生关系中的"专业号"值必须是确实存在的专业，即专业关系中有该专业的记录。也就是说，学生关系中的某个属性的取值需要参照专业关系的属性取值。

例 5.2 学生、课程、学生与课程之间的多对多联系可以用如下三个关系表示：

学生（<u>学号</u>，姓名，性别，专业号，年龄）

课程（<u>课程号</u>，课程名，学分）

选修（<u>学号</u>，课程号，成绩）

这三个关系之间也存在着属性的引用，即选修关系引用了学生关系的主关键字"学号"和课程关系的主关键字"课程号"。同样，选修关系中的"学号"值必须是确实存在的学生的学号，即学生关系中有该学生的记录；选修关系中的"课程号"值也必须是确实存在的课程的课程号，即课程关系中有该课程的记录。换句话说，选修关系中某些属性的取值需要参照其他关系的属性取值。

不仅两个或两个以上的关系间可以存在引用关系，同一关系内部属性间也可能存在引用关系。

例 5.3 在学生（<u>学号</u>，姓名，性别，专业号，年龄，班长）关系中，"学号"属性是主关键字，"班长"属性表示该学生所在班级的班长的学号，它引用了本关系"学号"属性，即"班长"必须是确实存在的学生的学号。

这三个例子说明关系与关系之间存在着相互引用、相互约束的情况。下面先引入外来关键字的概念，然后给出表达关系之间相互引用约束的参照完整性的定义。

设 F 是基本关系 R 的一个或一组属性，但不是关系 R 的关键字，K_S 是基本关系 S 的主关键字。如果 F 与 K 相对应，则称 F 是 R 的外来关键字（Foreign Key），并称基本关系 R 为参照关系（Referencing Relation），基本关系 S 为被参照关系（Referenced Relation）或目标关系（Target Relation），如图 5-4 所示。

$$R(K_R,\cdots) \qquad\qquad S(K_S,\cdots)$$
参照关系 　　　　　　被参照关系（目标关系）

图 5-4　参照关系与被参照关系

显然，目标关系 S 的主关键字 K_S，和参照关系 R 的外来关键字 F 必须定义在同一个（或同一组）域上。

在例 5.2 中，学生关系的"专业号"属性与专业关系的主关键字"专业号"相对应，因此"专业号"属性是学生关系的外来关键字。这里专业关系是被参照关系，学生关系为参照关系。如图 5-5（a）、（b）所示。

在例 5.3 中，"班长"属性与本身的主关键字"学号"属性相对应，因此"班长"是外来关键字。这里，学生关系既是参照关系也是被参照关系，如图 5-5（c）所示。

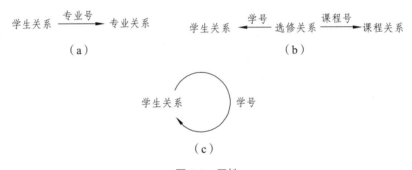

图 5-5　属性

需要指出的是，外来关键字并不一定要与相应的主关键字同名，如例 5.3 中学生关系的主关键字为学号，外来关键字为班长。不过，在实际应用中为了便于识别，当外来关键字与相应的主关键字属于不同关系时，往往给它们取相同的名字。

参照完整性规则就是定义外来关键字与主关键字之间的引用规则。

参照完整性规则，若属性（或属性组）F 是基本关系 R 的外来关键字，它与基本关系 S 的主关键字 K 相对应（基本关系 R 和 S 不一定是不同的关系），则对于 R 中每个元组在 F 上的值必须满足：

（1）或者取空值（F 的每个属性值均为空值）。

（2）或者等于 S 中某个元组的主关键字值。

例如，对于例 5.1，学生关系中每个元组的"专业号"属性只能取下面两类值：

（1）空值，表示尚未给该学生分配专业。

（2）非空值，这时该值必须是专业关系中某个元组的"专业号"值，表示该学生不可能分配到一个不存在的专业中。即被参照关系"专业"中一定存在一个元组，它的主关键字值等于该参照关系"学生"中的外来关键字值。

对于例 5.2，按照参照完整性规则，"学号"和"课程号"属性也可以取两类值：空值或目标关系中已经存在的值。但由于"学号"和"课程号"是选修关系中的主属性，按照实体完整性规则，它们均不能取空值，所以选修关系中的"学号"和"课程号"属性实际上只能取相应被参照关系中已经存在的主关键字值。

参照完整性规则中，R 与 S 可以是同一个关系。例如对于例 5.3，按照参照完整性规则，"班长"属性值可以取两类值：

（1）空值，表示该学生所在班级尚未选出班长。

（2）非空值，这时该值必须是本关系中某个元组的学号值。

5.2.2.3 用户定义的完整性

任何关系数据库系统都应该支持实体完整性和参照完整性，这是关系模型所要求的。

除此之外，不同的关系数据库系统根据其应用环境的不同，往往还需要一些特殊的约束条件。用户定义的完整性就是针对某一具体关系数据库的约束条件，它反映某一具体应用所涉及的数据必须满足的语义要求。例如某个属性必须取唯一值、某个非主属性不能取空值等。在例 5.1 的学生关系中，若按照应用的要求学生不能没有姓名，则可以定义学生姓名不能取空值；某个属性（如学生的成绩）的取值范围可以定义在 0 ~ 100 等。

关系模型应提供定义和检验这类完整性的机制，以便用统一的系统的方法处理它们，而不需由应用程序承担这一功能。

在早期的关系数据库管理系统中没有提供定义和检验这些完整性的机制，因此需要应用开发人员在应用系统的程序中进行检查。例如在例 5.2 的选修关系中，每插入一条记录必须在应用程序中写一段程序来检查其中的学号是否等于学生关系中的某个学号，并检查其中的课程号是否等于课程关系中的某个课程号。如果等于，则插入这一条选修记录，否则就拒绝插入，并给出错误信息。

5.2.3　关系操作

关系模型给出了关系操作的能力的说明，但不对关系数据库管理系统语言给出具体的语法要求，也就是说不同的关系数据库管理系统可以定义和开发不同的语言来实现这些操作。

5.2.3.1　基本的关系操作

关系模型中常用的关系操作包括查询（Query）操作和插入（Insert）、删除（Delete）、修改（Update）操作。

关系的查询表达能力很强，是关系操作中最主要的部分。查询操作又可以分为选择（select）、投影（Project）、连接（Join）、除（Divide）、并（Union）、差（Except）、交（Intersection）、笛卡儿积等。其中选择、投影、并、差、笛卡儿积是 5 种基本操作，其他操作可以用基本操作来定义和导出，就像乘法可以用加法来定义和导出一样。

关系操作的特点是集合操作方式，即操作的对象和结果都是集合。这种操作方式也称为一次一集合（Set-at-a-time）的方式。相应地，非关系数据模型的数据操作方式则为一次一记录（Record-at-a-time）的方式。

5.2.3.2　关系数据语言的分类

早期的关系操作能力通常用代数方式或逻辑方式来表示，分别称为关系代数（Relational

Algebra）和关系演算（Relational Calculus）。关系代数用对关系的运算来表达查询要求，关系演算则用谓词来表达查询要求。关系演算又可按谓词变元的基本对象是元组变量还是域变量分为元组关系演算和域关系演算。一个关系数据语言能够表示关系代数可以表示的查询，称为具有完备的表达能力，简称关系完备性。已经证明关系代数、元组关系演算和域关系演算三种语言在表达能力上是等价的，都具有完备的表达能力。

关系代数、元组关系演算和域关系演算均是抽象的查询语言，这些抽象的语言与具体的关系数据库管理系统中实现的实际语言并不完全一样。但它们能用作评估实际系统中查询语言能力的标准或基础。实际的查询语言除了提供关系代数或关系演算的功能外，还提供了许多附加功能，例如聚集函数（Aggregation Function）、关系赋值、算术运算等，使得目前实际查询语言的功能十分强大。

另外，还有一种介于关系代数和关系演算之间的结构化查询语言（Structured Query Language，SQL）。SQL 不仅具有丰富的查询功能，而且具有数据定义和数据控制功能，是集数据查询语言、数据定义语言、数据操纵语言和数据控制语言于一体的关系数据语言。它充分体现了关系数据语言的特点和优点，是关系数据库的标准语言。

因此，关系数据语言可以分为三类：

关系代数语言（例如 ISBL）；

关系演算语言：元组关系演算语言（例如 AALPHA、QUEL）、域关系演算语言（例如 QBE）；

具有关系代数和关系演算双重特点的语言（例如 SQL）。

特别地，SQL 语言是一种高度非过程化的语言，用户不必请求数据库管理员为其建立特殊的存取路径，存取路径的选择由关系数据库管理系统的优化机制来完成。例如，在存储有几百万条记录的关系中查找符合条件的某一个或某一些记录，从原理上讲可以有多种查找方法。例如，可以顺序扫描这个关系，也可以通过某一种索引来查找。不同的查找路径（或者称为存取路径）的效率是不同的，有的完成某一个查询可能很快，有的可能极慢。关系数据库管理系统中研究和开发了查询优化方法，系统可以自动选择较优的存取路径，提高查询效率。

5.2.4　关系代数

关系代数是一种抽象的查询语言，它用对关系的运算来表达查询。

任何一种运算都是将一定的运算符作用于一定的运算对象上，得到预期的运算结果。所以运算对象运算符、运算结果是运算的三大要素。

关系代数的运算对象是关系，运算结果亦为关系。关系代数用到的运算符包括两类：集合运算符和专门的关系运算符。

关系代数的运算按运算符的不同可分为传统的集合运算和专门的关系运算两类。其中，传统的集合运算将关系看成元组的集合，其运算是从关系的"水平"方向，即行的角度来进行；而专门的关系运算不仅涉及行，而且涉及列。比较运算符和逻辑运算符是用来辅助专门的关系运算符进行操作的。关系运算符如图 5-6 所示。

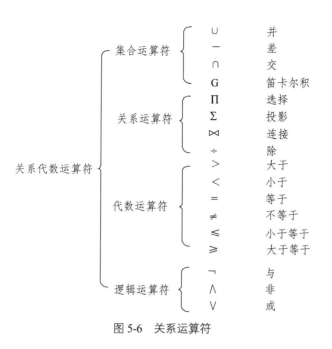

图 5-6　关系运算符

5.2.4.1　传统的集合运算

传统的集合运算是二目运算，包括并、差、交、笛卡儿积 4 种运算。

设关系 R 和关系 S 具有相同的目 n（即两个关系都有 n 个属性），且相应的属性取自同个域，t 是元组变量，$t \in R$ 表示 t 是 R 的一个元组。

可以定义并、差、交、笛卡儿积运算如下：

1. 并（Union）

$R \cup S$

其结果仍为 n 目关系，由属于 R 或属于 S 的元组组成。

2. 差（Difference）

$R-S$

其结果关系仍为 n 目关系，由属于 R 而不属于 S 的所有元组组成。

3. 交（Intersection）

$R \cap S$

其结果仍为 n 目关系，由既属性 R 又属于 S 的元组组成。交可以用差来表示，即 $R \cap S = R - (R-S)$。

4. 笛卡儿积（Cartesian Product）

关系 R 和 S 的笛卡儿积是一个 n+m 列的元组的集合，元组的前 n 列是关系 R 的一个元组，后 m 列是关系 S 的一个元组。若 R 有 x 个元组，S 有 y 个元组，则关系 R 和 S 的笛卡儿积有 x*y 个元组。

5.2.4.2 专门的关系运算

1. 选择（Selection）

选择的逻辑表达式的基本形式为：$X\theta Y$。其中 θ 代表比较运算符。X、Y 是属性名、常量或简单函数，它是从行的角度进行的运算。

2. 投影（Projection）

关系 R 上的投影是从关系 R 中选出若干属性列组成新的关系，它是从列的角度进行的运算。投影取消了某些列之后可能出现重复的行，应取消这些完全相同的行。

3. 连接（Join）

也称 θ 连接，它是从两个关系的笛卡儿积中选取属性间满足一定条件的元组。

1）非等值连接

θ 不为 "=" 的连接称为非等值连接。

2）等值连接

θ 为 "=" 的连接称为等值连接，它是从关系 R 和 S 的笛卡儿积中选取 A、B 属性值相等的那些元组。等值连接的属性名可以相同也可以不相同。

3）自然连接

自然连接是一种特殊的等值连接，它要求两个关系进行比较的分量必须是同名的属性组，并且在结果中把重复的属性列去掉。一般的连接是从行的角度进行操作，自然连接需要取消重复列，所以它是从行和列的角度进行操作。

4）外连接

两个关系 R 和 S 在做自然连接时，选择两个关系在公共属性上值相等的元组构成新的关系。此时，关系 R 和 S 可能有在公共属性上不相等的元组，从而造成 R 或 S 中元组的舍弃，这些舍弃的元组被称为悬浮元组。如果把悬浮元组也保存在结果关系中，而在其他属性上填空值，那么这种连接就叫作外连接。

（1）左外连接。

如果只保留左边关系 R 中的悬浮元组就叫作左外连接。

（2）右外连接。

如果只保留右边关系 S 中的悬浮元组就叫作右外连接。

（3）全外连接。

如果保留两边关系 R 和 S 中的所有悬浮元组就叫作全外连接。

4. 除运算（Division）

设关系 R 除以关系 S 的结果为关系 T，则关系 T 包含所有在 R 但不在 S 中的属性及其值，且 T 的元组与 S 的元组的所有组合都在 R 中。

1）象集

给定一个关系 R（X，Z），X 和 Z 为属性组。它表示 R 中属性组 X 上值为 x 的若干元组在 Z 上分量的集合。

2）用象集来定义除法

（1）给定关系 R（X，Y）和 S（Y，Z），其中 X、Y、Z 为属性组，R 中的 Y 与 S 中的 Y 可以

有不同的属性名，但必须出自相同的域集。

（2）元组在 X 上的分量值 x 的象集 K 要包含 S 在 Y 上投影的集合，满足前面条件的元组在 X 属性上的投影就是 R 除以 S 的结果关系。

（3）除操作是同时从行和列角度进行的操作。

在关系代数运算中，并、差、笛卡儿积、选择和投影这 5 种运算为基本的运算，交、连接、除运算均可使用这 5 种基本运算来表达。这些运算经过有限次复合后形成的表达式称为关系代数表达式。

5.2.5　关系式数据库管理系统

目前有许多 DBMS 产品，如 DB2、Oracle、Microsoft SQL Server、 Sybase SQL Server、Informix、MySQL 等，它们在数据库市场上各自占有一席之地。下面简要介绍几种常用的数据库管理系统。

5.2.5.1　DB2

DB2 是第一种使用 SQL 的数据库产品。DB2 于 1982 年首次发布，现在已经可以用在许多操作系统平台上，它除了可以运行在 OS/390 和 VM 等大型机操作系统以及中等规模的 AS/400 系统之外，IBM 还提供了跨平台（包括基于 Unix 的 Linux、HP-UX、Sun Solaris 以及 SCO UnixWare，还有用于个人计算机的 Windows2000 系统）的 DB2 产品。应用程序可以通过使用微软的 ODBC 接口、Java 的 JDBC 接口或者 CORBA 接口处理来访问 DB2 数据库。

DB2 有不同的版本，比如：DB2 Everyplace 是为移动用户提供的一个内存占用小且性能出色的版本；DB2 for ZOS 则是为主机系统提供的版本；Enterprise Server Edition（ESE）是一种适用于中型和大型企业的版本。Workgroup Server Edition（WSE）主要适用于小型和中型企业，它提供除大型机连接之外的所有 ESE 特性；而 DB2 Express 则是为开发人员提供的可以免费试用的版本。

IBM 是最早进行关系数据库理论研究和产品开发的公司，在关系数据库理论方面一直走在业界的前列，所以 DB2 的功能和性能都是非常优秀的，不过对开发人员的要求也比其他数据库系统更高，使用不当很容易造成宕机、死锁等问题。DB2 在 SQL 的扩展方面比较保守，很多其他数据库系统支持的 SQL 扩展特性在 DB2 上都无法使用，同时 DB2 对数据的类型要求也非常严格，在数据类型不匹配的时候会报错而不是进行类型转换，而且如果发生精度溢出、数据超长等问题的时候也会直接报错，这虽然保证了数据的正确性，但是也使得基于 DB2 的开发更加麻烦。因此，很多开发人员称 DB2 为"最难用的数据库系统"。

5.2.5.2　Oracle

Oracle 是和 DB2 同时期发展起来的数据库产品，也是第二个采用 SQL 的数据库产品。Oracle 从 DB2 等产品中吸取到了很多优点，同时又避免了 IBM 的循规蹈矩，大胆的引进了许多新的理论与特性，所以 Oracle 无论是功能、性能还是可用性都是非常好的。

5.2.5.3　SQL Server

Microsoft SQL Server 是微软推出的一款数据库产品。微软当初要进行图形化操作系统开发，所以就开始和 IBM 合作开发 OS/2，但是微软很快就推出了自己的新一代视窗操作系统；当微软发现数据库系统这块新的市场的时候，微软没有重新开发，而是找到了 Sybase 来合作开发基于 OS/2 的数据产品，并于 1995 年推出了自己的 Microsoft SQL Server6.0，再经过几年的发展终于在 1998 年推出了轰动一时的 Microsoft SQL Server7.0，也正是这一个版本使得微软在数据库产品领域有了一席之地。正因为这段"合作"历史，所以使得 Microsoft SQL Server 和 Sybase SQL Server 在很多地方非常类似，比如底层采用的 TDS 协议、支持的语法扩展、函数等。

微软在 2000 年推出了 Microsoft SQL Server 2000,这个版本继续稳固了 Microsoft SQL Server 的市场地位，由于 Windows 操作系统在个人计算机领域的普及，Microsoft SQL Server 理所当然地成为了很多数据库开发人员的接触的第一个而且有可能也是唯一一个数据库产品，很多人甚至在"SQL Server"和"数据库"之间画上了等号，而且用"SQL"一词来专指 Microsoft SQL Server，可见微软的市场普及程度是很高的。此后，微软在 2005 年推出了 Microsoft SQL Server 2005，并于 2008 年发布新一代的 Microsoft SQL Server 2008。

Microsoft SQL Server 的可用性做得非常好，提供了很多外围工具来帮助用户对数据库进行管理，用户甚至无须直接执行任何 SQL 语句就可以完成数据库的创建、数据表的创建、数据的备份/恢复等工作。Microsoft SQL Server 的开发者社区也是非常庞大的，因此有众多可以参考的学习资料，学习成本非常低，这是其他数据库产品不具有的优势。同时从 Microsoft SQL Server 2005 开始开发人员可以使用任何支持.Net 的语言来编写存储过程，这进一步降低了 Microsoft SQL Server 的使用门槛。

不过正如微软产品的一贯风格，Microsoft SQL Server 的劣势也是非常明显的：只能运行于 Windows 操作系统，因此我们无法在 Linux、Unix 上运行它；不管微软给出了什么样的测试数据，在实际使用中 Microsoft SQL Server 在大数据量和大交易量的环境中的表现都是不尽人意的，当企业的业务量到达一个水平后就要考虑升级到 Oracle 或者 DB2 了。

5.2.5.4 Sybase

Sybase 是由美国 Sybase 公司研制的一种关系型数据库系统,是一种典型的 UNIX 或 Windows NT 平台上客户机/服务器环境下的大型数据库系统。Sybase 提供了一套应用程序编程接口和库，可以与非 Sybase 数据源及服务器集成，允许在多个数据库之间复制数据，适于创建多层应用。系统具有完备的触发器、存储过程、规则以及完整性定义，支持优化查询，具有较好的数据安全性。Sybase 通常与 SybaseSQLAnywhere 用于客户机/服务器环境，前者作为服务器数据库，后者为客户机数据库，采用该公司研制的 PowerBuilder 为开发工具，在大中型系统中具有广泛的应用。

Adaptive Server Enterprise（ASE）是 Sybase 的旗舰式 RDBMS 产品，一直致力于以最低的系统总拥有成本(TCO)为企业提供一个高性能的数据和事务处理系统。最新版 ASE12.5.1/12.5.2 在继续保持以前版本的关键业务性能和高效计算的同时，在易用性、系统性能和支持新应用程序方面进行了增强和改进,并进一步提高了系统安全和 Linux 的可扩展性。Sybase Adaptive Server Enterprise 12.5.1 完善和扩展了 ASE 产品系列。

5.2.5.5 四大数据库的比较（SQL Server、Oracle、Sybase 和 DB2）

1. 开放性

SQL Server：只能在 Windows 上运行，没有丝毫的开放性，操作系统的系统的稳定对数据库是十分重要的。Windows9X 系列产品偏重桌面应用，NT Server 只适合中小型企业。而且

Windows 平台的可靠性、安全性和伸缩性是非常有限的。它不像 Unix 那样久经考验，尤其是在处理大数据。

Oracle：能在所有主流平台上运行（包括 Windows），完全支持所有的工业标准，采用完全开放策略，可以使客户选择最适合的解决方案，对开发商全力支持。

Sybase：能在所有主流平台上运行（包括 Windows），但由于早期 Sybase 与 OS 集成度不高，因此 VERSION 11.9.2 以下版本需要较多 OS 和 DB 级补丁，在多平台的混合环境中，会有一定问题。

DB2：能在所有主流平台上运行（包括 Windows），最适于海量数据。DB2 在企业级的应用最为广泛，在全球的 500 家最大的企业中，几乎 85% 以上使用 DB2 数据库服务器。

2. 可伸缩性、并行性

SQL Server：并行实施和共存模型并不成熟，很难处理日益增多的用户数和数据卷，伸缩性也有限。

Oracle：并行服务器通过使一组节点共享同一簇中的工作来扩展 Windows NT 的能力，提供高可用性和高伸缩性的簇的解决方案。如果 Windows NT 不能满足需要，用户可以把数据库移到 Unix 中。

Oracle 的并行服务器对各种 Unix 平台的集群机制都有着相当高的集成度。

Sybase ASE：虽然有 DB Switch 来支持其并行服务器，但由于 DB Switch 在技术层面还未成熟，且只支持版本 12.5 以上的 ASE Server，因为 DB Switch 技术需要一台服务器充当 Switch，这会在硬件上带来一些麻烦。

DB2：具有很好的并行性。DB2 把数据库管理扩充到了并行的、多节点的环境。数据库分区是数据库的一部分，包含自己的数据、索引、配置文件和事务日志。数据库分区有时被称为节点。

3. 安全性

SQL Server 没有获得任何安全证书。

Oracle Server 获得最高认证级别的 ISO 标准认证。

Sybase ASE 获得最高认证级别的 ISO 标准认证。

DB2 获得最高认证级别的 ISO 标准认证。

4. 性能

SQL Server：多用户时性能不佳。

Oracle：性能最高，保持开放平台下的 TPC-D 和 TPC-C 的世界纪录。

Sybase ASE：性能接近于 SQL Server，但在 Unix 平台下的并发性要优于 SQL Server。

DB2：性能较高，适用于数据仓库和在线事务处理。

5. 客户端支持及应用模式

SQL Server：C/S 结构，只支持 Windows 客户，可以用 ADO，DAO，OLEDB，ODBC 连接。

Oracle：多层次网络计算，支持多种工业标准，可以用 ODBC，JDBC，OCI 等网络客户连接。

Sybase ASE：C/S 结构，可以用 ODBC，Jconnect，Ct-library 等网络客户连接。

DB2：跨平台，多层结构，支持 ODBC、JDBC 等客户。

6. 操作简便性

SQL Server：操作简单，但只有图形界面。

Oracle：较复杂，同时提供 GUI 和命令行，在 Windows NT 和 Unix 下操作相同。

Sybase ASE：较复杂，同时提供 GUI 和命令行。但 GUI 较差，常常无法及时反映状态，建议使用命令行。

DB2：操作简单，同时提供 GUI 和命令行，在 Windows NT 和 Unix 下操作相同。

7. 使用风险

SQL Server：完全重写的代码，经历了长期的测试，许多功能还需要时间来证明，并不十分兼容。

Oracle：长时间的开发经验，完全向下兼容，得到广泛的应用，完全没有风险。

Sybase ASE：向下兼容，但是 Ct-library 程序不易移植。

DB2：在巨型企业得到广泛的应用，向下兼容性好，风险小。

5.2.5.6　关系式数据库市场现状

1. 全球数据库管理系统排名

截至 2020 年，全世界最流行的两种 DBMS 是甲骨文公司旗下的 Oracle 和 MySQL，其他竞争者还有 IBM 公司的 DB2、Informix，微软公司的 SQLserver 以及开源的 MariaDB，等等。目前，甲骨文、IBM、微软和 Teradata 几家美国公司占据了大部分市场份额。国内 DBMS 企业最早源自 20 世纪 90 年代的高校，但经过多年的研发，产品的稳定性一直不足，不敢做有挑战性的性能测试，无法让市场信服。之前 DBMS 国货的市场份额非常少，而且银行、电信、电力等对数据安全要求极高的企业，不会考虑国货，一线技术人员对国产化替代积极性不高。况且，传统的数据库管理系统具有先发优势、完善的售后技术支持，系统迁移需要支付高额的迁移成本，因此企业难以迁移到新系统。但 2018 年 Gartner 最新报告《数据库的未来就是云》显示，2018 年阿里云在云数据库管理系统（DBMS）收入排名中位列全球第三，其市场份额在 DBMS 供应商中排名第三。阿里云是开源 DBMS 的开拓者，也是分布式 DBMS 的倡导者。该公司拥有全套数据库产品，包括关系型、NoSQL 和分析数据服务，再到数据库迁移工具。如今，阿里云已成功将大约 40 万个数据库迁移至云端。

DB-Engines 排名在业界权威性很高，也相对客观。DB-Engines 通过数据库相关网站数量、公众关注度、技术讨论活跃度、招聘职位、专业档案、社交网络信息等 6 个方面的统计数据综合评估各个数据库产品得分并给出综合排名。根据 DB2019 年 1 月的排名，排名前 5 为 Oracle、MySQL、MicrosoftSQLServer、PostgreSQL、MangoDB。

表 5-1　全球数据库管理系统排名

DBMS	2019 年 1 月排名	2018 年 12 月排名	2019 年 1 月得分	相比于 2018 年 12 月得分
Oracle	1	1	1268.84	−14.39
MySQL	2	2	1154.27	−6.98
Microsoft SQLServer	3	3	1040.26	−0.08
PostgreSQL	4	4	466.11	5.48

续表

DBMS	2019 年 1 月排名	2018 年 12 月排名	2019 年 1 月得分	相比于 2018 年 12 月得分
MongoDB	5	5	387.18	8.57
DB2	6	6	179.85	−0.90
Redis	7	9	149.01	2.19
Elasticsearch	8	10	143.44	−1.26
Microsoft Access	9	7	141.26	2.10
Cassandra	11	11	122.98	1.17

2. 国内数据库管理系统发展现状

目前，国内数据库厂商大多是基于开源数据库引擎开发或基于成熟数据库源码进行自主研发，但这仍然不是国产数据库的最终出路。真正的自主研发应当采用全新架构，从零开始设计和实现数据库，周期长、难度高，但是仍取得了一些进展。OceanBase 团队用了七年的时间从零开始自研成功了一款通用关系数据库，首先从淘宝收藏夹开始尝试，接着全部替换支付宝的 Oracle 数据库，最后承载蚂蚁金服 100%业务。2017 年"双十一"时期，支付宝支付峰值高达到 25.6 万笔/秒，数据库操作峰值达 4200 万次/秒，OceanBase 顺利完成了任务，以分布式架构在普通硬件上实现了金融级高可用性和性能。2016 年世界互联网大会上，OceanBas 作为国产数据库产品第一次获得世界互联网领先科技成果。在新型的云数据库市场上，近年来的互联网公司尤其是阿里云，在中国的云计算市场上占据了主导地位。POLARDB 是阿里云自研的下一代关系型云数据库，兼容 MySQL、PostgreSQL、Oracle 引擎，存储容量最高可达 100 TB，单库最多可扩展到 16 个节点，适用于企业多样化的数据库应用场景。

相对于国外的数据库产品，中国目前尚无世界级的基础软件企业。相较于起步早且发展成熟的 Oracle，国产数据库在技术储备、研发投入、产品成熟度、品牌、上下游生态环境、客户规模等方面都有很大的劣势。2016 年我国数据量软件市场规模增长至 101.45 亿元，而国产数据库占比不足 10%。另外，国内市场尚未成熟，国产软件为了抢占市场，使用低价策略，不断压缩国产软件的市场利润。数据库领域的人才竞争压力也很大，市场上对高级人才的需求量极大，进行人才储备也是目前国产数据库厂商最大的诉求。海量的用户和客户与有限的团队力量之间的矛盾是很多企业正在面临的痛点。

但是国产数据库也有自身的优势所在。国产数据库由于是本地化原厂服务，在服务上有很大优势，各个厂商都力争提供良好的服务来弥补产品上的不足。另外，国内市场用户众多，应用场景复杂程度较高，精心打磨出的数据库产品几乎可以应用到任何地方。OceanBase 成功应用于蚂蚁金服后，全球第三大电子钱包 PayTM(印度)核心系统也完全采用 OceanBase 数据库。此外，国产数据库厂商可以为用户的特殊应用场景提供定制化解决方案，可以针对用户要求对数据库进行定制开发。过去国产数据库很少受到资本市场的青睐，但近年来随着国产基础软件成熟度的不断提高，整体的投资环境越来越好，除了传统基础软件厂商之外，互联网厂商、行业集成商等也开始投入资源来研发数据库。2017 年 PingCAP 获得了由华创资本领投、多家投资机构跟投的 1500 万美元 B 轮融资，偶数科技也在 2017 年完成了共计数千万元的天使轮和 A 轮融资。

3. 国内主要厂商

总体来看，国产数据库产品已经取得了明显进展：厂商发展迅速、进入国际视野、获得权威机构认可、产品已具备金融级性能和可用性、逐渐进入大中型企业核心应用等。随着互联网、云计算的繁荣发展，分布式 IT 基础架构逐渐取代了传统的 Scale-up 架构，开源数据库开始流行并且快速增长。如今，开源数据库在全球数据库前五名中稳占三席，MySQL 受欢迎程度直逼 Oracle。与此同时，国产数据库厂商快速成长，一些明星企业产品逐渐进入政府和大中型企业的核心系统，开始了本土化的进程。在 2017 年 Gartner 数据库厂商推荐报告中，中国厂商阿里云、SequoiaDB 巨杉数据库、南大通用 Gbase 入选。在 Gartner2018 年分析型数据管理解决方案魔力象限中，南大通用、阿里云、华为入选。

中国数据库领域还出现了很多致力于解决企业业务长期以来无法解决的痛点问题的新入局者，例如 PingCAP 和偶数科技。它们都刚刚发布了产品的新版本，TiDB2.0RC1 和 OushuDatabase3.0。TiDB 是一个分布式关系型数据库，主要解决在数据量持续增长的情况下，传统单机关系型数据库面临的单点故障或单点容量限制等问题。OushuDatabase 是基于 HAWQ 打造的新一代数据仓库，采用了存储与计算分离技术架构。目前，众多国产数据库产品已经逐渐进入到众多企业系统中。巨杉数据库在金融领域表现突出，其数据库已应用在超 50 家银行用户的生产系统中。而达梦和南大通用的产品应用得更为广泛，覆盖了银行、国企、政务等众多核心行业领域。

表 5-2　部分国产数据库管理系统

软件名称	开发商	软件描述
达梦数据库（DM）	武汉华工达梦数据库有限公司	支持多个平台之间的互联互访、高效的并发控制机制、有效的查询优化策略、灵活的系统配置、各种故障恢复并提供多种备份和还原方式，具有高可靠性、支持多种多媒体数据类型、提供全文检索功能、各种管理工具简单易用、各种客户端编程接口都符合国际通用标准、用户文档齐全等特点
OpenBASE	东软集团有限公司	主要包括 OpenBASE 多媒体数据库管理系统、OpenBASEWeb 应用服务器、OpenBASEMini 嵌入式数据库管理系统、OpenBASESecure 安全数据库系统等产品
神舟 OSCAR 数据库系统	北京神舟航天软件技术有限公司	神舟 OSCAR 数据库系统基于 Client/Server 架构实现，服务器具有通常数据库管理系统的一切常见功能，提供与 Oracle、SQLServer、DB2 等主要大型商用数据库管理系统以及 TXT、ODBC 等标准格式之间的数据迁移工具。
金仓数据库管理系 KingbaseES	北京人大金仓信息技术有限公司	交互式工具 ISQL；图形化的数据转换工具；多种方式的数据备份与恢复；提供作业调度工具；方便的用户管理；支持事务处理；支持各种数据类型；提供各种操作函数；提供完整性约束；支持视图；支持存储过程/函数和触发器
iBASE	北京国信贝斯软件有限公司	包括五个部分：iBASEReliaxServer 全文检索服务器；iBASEWeb 网上资源管理与发布系统；iBASEIndexSystem 文件管理与发布系统；iBASEWebrobot 网络资源采编发系统；iBASEDMC 数据库管理中心

5.3 数据库设计

大型数据库设计既是涉及多学科的综合性技术，又是一项庞大的工程项目。它要求从事数据库设计的专业人员具备多方面的知识和技术。主要包括：

计算机的基础知识；

软件工程的原理和方法；

程序设计的方法和技巧；

数据库的基本知识；

数据库设计技术；

应用领域的知识。

只有这样才能设计出符合具体领域要求的数据库及其应用系统。

早期数据库设计主要采用手工试凑法，设计质量往往与设计人员的经验和水平有直接的关系。数据库设计是一种技艺，缺乏科学理论和工程方法的支持，设计质量难以保证。常常出现数据库运行一段时间后又不同程度地发现各种问题，需要进行修改甚至重新设计，增加了系统维护的代价。

为此，人们努力探索，提出了数据库设计的规范设计方法。典型方法有：

新奥尔良（New Orleans）方法，将数据库设计分为四个阶段；S.B.Yao 方法，将数据库设计分为五个步骤；I.R.Palmer 方法，把数据库设计当成一步接一步的过程；计算机辅助设计，比如 Oracle Designer 2000、Sybase PowerDesigner 等。

数据库工作者一直在研究和开发数据库设计工具。经过多年的努力，数据库设计工具已经实用化和产品化。这些工具软件可以辅助设计人员完成数据库设计过程中的很多任务，已经普遍地用于大型数据库设计之中。

5.3.1 数据库设计的基本步骤

按照结构化系统设计的方法，考虑数据库及其应用系统的开发全过程，将数据库开发设计分为六个阶段：需求分析阶段、概念结构设计阶段、逻辑结构设计阶段、数据库物理设计阶段、数据库实施阶段、数据库运行与维护阶段，如图 5-6 所示。

1. 需求分析阶段

该阶段应准确了解与分析用户需求（包括数据与处理），是整个设计过程的基础，是最困难、最耗费时间的一个阶段。

2. 概念结构设计阶段

该阶段是整个数据库设计的关键，通过对用户需求进行综合、归纳与抽象，形成一个独立于具体 DBMS 的概念模型。

3. 逻辑结构设计阶段

该阶段将概念结构转换为某个 DBMS 所支持的数据模型，对其进行优化。

4. 数据库物理设计阶段

该阶段为逻辑数据模型选取一个最适合应用环境的物理结构（包括存储结构和存取方法）。

5. 数据库实施阶段

该阶段运用 DBMS 提供的数据语言、工具及宿主语言，根据逻辑设计和物理设计的结果，建立数据库，编制与调试应用程序，组织数据入库，并进行试运行。

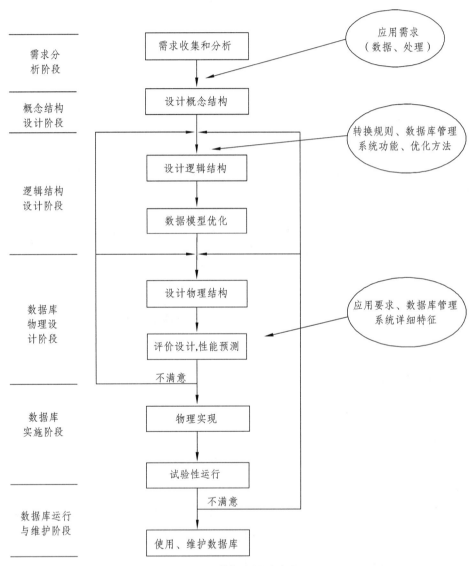

图 5-7　数据库设计步骤

6. 数据库运行和维护阶段

数据库应用系统经过试运行后即可投入正式运行。在数据库系统运行过程中必须不断地对其进行评价、调整与修改。

设计特点：

在设计过程中把数据库的设计和对数据库中数据处理的设计紧密结合起来，将这两个方面的需求分析、抽象、设计、实现在各个阶段同时进行，相互参照，相互补充，以完善两方面的设计。

设计过程各个阶段的设计描述如图 5-8 所示。

设计阶段	设计描述	
	数据	处理
需求分析	数据字典、全系统中数据项、数据流、数据存储的描述	数据流图和判定表（判定树）、数据字典中处理过程的描述
概念结构设计	概念模型（E-R图）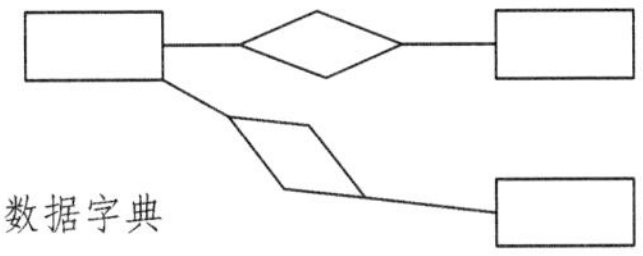数据字典	系统说明书包括： （1）新系统要求、方案和概图； （2）反映新系统信息流的数据流图
逻辑结构设计	某种数据模型关系　非关系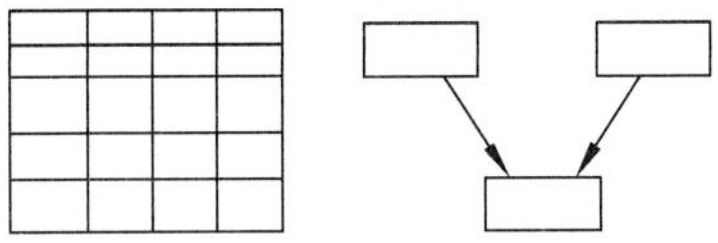	系统结构图（模块结构）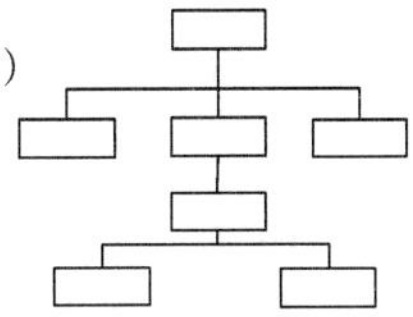
物理设计	存储安排 方法安排 存储路径建立 … … 分区1 … … 分区2	模块设计 IPO表 IOP表 … 输入： 输出： 处理：
实施阶段	编写模式 装入程序 数据库试运行 Create … Load …	程序编码 编译链接 测试 Main() … If…then … End
运行维护	性能监测、转储、恢复 数据库重组和重构	新旧系统转换、运行维护（修正性、适应性、改善性维护）

图 5-8　数据库设计各阶段的设计描述

数据库各级模式的形成过程：

需求分析阶段：综合各个用户的应用需求。

概念设计阶段：形成独立于机器特点、独立于各个 DBMS 产品的概念模式（E-R 图）。

逻辑设计阶段：首先将 E-R 图转换成具体的数据库产品支持的数据模型，如关系模型，形成数据库逻辑模式；然后根据用户处理的要求、安全性的考虑，在基本表的基础上再建立必要的视图（View），形成数据的外模式。

物理设计阶段：根据 DBMS 特点和处理的需要，进行物理存储安排，建立索引，形成数据库内模式。

5.3.2 需求分析

进行数据库设计首先必须准确了解和分析用户需求（包括数据与处理）。需求分析是整个设计过程的基础，也是最困难，最耗时的一步。需求分析是否做得充分和准确，决定了在其上构建数据库大厦的速度与质量。需求分析做得不好，会导致整个数据库设计返工重做。

数据字典是系统中各类数据描述的集合，数据字典通常包括数据项，数据结构，数据流，数据存储和处理过程 5 个阶段。

5.3.2.1 需求分析的任务

需求分析的任务是通过详细调查现实世界要处理的对象，充分了解原系统工作概况，明确用户的各种需求，然后在此基础上确定新的系统功能，新系统还得充分考虑今后可能的扩充与改变，不仅仅能够按当前应用需求来设计。

调查的重点是数据与处理，应达到信息需求，处理需求，安全性和完整性需求。信息需求：是指用户需要从数据库中获得的信息的内容和性质。由用户的信息需求可以导出数据需求，即在数据库中应该存储哪些数据。处理需求：是指用户要求完成什么处理功能，对某种处理要求的响应时间，处理方式指是联机处理还是批量处理等。明确用户的处理需求，将有利于后期应用程序模块的设计。

5.3.2.2 需求分析的方法

要进行需求分析，先是调查清楚用户的实际要求，与用户达成共识，然后分析与表达这些需求。调查用户需求的具体步骤是：

（1）调查组织机构情况。

（2）调查各部门的业务活动情况。

（3）在熟悉业务活动的基础上，协助用户明确对新系统的各种要求，包括信息要求、处理要求、安全性与完整性要求。

（4）确定新系统的边界。对前面的调查结果进行初步分析，确定哪些功能由计算机完成或将来准备让计算机完成，哪些活动由人工完成。由计算机完成的功能就是新系统应该实现的功能。

分析方法常用 SA（Structured Analysis）结构化分析方法。SA 方法从最上层的系统组织结构入手，采用自顶向下、逐层分解的方式分析系统。数据流图表达了数据和处理过程的关系，在 SA 方法中，处理过程的处理逻辑常常借助判定表或判定树来描述。在处理功能逐步分解的同时，系统中的数据也逐级分解，形成若干层次的数据流图。系统中的数据则借助数据字典（Data Dictionary，DD）来描述。

5.3.2.3 数据字典

数据字典是进行详细的数据收集和数据分析所获得的主要成果。它是关于数据库中数据的描述，即元数据，而不是数据本身。

数据字典是在需求分析阶段建立，在数据库设计过程中不断修改、充实、完善的。它通常包括数据项、数据结构、数据流、数据存储和处理过程几部分。其中数据项是数据的最小组成单位，若干个数据项可以组成一个数据结构。数据字典通过对数据项和数据结构的定义来描述数据流、数据存储的逻辑内容。

1. 数据项

数据项是不可再分的数据单位，对数据项的描述通常包括：数据项描述={数据项名，数据项含义说明，别名，数据类型，长度，取值范围，取值含义，与其他数据项的逻辑关系，数据项之间的联系}；其中，"取值范围""与其他数据项的逻辑关系"定义了数据的完整性约束条件，是设计数据检验功能的依据。

2. 数据结构

数据结构反映了数据之间的组合关系。一个数据结构可以由若干个数据项组成，也可以由若干个数据结构组成，或由若干个数据项和数据结构混合组成，对数据结构的描述通常包括：数据结构描述={数据结构名，含义说明，组成：{数据项或数据结构}}。

3. 数据流

数据流是数据结构在系统内传输的路径。对数据流的描述通常包括：数据流描述={数据流名，说明，数据流来源，数据流去向，组成：{数据结构}，平均流量，高峰期流量}；其中，"数据流来源"说明该数据流来自哪个过程；"数据流去向"说明该数据流将到哪个过程去；"平均流量"是指在单位时间（每天、每周、每月等）内的传输次数；"高峰期流量"是指在高峰时期的数据流量。

4. 数据存储

数据存储是数据结构停留或保存的地方，也是数据流的来源或去向之一。它可以是手工文档或手工凭单，也可以是计算机文档。对数据存储的描述包括：数据存储描述={数据存储名，说明，编号，输入的数据流，输出的数据流，组成：{数据结构}，数据量，存取频度，存取方式}；其中，"存取频度"指每小时、每天或每周存取次数及每次存取的数据量等信息；"存取方式"是指批处理还是联机处理、检索还是更新、顺序检索还是随机检索等；"输入的数据流"要指出来其来源，"输出的数据流"要指出其去向。

5. 处理过程

处理过程的具体处理逻辑一般用判定表或判定树来描述。数据字典中只需要描述处理过程的说明性信息即可，通常包括：处理过程描述={处理过程名，说明，输入：{数据流}，输出：{数据流}，处理：{简要说明}}；其中，"简要说明"主要说明该处理过程的功能及处理要求，功能是指该处理过程用来做什么（而不是怎么做），处理要求指处理频度要求。

5.3.3 概念结构设计

概念结构设计就是对信息世界进行建模，常用的概念模型是 E-R 模型，它是 P. P. S. Chen 于 1976 年提出来的。

概念结构设计的任务是在需求分析阶段产生的需求说明书的基础上，按照特定的方法把它们抽象为一个不依赖于任何具体机器的数据模型，即概念模型。概念模型使设计者的注意力能够从复杂的实现细节中解脱出来，而只集中在最重要的信息的组织结构和处理模式上。

概念结构设计是整个数据库设计的关键，它通过对用户需求进行综合、归纳与抽象，形成了一个独立于具体 DBMS 的概念模型。

5.3.3.1 概念结构设计的方法

设计概念结构通常有四类方法：

1. 自顶向下

该方法首先定义全局概念结构的框架，再逐步细化，如图 5-9 所示。

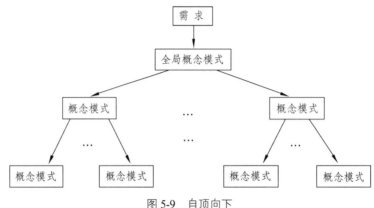

图 5-9　自顶向下

2. 自底向上

该方法首先定义各局部应用的概念结构，然后再将它们集成起来，得到全局概念结构，如图 5-10 所示。

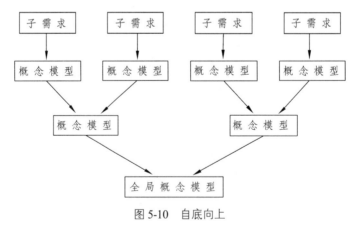

图 5-10　自底向上

3. 逐步扩张

该方法首先定义最重要的核心概念结构，然后向外扩张，以滚雪球的方式逐步生成其他的概念结构，直至总体概念结构形成，如图 5-11 所示。

4. 混合策略

该方法将自顶向下和自底向上相结合，用自顶向下策略设计一个全局概念结构的框架，以它为骨架集成由自底向上策略中设计的各局部概念结构。

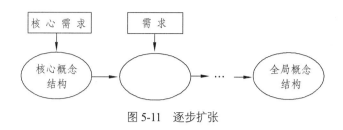

图 5-11 逐步扩张

5.3.3.2 数据抽象与局部设计图

1. 数据抽象

数据抽象是对现实世界的一种抽象,从实际的人、物、事和概念中抽取所关心的共同特性,忽略非本质的细节,把这些特性用各种概念精确地加以描述。这些概念组成了某种模型。

定义某一类概念作为现实世界中一组对象的类型。这些对象具有某些共同的特性和行为。它抽象了对象值和型之间的"is member of"的语义。在 E-R 模型中,实体型就是这种抽象。例如在学校环境中,李英是老师,表示李英是教师类型中的一员,则教师是实体型,李英是教师实体型中的一个实体值,具有教师共同的特性和行为:在某个系某个专业教学,讲授某些课程,从事某个方向的科研。

三种常用抽象:

1)分类(Classification)

分类定义某一类概念作为现实世界中一组对象的类型,这些对象具有某些共同的特性和行为,它抽象了对象值和型之间的"is member of"的语义,如图 5-12 所示。在 E-R 模型(实体-联系模型)中,实体型就是这种抽象。

图 5-12 分类

2)聚集(Aggregation)

聚集定义某一类型的组成成分,它抽象了对象内部类型和成分之间"is part of"的语义,如图 5-13 所示。在 E-R 模型中若干属性的聚集组成了实体型,就是表示这种抽象。

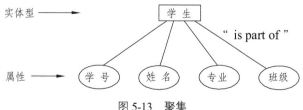

图 5-13 聚集

复杂的聚集,某一类型的成分仍是一个聚集,如图 5-14 所示。

3)概括(Generalization)

概括定义类型之间的一种子集联系,它抽象了类型之间的"is subset of"的语义,如图 5-15 所示。概括有一个很重要的性质:继承性。子类继承超类上定义的所有抽象。

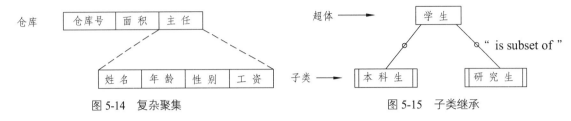

图 5-14　复杂聚集　　　　　　　　　　　　图 5-15　子类继承

数据抽象的用途：

对需求分析阶段收集到的数据进行分类、组织（聚集），形成实体、实体的属性、标识实体的关键字。确定实体之间的联系类型（1∶1，1∶n，m∶n）。

2. 局部设计图

设计分 E-R 图的步骤：

1）选择局部应用

在多层的数据流图中选择一个适当层次的数据流图，让这组图中每个部分对应一个局部应用，作为设计分 E-R 图的出发点。通常以中层数据流图作为设计分 E-R 图的依据，中层数据流图能较好地反映系统中各局部应用的子系统组成。

2）逐一设计分 E-R 图

任务：将各局部应用涉及的数据分别从数据字典中抽取出来；参照数据流图，标定各局部应用中的实体、实体的属性、标识实体的关键字；确定实体之间的联系及其类型（1∶1，1∶n，m∶n）；逐一画出每个局部应用的分 E-R 图，然后再进行适当的调整。

两条准则：属性不能再具有需要描述的性质，即属性必须是不可分的数据项，不能再由另一些属性组成；属性不能与其他实体具有联系，联系只发生在实体之间。

5.3.3.3　视图的集成

各个局部视图及分 E-R 图建立好后，还需要对它们进行合并，并集成一个整体的数据概念结构及总 E-R 图。

视图集成的两种方法：

（1）多个分 E-R 图一次集成。一次性集成多个分 E-R 图，通常用于局部视图比较简单的情况。

（2）逐步集成。用累加的方式一次集成两个分 E-R 图。

集成局部 E-R 图的步骤：合并、修改与重构（集成策略选择，比较实体关系图，统一实体关系元素，合并、重构实体关系图）。

在合并局部 E-R 图、生成初步 E-R 图的过程中，各个分 E-R 图之间必定会存在许多不一致的地方，使得各分 E-R 图之间存在冲突。冲突的种类分为三种：属性冲突、命名冲突、结构冲突。合并各分 E-R 图的主要工作与关键是合理的消除各分 E-R 图的冲突。

5.3.4　逻辑结构设计

概念结构是独立于任何一种数据模型的信息结构，逻辑结构设计的任务就是把概念结构设计阶段设计好的基本 E-R 图转换为与选用数据库管理系统产品所支持的数据模型相符合的逻辑结构。目前的数据库应用系统都采用支持关系数据模型的关系数据库管理系统，逻辑结构设计是将概念结构转换为某个 DBMS 所支持的数据模型，并将进行优化。

在这阶段，E-R 图就显得异常重要。大家要学会定义各个实体的属性来画出总体的 E-R 图。

E-R 图向关系模型的转换，要解决的问题是如何将实体性和实体间的联系转换为关系模式，以及如何确定这些关系模式的属性和关键字。

5.3.4.1　E-R 图

信息世界主要涉及以下一些概念：

1. 实体（Entity）

客观存在并可相互区别的事物称为实体。实体可以是具体的人、事、物，也可以是抽象的概念或联系，例如，一个职工、一个学生、一个部门、一门课、学生的一次选课、部门的一次订货、教师与院系的工作关系（即某位教师在某院系工作）等都是实体。

2. 属性（Attribute）

实体所具有的某一特性称为属性。一个实体可以由若干个属性来刻画。学生实体可以由学号、姓名、性别、出生年月、所在院系、入学时间等属性组成，属性组合（201315121，张山，男，199505，计算机系，2013）即表征了一个学生。

3. 关键字（Key）

唯一标识实体的属性集称为关键字。例如学号是学生实体的关键字。

4. 实体型（Entity Type）

具有相同属性的实体必然具有共同的特征和性质。用实体名及其属性名集合来抽象和刻画同类实体，称为实体型。例如，学生（学号，姓名，性别，出生年月，所在院系，入学时间）就是一个实体型。

5. 实体集（Entity Set）

同一类型实体的集合称为实体集。例如，全体学生就是一个实体集。

6. 联系（Relationship）

在现实世界中，事物内部以及事物之间是有联系的，这些联系在信息世界中反映为实体（型）内部的联系和实体（型）之间的联系。实体内部的联系通常是指组成实体的各属性之间的联系，实体之间的联系通常是指不同的实体集之间的联系，实体之间的联系有一对一、一对多和多对多等多种类型。

7. E-R 图

E-R（Entity-Relationship）图为实体-联系图，提供了表示实体型、属性和联系的方法，用来描述现实世界的概念模型。构成 E-R 图的基本要素是实体型、属性和联系（见表 5-3），其表示方法为：

实体型：用矩形表示，矩形框内写明实体名；

属性：用椭圆形表示，并用无向边将其与相应的实体连接起来；

联系：用菱形表示，菱形框内写明联系名，并用无向边分别与有关实体连接起来，同时在无向边旁标上联系的类型（$1:1$，$1:n$ 或 $m:n$）。

表 5-3 E-R 图基本要素

名称	作用	描述符号	例子	备注
实体	客观存在可相互区分的事物	实体名称	学生，汽车，课程一次选课	一般是一个名词
联系	实体之间的相互关联（关系）	联系	学生选修课程，工厂供应商品	一般是一个动词
属性	实体所具有的某一种属性	属性	学生的姓名，学号，性别等	一般是一个名词

E-R 图的设计原则：

（1）尽量减少实体集数量，能作为属性时不要作为实体集。

（2）"属性"不能再具有需要描述的性质，必须是不可分割的数据项，不能是其他属性的聚集。

（3）"属性"不能与其他实体具有联系。

（4）综合局部 E-R 图，产生出总体 E-R 图。在这个过程中，同名实体只能出现一次，并去掉不必要的联系，以便消除冗余。一般能够根据总体 E-R 图导出各个局部的 E-R 图。

（5）为了清晰表达实体之间的关系，建议把 E-R 图分解成 E-R 图+E-A 图。E-R 图集中显示实体之间的关系，而不画属性框；E-A 图单独显示每个实体及其属性。如图 5-16、图 5-17 所示。

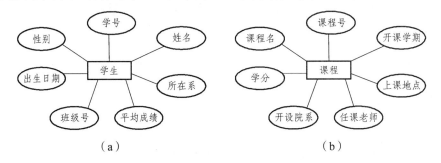

（a）   （b）

图 5-16 E-A 图

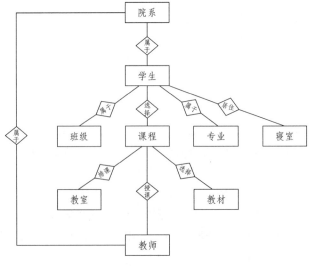

图 5-17 E-R 图

5.3.4.2　E-R 图向数据模型的转换

E-R 图向关系模型的转换要解决的问题是，如何将实体型和实体间的联系转换为关系模式，如何确定这些关系模式的属性和关键字。

关系模型的逻辑结构是一组关系模式的集合。E-R 图则是由实体型、实体的属性和实体型之间的联系三个要素组成的，所以将 E-R 图转换为关系模型实际上就是要将实体型、实体的属性和实体型之间的联系转换为关系模式，下面介绍转换的一般原则。一个实体型转换为一个关系模式，关系的属性就是实体的属性，关系的关键字也就是实体的关键字。

转换一般遵循如下规则：

（1）一个实体型转换为一个关系模式。实体的属性就是关系的属性，实体的关键字也就是关系的关键字。例如，学生实体可以转换为如下关系模式，其中学号为学生关系的关键字：学生（学号，姓名，出生日期，所在系，年级，平均成绩）。同样，性别、宿舍、班级、档案材料、教师、课程、教室、教科书都分别转换为一个关系模式。

（2）一个联系转化为一个关系模式。与该种联系相连的各实体的关键字以及联系的属性转化为关系的属性，该种关系的关键字的情况则有三种情况：若联系为 $1:1$，则每个实体的关键字均是该种关系的候选关键字；若联系为 $1:n$，则关系的关键字为 n 端实体的关键字；若联系为 $m:n$，则关系的关键字为诸实体关键字的组合。

① 联系为 $1:1$。

一个 $1:1$ 联系可以转换为一个独立的关系模式，也可以与任意一端对应的关系模式合并。

如果转换为一个独立的关系模式，则与该联系相连的各实体的关键字以及联系本身的属性均转换为关系的属性，每个实体的关键字均是该关系的候选关键字。

如果与某一端对应的关系模式合并，则需要在该关系模式的属性中加入另一个关系模式的关键字和联系本身的属性。

例如，"管理"联系为 $1:1$ 联系，我们可以将其转换为一个独立的关系模式：管理（职工号，班级号）或 管理（职工号，班级号）。

管理联系也可以与班级或教师关系模式合并。如果与班级关系模式合并，则只需在班级关系中加入教师关系的关键字，即职工号：

班级（班级号，学生人数，职工号）

同样，如果与教师关系模式合并，则只需在教师关系中加入班级关系的关键字，即班级号：

教师（职工号，姓名，性别，职称，班级号，是否为优秀班主任）

② 联系为 $1:n$。

一个 $1:n$ 联系可以转换为一个独立的关系模式，也可以与 n 端对应的关系模式合并。

如果转换为一个独立的关系模式，则与该联系相连的各实体的关键字以及联系本身的属性均转换为关系的属性，而关系的关键字为 n 端实体的关键字。

如果与 n 端对应的关系模式合并，则在 n 端实体对应模式中加入 1 端实体所对应关系模式的关键字，以及联系本身的属性。而关系的关键字为 n 端实体的关键字。

例如，"组成"联系为 $1:n$ 联系，将其转换为关系模式。一种方法是使其成为一个独立的关系模式：组成（学号，班级号）；其中，学号为"组成"关系的关键字。另一种方法是将其与学生关系模式合并，这时学生关系模式为：学生（学号，姓名，出生日期，所在系，年级，班级号，平均成绩）。后一种方法可以减少系统中的关系个数，一般情况下更倾向于采用这种方法。

③ 联系为 $m:n$。

一个 $m:n$ 联系转换为一个关系模式，与该联系相连的各实体的关键字以及联系本身的属性均转换为关系的属性。而关系的关键字为各实体关键字的组合。

例如，"选修"联系是一个 $m:n$ 联系，可以将它转换为如下关系模式，其中学号与课程号为关系的组合关键字：

选课（学号，课程号，成绩）

（3）三个或三个以上实体间的一个多元联系转换为一个关系模式。与该多元联系相连的各实体的关键字以及联系本身的属性均转换为关系的属性。而关系的关键字为各实体关键字组合。

例如，"排课"联系是一个四元联系，可以将它转换为如下关系模式，其中课程号、教师号、教室和书号为关系的组合关键字：

排课（课程号，教师号，教室编号，书号）

（4）同一实体集的实体间的联系，即自联系，也可按上述 $1:1$、$1:n$ 和 $m:n$ 三种情况分别处理。

例如，如果教师实体集内部存在领导与被领导的 $1:n$ 自联系，我们可以将该联系与教师实体合并，这时主关键字职工号将多次出现，但作用不同，可用不同的属性名加以区分，比如在合并后的关系模式中，主关键字仍为职工号，再增设一个"系主任"属性，存放相应系主任的职工号。

（5）具有相同关键字的关系模式可合并。

为了减少系统中的关系个数，如果两个关系模式具有相同的主关键字，可以考虑将它们合并为一个关系模式。合并方法是将其中一个关系模式的全部属性加入另一个关系模式中，然后去掉其中的同义属性（可能同名也可能不同名），并适当调整属性的次序。

例如，我们有一个"拥有"关系模式：拥有（学号，性别）；有一个学生关系模式：学生（学号，姓名，出生日期，所在系，年级，班级号，平均成绩）。

这两个关系模式都以学号为关键字，我们可以将它们合并为一个关系模式，假设合并后的关系模式仍叫学生：

学生（学号，姓名，性别，出生日期，所在系，年级，班级号，平均成绩）

按照上述原则，学生管理子系统中的 18 个实体和联系可以转换为下列关系模型：

学生（学号，姓名，性别，出生日期，所在系，年级，班级号，档案号）

院系（院系编号，名称，院长职工号，办公地址，电话）

宿舍（宿舍楼，宿舍编号，地址，性别，人数）

学生分配宿舍（学号，宿舍编号）

班级（班级号，学生人数）

教师（职工号，姓名，性别，职称，班级号，是否为优秀班主任）

课程（课程号，课程名，学分，开课院系编号）

选课（学号，课程号，成绩）

教科书（书号，书名，价钱）

教室（教室编号，地址，容量）

排课（课程号，教师号，教室编号，书号）

该关系模型由 11 个关系模式组成。其中，学生关系模式包含了"拥有"联系、"组成"联系、"归档"联系所对应的关系模式；教师关系模式包含了"管理"联系所对应的关系模式；宿舍关系模式包含了"住宿"联系所对应的关系模式；课程关系模式包含了"开设"联系所对应的关系模式。

5.3.4.3 数据模型的优化

数据库逻辑设计的结果不是唯一的。为了进一步提高数据库应用系统的性能，通常以规范化理论为指导，进行适当的修改，调整数据模型的结构，这就是数据模型的优化。数据模型的优化方法为：

（1）确定数据依赖。

（2）对于各个关系模式之间的数据依赖进行极小化处理，消除冗余的联系。

（3）按照数据依赖的理论对关系模式逐一进行分析，考查是否存在部分函数依赖、传递函数依赖、多值依赖等，确定各关系模式分别属于第几范式。

（4）按照需求分析阶段得到的各种应用对数据处理的要求，分析对于这样的应用环境这些模式是否合适，确定是否要对它们进行合并或分解。

需要注意的是：并不是规范化程度越高的关系就越优越。对于一个具体的运算来说，到底应规范到什么程度，需要权衡响应时间和潜在问题两者之间的利弊来做决定。

（5）对关系模式进行必要的分解，提高数据操作的效率和存储空间的利用率。常用的分解方法有水平分解和垂直分解两种。

规范化理论为数据库设计人员判断关系模式优劣提供了理论标准，可用来预测模式可能出现的问题，使数据库设计工作有了严格的理论基础。

5.3.4.4 设计用户子模式

将概念模型转换为全局逻辑模型后，还应该根据局部应用需求，结合具体关系数据库管理系统的特点设计用户的外模式。

目前关系数据库管理系统一般都提供了视图概念，可以利用这一功能设计更符合局部用户需要的用户外模式。

定义数据库全局模式主要是从系统的时间效率、空间效率、易维护等角度出发。由于用户外模式与模式是相对独立的，因此在定义用户外模式时可以注重考虑用户的习惯与方便。具体包括以下几方面：

（1）使用更符合用户习惯的别名。在合并各分 E-R 图时曾做过消除命名冲突的工作以使数据库系统中同一关系和属性具有唯一的名字。这在设计数据库整体结构时是非常必要的。用视图机制可以在设计用户视图时重新定义某些属性名，使其与用户习惯一致，以方便使用。

（2）可以对不同级别的用户定义不同的视图，以保证系统的安全性。假设有关系模式产品（产品号，产品名，规格，单价，生产车间，生产负责人，产品成本，产品合格率，质量等级），可以在产品关系上建立以下两个视图：

为一般顾客建立视图：产品 1（产品号，产品名，规格，单价）；为产品销售部门建立视图：产品 2（产品号，产品名，规格，单价，车间，生产负责人）。

顾客视图中只包含允许顾客查询的属性，销售部门视图中只包含允许销售部门查询的属性，生产领导部门则可以查询全部产品数据。这样就可以防止用户非法访问本来不允许其查询的数据，保证了系统的安全性。

（3）简化用户对系统的使用。如果某些局部应用中经常要使用某些很复杂的查询，为了方便用户，可以将这些复杂查询定义为视图，用户每次只对定义好的视图进行查询，大大简化了用户的使用。

5.3.5　数据库物理设计

物理设计是为逻辑数据结构模型选取一个最适合应用环境的物理结构（包括存储结构和存取方法）过程。

对物理结构进行评价，评价的重点是时间和空间效率。

如果评价结构满足原设计要求，则可进入到物理实施阶段，否则，就需要重新设计或修改物理结构，有时甚至要返回逻辑设计阶段修改数据模型。

不同的数据库产品所提供的物理环境、存取方法和存储结构有很大差别，能供设计人员使用的设计变量、参数范围也很不相同，没有通用的物理设计方法可遵循，只能给出一般的设计内容和原则。

设计目标：数据库上运行的各种事务响应时间小、存储空间利用率高、事务吞吐率大。首先对要进行的事务进行详细分析，获得选择物理数据库设计所需要的参数；其次，要充分了解所用关系数据库管理系统的内部特征，特别是系统所提供的存取方法和存储结构。

　1. 确定数据库的存取方法

以下是确定关系的存取方法的依据：

（1）对于数据库查询事务，需要得到：查询的关系，查询条件所涉及的属性，连接条件所涉及的属性，查询的投影属性。

（2）对于数据更新事务，需要得到：被更新的关系，每个关系上的更新操作条件所涉及的属性，修改操作要改变的属性值。

（3）除此之外，还需要制定每个事务在各关系上运行的频率和性能要求。

通常关系数据库物理设计的内容主要包括为关系模式选择存取方法，以及设计关系、索引等数据库文件的物理存储结构。

数据库系统是多用户共享的系统，对同一个关系要建立多条存取路径才能满足多用户的多种应用要求。物理结构设计的任务之一是根据关系数据库管理系统支持的存取方法确定选择哪些存取方法。

存取方法是快速存取数据库中数据的技术。常用的存取方法有三类：索引方法，目前主要是 B+树索引方法；Hash 方法；聚簇方法（Clustering）。

　1）B+树索引方法

所谓选择索引存取方法，实际上就是根据应用要求确定对应关系的哪些属性列建立索引，哪些属性列建立组合索引，哪些索引要设计唯一索引。

（1）如果一个（或一组）属性经常在查询条件中出现，则考虑在这个（或这组）属性上建立索引（或组合索引）。

（2）如果一个属性经常作为最大值和最小值等聚集函数的参数，则考虑在这个属性上建立索引。

（3）如果一个（或一组）属性经常在连接操作的连接条件中出现，则考虑在这个（或这组）

属性上建立索引。

2）Hash 索引方法

选择 Hash 存取方法的规则：如果一个关系的属性主要出现在等值连接条件中或主要出现在等值比较选择条件中，而且满足下列两个条件之一，则此关系可以选择 Hash 存取方法：

（1）一个关系的大小可预知，而且不变。

（2）关系的大小动态改变，但数据库管理系统提供了动态 Hash 存取方法。

3）聚簇存取方法

为了提高某个属性（或属性组）的查询速度，把这个或这些属性上具有相同值的元组集中存放在连续的物理块中称为聚簇。该属性（或属性组）称为聚簇关键字。

聚簇功能可以大大提高按聚簇关键字进行查询的效率。

聚簇功能不单适用于单个关系，也适用于经常进行连接操作的多个关系，即把多个连接关系的元组按连接属性值聚集存放。这就相当于把多个关系按"预连接"的形式存放，从而大大提高连接操作的效率。

一个数据库可以连接多个聚簇，一个关系只能加入一个聚簇。这样聚簇存取方法需要确定要建立多少个聚簇，每个聚簇中包括哪些关系。

首先设计候选聚簇，一般来说：

（1）对经常在一起进行连接操作的关系可以建立聚簇。

（2）如果一个关系的一组属性经常出现在相等比较条件中，则该单个关系可建立聚簇。

（3）如果一个关系的一个（或一组）属性上的值重复率很高，则此单个关系可建立聚簇。即对应每个聚簇关键字值的平均元组数不能太少，太少则聚簇的效果不明显。

然后检查候选聚簇中的关系，取消其中不必要的关系，从聚簇中删除经常进行全表扫描的关系，从聚簇中删除更新操作远多于连接操作的关系。

最后，不同的聚簇中可能包含相同的关系，一个关系可以在某一个聚簇中，但不能同时加入多个聚簇。要从这多个聚簇方案（包括不建立聚簇）中选择一个较优的，即在这个聚簇上运行各种事务的总代价最小。

2. 确定数据库的存储结构

确定数据库物理结构主要指确定数据的存放位置和结构，包括确定关系、索引、聚簇、日志、备份等的存储安排和存储结构，确定系统配置等。

确定数据的存放位置和存储结构要综合考虑存取时间、存储空间利用率和维护代价三方面的因素。这三个方面常常是相互矛盾的，因此需要进行权衡，选择一个折中方案。

1）确定数据的存放位置

为了提高系统性能，应根据应用情况将数据的易变部分与稳定部分、经常存取部分和存取频率较低部分分开存放。

2）确定系统配置

关系数据库管理系统产品一般都提供了一些系统配置变量和存储分配参数，供设计人员和数据库管理员对数据库进行物理优化。

3）评价物理结构

数据库物理设计过程中需要对时间效率、空间效率、维护代价和各种用户要求进行权衡，其结果可以产生多种方案。评价物理数据库的方法完全依赖于所选用的关系数据库管理系统，主要是从定量估算各种方案的存储空间、存取时间和维护代价入手，对估算结果进行权衡、比较，选择出一个较优的、合理的物理结构。

5.3.6 数据库实施

数据库实施阶段，设计人员运用DBMS提供的数据库语言（如SQL）及其宿主语言，根据逻辑设计和物理设计的结果建立数据库，编制和调试应用程序，组织数据入库，并进行试运行。

数据库实施阶段包括两项重要的工作，一项是数据的载入，另一项是应用程序的编码和调试。

一般数据库系统中数据量都很大，而且数据来源于部门中的各个不同的单位，数据的组织方式、结构和格式都与新设计的数据库系统有相当的差距。组织数据载入就要将各类源数据从各个局部应用中抽取出来，输入计算机，再分类转换，最后综合成符合新设计的数据库结构的形式，输入数据库。因此，其数据转换、组织入库的工作是相当费力、费时的。

特别是原系统是手工数据处理系统时，各类数据分散在各种不同的原始表格、凭证单据之中。在向新的数据库系统中输入数据时还要处理大量的纸质文件，工作量就更大。为提高数据输入工作的效率和质量，应该针对具体的应用环境设计一个数据录入子系统，由计算机来完成数据入库的任务。在源数据入库之前要采用多种方法对其进行检验，以防止不正确的数据入库，这部分的工作在整个数据输入子系统中是非常重要的。现有的关系数据库管理系统一般都提供不同关系数据库管理系统之间数据转换的工具，若原来是数据库系统，就要充分利用新系统的数据转换工具。

数据库应用程序的设计应该与数据库设计同时进行，因此在组织数据入库的同时还要调试应用程序。

5.3.7 数据运行与维护

数据库应用系统经过试运行后，即可投入正式运行，在数据库系统运行过程中必须不断地对其进行评价、调整、修改。

在数据库运行阶段，对数据库经常性的维护工作主要是由数据库管理员完成的。数据库的维护工作主要包括以下几方面。

1. 数据库的转储和恢复

数据库的转储和恢复是系统正式运行后最重要的维护工作之一。数据库管理员要针对不同的应用要求制定不同的转储计划，以保证一旦发生故障能尽快将数据库恢复到某种运行时的状态，并尽可能减少对数据库的破坏。

2. 数据库的安全性、完整性控制

在数据库运行过程中，由于应用环境的变化，对安全性的要求也会发生变化，比如有的数据原来是机密的，现在则可以公开查询，而新加入的数据又可能是机密的。系统中用户的密级也会改变。这些都需要数据库管理员根据实际情况修改原有的安全性控制。同样数据库的完整性约束条件也会变化，也需要数据库管理员不断修正，以满足用户要求。

3. 数据库性能的监督、分析和改进

在数据库运行过程中，监督系统运行，对监测数据进行分析，找出改进系统性能的方法是数据库管理员的又一重要任务。目前有些关系数据库管理系统提供了监测系统性能参数的工具，数据库管理员可以利用这些工具方便地得到系统运行过程中一系列性能参数的值。数据库管理员应仔细分析这些数据，判断当前系统运行状况是否为最佳，应当做哪些改进，例如调整系统物理参数或对数据库进行重组织或重构造等。

4. 数据库的重组织与重构造

数据库运行一段时间后，由于记录不断增、删、改，会使数据库的物理存储情况变坏，降低数据的存取效率，使数据库性能下降，这时数据库管理员就要对数据库进行重组织或部分重组织（只对频繁增、删的表进行重组织）。关系数据库管理系统一般都提供数据重组织用的实用程序。在重组织的过程中，按原设计要求重新安排存储位置、回收垃圾、减少指针链等，提高系统性能。

5.4 关系数据库标准语言 SQL

5.4.1 SQL 概述

结构化查询语言（Structured Query Language，SQL）是一种特殊目的的编程语言——数据库查询和程序设计语言，用于存取数据以及查询、更新和管理关系数据库系统，同时也被定义为数据库脚本文件的扩展名。

1986 年 10 月，美国国家标准协会对 SQL 进行规范后，以此作为关系式数据库管理系统的标准语言（ANSI X3. 135-1986），1987 年在国际标准组织的支持下成为国际标准。不过各种通行的数据库系统在其实践过程中都对 SQL 规范作了某些编改和扩充。所以，实际上不同数据库系统之间的 SQL 不能完全相互通用。

结构化查询语言 SQL 是最重要的关系数据库操作语言，并且它的影响已经超出数据库领域，得到其他领域的重视和采用，如人工智能领域的数据检索，第四代软件开发工具中嵌入 SQL 的语言等。

5.4.1.1　SQL 的特点

SQL 语言是一种功能强大、通用性好又简单易学的语言，因此能为用户和业界所接受，并成为国际标准。SQL 集数据查询（Data Query）、数据操作（Data Manipulation）、数据定义（Data Definition）和数据控制（Data Control）功能于一体，充分体现了关系数据语言的优越性。SQL 的主要特点如下：

1. 综合统一

SQL 语言集数据定义语言（DDL）、数据操纵语言（DML）、数据控制语言（DCL）的功能于一体，语言风格统一，可以独立完成数据库生命周期中的全部活动，包括定义关系模式、建立数据库、插入数据、对数据库中数据进行查询和更新、重构和维护数据库、数据库安全性和完整性控制等一系列操作要求，这就为数据库应用系统的开发提供了良好的环境。用户在数据库系统投入运行后，还可根据需要随时、逐步地修改模式，且不影响数据库的运行，从而使系统具有良好的可扩展性。

2. 高度非过程化

用 SQL 进行数据操作，用户只需要指出"做什么"，而不需要指出"怎么做"，因此用户无须了解数据的存放位置和存取路径，数据的存取和整个 SQL 语句的操作过程由系统自动完成。这种高度非过程化的特性大大减轻了用户负担，并且有利于提高数据独立性。

3. 面向集合的操作方式

SQL 采用集合操作方式，不仅查询的结果可以是元组的集合，而且一次插入、更新、删除操作的对象也可以是元组的集合。

4. 以同一种语法结构提供多种使用方式

SQL 的使用方式非常灵活，用户不仅可以输入 SQL 语句来对数据库进行操作，即直接通过 SQL 实现人机交互，还可以将 SQL 语句嵌入到其他高级语言（C、C++、JAVA 等）程序中来使用。

5. 简洁易学，灵活易用

虽然 SQL 语言功能强大，但是设计巧妙、语言简洁，只有少量的关键字，而且语法简单，接近英语语法，学习起来非常容易。SQL 的所有核心功能只需要 9 个动词，如表 5-4 所示。

表 5-4　SQL 核心功能动词

SQL 功能	动　词		
数据定义	CREATE	DROP	ALTER
数据查询	SELECT		
数据操纵	INSERT	UPDATE	DELETE
数据控制	GRANT	REVOKE	

5.4.1.2　SQL 语言的基本概念

SQL 语言支持数据库的三级模式结构。其中外模式对应于视图和部分基本表，内模式对应于存储文件。

在 SQL 语言中，一个数据库系统所涉及的所有基本表构成了数据库的模式。基本表是本身独立存在的表，在 SQL 中一个关系对应一个基本表，基本表是按照数据全局逻辑模式（即模式）建立的。一个基本表对应一个存储文件，一个表可以带若干索引，索引也存放在存储文件中。

在 SQL 中，被用户直接使用的基本表和视图构成了数据的外模式。不同的用户所用到的视图和基本表可以不同，因此一个数据库系统可以有多个外模式。

视图是根据一个或多个基本表导出的表，不独立存储在数据库中，数据库中只存放视图的定义，而不直接存放视图对应的数据，这些数据仍存放在与视图相关的基本表中，因此说视图是一个虚表。

基本表中的数据被组织成数据文件存储在数据库中。通常，一个基本表中的数据存放在一个数据存储文件中。这个存储文件可以由系统指定，也可以由用户指定。为了提高数据查询速度，可以对基本表建立索引，索引页被组织成数据存储文件。数据库的存储文件和它们的索引就构成了数据库的内模式。

在 SQL 中，一个关系对应一个基本表，一个或多个基本表对应一个数据存储文件，一个基本表可以有若干索引。

5.4.2 数据定义

SQL 的数据定义语言包括模式定义、表定义、视图和索引的定义等。SQL 的数据定义语句如表 5-5 所示。

表 5-5　SQL 的数据定义语句

操作对象	操作方式		
	创建	删除	修改
模式	CREATE SCHEMA	DROP SCHEMA	
表	CREATE TABLE	DROP TABLE	ALTER TABLE
视图	CREATE VIEW	DROP VIEW	
索引	CREATE INDEX	DROP INDEX	

SQL 标准通常不提供修改模式定义、修改视图定义和修改索引定义操作。用户如果需要修改这些对象，只能先将它们删除，然后再重新建立。

5.4.2.1　模式的创建、撤销

1. SQL 模式的创建

CREATE SCHEMA <模式名> AUTHORIZATION <用户名>

但是由于"SQL 模式"这个名称学术味太浓，因此大多数 DBMS 中不愿采用这个名称，而是用"数据库（Database）"这个名词，因此创建语句往往为：

CREATE DATABASE <模式名>

2. SQL 模式的撤销

DROP SCHEMA <模式名> [CASCADE|RESTRICT]

撤销方式有两种，CASCADE（连锁式）方式将会把 SQL 模式及其下属的基本表、视图、索引等所有元素全部撤销；RESTRICT（约束式）方式只有当 SQL 模式中没有任何下属元素时，才能撤销 SQL 模式，否则拒绝执行 DROP 语句。

5.4.2.2　基本表的创建、修改和撤销

1. 基本表的创建

CREATE TABLE <表名>
（ <列名 1> <类型> [<该列的完整性约束>]
[, <列名 2> <类型> [<该列的完整性约束>]]…
[<，表级完整性约束>] ）

<该列的完整性约束>：该列上数据必须符合的条件。最常见的有：

NOT NULL：该列值不能为空；

NULL：该列值可以为空；

UNIQUE：该列值不能有相同者；

DEFAULT：该列上某值未定义时的默认值。

<表级完整性约束>：对整个表的一些约束条件，常见的有定义主关键字（外来关键字）、各列上数据必须符合的关联条件等。

主键是作为表的行的唯一标识的候选关键字，主键子句为：

PRIMARY KEY（主键名）

如果公共关键字在一个关系中是主关键字，那么这个公共关键字被称为另一个关系的外键。由此可见，外键表示了两个关系之间的相关联系，并可以作为参照关系，外键子句为：

FOREIGN KEY（外键名）REFERENCES <参照表名>（参照的主键）

2. 基本表的修改和撤销

基本表的结构是可以随环境的变化而修改的，即根据需要增加、修改或删除其中一列（或完整性约束条件等）。

ALTER TABLE<表名>
[ADD <列名> <数据类型>[完整性约束]]
[DROP <列名>]
[MODIFY <列名> <数据类型>[完整性约束]]

3. 增加新属性

ALTER TABLE <基本表名> ADD <新属性名> <新属性类型>

4. 删除原有属性

ALTER TABLE <基本表名> DROP <属性名> [CASCADE|RESTRICT]
这里 CASCADE 和 RESTRICT 的作用与 DROP 中相同。

5. 基本表的撤销

DROP TABLE <表名> [CASCADE|RESTRICT]

5.4.2.3 索引的建立、删除

在一个基本表上，可建立若干索引。有了索引，可以加快查询速度。

1. 索引的建立

CREATE[UNIQUE]INDEX <索引名>
ON <表名>（<列名> [ASC|DESC]）…
本语句为规定<表名>建立一索引，索引名为<索引名>。

UNIQUE 表示此索引的每一个索引值只对应唯一的数据记录，ASC 表示索引值按升序排列，DESC 表示索引值按降序排列，默认为 ASC。

2. 索引的删除

DROP INDEX <索引名>
本语句将删除规定的索引。该索引在数据字典中的描述也将被删除。

5.4.3 查　询

数据查询是数据库的核心操作，SQL 提供了 SELECT 语句进行数据查询。SELECT 语句除

了可以查看数据库中的表格和视图的信息外，还可以查看 SQL Server 的系统信息，复制、创建数据表。查询功能很强大，是 SQL 语言的关键语句，也是 SQL 中使用频率最高的语句。

一个基本的 SELECT 语句可以分解成三个部分：查找什么数据（SELECT）、从哪里查找（FROM）、查找的条件是什么（WHERE）。

SELECT 语句的一般格式如下：

```
SELECT <目标列表达式列表>
[INTO 新表名]
FROM 表名或视图名
[WHERE <条件>]
[GROUP BY <分组表达式>]
[HAVING <条件>]
[ORDER BY <排序表达式>[ASC|DESC]]
```

5.4.3.1 单表查询

1. 选择表中的若干列

1) 查询全部列

```
SELECT * FROM STUDENT
```

2) 查询经过计算的列

```
SELECT 2012-AGE FROM STUDENT
//2012-AGE 不是列名，而是一个表达式，计算学生的出生年份
SELECT 'YEAR OF BIRTH' BIRTH, ISLOWER（SDEPT）DEPARTMENT FROM STUDENT
//BIRTH，DEPARTMENT 是列表达式的别名，且 DEPARTMENT 列用小写字母显示
```

2. 选择表中的若干元组

1) 查询时取消取值重复的行

```
SELECT DISTINCT SNO FROM SC //去掉表中重复的行必须写出关键词 DISTINCT,如果没有指定，//缺省值为 ALL
```

2）查询满足条件的元组

（1）比较大小。

查询计算机系全体学生的名单

```
SELECT NAME FROM STUDENT WHERE SDEPT='CS' //有字符必须加单引号，数字可以不加
```

查询年龄 20 岁以下的学生姓名及其年龄：

```
SELECT NAME, AGE
FROM STUDENT
WHERE AGE<20
OR
SELECT NAME, AGE
FROM STUDENT
WHERE NOT AGE>=20
```

查询考试不及格学生的学号：

SELECT DISTINCT SNO

FROM COURSE

WHERE GRADE<60   //这里使用 DISTINCT 短语，当一个学生多门课不及格，他的学号也只显示一次

（2）确定范围。

查找年龄在 20~23 岁（包括 20 和 23 岁）的学生的姓名、系别：

SELECT SNAME，SDEPT FROM STUDENT WHERE AGE BETWEEN 20 AND 23

查找年龄不在 20~23 岁（包括 20 和 23 岁）的学生的姓名，系别：

SELECT SNAME，SDEPT FROM STUDENT WHERE AGE NOT BETWEEN 20 AND 23

（3）确定集合。

查找信息系（IS），数学系（MATH）学生的姓名和性别

SELECT SNAME, SEX FROM STUDENT WHERE SDEPT IN ('IS', 'MATH')//谓词 IN 用来查//找属性值属于指定集合的元组，与 IN 相对的 NOT IN，可用于查找属性值不属于指定集合的//元组。

（4）字符匹配。

谓词 like 可以用来进行字符串的匹配，一般语法格式如下：

like '匹配串'

匹配串既可以是一个完整的字符串，也可以含有通配符%和_，%（百分号）代表任意长度（可以为 0）的字符串，_（下横线）代表任意单个字符。

查询学号为 001 的学生的信息：

SELECT * FROM STUDENT WHERE SNO='001' //匹配串中不含通配符时，可以用=代替 LIKE，用! //=或>、<代替 NOT LIKE

查找所有姓刘的学生的信息：

SELECT * FROM STUDENT WHERE SNAME LIKE '刘%'

查询姓张且全名为 3 个汉字的学生的姓名：

SELECT SNAME FROM STUDENT WHERE SNAME LIKE '张＿＿＿＿' //一个汉字占两个字符的位置，//所以匹配串后面跟 4 个下横线

（5）空值查询。

查询没有成绩的学生的学号和课程号：

SELECT SNO, CNO FROM SC WHERE GRADE IS NULL   //注意，这里的 IS 不能用=代替

查询所有有成绩的学生的学号和课程号：

SELECT SNO，CNO FROM SC WHERE GRADE IS NOT NULL

（6）多重条件查询。

AND 和 OR 可以连接多个查询条件，AND 的优先级高于 OR，用户可以用括号改变优先级。

查询计算机系年龄在 20 岁以下的学生的姓名：

SELECT SNAME FROM STUDENT WHERE SDEPT='CS' AND AGE<20

3. 对查询结果排序

ORDER BY 子句对查询结果按照一个或多个属性列的升序（ASC）或降序（DESC）排列，缺省值为升序。

查询选修了 3 号课程的学生的学号及其成绩，结果按分数降序排列：

SELECT SNO，GRADE FROM SC WHERE CNO='3' ORDER BY GRADE DESC

升序排列时，含空值的元组将最后显示；降序排列时，含空值的元组将最先显示。

4. 使用集函数

```
COUNT DISTINCT/ALL *        //计算元组个数
COUNT DISTINCT/ALL 列名      //统计一列中值的个数
SUM   DISTINCT/ALL 列名      //计算一列值的总和，此列必须是数值型
AVG   DISTINCT/ALL 列名      //计算一列值的平均值，此列必须是数值型
MAX   DISTINCT/ALL 列名      //计算一列值的最大值
MIN   DISTINCT/ALL 列名      //计算一列值的最小值
```

如果指定 DISTINCT，计算时取消重复值；默认为 ALL，表示不取消重复值。

查询学生总人数：

SELECT COUNT * FROM STUDENT

查询选修了课程的学生人数：

SELECT COUNT (DISTINCT SNO) FROM SC

计算 1 号课程的学生平均成绩：

SELECT AVG (GRADE) FROM SC WHERE CNO='1'

查询选修 1 号课程的学生最高分数：

SELECT MAX (GRADE) FROM SC WHERE CNO='1'

5. 对查询结果分组

GROUP BY 子句对查询结果按某一列或多列值分组，值相等的为一组。

求各个课程号及相应的选课人数：

SELECT CNO, COUNT (SNO)

FROM SC   //该语句对查询结果按 CNO 分组，具有相同 CNO 值的为一组，然后
//对每一组用集函数 COUNT 计算。

GROUP BY CNO

//求得该组的学生人数

查询选修了 3 门以上课程的学生学号：

SELECT SNO

FROM SC

GROUP BY SNO   //这里先用 GROUP BY 子句按 SNO 进行分组,再用集函数 COUNT
对每一组//计数。

HAVING COUNT（*）>3   //HAVING 短语指定选择组的条件，只有满足条件的组才会被
选出来。

WHERE 子句和 HAVING 短语的区别在于作用对象的不同。WHERE 子句作用于基本表或视图，从中选择满足条件的元组。having 短语作用于组，从中选择满足条件的组。

5.4.3.2 连续查询

1. 连续查询语法

连续查询的语法如下：

CREATE CONTINUOUS QUERY <cq_name> ON <database_name> [RESAMPLE [EVERY <interval>][FOR<interval>]]BEGIN SELECT <function>(<stuff>)[, <function>（<stuff>）] INTO <different_measurement> FROM <current_measurement> [WHERE <stuff>] GROUP BY time (<interval>)[, <stuff>] END

2. 指定连续查询的时间范围

可以使用 RESAMPLE FOR 关键词来指定连续查询的时间范围，比如，每次执行都对 1 小时内的数据进行连续查询：

CREATE CONTINUOUS QUERY vampires_1 ON transylvania RESAMPLE FOR 60m BEGIN SELECT count (dracula) INTO vampire_populations_1 FROM raw_vampires GROUP BY time (30 m) END

这个语句每次会将 1 小时的数据执行连续查询，也就是说，每次执行时，会将 now()到 now()-30 m 和 now()-30 m 到 now()-60 m 分别做连续查询，这样我们就可以手动指定连续查询的时间范围了。

3. 指定连续查询的执行频次

可以使用 RESAMPLE EVERY 关键词来指定连续查询的执行频次。比如，指定连续查询的执行频次为每 15 分钟执行一次：

CREATE CONTINUOUS QUERY vampires ON transylvania RESAMPLE EVERY 15m BEGIN SELECT count (dracula) INTO vampire_populations FROM raw_vampires GROUP BY time (30 m) END

这样，连续查询会每隔 15 分钟执行一次。

4. 同时指定连续查询的范围和频次

将 RESAMPLE FOR 和 EVERY 关键词同时使用，可以同时指定连续查询的范围和频次，如下：

CREATE CONTINUOUS QUERY vampires_2 ON transylvania RESAMPLE EVERY 15m FOR 60m BEGIN SELECT count (Dracula) INTO vampire_populations_2 FROM raw_vampires GROUP BY time (30 m) END

这个语句指定连续查询每 15 分钟执行一次，每次执行的范围为 60 分钟。

5.4.3.3 嵌套查询

嵌套查询定义：① 指在一个外层查询中包含有另一个内层查询，其中外层查询称为主查询，内层查询称为子查询；② SQL 允许多层嵌套，由内而外地进行分析，子查询的结果作为主查询的查询条件；③ 子查询中一般不使用 ORDER BY 子句，只能对最终查询结果进行排序。

嵌套查询是包含一个或多个子查询或者子查询的另一个术语的 SELECT 语句。

在一个 SELECT 语句的 WHERE 子句或 HAVING 子句中嵌套另一个 SELECT 语句的查询称为嵌套查询，又称子查询。子查询是 SQL 语句的扩展，其语句形式如下：

```
SELECT <目标表达式 1>[, …]
FROM table1
WHERE [<表达式>比较运算符 (SELECT <目标表达式 2>[, …]
                                FROM table2 ) ]
[GROUP BY <分组条件>]
HAVING [<表达式> 比较运算符] (SELECT <目标表达式 2>[, …]
                            FROM <表或视图名 2>)]
```

5.4.3.4　集合查询

SELECT 语句的查询结果是元组的集合，所以多个 SELECT 语句的结果可进行集合操作。集合操作主要包括并操作（UNION）、交操作（INTERSECT）和差操作（EXCEPT）。

1. UNION 形成并集

UNION 可以对两个或多个结果集进行连接，形成"并集"。子结果集所有的记录组合在一起形成新的结果集。

1）限定条件

要是用 UNION 来连接结果集，有 4 个限定条件：

（1）子结果集要具有相同的结构。

（2）子结果集的列数必须相同。

（3）子结果集对应的数据类型必须可以兼容。

（4）每个子结果集不能包含 ORDER BY 和 COMPUTE 子句。

2）语法形式

```
SELECT column_name (s) FROM table1
UNION
SELECT column_name (s) FROM table2;
```

2. EXCEPT 形成差集

EXCEPT 可以对两个或多个结果集进行连接，形成"差集"。返回左边结果集合中已经有的记录，而右边结果集中没有的记录。

1）限定条件

要是用 EXCEPT 来连接结果集，有 4 个限定条件：

（1）子结果集要具有相同的结构。

（2）子结果集的列数必须相同。

（3）子结果集对应的数据类型必须可以兼容。

（4）每个子结果集不能包含 ORDER BY 和 COMPUTE 子句。

2）语法形式

```
SELECT column_name (s) FROM table1
EXCEPT
SELECT column_name (s) FROM table2;
```

3. INNER JOIN 形成交集

INNER JOIN 可以对两个或多个结果集进行连接，形成"交集"。返回左边结果集和右边结果集中都有的记录。

1）限定条件

要是用 INNER JOIN 来连接结果集，有 4 个限定条件：

（1）子结果集要具有相同的结构。

（2）子结果集的列数必须相同。

（3）子结果集对应的数据类型必须可以兼容。

（4）每个子结果集不能包含 ORDER BY 和 COMPUTE 子句。

2）语法形式

```
SELECT column_name (s) FROM table1
INNER JOIN table2
ON table2.column_name (s) = table1.column_name (s);
或
SELECT column_name (s) FROM table1
JOIN table2
ON table2.column_name (s) = table1.column_name (s);
```

5.4.4　数据更新

SQL 中的文件有多种，根据作用的不同分为以下 3 种：

1. 主数据文件

该文件用来储存数据库的数据和数据库的启动信息。每个数据库必须有且仅有一个主数据文件，扩展名为.mdf。

实际的主数据文件都有两种名称：操作系统文件名和逻辑文件名。

2. 辅助数据文件

该文件用来存储数据库的数据，可以扩展存储空间。一个数据库可以有多个辅助数据文件，扩展名为.ndf。

3. 事务日志文件

该文件用来存放数据库的事务日志。凡是对数据库进行的增、删、改等操作，都会记录在事务日志文件中。

每个数据库至少有一个事务日志文件，扩展名为.ldf。

数据更新操作有三种：向表中添加若干行数据、修改表中的数据和删除表中的若干行数据。SQL 中有相应的三类语句。

5.4.4.1　插入数据

向数据库中插入数据，是我们对数据库进行的基本操作之一。只有插入了数据，用户才可以对数据做删除，更新和查询的操作。

1. INSERT…VALUES

这个语句是我们经常使用的一条语句。它的基本语法格式如下：

INSERT [INTO] table_or_view [(colunm_list)] VALUES (data_values)

在插入数据的时候，如果忘记了一列，那么如果该列存在默认值，则将使用默认值，如果该列不存在默认值，SQL Server 将会保存为 NULL，但是如果声明了 NOT NULL，则会插入出错。

2. INSERT…SELECT

该语句可以把其他数据表的行的记录添加到现有的表中，使用该语句比使用多个单行的 INSERT 语句效率要高得多。

基本语法：

INSERT table_name (column_list)

SELECT column_list

FROM table_list

WHEREsearch_condirions

使用该语句时，要遵循如下的原则：

（1）检查要插入新行的表是否在数据库中。

（2）保证接受新值的表中列的数据类型与源表中相应列的数据类型一致。

（3）明确是否存在默认值，或者被忽略的列是否允许为空，如果不为空则必须为这些列提供值。

3. SELECT…INTO

使用该语句可以把任何查询结果集放置到一个新表中。

其基本语法如下：

SELECT <select_list>

INTO new_table [INexternaldatabase]

FROM {<table_source>}

WHERE <search_condition>

使用该语句要注意以下几点：

（1）使用该语句会创建一个表（这是和 INSERT…SELECT 的区别之一），所以要保证要插入的表中的表名是唯一的。

（2）可以创建本地或全局临时表。创建一个本地临时表要在表名前加上符号#，创建一个全局临时表，需要在表名前加两个符号##。本地临时表只在当前会话中可见，全局临时表在所有会话中都可见。

INSERT…SELECT 和 SELECT…INTO 两个语句都是选择一个表中的数据复制到另一表中，区别在于前一个语句要插入的表应是存在的，如果不存在将会插入失败，而后一个语句要求要插入的表是不可以存在的，也就是说它要新建一个表，所以使用该语句时要保证表名是唯一且不存在的。

5.4.4.2 修改数据

修改数据又叫作更新数据，在 SQL 中使用 UPDATE 来更新修改数据。一般的语法如下：

UPDATE <表名>

SET <列名=更新值>

[WHERE <更新条件>]

SET 后面可以紧随多个数据列的更新值（非数字要用引号）；WHERE 子句是可选的（非数字要引号），用来限制条件，如果不选择整个表的所有行都被更新。

5.4.4.3　删除数据

SQL 有两种删除数据的方法：

（1）使用 DELETE 删除某些数据，其一般格式为：

DELETE FROM <表名>

[WHERE <删除条件>]

使用 DELETE 删除数据时，删除的是整行而不是单个字段，所以在 DELETE 后面不能出现字段名。

（2）使用 TRUNCATE TABLE 删除整个表的数据，其一般格式为；

truncate table <表名>

使用 TRUNCATE TABLE 删除数据时，删除的是表的所有行，但表的结构、列、约束、索引等不会被删除；不能用于有外键约束引用的表。

5.4.5　视　图

视图是指计算机数据库中的视图，是一个虚拟表，其内容由查询定义。视图是外模式中的一个子模式，所有视图构成外模式。同真实的表一样，视图包含一系列带有名称的列和行数据。但是，视图并不在数据库中以存储的数据值集形式存在。行和列数据来自由定义视图的查询所引用的表，并且在引用视图时动态生成。

从用户角度来看，一个视图是从一个特定的角度来查看数据库中的数据；从数据库系统内部来看，一个视图是由 SELECT 语句组成的查询定义的虚拟表；从数据库系统内部来看，视图是由一张或多张表中的数据组成的；从数据库系统外部来看，视图就如同一张表一样，对表能够进行的一般操作都可以应用于视图，例如查询，插入，修改，删除操作等。

同真实的表一样，视图的作用类似于筛选。定义视图的筛选可以来自当前或其他数据库的一个或多个表，或者其他视图。分布式查询也可用于定义使用多个异类源数据的视图。

5.4.5.1　定义、删除视图

1. 视图的定义

在 SQL 语言中，用 CREATE VIEW 命令建立视图，其一般格式为：

CREATE VIEW<视图名>

AS<子查询>

[WITH CHECK OPTION]；

其中，子查询可以是任意的 SELECT 语句，是否可以含有 ORDER BY 子句和 DISTINCT 短语，则取决于具体系统实现。视图可以和基本表一样被查询，但是利用视图进行数据增、删、改操作，会受到一定的限制。

2. 视图的删除

在 SQL 语言中，删除视图的语句格式为：

DROP VIEW<视图名>[CASCADE];

删除后视图的定义将从数据字典中被删除。如果该视图上还导出了其他视图，则使用 CASCADE 级联删除语句，把该视图和由它导出的所有视图一起删除。基本表删除后，由该基本表导出的所有视图均无法使用了，但是视图的定义没有从数据字典中清除。删除这些视图定义需要显式地使用 DROP VIEW 语句。

5.4.5.2 视图的用途

1. 简单性

看到的就是需要的，视图不仅可以简化用户对数据的理解，也可以简化他们的操作。那些被经常使用的查询可以被定义为视图，从而使得用户不必为以后的每次操作指定全部的条件。

视图大大简化了用户对数据的操作。因为在定义视图时，若视图本身就是一个复杂查询的结果集，这样在每一次执行相同的查询时，不必重新写这些复杂的查询语句，只要一条简单的查询视图语句即可。可见视图向用户隐藏了表与表之间的复杂的连接操作。

2. 安全性

通过视图用户只能查询和修改他们所能见到的数据，但不能授权到数据库特定行和特定的列上。通过视图，用户可以被限制在数据的不同子集上：

使用权限可被限制在另一视图的一个子集上，或是一些视图和基表合并后的子集上。

视图可以作为一种安全机制，通过视图用户只能查看和修改他们所能看到的数据，其他数据库或表既不可见也不可以访问。如果某一用户想要访问视图的结果集，必须授予其访问权限。视图所引用表的访问权限与视图权限的设置互不影响。

视图的安全性可以防止未授权用户查看特定的行或列，使用户只能看到表中特定行的方法如下：

① 在表中增加一个标识用户名的列。

② 建立视图，使用户只能看到标有自己用户名的行。

③ 把视图授权给其他用户。

3. 逻辑数据独立性

视图可帮助用户屏蔽真实表结构变化带来的影响。

视图可以使应用程序和数据库表在一定程度上独立。如果没有视图，应用一定是建立在表上的。有了视图之后，程序可以建立在视图之上，从而程序与数据库表被视图分割开来。视图可以在以下几个方面使程序与数据独立：

（1）如果应用建立在数据库表上，当数据库表发生变化时，可以在表上建立视图，通过视图屏蔽表的变化，从而使应用程序可以不做修改。

（2）如果应用建立在数据库表上，当应用发生变化时，可以在表上建立视图，通过视图屏蔽应用的变化，从而使数据库表不做修改。

（3）如果应用建立在视图上，当数据库表发生变化时，可以在表上修改视图，通过视图屏蔽表的变化，从而使应用程序可以不做修改。

（4）如果应用建立在视图上，当应用发生变化时，可以在表上修改视图，通过视图屏蔽应用的变化，从而使数据库可以不动。

视图还有以下优点：

（1）视点集中。

视点集中即是指使用户只关心他感兴趣的某些特定数据和他们所负责的特定任务。这样通过只允许用户看到视图中所定义的数据而不是视图引用表中的数据而提高了数据的安全性。

（2）定制数据。

视图能够实现让不同的用户以不同的方式看到不同或相同的数据集。因此，当有许多的用户共用同一数据库时，这显得极为重要。

（3）合并分割数据。

在有些情况下，由于表中数据量太大，我们在设计时常将表进行水平分割或垂直分割，但表结构的变化会对应用程序产生不良的影响。使用视图就可以重新保持原有的结构关系，从而使外模式保持不变，原有的应用程序仍可以通过视图来重载数据。

5.4.5.3　查询视图

视图查询和基本表的查询语句类似，只是把表名的位置换成视图名就可以。

5.4.5.4　更新视图

更新视图是指通过视图来更新、插入、删除基本表中的数据。

因为视图是一个虚拟表，其中没有数据，所以当通过视图更新数据时，其实是在更新基本表中的数据，比如对视图中的数据进行增加或者删除操作时，实际上是在对其基本表中的数据，进行增加或者删除操作。

在 SQL 中，可以使用 UPDATE 语句，更新视图；可以使用 INSERT 语句，向表中插入一条记录；可以使用 DELETE 语句，删除视图中的部分记录。

虽然视图更新的方式有多种，但是并不是在所有情况下都能执行视图的更新操作。

当视图中包含如下内容时，视图的更新操作不能被执行：

（1）视图中包含基本表中被定义为非空的列。

（2）在定义视图的 SELECT 语句后的字段列表中，使用了数学表达式。

（3）在定义视图的 SELECT 语句后的字段列表中，使用了聚合函数。

（4）在定义视图的 SELECT 语句中，使用了 DISTINCT、UNION、TOP、GROUP BY 或者 HAVING 子句。

5.4.6　数据控制

在信息时代，数据库中的数据的安全性至关重要，数据库系统必须能够阻止未获权限的访问，防止恶意破坏或修改数据。为了在数据库中实现安全性，除了存储结构等物理方面的措施外，主要通过权限授予并要求用户进入系统时必须通过用户名和口令的检测来实现。进入系统后，系统根据用户名及事先对该用户授权记载提供记录。数据库中的数据由多个用户共享，为保证数据库的安全，SQL 提供数据控制语言对数据库进行统一的控制管理。

数据库管理系统通过以下三步来实现数据控制：

授权定义：具有授权资格的用户，如数据库管理员（Database Administrators，DBA）或建表户（Database Owner，DBO），通过数据控制语言（Data Control Language，DCL），将授权决定告知数据库管理系统。

存权处理：数据库管理系统把授权的结果编译后存入数据字典中。数据字典是由系统自动生成、维护的一组表，记录着用户标识、基本表、视图和各表的列描述以及系统的授权情况。

查权操作：当用户提出操作请求时，系统首先要在数据字典中查找用户的数据操作权限，当用户拥有该操作权时才能执行其操作，否则系统将拒绝其操作。

数据操作权限的设置语句包括授权语句、收权语句和拒绝访问 3 种。

1. 授权语句

授权分系统特权和对象特权的两种方式。系统特权又称为语句特权，是允许用户在数据库内部实施管理行为的特权，主要包括创建或删除用户、删除或修改数据库对象等。对象特权类似于数据库操作语言 DML 的权限，指用户对数据库中的表、视图、存储过程等对象的操作权限。

1）系统权限与角色的授予

使用 SQL 的 GRANT 语句为用户授予系统权限，其语法格式为：

GRANT<系统权限>|<角色>[, <系统权限>|<角色>]…

TO<NPZ>|<角色>|PUBLIC[, <用户名>|<角色>]…

[WITH ADMIN OPTION]

其语义是：将指定的系统权限授予指定的用户或角色。其中，数据库中的全部用户是由 PUBLIC 代表的；WITH ADMIN OPTION 为可选项，指定后则允许被授权的用户将指定的系统特权或角色再授予其他用户或角色。

2）对象权限与角色的授予

数据库管理员拥有系统权限，而作为数据库的普通用户，只对自己创建的基本表、视图等数据库对象拥有对象权限。如果要共享其他的数据库对象，则必须授予普通用户一定的对象权限。类似于系统权限的授予方法，SQL 使用 GRANT 语句为用户授予对象权限，其语法格式为：

GRANT ALL|<对象权限>[（列名[, 列名]…）][, 对象权限]…

ON<对象名>

TO<用户名>|<角色>|PUBLIC[, <用户名>|<角色>]…

[WITH GRANT OPTION]

其语义是：将指定的操作对象的对象权限授予指定的用户或角色。其中，所有的对象权限是由 ALL 代表的；列名用于指定要授权的数据库对象的一列或多列。如果列名未指定的话，被授权的用户将在数据库对象的所有列上均拥有指定的特权。实际上，只有当授权 INSERT 和 UPDATE 权限时才需要指定列名。ON 子句用于指定要授权的数据库对象名，可以是基本表名、视图名等。WITH GRANT OPTION 为可选项，指定后则允许被授权的用户将权限再授予其他用户或角色。

2. 收权语句

数据库管理员 DBA、数据库拥有者（建库者）DBO 或数据库对象拥有者 DBOO（数据库对象主要是基本表）可以通过 REVOKE 语句将其他用户的数据操作权收回。

1）系统权限与角色的收回

数据库管理员可以使用 SQL 的 REVOKE 语句回收系统权限，其语法格式为：

REVOKE<系统权限>|<角色>[, <系统权限>|<角色>]…
FROM<用户名>|<角色>|PUBLIC[, <用户名>|<角色>]…

2）对象权限与角色的收回

所有授予出去的权限在一定的情况下都可以由数据库管理员和授权者收回，收回对象权限仍然使用 REVOKE 语句，其语法格式为：

REVOKE<对象权限>|<角色>[, <对象权限>|<角色>]…
FROM<用户名>|<角色>|PUBLIC[, <用户名>|<角色>]…

3. 拒绝访问

拒绝访问的一般格式为：

DENY ALL[PRIVILIGES]|<权限组>[ON<对象名>]TO<用户组>|PUBLIC;

其中，ON 子句用于说明对象特权的对象名，对象名指的是表名、视图名、视图和表的列名或者过程名。

5.4.7 嵌入式 SQL

嵌入式 SQL（Embedded SQL）是一种将 SQL 语句直接写入 C、COBOL、FORTRAN、Ada 等编程语言源代码中的方法。SQL 标准 SQL86（1986 年发布）中定义了对于 COBOL、FORTRAN、PI/L 等语言的嵌入式 SQL 的规范，SQL89（1989 年发布）规范中定义了对于 C 语言的嵌入式 SQL 的规范。一些大型的数据库厂商发布的数据库产品中，都提供了对于嵌入式 SQL 的支持，比如 Oracle，DB2 等。

1. 工作原理

提供对于嵌入式 SQL 的支持，除了需要数据库厂商提供 DBMS 之外，还必须提供一些工具。为了实现对于嵌入式 SQL 的支持，技术上必须解决以下 4 个问题：

（1）宿主语言的编译器不可能识别和接受 SQL，需要解决如何将 SQL 的宿主语言源代码编译成可执行码。

（2）宿主语言的应用程序如何与 DBMS 之间传递数据和消息。

（3）如何把对数据的查询结果逐次赋值给宿主语言程序中的变量以供其处理。

（4）数据库的数据类型与宿主语言的数据类型有时不完全对应或等价，如何解决必要的数据类型转换问题。

为了解决上述这些问题，数据库厂商需要提供一个嵌入式 SQL 的预编译器，把包含有嵌入式 SQL 的宿主语言源码转换成纯宿主语言的代码。这样一来，源码即可使用宿主语言对应的编译器进行编译。通常情况下，经过嵌入式 SQL 的预编译之后，原有的嵌入式 SQL 会被转换成一系列函数调用。因此，数据库厂商还需要提供一系列函数库，以确保链接器能够把代码中的函数调用与对应的实现链接起来。

2. 数据库产品

下面列出支持嵌入式 SQL 的数据库产品以及各自支持的宿主语言。

1）Oracle Database

Ada：Pro*Ada 在 Oracle 7.3 的版本中被加入产品族，并且在 Oracle 8 中被替换为 SQL*Module，但在此之后就一直没有更新。SQL*Module 支持 Ada 83。

C/C++：Pro*C 在 Oracle 8 时被替换成了 Pro*C/C++，Pro*C/C++ 到 Oracle Database 11g 仍都在被支持。

COBOL：Pro*COBOL 到 Oracle Database 11g 仍都在被支持。

Fortran：Pro*FORTRAN 在 Oracle 8 之后的 Oracle 版本中就不再被更新，但 Bug 修正仍在维护中。

Pascal：Pro*Pascal 在 Oracle 8 之后的 Oracle 版本中就不再被更新。

PI/L：Pro*PL/I 自 Oracle 8 之后就不再被更新，但文档中仍然有记录。

2）IBM DB2

IBM DB2 的版本 9 中提供了对于 C/C++，COBOL，Java 等宿主语言的嵌入式 SQL 的支持。

3）PostgreSQL

C/C++：PostgreSQL 自版本 6.3 起就提供了对于 C/C++的嵌入式 SQL 的支持，以 ECPG 组件的形式存在。

对宿主型数据库语言 SQL，DBMS 可以采用两种方法处理，一种是预编译，另一种是修改和扩充主语言使之能处理 SQL 语句。目前采用较多的是预编译的方法，即 DBMS 的预处理程序对源程序进行扫描，识别出 SQL 语句，并把它们转换成主语言调用语句，以使主语言编译程序能识别它，最后由主语言的编译程序将整个源程序编译成目标码。

在嵌入式 SQL 中，为了能够区分 SQL 语句与主语言语句，所有 SQL 语句都必须加前缀 EXEC SQL。SQL 语句的结束标准则随主语言的不同而不同。

5.4.7.1　使用游标的 SQL 语言

游标（Cursor）是系统为用户开设的一个数据缓冲区，存放 SQL 语句的执行结果。是一种指针。每个游标区都有一个名字，用户可以用 SQL 语句逐一从游标中获取记录，并赋给主变量，交由主语言进一步处理。游标提供了一种对从表中检索出的数据进行操作的灵活手段。

游标有三种类型：键集游标、动态游标、静态游标。

键集游标：其他用户对记录所做的修改将反映到记录集中，但其他用户增加或删除记录不会反映到记录集中。支持分页、Recordset、BookMark。

动态游标：功能最强，但耗资源也最多，用户对记录所做的修改，增加或删除记录都将反映到记录集中。支持全功能浏览。

静态游标：只是数据的一个快照，用户对记录所做的修改，增加或删除记录都不会反映到记录集中。支持向前或向后移动。

Microsoft SQLSERVER 支持三种类型的游标：Transact_SQL 游标，API 服务器游标和客户游标。

1. Transact_SQL 游标

Transact_SQL 游标是由 DECLARECURSOR 语法定义，主要用在 Transact_SQL 脚本、存储过程和触发器中。Transact_SQL 游标主要用在服务器上，由从客户端发送给服务器的 Transact_SQL 语句或是批处理、存储过程、触发器中的 Transact_SQL 进行管理。Transact_SQL 游标不支持提取数据块或多行数据。

2. API 服务器游标

API 游标支持在 OLEDB、ODBC 以及 DB_library 中使用游标函数，主要用在服务器上。每一次客户端应用程序调用 API 游标函数，MSSQLSEVER 的 OLEDB 提供者、ODBC 驱动器或 DB_library 的动态链接库（DLL）都会将这些客户请求传送给服务器以对 API 游标进行处理。

3. 客户游标

客户游标主要是当在客户机上缓存结果集时才被使用。在客户游标中，有一个缺省的结果集被用来在客户机上缓存整个结果集。客户游标仅支持静态游标而非动态游标。由于服务器游标并不支持所有的 Transact-SQL 语句或批处理，所以客户游标常常仅被当作服务器游标的辅助用。因为在一般情况下，服务器游标能支持绝大多数的游标操作。API 游标和 Transact-SQL 游标使用在服务器端，所以被称为服务器游标，也被称为后台游标，而客户端游标被称为前台游标。

5.4.7.2　不用游标的 SQL 语言

游标实际上是一种能从包括多条数据记录的结果集中每次提取一条记录的机制，其充当了指针的作用。尽管游标能遍历结果中的所有行，但它一次只指向一行。

概括来讲，SQL 的游标是一种临时的数据库对象，既可以用来存放在数据库表中的数据行副本，也可以指向存储在数据库中的数据行的指针。游标提供了在逐行的基础上操作表中数据的方法。

游标的一个常见用途就是保存查询结果，以便以后使用。游标的结果集是由 SELECT 语句产生，如果处理过程需要重复使用一个记录集，那么创建一次游标而重复使用若干次，比重复查询数据库要快得多。

大部分程序数据设计语言都能使用游标来检索 SQL 数据库中的数据，在程序中嵌入游标和在程序中嵌入 SQL 语句相同。

但是，在实际使用操作中使用游标来进行操作会存在许多问题。例如，在存储过程的处理中，如果遇到对一张表的数据遍历，我们通常会使用游标进行，但根据程序的执行效果来看，游标存在以下问题：

（1）游标是存放在内存中，会占用较大的内存空间。游标一旦建立，就将相关的记录锁住，直到取消游标为止。

对于多表和大表中定义的游标（大的数据集合）循环，很容易使程序进入一个漫长的等待甚至死机。

（2）游标一般根据状态位来判断记录是否全部读取完毕，而状态位@@fetch_status 是一个全局的变量。如果两个或多个游标同时执行（例如都含有游标的两个存储过程并发执行），则会出现很异常的情况。

总的来说，能使用其他方式处理数据时，最好不要使用游标。

第6章 软件工程

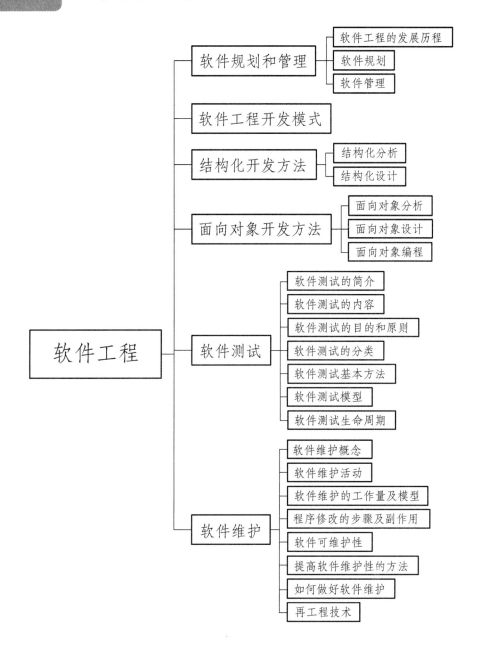

图6-1 本章知识导图

6.1 软件规划与管理

6.1.1 软件工程的发展历程

6.1.1.1 世界上第一个计算机程序员

第一个写软件的人是 Ada（Augusta Ada Lovelace），在 19 世纪 60 年代她尝试为 Babbage（Charles Babbage）的机械式计算机编写软件。尽管她努力了，还是失败了。但她的名字永远载入了计算机发展的史册。Ada 最重要的贡献来自与发明家 Charles Babbage 的合作，从而设计出世界上首批大型计算机——Difference Engine 和 Analytical Engine。她甚至认为如果有正确的指令，Babbage 的机器可以用来作曲，这是一个多么奇妙的想法，因为当时大多数人只把它看成是一个机械化算盘。而她却用渲染力和感召力来传播她的思想。

6.1.1.2 现代计算机软件的出现

20 世纪 50 年代，软件伴随着第一台电子计算机的问世诞生了。以写软件为职业的人也开始出现，他们多是经过训练的数学家和电子工程师。20 世纪 60 年代，美国大学里开始出现被授予计算机专业学位学生，他们从事教人们写软件。

在计算机系统发展的初期，硬件通常用来执行一个单一的程序，而这个程序又是为一个特定的目的而编制的。而当通用硬件普遍化的时候，软件的通用性却是很有限的。大多数软件是由使用该软件的个人或机构研制的，其往往带有强烈的个人色彩。早期的软件开发也没有什么系统的方法可以遵循，软件设计是在某个人的头脑中完成的一个隐藏的过程。而且，除了源代码软件往往没有说明书等文档。

1. 软件的发展

第一阶段：20 世纪 60 年代中期以前，软件开发处于个体化生产状态。在这一阶段中，软件还没有系统化的开发方法，目标主要集中在如何提高时空效率上。

第二阶段：从 20 世纪 60 年代中期到 70 年代末期，软件的开发已进入了作坊式生产方式，即出现了"软件车间"，软件开发开始形成产品。到 20 世纪 60 年代末，"软件危机"变得十分严重。

第三阶段：从 20 世纪 70 年代中期到 20 年代 80 年代末期，软件开发进入了产业化生产，即出现了众多大型的"软件公司"。在这一阶段，软件开发开始采用了"工程"的方法，软件产品急剧增加，质量也有了很大的提高。

第四阶段：从 20 世纪 80 年代末期开始，这是一个软件产业大发展的时期，也是软件工程大发展的时期，人们开始采用面向对象的技术和可视化的集成开发环境。

2. 软件危机

从 20 世纪 60 年代中期到 70 年代中期是计算机系统发展的第二个时期，在这一时期软件开始作为一种产品被广泛使用，出现了"软件车间"，专职是根据别人的需求写软件。这时软件开发的方法基本上仍然沿用早期的个体化软件开发方式，但软件的数量急剧膨胀，软件需求日趋复杂，维护的难度越来越大，开发成本令人吃惊，而失败的软件开发项目却屡见不鲜，"软件危机"就这样开始了。

1968 年，北大西洋公约组织的计算机科学家在联邦德国召开的国际学术会议上第一次提出了"软件危机"（Software Crisis）这个名词。软件危机是指在计算机软件的开发、使用与维护过程中遇到的一系列严重的问题和难题。

1）软件危机的表现

（1）对软件开发成本和进度的估计常常很不准确，常常出现实际成本比估算成本高出一个数量级、实际进度比计划进度拖延几个月甚至几年的现象，从而影响了开发商的信誉，引起用户不满。

（2）用户对已完成的软件不满意的现象时有发生。

（3）软件产品的质量往往是靠不住的。

（4）软件常常是不可维护的，软件通常没有适当的文档资料。文档资料不全或不合格，必将给软件开发和维护工作带来许多难以想象的困难和难以解决的问题。

（5）软件成本在计算机系统总成本中所占比例逐年上升，特别是软件维护成本迅速增加，已经占据软硬件总成本的 40%～75%。

（6）开发生产提高的速度远跟不上软件需求量。

2）产生软件危机的原因

（1）用户对软件需求的描述不精确。

（2）软件开发人员对用户需求的理解有偏差，这将导致软件产品与用户的需求不一致。

（3）缺乏处理大型软件项目的经验。开发大型软件项目需要组织众多人员共同完成。一般来说，多数管理人员缺乏大型软件的开发经验，而多数软件开发人员又缺乏大型软件项目的管理经验，致使各类人员的信息交流不及时、不准确，容易产生误解。

（4）开发大型软件易产生疏漏和错误。

（5）缺乏有力的方法学的指导和有效的开发工具的支持。软件开发过多地依靠程序员的"技巧"，从而加剧了软件产品的个性化。

（6）面对日益增长的软件需求，人们显得力不从心。从某种意义上说，解决供求矛盾将是一个永恒的主题。

3）缓解软件危机的途径

到了 20 世纪 60 年代末期，软件危机已相当严重，这促使计算机科学家们开始探索缓解软件危机的方法。他们提出了"软件工程"的概念，即用现代工程的原理、技术和方法进行软件的开发、管理、维护和更新。于是，其开创了计算机科学技术的一个新的研究领域。

6.1.1.3 软件工程的提出

1968 年秋季，NATO（北约）的科技委员会召集了近 50 名一流的编程人员、计算机科学家和工业界巨头，讨论和制定摆脱"软件危机"的对策。在那次会议上第一次提出了软件工程（Software Engineering）这个概念。

软件工程是指用工程、科学和数学的原则与方法开发、维护计算机软件的有关技术和管理方法。

软件工程由方法、工具和过程三部分组成，称为软件工程的三要素。

（1）软件工程中的各种方法是完成软件工程项目的技术手段，它们支持软件工程的各个阶段。

（2）软件工程使用的软件工具能够自动或半自动地支持软件的开发、管理和文档的生成。

（3）软件工程中的过程贯穿于整个工程的各个环节，在这一过程中，管理人员应对软件开发的质量、进度、成本等进行评估、管理和控制，包括计划跟踪与控制、成本估算、人员的组织、质量保证、配置管理等。

1. 软件工程的基本原理

著名的软件工程专家 B. W. Boehm 于 1983 年综合了软件工程专家学者们的意见并总结了开发软件的经验，提出了软件工程的 7 条基本原理。这 7 条原理被认为是确保软件产品质量和开发效率的原理的最小集合，还是相互独立、缺一不可、相当完备的最小集合。下面就简单介绍软件工程的这 7 条原理：

1）用分阶段的生存周期计划严格管理

这条基本原理把软件生存周期划分成若干个阶段，并相应地制定出切实可行的计划，然后严格按照计划对软件开发与维护工作进行管理。制定的计划有项目概要计划、里程碑计划、项目控制计划、产品控制计划、验证计划和运行维护计划等。各级管理人员都必须严格按照计划对软件开发和维护工作进行管理。据统计，不成功的软件项目中，有一半左右是由于计划不当造成的。

2）坚持进行阶段评审

据统计，在软件生存周期各阶段中，编码阶段之前的错误约占 63%，而编码错误仅占 37%。另外，错误发现并改正得越晚，所花费的代价越高。坚持在每个阶段结束前进行严格的评审，就可以尽早发现错误，从而能以最小的代价改正错误。因此，这是一条必须坚持的重要原理。

3）实行严格的产品控制

决不能随意改变需求，只能依靠科学的产品控制技术来顺应用户提出的改变需求的要求。为了保持软件各个配置成分的一致性，必须实行严格的产品控制。其中主要是实行基准配置管理（又称为变动控制），即凡是修改软件的建议，尤其是涉及基本配置的修改建议，都必须按规程进行严格的评审，评审通过后才能实施。

这里的"基准配置"是指经过阶段评审后的软件配置成分，即各阶段产生的文档或程序代码等。

4）采用现代程序设计技术

实践表明，采用先进的程序设计技术既可以提高软件开发与维护的效率，又可以提高软件的质量。多年来，人们一直致力于研究新的"程序设计技术"，如 20 世纪 60 年代末提出的结构程序设计技术，后来又发展出各种结构分析和结构设计技术，之后又出现了面向对象分析和面向对象设计技术等。

5）结果应能清楚地审查

软件产品是一种看不见、摸不着的逻辑产品。因此，软件开发小组的工作进展情况可见性差，难于评价和管理。为了更好地进行评价与管理，应根据软件开发的总目标和完成期限，尽量明确地规定软件开发小组的责任和产品标准，从而使所得到的结果能清楚地进行审查。

6）开发小组的人员应少而精

软件开发小组人员素质和数量是影响软件质量和开发效率的重要因素。实践表明，素质高的人员与素质低的人员相比，开发效率可能高几倍至几十倍，而且所开发的软件中的错误也要少得多。另外，开发小组的人数不宜过多，因为随着人数的增加，人员之间交流情况、讨论问题的通信开销将急剧增加，这不但不能提高生产率，反而由于误解等原因可能增加出错的概率。

7）承认不断改进软件工程实践的必要性

遵循上述六条基本原理，就能够较好地实现软件的工程化生产。但是，软件工程不能停留在已有的技术水平上，应积极主动地采纳或创造新的软件技术，要注意不断总结经验，收集工作量、进度、成本等数据，并进行出错类型和问题报告的统计。这些数据既可用来评估新的软件技术的效果，又可用来指明应优先进行研究的软件工具和技术。

2. 软件工程的目标

软件工程的目标是在给定成本、进度的前提下，开发出具有可修改性、有效性、可靠性、可理解性、可维护性、可重用性、可适应性、可移植性、可追踪性和可以互操作性并满足用户需求的软件产品。

6.1.1.4　传统软件工程

为迎接软件危机的挑战，人们进行了不懈的努力。这些努力大致上是沿着两个方向同时进行的：

（1）从管理的角度，希望实现软件开发过程的工程化。这方面最为著名的成果就是提出了大家都很熟悉的"瀑布式"生命周期模型。它是在 20 世纪 60 年代末"软件危机"后出现的第一个生命周期模型。如下所示：

分析→设计→编码→测试→维护

后来，又有人针对该模型的不足，提出了快速原型法、螺旋模型、喷泉模型等对"瀑布式"生命周期模型进行补充。现在，它们在软件开发的实践中被广泛采用。

这方面的努力，还使人们认识到了文档的标准以及开发者之间、开发者与用户之间的交流方式的重要性。一些重要文档格式的标准被确定下来，包括变量、符号的命名规则以及原代码的规范式。

（2）软件工程发展的第二个方向，侧重于对软件开发过程中分析、设计的方法的研究。这方面的重要成果就是在 20 世纪 70 年代风靡一时的结构化开发方法，即 PO（面向过程的开发或结构化方法）以及结构化的分析、设计和相应的测试方法。

软件工程的目标是研制开发与生产出具有良好的软件质量和费用合理的产品。费用合理是指软件开发运行的整个开销能满足用户要求的程度，软件质量是指该软件能满足明确的和隐含的需求能力有关特征和特性的总和。软件质量可用 6 个特性来做评价，即功能性、可靠性、易使用性、效率、维护性、易移植性。

6.1.1.5　现代软件工程

软件不是纯物化的东西，其中包含着人的因素，于是就有很多变动的成分，其开发不可能像理想的物质生产过程，基于物理学等的原理来实现。早期的软件开发仅考虑人的因素，传统的软件工程强调物性的规律，现代软件工程最根本的就是人和物的关系，就是人和机器（工具、自动化）在不同层次的不断循环发展的关系。

面向对象的分析、设计方法的出现使传统的开发方法发生了翻天覆地的变化。随之而来的是面向对象建模语言（以 UML 为代表）、软件复用、基于组件的软件开发等新的方法和领域。

与之相应的是从企业管理的角度提出的软件过程管理，即关注于软件生存周期中所实施的一系列活动并通过过程度量、过程评价和过程改进等涉及对所建立的软件过程及其实例进行不断优化的活动，使得软件过程循环往复、螺旋上升式地发展。其中最著名的软件过程成熟度模型是美国卡内基梅隆大学软件工程研究所建立的 CMM（Capability Maturity Model，能力成熟度模型），此模型在建立和发展之初，主要目的是为大型软件项目的招投标活动提供一种全面而客观的评审依据，而发展到后来，又同时被应用于许多软件机构内部的过程改进活动中。

6.1.2　软件规划

6.1.2.1　问题的定义

1. 定义内容

问题定义报告是可行性研究的前提，问题定义报告不能是一厢情愿的，必须双方达成共识。有的时候一些小的系统也可以不写问题定义报告。经济可行性是管理人员最为关心的问题，研究的是投入产出、回收周期的估算等问题。而技术人员更多关注的是技术可行性，需要考虑硬件是否能满足软件运行需要。

问题定义的步骤：

（1）听取用户对系统的要求。

（2）调查开发的背景理由。

（3）看用户的报告。

（4）加工整理。

（5）与用户及负责人反复讨论。

（6）改进不正确的地方。

（7）写出双方都满意的问题定义报告文档。

（8）确定双方是否具有进行深入系统可行性研究方向探讨的意向。

6.1.2.2　可行性分析

1. 可行性分析的目的

该阶段的任务主要是用最小的代价在尽可能短的时间内确定问题是否能够解决，也就是说可行性研究的主要目的不是为了解决问题，而是确定问题是否值得去解决。

可行性研究必须从系统总体出发，对技术、经济、财务、环境保护、法律等多个方面进行分析和论证，以确定建设项目是否可行，为正确进行投资决策提供科学依据。

项目的可行性研究是对多因素、多目标系统进行不断的分析研究、评价和决策的过程，它需要有各方面知识的专业人才通力合作才能完成。

2. 可行性分析的任务

可行性分析实质上是一次简化的系统分析和设计过程，在较高层次上，以抽象的方式进行系统分析和设计。

了解客户的要求及现实环境，通常从技术、经济、操作和社会因素等几个方面研究并论证软件项目的可行性，编写可行性研究报告，制定初步的项目开发计划。

技术可行性包含：

（1）度量一个特定技术信息系统解决方案的实用性及技术资源的可用性考虑的问题。

（2）对要开发项目的功能、性能和限制条件进行分析，确定在现有的资源条件下，技术风险有多大，项目是否能实现，这些即为技术可行性研究的内容。

（3）资源包括已有的或可以得到的硬件、软件资源，现有技术人员的技术水平和已有的工作基础。

（4）开发人员评估技术可行性时，一旦估计错误，将会出现严重的后果。

技术可行性常常是最难解决的问题，因为项目的目标、功能和性能比较模糊，一般要考虑的情况包括：

（1）开发的风险：在给出的限制范围内，能否设计出系统并实现必需的功能和性能？

（2）资源的有效性：参加项目的开发人员是否存在问题？可用于建立系统的软件、硬件资源是否具备？软件工具实用性问题？

（3）技术方案：相关技术的发展是否支持这个系统？使用技术解决方案的实用化程度、合理化程度怎样？

（4）操作可行性主要研究：用户组织的结构、工作流程、管理模式及规范是否适合目标系统的运行，是否互不相容？现有的人员素质能否胜任对目标系统的操作？如果进行培训，时间是多少，成本如何？

（5）社会可行性涉及的范围广，但至少包括三种因素。市场：市场又分为未成熟的市场、成熟的市场和将要消亡的市场；政策：政策对软件公司的生存与发展影响非常大；法律：开发项目是否会在社会或政治上引起侵权、破坏或其他责任问题，它包括合同、责任、侵权和其他一些技术人员常常不了解的陷阱等。

3．可行性研究的步骤

典型的可行性研究步骤：

（1）确定项目规模和目标。

分析员对有关人员进行调查访问，仔细阅读和分析有关的材料，对项目的规模和目标进行定义和确认，清晰地描述项目的一切限制和约束，确保正在解决的问题是要解决的问题。

（2）研究正在运行的系统。

正在运行的系统可能是一个人工操作的，也可能是旧的计算机系统，需要使用一个新的计算机系统来代替；现有系统是信息的重要来源，应研究其基本功能、存在问题、运行费用以及对新系统功能、运行费用要求等；收集、研究和分析现有系统的文档资料，实地考察现有系统，访问有关人员，然后描绘现在系统的高层系统流程图，与有关人员一起审查该系统流程图是否正确。

（3）建立新系统的高层逻辑模型。

根据对现有系统的分析研究，逐渐明确新系统的功能、处理流程以及所受的约束，然后使用建立逻辑模型的工具数据流图和数据字典来描述数据在系统中的流动和处理情况。

（4）导出和评价各种方案。

（5）建立新系统的高层逻辑模型之后，要从技术角度出发，提出实现高层逻辑模型的不同方案，即导出若干较高层次的物理解法；根据技术可行性、经济可行性和社会可行性对各种方案进行评估，去掉不行的解法，就得到了可行的解法。

（6）推荐可行的方案。

根据可行性研究的结果，应决定：项目是否值得开发，若值得开发，说明可行的解决方案及原因和理由；项目从经济上看是否合算；要求分析员对推荐的可行方案进行成本/效益分析。

（7）草拟开发计划。

项目开发的工程进度表；所需的开发人员、资源；估算成本。

（8）编写可行性研究报告，提交审查。

依据可行性研究过程的结果形成可行性研究报告，提请用户和使用部门仔细审查，从而决定该项目是否进行开发，是否接受可行的实现方案。可行性研究报告最后必须提出一个明确的结论，比如：项目开发可立即开始；项目开始的前提是具备某些条件或对某些目标进行修改；或在技术、经济操作或社会某些方面不可行，立即终止项目所有工作。

6.1.2.3　系统流程图

系统流程图是描述物理系统的工具。物理系统就是一个具体实现的系统，也是描述一个单位、组织的信息处理的具体实现的系统。

在可行性研究中，可以通过画出系统流程图来了解要开发的项目的大概处理流程、范围和功能等。系统流程图可用图形符号来表示系统中的各个元素，例如，人工处理、数据处理、数据库、文件和设备等，它表达了系统中各个元素之间的信息流动的情况。系统流程图不仅能用于可行性研究，还能用于需求分析阶段。

画系统流程图时，先要搞清业务处理过程以及处理中的各个元素，同时要理解系统的流程图的各个符号的含义，选择相应的符号来代表系统中的各个元素。所画的系统流程图要反映出系统的处理流程。在可行性研究过程中，要以概括的形式描述现有系统的高层逻辑模型，并通过概要的设计变成所建议系统的物理模型，可以用系统流程图来描述所建议系统的物理模型。系统流程图的符号如图 6-2 所示。

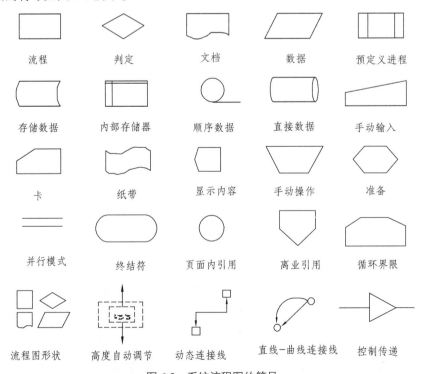

图 6-2　系统流程图的符号

6.1.2.4　成本估算

行业内在进行软件成本估算时，常用的有 4 种估算方法，分别是：

以"估"为主的——经验法和类推法；

以"算"为主的——类比法和方程法。

下面我们分别介绍一下这 4 大软件成本估算方法。

1. 经验法

经验法也叫作专家法，是由行业内经验丰富的专家依据自己的行业经验对软件项目进行整体的估算。前期的经验法基本上属于对项目的大概估算，后续的经验法便基于 WBS 的软件进行估算和加入了 DELPHI/加权平均。这种方法依赖评估人员的主观性过大，所以估算出的结果误差较大。

2. 类推法

类推法是基于量化的经验进行估算的。采用类推法时，所选择的历史项目与待评估的项目一定要是高度相似的，历史数据也要尽量选择本组织内的数据，并且一定要对差异之处进行调整。类推法虽然是迄今为止理论上最可靠的估算方法，由于它是以"估"为主的，脱离不了评估人员的主观性，所以使用类推法的估算结果经常会产生极大偏差。

3. 类比法

类比法是基于大量历史项目样本数据来确定目标项目的预测值的，通常是以 50%位数（中位数）为参考而非平均值。当待评估项目与已完成项目在某些项目属性（如应用领域、系统规模、复杂度、开发团队经验等）类似时，可以使用类比法。类比法的行业基准较少，此时可以通过选择单个项目属性进行筛选比对，根据结果再进行工作量调整。

4. 方程法

方程法是基于基准数据建模，可以行业数据与企业数据相结合，通过输入各项参数，确定估算值。

6.1.2.5　成本/效益分析

成本/效益分析是从经济角度判断可行性的主要方法，其用于分析开发一个系统是否划算，帮助用户的负责人正确做出是否投资这一项目的决定。

1. 软件开发成本构成与测算

随着知识经济、信息时代的来临，计算机软件行业迅猛发展。对商品化、资本化、资产化的计算机软件的价值评估的社会需求也日益增多，而且有越来越多的趋势。由于系统软件通常是一些规模大、复杂程度高的人机系统，因此，系统软件的开发、使用、维护、管理的过程，是一个非常复杂的系统工程，需要有巨大的人力、物力、财力资源，需要各种计算机软、硬件的支持。这一特点是在系统软件评估中应予充分考虑的，也是从成本途径评估系统软件价值时应予着重关注的。据统计，软件成本在软、硬件总成本中的份额，已从 20 世纪 50 年代的百分之十几，上升到近期的百分之七十甚至更高，而且还在持续上升。软件成本中的开发成本和维护成本的比例，也从 20 世纪 50 年代的接近 1∶1，达到了近期的 1∶2。系统软件开发成本和维护成本在整个生命周期中份额也相应发生了变化。

1）系统软件的成本构成

系统软件的成本作为一个经济学范畴，应反映软件产品在其生产过程中所耗费的各项费用，为原材料、燃料、动力、折旧、人工费、管理费用、财务费用以及待项目开支的总和。从财务角度来看，列入系统软件的成本有如下的项目：

（1）硬件购置费，如计算机及相关设备的购置，不间断电源、空调器等的购置费。

（2）软件购置费，如操作系统软件、数据库系统软件和其他应用软件的购置费。

（3）人工费，主要是开发人员、操作人员、管理人员的工资福利费等。

（4）培训费，咨询费。

（5）通信费，如购置计算机网络设备、通信线路器材、租用公用通信线路等的费用。

（6）基本建设费，如新建、扩建机房，购置计算机机台、机柜等的费用。

（7）财务费用。

（8）管理费用，如办公费、差旅费、会议费、交通费。

（9）材料费，如打印纸、包带、磁盘等的购置费。

（10）水、电、气费。

（11）专有技术购置费。

（12）其他费用，如资料费、固定资产折旧费。

从系统软件生命周期构成的两阶段（即开发阶段和维护阶段）看，系统软件的成本由开发成本和维护成本构成。其中开发成本由软件开发成本、硬件成本和其他成本组成，包括了系统软件的分析/设计费用（含系统调研、需求分析、系统分析）、实施费用（含编程/测试、硬件购买与安装、系统软件购置、数据收集、人员培训）及系统切换等方面的费用；维护成本由运行费用（含人工费、材料费、固定资产折旧费、专有技术及技术资料购置费）、管理费（含审计费、系统服务费、行政管理费）及维护费（含纠错性维护费用及适应性维护费用）。

2）系统软件的成本测算程序

（1）根据待开发软件的特征、所选用硬件的特征、用户环境特征及以往同类或相近项目的基础数据，进行软件规模测算。

（2）由系统软件的成本构成，结合成本影响因素、环境因素以及以往同类或相近项目数据分析，进行软件成本测算。其中包括了安装、调试的人力和时间表，培训阶段的人力和时间表。

（3）系统软件成本测算的风险分析。这是基于系统软件成本测算的不确定性、成本测算的理论和测算技术的不成熟性而提出的工作程序。系统软件成本测算的风险因素应包括：

① 对目标系统的功能需要、开发队伍、开发环境等情况了解的正确性；

② 所运用历史数据及模型参数的可靠性；

③ 系统分析中的逻辑模型的抽象程度、业务处理流程的复杂程度及软件的可度量程度；

④ 软件新技术、替代技术的出现和应用对成本测算方法的冲击的影响；

⑤ 用户在系统软件开发中的参与程度，开发队伍的素质及所采用开发模式对开发成本的影响；

⑥ 对系统软件开发队伍复杂因素认识程度；

⑦ 系统软件开发人员及其组成比例的稳定性；

⑧ 系统软件开发和维护经费，时间要求等方面的变更等非技术性因素所带来的风险等。

在系统软件价值评估中实施上述流程进行成本测算时，除了应坚持资产评估操作程序中规定的各项原则外，还应遵循真实性与预见性原则、透明性与适应性原则和可操作性与规定性原则；

综上所述，系统软件的成本由软件的开发和维护成本所构成，即 $C=C1+C2$（C 为系统软件的成本；$C1$ 为系统软件的开发成本；$C2$ 为系统软件的维护成本）。

（1）系统软件的开发成本 $C1$ 的测算。

我们认为系统软件的开发成本按其工作量及单位工作量成本来测算是可行的，具体测算方法为按系统软件的软件规模（一般为软件源程序的指令行数，不包括注释行）、社会平均规模指数以及工作量修正因素来进行，尤其是 CAD 系统软件的实际测算，结合国内外研究成果的综合分析和专家咨询，软件社会平均生产率参数和软件社会平均规模指数可分别确定为 3.5 和 1.3 左右，软件工作量是由 8 个因子、5 个等级组成。

（2）系统软件维护成本 $C2$ 的测算。

系统软件的维护为修正现有可运行软件并维护其主要功能不变的过程。系统软件在其交付使用后，其维护阶段在软件生命周期或生存期中占较大比重，有的可达软件生存周期的 50% ～ 70%。因此，系统软件的维护成本是软件成本测算中不可忽略的一部分。

系统软件的维护包括三类：A 类为改正、纠正性维护；B 类为适应性维护；C 类为完美性维护。其中 C 类是为扩充功能、提高性能而进行的维护，在软件资产价值评估中一般不计入该系统软件成本，而 A、B 两类，则与软件的开发过程有着紧密的联系，应计入软件成本。

在系统软件维护阶段，软件工作量的影响因素与开发阶段的影响因素基本相同，是开发阶段影响因素的后续影响。因此，系统维护的可靠性越大，规模越复杂，隐藏错误越难发现，纠错越难。系统软件越复杂，要使其适应软、硬环境变化，进行适应性维护也越困难。当然，可靠性大、复杂度高的系统软件，其可维护性要求也越高，软件在运行中出错的可能性也会少些。基于上述分析，系统软件维护成本的测算可按系统软件开发成本乘以一个该系统软件的维护参数来求取。这一维护参数，可按系统软件的复杂度从简单到一般再到复杂的顺序，分别取 0.15、0.20、0.25 及 0.30、0.35、0.40 等。

计算机系统软件作为计算机系统的组成部分，是信息社会的重要商品，也是知识经济社会中的重要资产。系统软件同其他计算机软件一样，具有如下的特点：

（1）系统软件是由许多人共同完成的高强度智力劳动的结晶，是建立在知识、经验和智慧基础上的具有独创性的产物。系统软件的开发可以工程化，软件生产可以工厂化，因此，系统软件具有价值和使用价值。同时，系统软件具有独创性（即原始性），所以软件著作权人对系统软件产品依法享有发表权、开发者身份权、使用权、许可权、获取报酬权及转让权。

（2）系统软件产品是无形的，存在于磁盘等介质的有形载体中，通过载体进行交易。因此，带有系统软件的磁盘交换价值，是磁盘自身价值与系统软件之和，而且主要是系统软件的价值。

（3）系统软件产品的复制（批量生产）相对简单，其复制成本同其开发成本比较，几乎可以忽略不计。因此，系统软件产品易被复制乃至剽窃。为保护系统软件产品的著作权，必须依法登记。

（4）系统软件产品一般没有有形损耗，仅有无形损耗。系统软件产品的维护：一是由于系统软件自身的复杂性，特别是为了对运行中新发现的隐错进行改正性维护；二是由于系统软件对其硬、软件环境有依赖性，硬、软环境改变时，系统软件要进行适应性维护；三是由于需求的变化，要求增强系统软件功能和提高系统软件性能，系统软件要进行完善性维护。因此，系统软件的维护在其生命周期中占有重要地位。同时，系统软件的维护过程是一个软件价值的增值过程。由上述测算方法可知，系统软件的维护费用，即使不计入完善性维护费用也已相当昂贵。不断升级的新版本代替旧版本软件也是系统软件价值评估中应给予考虑的一个特点。

2. 软件开发成本估算

软件开发成本主要是指软件开发过程中所花费的工作量及相应的代价，其中主要是人的劳动的消耗，因此，软件产品开发成本的计算方法不同于其他物理产品的成本的计算。软件产品不存在重复制造过程，它的开发成本是以一次性开发过程所花费的代价来计算的。因此软件成本估算，应以软件计划、需求分析、设计、编码到测试的软件开发全过程所花费的代价为依据。

一般采用以下方法得到可靠的成本及工作量估算：

（1）将软件价格计算延迟到工程设计之后，可得到精确价格。

（2）基于已完成的类似项目进行估算。

（3）使用较简单的分解技术，估算项目成本和工作量。

（4）使用一个或多个经验模型，估算软件成本和工作量。

第一种方法可靠但不实用，软件价格估算须预先提出，它是软件计划工作的主要部分之一。第二种方法在没有相似项目时很难实施估算。一般采取后两种方法，理想情况下，两种技术同时使用，交叉检验。

下面介绍一些常用的成本估算模型。

1）基于代码行（LOC）的成本估算方法

软件成本估计的特殊性是指软件生产过程的非实物性。软件的开发过程也是软件的生产过程。软件是高度知识密集的产品，生产过程中没有原材料或能源消耗，设备折旧所占比例很小，所以软件生产成本主要是劳动力的成本。常用的成本估计计量单位主要有：

源代码行：交付的可运行软件中有效地源程序代码行数，通常不包括注释。

工作量：完成任务所需的程序员平均工作时间，单位可以是人月（PM）、人年（PY）或人日（PD）。

软件生产率：开发全过程中单位劳动量能够完成的平均软件数量。

成本=总代码行数×每行的平均成本

根据经验和历史数据，确定上面两个变量。此外，工资水平也是应考虑的一个重要因素。

2）任务分解成本估算

典型办法是根据生命周期瀑布模型，对开发工作进行任务分解，分别估算每个任务的成本，累加得到总成本。每个任务的成本估计通常只估算工作量（一般为人月，PM）。

成本=所需的总人月数×每人月的成本

如果软件规模很大，可通过将整个开发任务分解成若干个子任务，分别计算后累加，计算一个项目所需的人月数。

典型系统开发工作量比大约是：需求分析 15%；设计 25%；编码与单元测试 20%；综合测试 40%。

3）经验统计估计模型

（1）Walston-Felix（IBM）模型。

1977 年 Walston 和 Felix 总结了 IBM 联合系统分部（FSD）负责的 60 个项目的数据。其中各项目的源代码行数从 400 行到 467 000 行，开发工作量从 12 PM 到 11 758 PM，共使用 29 种不同语言和 66 种计算机。利用最小二乘法拟合，得到如下估算公式：

工作量：$E = 5.2 \times L^{0.91}$（PM）

项目持续时间：$D = 4.11 \times L^{0.35}$（月）

人员需要量：$S = 0.54 \times E^{0.6}$（人）

文档数：$DOC = 49 \times L^{1.01}$（页）

其中：L 为源代码行，以千行计。

一条机器指令为一行源代码。源代码行数不包括程序注释、作业命令、调试程序在内。如汇编语言或高级语言程序，应通过转换系数=机器指令条数×非机器语言执行步数，将其转换为机器指令源代码行数来考虑。各语言对应的转换系数如表 6-1 所示。

表 6-1　各语言对应的转换系数

语言	转换系数
简单汇编	1.0
宏汇编	1.2～1.5
FORTRAN	4.0～4.6
C	4.0～10.0

（2）Putnam 估算模型（动态多变量参数模型）。

该模型是 1978 年由 Putnam 提出的模型，是一种动态多变量模型，它假设了在软件开发的整个生存期中工作量的分布，将代价看作是时间的函数。例如，根据 30 人以上的大型软件项目导出的估算公式如下：

$$L = C_K K^{1/3} T_d^{4/3}$$

其中，L 为源代码行；K 表示所需人年（PY）；T_d 为开发时间；C_K 为技术水平常数值，与开发环境有关。

对于差的开发环境：C_K 的值为 2 000～2 500；

对于正常的开发环境：C_K 的值 8 000～10 000；

对于好的开发环境：C_K 的值 11 000～12 500。

由上述公式可以得到所需开发工作量的公式（人年）：

$$K = L^3 C_K^{-3} T_d^{-4}$$

（3）COCOMO 模型。

结构型成本模型（Constructive Cost Model，COCOMO）是最精确、最易于使用的成本估算方法之一。按照其详细程度分为三级：

基本的 COCOMO 模型：一个静态单变量模型，对整个软件系统进行估算；

中间的 COCOMO 模型：一个静态多变量模型，将整个软件系统分为系统和部件两个层次，系统是由部件构成的，它把软件开发所需的成本看成程序大小和系列"成本驱动属性"的函数，用于部件级的估算，更为精确；

详细的 COCOMO 模型：将软件系统分为系统、子系统和模块三个层次，它除包括中级模型中所考虑的因素外，还考虑了在需求分析、软件设计等每一步的成本驱动属性的影响。

COCOMO 模型主要对工作量和进度进行估算，模型中考虑到估算量与开发环境有关，将开发项目分为三类：

组织型（Organic）：相对较小、较简单的软件项目。程序规模不是很大（<5 万行），开发人员对产品目标理解充分，经验丰富，熟悉开发环境。大多数应用软件及旧的操作系统、编译系统属此种类型。

嵌入型（Embedded）：要求在紧密联系的硬件、软件和操作的限制条件下运行，通常与某些硬件设备紧密结合在一起。因此，对接口、数据结构、算法要求较高。如大型复杂的事务处理系统，大型、超大型的操作系统，军事指挥系统，航天控制系统等。

半独立型（Semidetached）：对项目要求介于上述两者之间，规模复杂度属中等以上，最大可达 30 万行。如大多数事务处理系统、新操作系统大型数据库系统、生产控制系统等软件属此种类型。

① 基本的 COCOMO 模型。

基本的 COCOMO 模型估算的工作量和开发进度：

$$MM=C_1 KLOC^{\alpha}$$

其中，MM 为工作量（PM）；KLOC 为估计的源代码行（千行）；C 是模型系数；α 是模型指数。C、α 取决于项目的模式组织型、半独立型或嵌入型。基本的 COCOMO 模型的名义工作量与进度公式如表 6-2 所示。

表 6-2　基本的 COCOMO 模型的名义工作量与进度公式

总体类型	工作量	进度
组织型	$MM=2.4(KLOC)^{1.05}$	$TDEV=2.5(MM)^{0.38}$
半独立型	$MM=3.0(KLOC)^{1.12}$	$TDEV=2.5(MM)^{0.35}$
嵌入型	$MM=3.6(KLOC)^{1.20}$	$TDEV=2.5(MM)^{0.32}$

表中，MM 是工作量（PM），KLOC 是估计的源代码行（千行），TDEV 是开发时间，以月为单位。

② 中间 COCOMO 模型。

中间 COCOMO 模型进一步考虑 15 种影响软件工作量的因素，通过定下乘法因子，修正 COCOMO 工作量公式和进度公式，可以更合理地估算软件（各阶段）的工作量和进度：

$$MM=C_1 KLOC^{\alpha} \times \prod_{i=1}^{15} f_i$$

15 种影响软件工作量的因素 f_i 包括：

产品因素：软件可靠性、数据库规模、产品复杂性。

硬件因素：执行时间限制、存储限制、虚拟机易变性、环境周转时间。

人的因素：分析员能力、应用领域实际经验、程序员能力、虚拟机使用经验、程序语言使用经验。

项目因素：现代程序设计技术、软件工具的使用、开发进度限制。

具体说明如表 6-3 所示。

表 6-3　影响软件工作量的因素关系

工作量因素 f_i	很低	低	正常	高	很高	超高
产品因素						
软件可靠性	0.75	0.88	1.10	1.15	1.40	
数据库规模		0.94	1.10	1.08	1.16	
产品复杂性	0.7	0.85	1.10	1.15	1.30	1.65
计算机因素						
执行时间限制			1.10	1.11	1.30	1.66
存储限制			1.10	1.06	1.21	1.56
虚拟机易变性		0.87	1.10	1.15	1.30	
环境周转时间		0.87	1.10	1.07	1.15	
人员因素						
分析员能力		1.46	1.10	0.86		
应用领域实际经验	1.29	1.13	1.10	0.91		
程序员能力	1.42	1.17	1.10	0.86		
虚拟机使用经验	1.21	1.10	1.10	0.90		
程序语言使用经验	1.41	1.07	1.10	0.95		
项目因素						
现代程序设计技术	1.24	1.10	1.10			
软件工具的使用	1.24	1.10	1.10			
开发进度限制	1.23	1.08	1.10			

中间 COCOMO 模型的名义工作量与进度公式如表 6-4 所示。

表 6-4　中间 COCOMO 模型的名义工作量与进度公式

总体类型	工作量	进度
组织型	$MM=2.4(KLOC)^{1.05}$	$2.5(MM)^{0.38}$
半独立型	$MM=3.0(KLOC)^{1.12}$	$2.5(MM)^{0.35}$
嵌入型	$MM=3.6(KLOC)^{1.20}$	$2.5(MM)^{0.32}$

③ 详细的 COCOMO 模型。

详细 COCOMO 模型的名义工作量公式和进度公式与中间 COCOMO 模型相同，只是在考虑成本因素时，按照开发阶段分别给出各层次更加详细的值。针对每个影响因素，按模块层、子系统层、系统层，有三张工作量因素分级表，供不同层次的估算使用。每一张表中工作量因素又按各个不同开发阶段给出。

6.1.3　软件管理

软件管理工作涉及软件开发工作的方方面面，其直接对象包括人、财、物。简单地说，人就是指软件开发人员，财就是指项目经费，物就是指软件项目。同其他任何工程项目一样，软件项目同样存在一个非常重要的问题，这就是软件管理的问题，而这一问题通常容易被一般的软件开发人员所忽视。在一般的软件工程资料中所讨论的重点也只是软件开发方法，对软件管理问题大多一笔带过。这在一个小的软件开发项目中还能接受，但在一个大型的软件开发项目中如果没有优秀的软件管理人员和方法来领导和协调整个项目，其失败的可能性就很大了。因此有必要引起高度的重视。

6.1.3.1　软件项目管理

作为软件管理人员，应该站在一定的高度来统筹整个项目，并采用适当的管理技术，这样项目开展就相对容易。软件项目的管理工作可以分为 4 个方面：软件项目的计划、软件项目的组织、软件项目进度安排和软件项目的控制，下面对这四个方面进行详细的介绍。

1. 软件项目计划

软件开发项目的计划包括定义项目的目标以及达到目标的方法。其涉及项目实施的各个环节，带有全局的性质，是战略性的。计划应力求完备，要考虑一些未知因素和不确定因素，以及可能的修改。计划应力求准确，尽可能提高所依据的数据可靠程度。主要工作集中在软件项目的估算、软件开发成本的估算和软件项目进度安排上。软件项目计划的目标是提供一个能使项目管理人员对资源、成本和进度做出合理估算的框架。这些估算应在软件项目开始时的一段有限时间内做出，并随着项目的进展进行更新。

1）软件项目的估算

软件项目管理过程开始于项目的计划，在做项目计划时，第一项活动是估算。已经使用的方法是时间和工作量的估算。因为估算是其他项目计划活动的基石，而且项目计划又对软件工程过程提供了工作方向，所以我们不能没有计划就着手开发，使开发具有盲目性。

估算本身带有风险，估算资源、成本和项目进度时需要经验、有用的历史信息、足够的定量数据和做定量度量的勇气。估算的精确程度受到多方面的影响。首先，项目的复杂性对于增加软件计划的不确定性影响很大，复杂性越高，估算的风险就越高。复杂性是相对度量的，与项目参加人员的经验有关，比如如果让从事 MIS 的项目组去进行操作系统设计，这显然增加了复杂性。其次，项目的规模对于估算的精确性和功效的影响也比较大，因为随着软件规模的扩大，软件相同元素之间的相互依赖、相互影响也迅速增加，因而估算时进行问题分解也会变得更加困难。还有项目的结构化程度也影响项目估算的风险，这里的结构性是指功能分解的简便性和处理信息的层次性，结构化程度提高，进行精确估算的能力就提高，相应风险将减少。最后，历史信息的有效性也影响估算的风险，在对过去的项目进行综合的软件度量之后，就可以借用来比较准确地进行估算。影响估算的因素远不止这些，比如用户需求的频繁变更给估算带来非常大的影响。

估算的依据是软件的范围，包括功能，性能、限制、接口和可靠性。在估算开始之前，应对软件的功能进行评价，并对其进行适当的细化以便提供更详细的细节。由于成本和进度的估算都与功能有关，因此常常采用功能分解的办法。性能的考虑主要包括处理和响应时间的需求，约束条件则表示外部硬件、可用存储和其他现有系统对软件的限制。

另外，软件项目计划还要完成资源估算，包括人力资源、硬件资源和软件资源。在考虑各种软件开发资源时最重要的是人，必须考虑人员的技术水平、专业、人数以及在开发过程各阶段对各种人员的需要。硬件资源作为一种工具投入，软件资源包括各种帮助开发的软件工具，比如数据库等。

工作量估算是最普遍使用的技术。经过功能分解之后，其可以估计出每一个项目任务的分解都需要花费的人年值，总计之后就知道软件项目总体工作量。

2）软件开发成本的估算

软件开发成本主要是指软件开发过程所花费的工作量及其相应的代价。它不同于其他物理产品的成本，主要包括人的劳动的消耗，其消耗所需的代价就是软件产品的开发成本。

开发成本的估算方法有很多种，像简单的代码行技术，任务分解技术，自动估计成本技术，专家判定技术，还有参数方程法，标准值法，以及 COCOMO 模型法。其中 COCOMO 模型法是一种精确、易于使用的成本估算方法，该模型按其详细程度分为三级：基本 COCOMO 模型、中间 COCOMO 模型和详细 COCOMO 模型，在前文已做介绍。

2. 软件项目的组织

软件项目可以是一个单独的开发项目，也可以与产品项目组成一个完整的软件产品项目：如果是订单开发，则成立软件项目组即可；如果是产品开发，需成立软件项目组和产品项目组（负责市场调研和销售），组成软件产品项目组。公司实行项目管理时，首先要成立项目管理委员会，项目管理委员会下设项目管理小组、项目评审小组和软件产品项目组。

项目管理委员会是公司项目管理的最高决策机构，一般由公司总经理、副总经理组成。主要职责如下：

（1）依照项目管理相关制度管理项目。

（2）监督项目管理相关制度的执行。

（3）对项目立项、项目撤销进行决策。

（4）任命项目管理小组组长、项目评审委员会主任、项目组长。

项目管理小组对项目管理委员会负责，一般由公司管理人员组成。主要职责如下：

（1）草拟项目管理的各项制度。

（2）组织项目阶段评审。

（3）保存项目过程中的相关文件和数据。

（4）为优化项目管理提出建议。

项目评审小组对项目管理委员会负责，可下设开发评审小组和产品评审小组，一般由公司技术专家和市场专家组成。主要职责如下：

（1）对项目可行性报告进行评审。

（2）对市场计划和阶段报告进行评审。

（3）对开发计划和阶段报告进行评审。

（4）项目结束时，对项目总结报告进行评审。

软件产品项目组对项目管理委员会负责，可下设软件项目组和产品项目组。软件项目组和产品项目组分别设开发经理和产品经理，成员一般由公司技术人员和市场人员构成。主要职责是：根据项目管理委员会的安排具体负责项目的软件开发和市场调研及销售工作。

1）组织结构

开发组织采用什么形式由软件项目的特点决定，同时也与参加人员的素质有关。通常有三种组织结构模式：

（1）按课题组划分的模式：把开发人员按课题组成小组，小组成员自始至终承担课题的各项任务。该模式适用于规模不大的项目，并且要求小组成员在各方面有技术专长。

（2）按职能划分的模式：把开发项目的软件人员按任务的工作阶段划分为若干工作小组。要开发的软件在每个专业小组完成阶段加工后沿工序流水线向下传递。这种流水作业的方式适用于多项目并行的情况。

（3）矩阵形模式：这种模式是以上两种模式的复合，一方面按工作性质成立一些专门小组，另一方面每一个项目都有它的经理人员负责。每一个软件开发人员既属于某一个专门小组，又参加某一个项目的工作。该模式的优点：一方面，参加专门组的成员可以在组内交流在各个项目中取得的经验，这更有利于发挥专业人员的作用；另一方面，各个项目有专门的人员负责，有利于软件项目的完成。这种模式比较适合于规模比较大的项目。

组织结构的最后一层是程序设计小组的组织形式。通常认为程序设计工作是按独立的方式进行的，程序人员独立地完成任务。但这并不意味着其相互之间没有联系。一般在人数比较少时组员之间的联系比较简单，但随着人数的增加，相互之间的联系变得复杂起来。小组内部人员的组织形式对生产率有着十分重要的影响。

2）组织形式

常见的小组组织形式有三种，这三种形式可以灵活使用。

（1）主程序员制小组：相当于组长负责制，小组的核心由一位主程序员、两到三位技术员、一位后援工程师组成。这种组织结构突出主程序员的领导，强调主程序员与其他技术人员的联系。

（2）民主制小组：在该小组中，对遇到问题组员之间会平等地交换意见，工作组目标的制定以及决定的做出都由全体人员参加。这种组织形式强调发挥每个成员的积极性，并要求每个成员发挥主动精神和协作精神。

（3）层次式小组：在层次式小组中，组内人员分位三级，组长（项目负责人）一人负责全组工作，并直接管理两到三名高级程序员，每位高级程序员通过基层小组，管理若干位程序员。这种结构比较适合于项目本身就是层次结构的课题。

3）人员配备

合理地配备人员是成功地完成软件项目的切实保证。所谓合理地配备人员应包括按不同阶段适时运用人员，恰当掌握用人标准。一般来说，软件项目不同阶段不同层次技术人员的参与情况是不一样的。

在人力配备问题上，由于配置不当很容易造成人力资源的浪费，并延误工期。特别是采用恒定人员配备方案时在项目的开始和最后都会出现人力过剩，而在中期又会出现人力不足的情况。

3. 软件项目进度安排

软件项目的进度安排主要是考虑软件交付用户使用前的这一段开发时间的安排。进度安排的准确程度可能比成本估计的准确程度更重要。软件产品可以靠重新定价或者靠大量的销售来弥补成本的增加，但进度安排的落空会导致市场机会的丧失或者用户不满意，而且也会导致成本的增加。因此，在考虑进度安排时要把人员的工作量与花费的时间联系起来，合理分配工作量，利用进度安排的有效分析方法严密监视软件开发的进展情况，以使得软件开发的进度不致被拖延。

在进行进度安排时要考虑的一个主要问题是任务的并行性问题。当参加项目的人数不止一人时软件开发工作就会出现并行情况。因为并行任务是同时发生的，所以进度计划表必须决定任务之间的从属关系，确定各个任务的先后次序和衔接过程，确定各个任务完成的持续时间。

另外还应注意关键路径的任务，这样可以确定在进度安排中应保证的重点。常用的进度安排方法有两种，即甘特图（Gantt Chart）法和工程网络法。

4. 软件项目的控制

1）项目的时间控制

首先，要明确项目期望值，做好需求调研，围绕企业的核心业务流程，制定切实可行的项目目标，这个目标万不可贪大求全、面面俱到，目的是满足核心业务流程需求，与核心业务流程关系不大或者毫无关系的内容，应缓建或根本不建，将业务期望聚焦在更容易把控和量化的目标上来。项目实施完全围绕该期望进行，这也是项目实施中最重要的一点。

其次，信息化项目是需要多部门、多环节充分协作的系统工程，任何部门和环节的时间延误，都会导致整个项目实施周期的延长。因此，对影响项目进度的"短板"环节，应进行着力攻坚，促进其与项目的其他环节步调一致，协同共进，这样才能够有效保障项目的实施周期。

再次，信息化项目往往周期较长，因此需要针对项目的实施阶段制定"日事日毕、日清日高"的项目时间保障机制，保证项目每一天都有明确的目标，才能对项目的进度进行有效掌控。

最后，由于信息化项目涉及面较广，参与人数众多，人员的素质参差不齐，对项目的把握也各不相同，因此，在项目开始前需对参与项目的人员甚至高层管理人员，进行项目普及性培训，在项目进行中进行相关的项目培训。只有提高每一位参与人员的项目能力才能有效提高项目实施的效率，从而保障项目的实施周期。

2）项目的成本控制

首先，信息化项目是 IT 技术在企业业务的应用，其开发和实施都建立在业务部门提出的项目需求之上。然而，由于项目开发和实施的时间较长，常常出现这样的情况：在系统开发完毕后，业务需求却已经改变，致使项目不得不重新进行开发。这是影响项目成本的主要因素。

产生这种情况的原因，一方面是因为项目小组前期调研不够深入，没有全面掌握业务部门的真正需求和需求的发展方向，另一方面是因为随着项目的深入，业务部门对项目在业务中的应用有了更加深刻的认识。想要控制这种来自需求改变的成本增加，项目经理除了在项目前期应进行更加深入的项目调研外，还应该加大对业务人员的培训力度，让他们先于项目应用而对项目拥有更加深入的了解。

其次，在项目实施过程中，各种与业务相关的应用需求不断被提出，使得项目预算不断增加，从而形成影响项目成本的又一重要因素。对于这种情况，项目经理要区别对待，如果确实是有助项目期望的实现并能够帮助提高项目实施效果的需求，哪怕影响到项目的成本和延长项目的实施周期也要采纳，这是对项目的一种有益补充；如果与项目期望关系不大甚至没有关系的需求，则应坚决摒弃。

因此，在项目实施前做好准确的项目期望，划定明确的项目开发任务和范围并严格执行，能够有效控制这类项目成本增加。

最后，信息化项目成本的另一主要来源是人力资源成本。因此在看到项目的硬件、软件等硬性成本同时，也不能忽略人力资源这一软性成本。有效控制项目实施时间、合理配置人力资源、避免人力资源浪费是控制这项成本的关键。

3）项目的质量控制

信息化项目的质量控制包括两个方面，一方面是 IT 技术本身（硬件、软件、系统）的质量控制，另一方面也是最重要的一方面，是 IT 技术应用于企业的质量控制。对于前者，我们可以依照国家的质量标准进行考量，而对于后者，则没有统一的标准，并难以实行量化控制，但无论如何，信息化项目的主体是企业，检验 IT 技术应用于企业质量好坏的唯一标准则应该是项目在企业中的实施效果。因此，做好信息化项目中的质量控制须做到对项目技术方案进行适应性评估。信息化项目的最终效果体现在企业的应用，不适应企业实际情况的方案，即使技术再先进、架构再稳定，也不是好的方案。这就要求企业的项目经理在拿到软件公司（实施方）提供的项目方案后，首先要对其进行适应性评估：一方面，评估项目方案与企业其他项目的技术路线是否一致。信息化项目是影响企业多个层面的系统工程，因此它并不是独立的，而是与其他项目紧密相连的。如果信息化各个项目的技术路线不一致，将会导致信息化项目间信息流通不畅、数据接口不一致，形成各种信息"孤岛"。另一方面，评估项目方案与企业业务的结合程度。信息化系统最终用户是业务部门，因此项目方案要适应企业的业务需求，并易于与企业的业务流程融合在一起，并在充分满足业务需求的基础上，对业务水平有计划地进行提高。

阶段性评估与项目验收并重。信息化项目的建设一般周期较长，且信息化项目建设的效果也需要一定的时间才能显现出来，因此如果项目的验收和评估都集中到项目完成后进行，就会导致项目承担风险过大。信息化项目边实施、边应用、边考量、边改进的阶段性评估，不仅有助于项目经理在项目中进行质量控制，而且能够有效降低信息化项目的风险。

对项目实施进行文档跟踪。在项目实施过程中，分别根据实施的每个阶段编写建设（使用）手册，进行文档跟踪，并在项目完成后最终汇总成统一的项目建设（使用）文档，能够有助于项目经理对项目质量的把握和监督。

4）项目的风险控制

对信息化项目进行风险控制能够减少信息化项目实施过程中的不确定因素，有效提高信息化项目实施的成功率。由于信息化项目的核心是通过 IT 技术为企业的业务提供应用服务，因此信息化项目的风险主要来自以下 3 个方面：

（1）技术风险。技术架构好坏、软件提供方的技术能力以及项目实施方的实施经验等因素形成了信息化项目的技术风险。为了规避项目的技术风险，企业的项目经理，一方面要选择开发能力较强的软件提供方和经验丰富、服务优良的项目实施方，另一方面还要把握项目的技术架构与企业其他信息化项目技术架构之间的一致性。此外，引入第三方的专业咨询、监理和项目评估也是企业规避技术风险的有效手段。

（2）应用风险。信息化项目应用于企业时，与企业业务之间的适应水平、结合程度以及项目实施带来的影响等因素形成了信息化项目的应用风险。在项目实施前，进行项目适应性评估能够预测项目与企业业务之间的结合程度，并能够有效预期项目应用后所带来的问题，提前研究解决办法；在项目实施中，边实施、边应用，随时监控项目的实施情况和应用效果，出现问题及时解决，也能够有效规避项目的应用风险。

（3）实施风险。这种风险源于项目在实施过程中的时间、成本、质量的不确定性因素。而降低这种风险的手段就是项目经理通过自身所具备的组织、决策、沟通、业务、技术等能力，对项目的时间、成本、质量进行严格控制。

6.1.3.2 软件过程管理

软件开发过程管理是指在软件开发过程中，除了先进技术和开发方法外，还有一整套的管理技术。

软件过程改进是针对软件生产过程中会对产品质量产生影响的问题而进行的，它的直接结果是软件过程能力的提高。

现在常见的软件过程改进方法有：ISO 9000，SW-CMM 和由多种能力模型演变而来的 CMMI。

1. SW-CMM

SW-CMM（Capability Maturity Model For Software，软件生产能力成熟度模型），又称 CMM，是 1987 年由美国卡内基梅隆大学软件工程研究所（CMU SEI）研究出的一种用于评价软件承包商能力并帮助改善软件质量的方法，其目的是帮助软件企业对软件工程过程进行管理和改进，增强开发与改进能力，从而能按时、不超预算地开发出高质量的软件。其所依据的想法是：只要集中精力持续努力去建立有效的软件工程过程的基础结构，不断进行管理的实践和过程的改进，就可以克服软件生产中的困难。CMM 是目前国际上最流行、最实用的一种软件生产过程标准，已经得到了众多国家以及国际软件产业界的认可，成为当今企业从事规模软件生产不可缺少的一项内容。能力成熟度集成模型 CMMI 是 CMM 模型的最新版本，流行版本是 1.1。

SW-CMM 为软件企业的过程能力提供了一个阶梯式的进化框架，阶梯共有五级，如图 6-3 所示。

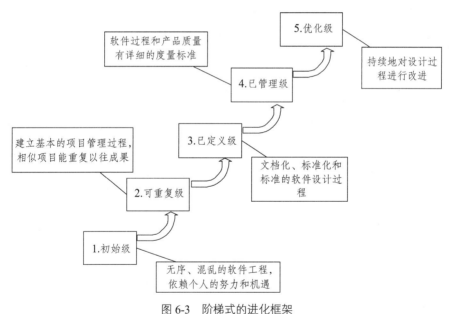

图 6-3　阶梯式的进化框架

CMM 模型共计 18 个关键过程域（Key Process Areas，KPA），52 个具体目标，316 个关键实践（Key Practices，KP）。

所谓过程域 KPA，是指互相关联的若干个软件实践活动和相关设施的集合。CMM 中叫作关键过程域 KPA，而 CMMI 中叫作过程域 PA。KPA 五个等级中的分布情况如表 6-5 所示。

所谓关键实践 KP，是指对相应 KPA 的实施起关键作用的政策、资源、活动、测量、验证。

KP 只描述"做什么"，不描述"怎么做"。目前，CMM 共有 52 个具体目标，316 个关键实践 KP，它们分布在 CMM2 至 CMM5 的各个 PA 中。CMM2 的目标个数和 KP 个数如表 6-6 所示。

表 6-5 KPA 五个等级中的分布情况表

成熟度等级	管理过程	组织过程	工程过程
5. 优化级		技术改革管理， 过程优化管理	缺陷预防
4. 已管理级	定量过程管理		软件质量管理
3. 已定义级	集成软件管理， 组间协同	组织过程焦点， 组织过程定义， 培训大纲	软件产品工程， 同行评审
2. 可重复级	需求管理，软件项目策划，项目跟踪和监督，软件子合同管理，软件质量保证和软件配置管理		
1. 初始级	无序过程		

目标概括某个关键过程域中的所有关键实践应该达到的总体要求，可用来确定是否一个组织或一个项目已有效地实现关键过程域。

目标表明每个关键过程域的范围、边界和意图。目标用于检验关键实践的实施情况，确定关键实践的替代方法是否满足关键过程域的意图等。

如果一个级别的所有的目标都已实现，则表明这个组织已经达到了这个级别，可以进入下一个级别进行软件过程改善。

表 6-6 CMM2 的目标个数和 KP 个数

KPA 名称	目标个数	KP 个数
需求管理（RM）	2	12
软件项目策划（SPP）	3	25
软件项目跟踪和监控（SPTO）	3	24
软件子合同管理（SSM）	4	22
软件质量保证（SQA）	4	17
软件配置管理（SCM）	4	21
合计	20	121

成熟度提问单就是大量关于 CMM 某个级别是否成熟的问题组成的集合。

提问单第一个作用是对软件组织的能力评估。软件组织是被评估者，主任评估师及其领导的评估小组，是评估者。评估者提问，被评估者回答，按照回答的情况，评估者就从宏观上掌握了该软件组织在实践某个 KPA 过程中的强项和弱项，再综合其他考核与检查，最终确定该软件组织在 CMM 的某个 KPA 上的评估是否通过。

第二个作用是对软件组织的过程改进。过程改进是一个自我加压、自我约束过程，是一个内部预评估（模拟评估）的过程，此时，提问者与被提问者都是软件组织内部的人。

2. CMMI

CMMI（Capability Maturity Model Integration，能力成熟度模型集成），也称为软件能力成熟度集成模型，是 1994 年由美国国防部（United States Department of Defense）与卡内基-梅隆大学（Carnegie-Mellon University）下的软件工程研究中心（Software Engineering Institute，SEISM）

以及美国国防工业协会（National Defense Industrial Association）共同开发和研制的，他们计划把现在所有现存实施的与即将被发展出来的各种能力成熟度模型，集成到一个框架中去，申请此认证的前提条件是该企业具有有效的软件企业认定证书。

CMMI 的目的是帮助软件企业对软件工程过程进行管理和改进，增强开发与改进能力，从而能按时、不超预算地开发出高质量的软件。其所依据的想法是：只要集中精力持续努力去建立有效的软件工程过程的基础结构，不断进行管理的实践和过程的改进，就可以克服软件开发中的困难。CMMI 为改进一个组织的各种过程提供了一个单一的集成化框架，新的集成模型框架消除了各个模型的不一致性，减少了模型间的重复，增加了透明度和理解，建立了一个自动的、可扩展的框架，因而能够从总体上改进组织的质量和效率。CMMI 主要关注点在成本效益、明确重点、过程集中和灵活性 4 个方面。

CMMI 来自 3 个原模型，即：

（1）适用于软件开发的 SW-CMM 2.0（阶段模型）。

（2）系统工程能力模型 SECM（即 EIA/IS 731，连续模型）。

（3）适用于集成化产品开发的 IPD-CMM v0.98（混合模型）。

3. CMM 和 CMMI 的区别

CMM 是以关键过程域 KPA 为纲，以目标、共同特性、关键实践为目，分等级来定义的。CMMI 是以过程域 PA 为纲，以特定目标 SG 、特定实践 SP 、共性目标 GG、共性实践 GP 为目，分阶段式模型和连续式模型两种方式来定义的。CMMI 的阶段式模型和连续式模型内部结构如图 6-4、图 6-5 所示。

CMM1.1 版本共有 18 个 KPA，CMMI1.1 版本共有 24 个 PA。CMM1.1 绝大部分 KPA 的内容在 CMMI1.1 中都得到了继承与扩充。这就是 CMM 和 CMMI 之间的联系与区别。

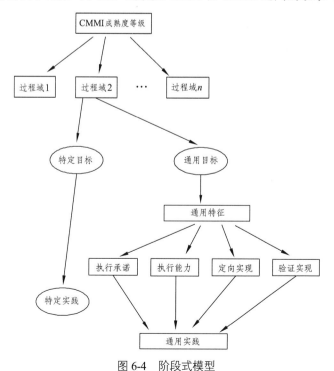

图 6-4　阶段式模型

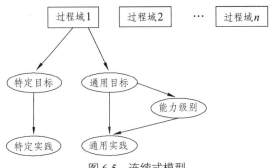

图 6-5　连续式模型

从形式上讲，CMM 与 CMMI 的最大区别是：CMM 只有阶级式模型一种表示方式，而 CMMI 有阶级式和连续式两种表示方式，分别称为"成熟度维"和"能力维"。

为了方便起见，我们将 CMMI 阶段式表示称为 CMMI 阶段式模型，将"成熟度维"称为成熟度等级，将 CMMI 连续式表示称为 CMMI 连续式模型，将"能力维"称为能力等级。

阶段式表示方式分为 5 个等级，称为成熟度等级（Maturity Level，ML），从 ML1 级到 ML5 级，如表 6-7 所示。连续式表示方式分为 6 个能力等级，称为能力等级（Capability Level，CL），从 CL0 级到 CL5 级，如表 6-8 所示。CMMI 阶段模型的主要过程域如表 6-9 所示。

表 6-7　CMMI 阶段式表示的成熟度等级

CMMI 等级	PA 数目	管理特点
ML1 Initial（初始级）	0	过程不可预测 且缺乏控制
ML2 Managed（已管理级）	7	过程为项目服务即项目级管理
ML3 Defined（已定义级）	13	过程为组织服务 即组织级管理
ML4 Quantitatively Managed（定量管理级）	2	过程已度量和控制 即定量级管理
ML5 Optimizing（已定义级）	2	集中于过程改进 即优化级管理

表 6-8　CMMI 连续式表示的能力等级

CMMI 的等级	管理特点	特定实践个数	共性实践个数
CL0 Incomplete（未执行级）	未执行的过程	0	0
CL1 Performed（已执行级）	已执行的过程， 执行基本实践， 标识工作范围	168	2
CL2 Managed（已管理级）	已管理的过程 被制度化	9	10
CL3 Defined（已定义级）	已定义的过程 被制度化	7	2
CL4 Quantitatively Managed（定量管理级）	定量管理的过程 被制度化	0	2
CL5 Optimizing（优化管理级）	集中于过程改进	2	2

表 6-9　CMMI 阶段模型的主要过程域

文化	组织运作能力			
	组织制度	项目管理	工程技术	质量工作
主动	OID			CAR
客观	OPP	QPM		
共享	OPD OPF OT	IPM RSKM ISM IT	RD TS PI VER VAI	DAR ORI
纪律			REQM	CM PPQA MA
目标管理	缺省一切面向效率和发展的积累			

CMMI 连续式模型的等级与过程域之间无对应关系，主要由于组织在能力等级 1 时就管理所有的 24 个过程域，过程改进开始持续不断地往前走。组织的能力等级的提高，不是依靠每个等级管理的过程域的多少（它们都覆盖 24/22 个过程域），而是依靠每个等级的共性实践的能力强弱（每个等级的共性实践个数及其能力不同）。这种能力强弱的程度，即共性实践对所有过程域的作用力程度，就决定了能力等级的高低。能力等级 CL1 到 CL5 的区分，不是以过程域（PA）的多少为标准的，而是以共性目标（GG）为标准的。这些共性目标，指出在单个过程域（PA）中，组织在不同的能力等级中执行它的好坏程度。

CMMI 中的所谓能力等级，主要是每个等级的共性实践对 24/22 个过程域的作用力程度。这种作用力驱使 24/22 个过程域来推动组织连续式地进行过程改进，所以叫作连续式模型。

6.2　软件工程开发模式

软件开发模型（Software Development Model）是指软件开发全部过程、活动和任务的结构框架。软件开发包括需求、设计、编码和测试等阶段，有时也包括维护阶段。软件开发模型能清晰、直观地表达软件开发全过程，明确规定了要完成的主要活动和任务，用来作为软件项目工作的基础。对于不同的软件系统，可以采用不同的开发方法，使用不同的程序设计语言，招募各种不同技能的人员参与工作，运用不同的管理方法和手段等，以及允许采用不同的软件工具和不同的软件工程环境。

最早出现的软件开发模型是 1970 年 W．Royce 提出的瀑布模型，而后随着软件工程学科的发展和软件开发的实践，又相继提出了原型模型、演化模型、增量模型、喷泉模型等。

6.2.1　瀑布模型（Waterfall Model）

瀑布模型（Waterfall Model）是一个项目开发架构，开发过程是通过设计一系列阶段顺序展开的，软件开发的各项活动严格按照线性方式进行，从系统需求分析开始直到产品发布和维护，每个阶段都会产生循环反馈，当前活动接收上一项活动的工作结果，实施完成所需的工作内容。当前活动的工作结果需要进行验证，如果验证通过，则该结果作为下一项活动的输入，继续进行下一项活动，否则返回上一个阶段并进行适当的修改。该项目的开发进程从一个阶段"流动"到下一个阶段，这也是瀑布模型名称的由来，包括软件工程开发、企业项目开发、产品生产以及市场销售等构造瀑布模型。

6.2.1.1 瀑布模型核心思想

瀑布模型核心思想是按工序将问题化简，将功能的实现与设计分开，便于分工协作，即采用结构化的分析与设计方法将逻辑实现与物理实现分开。软件生命周期被划分为可行性分析、项目计划、需求分析、软件设计、编码与测试和运行维护等 6 个基本活动，并且规定了它们自上而下、相互衔接的固定次序，如同瀑布流水，逐级下落。

在瀑布模型中，软件开发的各项活动应严格按照线性方式进行，当前活动接受上一项活动的工作结果，实施完成所需的工作内容。当前活动的工作结果需要进行验证，如验证通过，则该结果作为下一项活动的输入，继续进行下一项活动，否则返回修改。

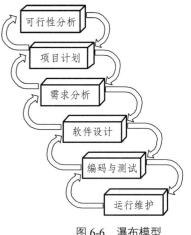

图 6-6　瀑布模型

6.2.1.2 瀑布模型的优缺点

1. 瀑布模型优点

（1）为项目提供了按阶段划分的检查点。

（2）当前一阶段完成后，只需要去关注后续阶段。

（3）可在迭代模型中应用瀑布模型。

2. 瀑布模型缺点

瀑布模型强调文档的作用，并要求每个阶段都要仔细验证。但是，这种模型的线性过程太理想化，已不再适合现代的软件开发模式，几乎被业界抛弃，其主要问题在于：

（1）各个阶段的划分完全固定，阶段之间产生大量的文档，极大地增加了工作量。

（2）由于开发模型是线性的，用户只有等到整个过程的末期才能见到开发成果，从而增加了开发的风险。

（3）早期的错误可能要等到开发后期的测试阶段才能发现，进而导致严重的后果。

（4）各个软件生命周期衔接花费时间较长，团队人员交流成本大。

（5）瀑布式方法在需求不明并且在项目进行过程中可能变化的情况下基本是不可行的。

6.2.1.3 瀑布模型的客户需求

尽管瀑布模型招致了很多批评，但是它对很多类型的项目而言依然是有效的，如果正确使用可以节省大量的时间和金钱。对于具体项目而言，是否使用这一模型主要取决于是否能理解客户的需求以及在项目的进程中这些需求的变化程度，对于需求经常变化的项目而言，瀑布模型毫无价值，对于这种情况，可以考虑其他的架构来进行项目管理，比如螺旋模型（Spiral Model）的方法。

6.2.1.4 瀑布模型适用场合

当客户需求稳定，能够采用线性的方式完成项目的时候，瀑布模型就比较适用。瀑布模型适合于结构化方法，也就是面向过程的软件开发方法。软件项目或产品选择瀑布模型必须满足下列条件：能够事先完整定义需求的系统开发工作，在开发时间内需求没有或有很少变化；分析设计人员应对应用领域很熟悉；低风险项目（对目标、环境很熟悉）；用户使用环境很稳定；

用户除提出需求以外，很少参与开发工作。

6.2.2 边做边改模型（Build-and-Fix Model）

6.2.2.1 边做边改模型概述

许多软件公司都是使用边做边改模型来开发项目的。在这个模型中，既没有规格说明，也没有经过设计，软件随着客户的需要一次又一次地不断被修改。在这个模型中，开发人员拿到项目立即根据需求编写程序，调试通过后生成软件的第一个版本。在提供给用户使用后，如果程序出现错误，或者用户提出新的要求，开发人员重新修改代码，直到用户和测试人员等满意为止。边做边改模型如图 6-7 所示。

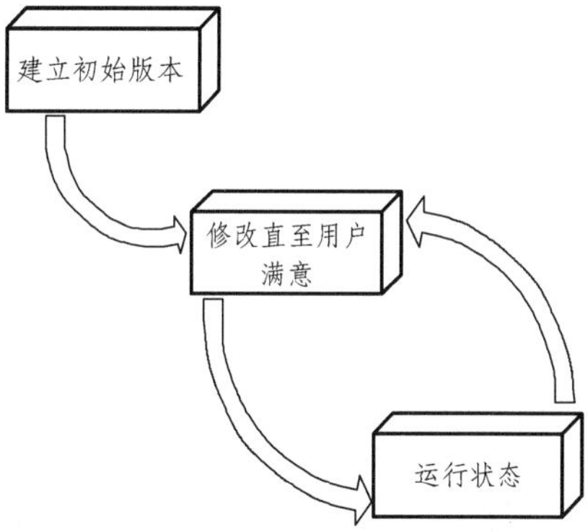

图 6-7　边做边改模型

6.2.2.2 边做边改模型优缺点

1. 优　点

（1）成效快。对编写逻辑不需要太严谨的小程序来说比较实用。

（2）适用于需求非常简单、行为容易定义、结果容易验证的工程。

2. 缺　点

（1）缺少规划和设计环节，软件的结构随着不断的修改越来越糟，导致无法继续修改。

（2）忽略需求环节，给软件开发带来很大的风险。

（3）没有考虑测试和程序的可维护性，也没有任何文档，软件的维护十分困难。

6.2.3 迭代模型（Stagewise Model）

6.2.3.1 迭代模型的发展

早在 20 世纪 50 年代末期，软件领域中就出现了迭代模型。最早的迭代过程被描述为"分段模型（Stagewise Model）"。迭代模型是统一软件开发过程（RUP）推荐的周期模型，其被定义为：迭代包括产生产品发布（稳定、可执行的产品版本）的全部开发活动和用于该发布所必需的其他外围元素。在某种程度上，开发迭代是一次完整地经过所有工作流程的过程：需求、分析设计、实施和测试工作流程。实质上，它类似小型的瀑布式项目。RUP 认为，所有的阶段（需求及其他）都可以细分为迭代。每一次的迭代都会产生一个可以发布的产品，这个产品是最终产品的一个子集。

现代过程方法极限编程（Extreme Programming，XP）和 RUP（Rational Unified Process）无一例外地都推荐采用能显著减少风险的迭代模型，这也是现在软件产品的主流开发方法。

6.2.3.2 迭代模型的选择

企业应选择什么样的迭代开发模型，应慎重地从以下几方面进行考虑：

（1）RUP 虽然内容极其丰富，定义了选起、精化、构建、产品化 4 个阶段和业务建模、需求、分析设计、实现、测试、部署等 9 个工种，提供了一大堆的文档模板，但极易让人误解是重型的过程，实施推广有一定难度。

（2）在质量管理方面：以实现系统架构、核心功能目标的迭代产品生成的工作成果作为质量控制重点。每次迭代进行系统集成、系统测试，达到对软件质量的持续验证。每次系统测试需要回归测试前一次迭代遗留发现的问题。每次迭代发布的小版本组织客户（包括内部客户、外部客户）进行评价，通过演示操作等方式，评价本次迭代是否达到预定的目标，并以此为依据来制定下一次迭代的目标。

（3）在其他方面：每次迭代成果须进行配置管理，版本控制很重要。在整个迭代过程中风险无处不在，建议每周做一次风险跟踪。同时通过重点关注进度、工作量、满意度、缺陷等数据收集，关注每次迭代情况。

总之，选择一个合适的生命周期模型，并应用正确的方法，对于任何软件项目的成功是至关重要的。企业在选择开发模型时应从项目时间要求、需求明确程度、风险状况等方面选择合适的生命周期模型。

6.2.3.3　迭代模型的使用条件

一般会在以下情况使用迭代模型：

（1）在项目开发早期需求可能有所变化。

（2）分析设计人员对应用领域很熟悉。

（3）高风险项目。

（4）用户可不同程度地参与整个项目的开发过程。

（5）使用面向对象的语言或统一建模语言（Unified Modeling Language，UML）。

（6）使用计算机辅助软件工程（Computer Aided Software Engineering，CASE）工具，如 Rose（非常受欢迎的软件开发辅助工具）。

（7）具有高素质的项目管理者和软件研发团队。

6.2.3.4　迭代模型的优点

与传统的瀑布模型相比较，迭代过程具有以下优点：

（1）降低了在一个增量上的开支风险。如果开发人员重复某个迭代，那么损失只是这一个开发有误的迭代的花费。

（2）降低了产品无法按照既定进度进入市场的风险。通过在开发早期就确定风险，可以尽早解决问题而不至于在开发后期匆匆忙忙。

（3）加快了整个开发工作的进度。因为开发人员清楚问题的焦点所在，他们的工作会更有效率。

（4）由于用户的需求并不能在一开始就做出完全的界定，它们通常是在后续阶段中不断细化的。因此，迭代过程这种模式使适应需求的变化会更容易些。

6.2.4　快速原型模型（Rapid Prototype Model）

6.2.4.1　快速原型模型的基本思想

快速原型模型的基本思想是指在获得用户基本需求说明的基础上，投入少量人力和物力，快速建立一个原始模型，使用户及时运行和看到模型的概貌和使用效果，并对需求说明进行补充和精化，提出改进意见，开发人员进一步修改完善，如此循环迭代，直到得到一个用户满意的模型为止。

从原型法的基本思想中可以看到，用户能及早看到系统模型，在循环迭代修改和完善过程中，使用户的需求日益明确，从而消除了用户需求的不确定性，同时从原型到模型的生成，周期短、见效快，对环境变化的适应能力较强。

6.2.4.2　快速原型模型的基本内容

1. 功能选择

要恰当选择原型实现的功能。根据用户基本需求，对系统给出初步定义。用户的基本需求包括各种功能的要求、数据结构、菜单和屏幕、报表内容和格式等要求。这些要求虽是概略的，但是是最基本的，易于描述和定义。原型和最终的软件系统不同，两者在功能范围上的区别主要有以下两个方面：① 最终系统是软件需求全部功能的实现，而原型只实现所选择的部分功能；② 最终系统对每个软件需求都要求详细实现，而原型仅仅是为了试验和演示用的，部分功能需求可以忽略，或者模拟实现。

2. 构造原型

根据用户初步需求开发出一个可以应用的系统，它应满足上述的由用户提出的基本要求。在构造一个原型时，应当强调着眼于预期的评估，而不是为了正规的长期使用。

3. 运行和评价原型

在试用中能亲自参加和面对一个实在的模型，能较为直观和明确地进一步提出需求以及修改意见。通过运行原型对软件需求规格说明进行评价和确认。评价要有用户参与，注意来自用户的反馈信息。

4. 修改和完善原型

根据修改意见进行修改，以得到新的系统原型，然后再进行试用和评价，这样经过有限次的循环反复，逐步提高和完善，直到得到一个用户满意的系统模型为止。根据原型实现的特点和环境，可以把原型作为试验的工具，用完就丢弃；也可以使原型全部或部分地成为最终系统的组成部分。原型法的开发过程如图 6-8 所示。其中，原型开发与原型运行评价两者需反复进行多次，才能最后得到经过确认的需求规格说明，并以此作为进一步的软件设计和实现的基础。

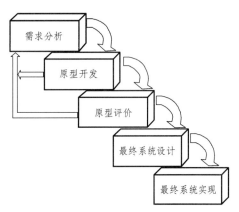

图 6-8　原型法开发模型

6.2.4.3　快速原型模型的优缺点

快速原型模型具有明显的优点，它的开发周期短，见效快，可以边开发边使用，较适合于开发环境和管理体制多变、系统结构不稳定的情况。但是开发系统采用该模型，需要有交互式开发环境和第四代语言及自动编程系统的支持，其初始原型设计较为困难，开发过程尚缺乏有

效的管理方法和控制手段

显然，快速原型模型可以克服瀑布模型的缺点，在减少由于软件需求不明确带来的开发风险方面具有显著的效果。快速原型的关键在于尽可能快速地建造出软件原型，一旦确定了客户的真正需求，所建造的原型将被丢弃。因此，原型系统的内部结构并不重要，重要的是必须迅速建立原型，随之迅速修改原型，以反映客户的需求。因此，快速原型模型整合了边做边改模型与瀑布模型的优点。

6.2.5 增量模型（Incremental Model）

6.2.5.1 增量模型的概述

增量模型又称为渐增模型，也称为有计划的产品改进模型，它从一组给定的需求开始，通过构造一系列可执行中间版本来实施开发活动。第一个版本纳入一部分需求，下一个版本纳入更多的需求，依此类推，直到系统完成。每个中间版本都要执行必需的过程、活动和任务。

增量模型融合了瀑布模型的基本成分（重复应用）和原型实现的迭代特征，该模型采用随着日程时间的进展而交错的线性序列，每一个线性序列产生软件的一个可发布的"增量"。当使用增量模型时，第 1 个增量往往是核心的产品，即第 1 个增量实现了基本的需求，但很多补充的特征还没有发布。客户对每一个增量的使用和评估都作为下一个增量发布的新特征和功能，这个过程在每一个增量发布后不断重复，直到产生了最终的完善产品。增量模型强调对每一个增量均发布一个可操作的产品，采用增量模型的软件过程如图 6-9 所示。

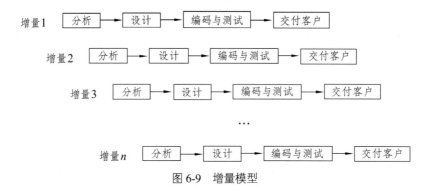

图 6-9 增量模型

6.2.5.2 增量模型的优缺点

1. 增量模型的优点

（1）在前面增量的基础上开发后面的增量。每个增量的开发可用瀑布或快速原型模型迭代的思路来进行。

（2）增量模型在各个阶段并不交付一个可运行的完整产品，而是交付满足客户需求的一个子集的可运行产品。整个产品被分解成若干个构件，开发人员逐个构件地交付产品，这样做的好处是软件开发可以较好地适应变化，客户可以不断地看到所开发的软件，从而降低开发风险。

2. 增量模型的缺陷

（1）由于各个构件是逐渐并入已有的软件体系结构中，所以加入的构件必须不破坏已构造好的系统部分，这需要软件具备开放式的体系结构。

（2）在开发过程中，需求的变化是不可避免的。增量模型的灵活性可以使其适应这种变化的能力大大优于瀑布模型和快速原型模型，但也很容易退化为边做边改模型，从而使软件过程的控制失去整体性。

在使用增量模型时，第一个增量往往是实现基本需求的核心产品。核心产品交付用户使用后，经过评价形成下一个增量的开发计划，它包括对核心产品的修改和一些新功能的发布。这个过程在每个增量发布后不断重复，直到产生最终的完善产品。

6.2.6 螺旋模型（Spiral Model）

6.2.6.1 螺旋模型的概述

软件开发几乎总要冒一定的风险。例如，产品交付后用户可能对其不满意，到了预定的交付日期软件还未开发出来，实际的开发成本可能超过了预算，产品完成之前一些关键的开发人员可能离开了，产品投入市场之前竞争对手发布了一个功能相近、价格更低的软件，等等。软件风险是任何软件开发项目中都普遍存在的实际问题，项目越大，软件产品越复杂，承担该项目所冒的风险也越大。软件风险可能在不同程度上损害了软件开发过程和软件产品质量。因此，在软件开发过程中必须及时识别和分析风险，并且采取适当措施以消除或减少风险的危害。构建原型是一种能使某些类型的风险降至最低的方法。

1988 年，巴利·玻姆（Barry Boehm）正式发表了用于软件系统开发的"螺旋模型"，它将瀑布模型和快速原型模型结合起来，强调了其他模型所忽视的风险分析，特别适合于大型复杂的系统。

螺旋模型的基本思想是，使用原型及其他方法以尽可能地降低风险。理解这种模型的一个简易方法是把它看作在每个阶段之前都增加了风险分析过程的快速原型模型，如图 6-10 所示。

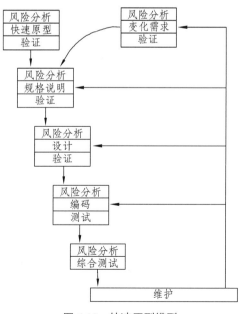

图 6-10 快速原型模型

图 6-11 中带箭头的虚线的长度代表当前累计的开发费用，螺旋线旋过的角度值代表开发进

度。螺旋线每个周期对应于一个开发阶段。每个阶段开始时（左上象限）的任务：确定该阶段的目标，为完成这些目标选择方案及设定这些方案的约束条件。接下来的任务：从风险角度分析上一步的工作结果。努力排除各种潜在的风险，通常用建造原型的方法来排除风险。如果风险不能排除，则停止开发工作或大幅度地削减项目规模。如果成功地排除了所有风险，则启动下一个开发步骤（右下象限），这个步骤的工作过程相当于纯粹的瀑布模型。最后是评价该阶段的工作成果并计划下一个阶段的工作。

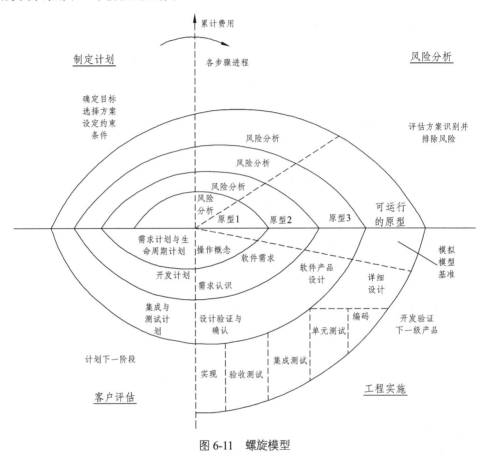

图 6-11　螺旋模型

6.2.6.2　螺旋模型的优缺点

1. 螺旋模型的优点

（1）螺旋模型将瀑布模型与增量模型结合起来，加入的两种模型均忽略了的风险分析，弥补了这两种模型的不足。

（2）螺旋模型是一种风险驱动的模型。

（3）螺旋模型将开发过程分为几个螺旋周期，每个螺旋周期大致和瀑布模型相符合。

（4）螺旋模型适合于大型软件的开发。

2. 螺旋模型的缺点

螺旋模型也有一定的限制条件，具体如下：

（1）螺旋模型强调风险分析，但要求许多客户接受和相信这种分析并做出相关反应是不容易的，因此，这种模型往往适应于内部的大规模软件开发。

（2）如果执行风险分析将大大影响项目的利润，那么进行风险分析毫无意义，因此，螺旋模型只适合于规模较大的软件项目。

（3）软件开发人员应该擅长寻找可能的风险并准确地分析风险，否则将会带来更大的风险。

6.2.7 敏捷软件开发（Agile Development）

6.2.7.1 敏捷开发的概述

敏捷开发是一种以人为核心、迭代、循序渐进的开发方法。在敏捷开发中，软件项目被切分成多个子项目，各个子项目的成果都经过测试，具备集成和可以运行的特征。换言之就是把一个大项目分为多个相互联系、但也可独立运行的小项目，并分别完成，在此过程中软件一直处于可使用状态。

从本质上讲，敏捷并不是开发方法，而是一种理念。对于项目管理而言，敏捷是一个全新的术语，敏捷强调在软件研发过程中持续性的根据用户反馈和需求优先级来发布新版本，不断进行迭代，让产品逐渐完善。

以前，瀑布式项目管理是软件研发的主流方法，在研发过程中，团队成员在项目前期将会花费大量的时间和精力去收集资源和信息，然后基于这些去做产品设想和研发规划。

到了 20 世纪 70 年代，有些研发人员发现瀑布式研发不仅在执行中处处受限，研发速度也很慢，显然过时了。尤其到了 20 世纪 90 年代末期，开始出现网络安全问题，这就意味着软件项目有可能会失败，这显然是不可接受的。

相比瀑布模型基于线性、可预测性地去开发产品，研发人员更想要能够灵活管理用户反馈、和需求的方法。这也就是敏捷方法出来以后受欢迎的原因所在。

6.2.7.2 敏捷开发的原则

1. 个人与互动：重于流程与工具

（1）强调人与人的沟通，所以尽可能要集中化办公。异地开发模式容易让人疲惫。

（2）对个人技能要求较高，尤其对于架构师要求很高。

（3）管理者要多参与项目有关的事情。

（4）减少对开发人员的干扰。

2. 可用的软件：重于详尽的文件

强调文档的作用，必要的文件必须撰写，且具有传承性。

3. 与客户合作：重于合约协商

做好客户引导。客户都是想在尽可能短的时间内，开发人员能交付尽可能多的功能，做好版本控制。

4. 回应变化：重于遵循计划

对于无理的变化和举棋不定的功能要求，并不需要及时响应，否则会带来不必要的浪费。

6.2.7.3 敏捷开发的优缺点

1. 优点

（1）具有高适应性，即以人为本的特性。

（2）更加的灵活并且更加充分地利用了每个开发者的优势，调动了每个人的工作热情。

2. 缺点

（1）由于项目周期可能很长，所以很难保证开发的人员不更换，而没有文档就会造成在交接的过程中出现很大的困难。

（2）敏捷软件开发要注意项目规模。规模增长，团队交流成本就上去了，因此敏捷软件开发适合不是特别大的团队进行开发，比较适合一个组的团队使用。

6.2.8　演化模型（Evolutionary Model）

6.2.8.1　演化模型概述

演化模型主要针对事先不能完整定义需求的软件开发工程。用户可以给出待开发系统的核心需求，并且当看到核心需求实现后，能够有效地提出反馈，以支持系统的最终设计和实现。软件开发人员根据用户的需求，首先开发核心系统，当该系统投入运行后，用户进行试用，完成他们的工作，并提出精化系统、增强系统能力的需求。软件开发人员根据用户的反馈，实施开发的迭代过程。第一迭代过程均由需求、设计、编码、测试、集成等阶段组成，为整个系统增加一个可定义、可管理的子集。

图 6-12　演化模型

在开发模式上采取分批循环开发的办法，每循环开发一部分功能，它们就成为这个产品原型的新增功能。于是，设计就不断地演化出新的系统。实际上，这个模型可看作是重复执行的多个"瀑布模型"。演化模型如图 6-12 所示。

"演化模型"要求开发人员有能力把项目的产品需求分解为不同组，以便分批循环开发。这种分组并不是随意性的，而是要根据功能的重要性及对总体设计的基础结构的影响而做出判断。有经验指出，每个开发循环以 6~8 周为适当的长度。

6.2.8.2　演化模型的优缺点

1. 演化模型优点

（1）任何功能一经开发就能进入测试以便验证是否符合产品需求。

（2）开发中的经验教训能反馈应用于本产品的下一个循环过程，大大提高质量与效率。

（3）大大有助于早期建立产品开发的配置管理。

2. 演化模型缺点

（1）一开始并不完全弄清楚主要需求的话，会给总体设计带来困难及削弱产品设计的完整性，进而影响产品性能的优化及产品的可维护性。

（2）缺乏严格过程管理的话，生命周期模型很可能退化为"试-错-改"模式。

（3）不加控制地让用户接触开发中尚未测试稳定的功能，可能对开发人员及用户都产生负面的影响。

6.2.9　喷泉模型（Fountain Model）

6.2.9.1　喷泉模型的概述

喷泉模型是一种以用户需求为动力、以对象为驱动的模型，主要用于描述面向对象的软件开发过程。该模型认为软件开发过程自下而上周期的各阶段是相互重叠和多次反复的，就像水喷上去又可以落下来，类似一个喷泉。各个开发阶段没有特定的次序要求，并且可以交互进行，可以在某个开发阶段中随时补充其他任何开发阶段中的遗漏。采用喷泉模型的软件过程如图6-13 所示。

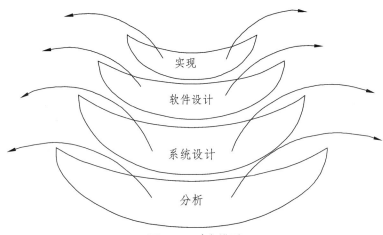

图 6-13　喷泉模型

喷泉模型是由 B. H. Sollers 和 J. M. Edwards 于 1990 年提出的一种开发模型。喷泉模型主要用于采用面向对象技术的软件开发项目，"喷泉"一词本身就体现了迭代和无间隙的特征。无间隙指在各项活动之间无明显边界，如分析、设计和编码之间没有明显的界限，在编码之前再进行需求分析和设计，期间添加有关功能，使系统得以演化。喷泉模型在系统某个部分常常被重复工作多次，相关对象在每次迭代中随之加入渐进的系统。由于对象概念的引入，需求分析、设计、实现等活动只用对象类和关系来表达，从而可以较为容易地实现活动的迭代和无间隙，并且使得开发过程自然地包括复用。

6.2.9.2　喷泉模型的优缺点

1. 喷泉模型的优点

喷泉模型不像瀑布模型那样，需要分析活动结束后才开始设计活动，设计活动结束后才开始编码活动。该模型的各个阶段没有明显的界限，开发人员可以同步进行开发。其优点是可以提高软件项目开发效率，节省开发时间，适应于面向对象的软件开发过程。

2. 喷泉模型的缺点

由于喷泉模型在各个开发阶段是重叠的，因此在开发过程中需要大量的开发人员，因此不利于项目的管理。此外，这种模型要求严格管理文档，使得审核的难度加大，尤其是面对随时可能加入的各种信息、需求与资料。

6.2.10 智能模型

智能模型拥有一组工具（如数据查询、报表生成、数据处理、屏幕定义、代码生成、高层图形功能及电子表格等），每个工具都能使开发人员在高层次上定义软件的某些特性，并把开发人员定义的这些软件自动地生成为源代码。这种方法需要四代语言（4GL）的支持。4GL 不同于三代语言，其主要特征是用户界面极端友好，即使没有受过训练的非专业程序员，也能用它编写程序，它是一种声明式、交互式和非过程性编程语言。4GL 还具有高效的程序代码、智能缺省假设、完备的数据库和应用程序生成器。目前市场上流行的 4GL（如 Foxpro 等）都不同程度地具有上述特征。但 4GL 目前主要限于事务信息系统的中、小型应用程序的开发。

4GL 希望成为软件开发发展方向，但实际发展并不理想，目前主要应用于信息管理系统的开发。后期人工智能的介入，可能会提高 4GL 的应用水平和扩大应用范围。

6.3 结构化开发方法

6.3.1 结构化分析（SA）

6.3.1.1 结构化分析概述

结构化分析是许多结构化方法中的一部分，结构化开发方法是结构化系统分析、设计及编程技术的总和，其目的是处理 20 世纪 60 至 80 年代软件开发所遇到的问题，该阶段多半是用 COBOL 和 Fortran 语言开发，后来也使用 C 语言及 BASIC，也没有将需求及设计文件化的技术。结构化分析在 1980 年代起开始广为使用。结构化分析包括将系统概念转换为用数据及控制来表示，也就是转换为数据流程图。数据流程图中的程序以泡泡来表示，因此也称为"泡泡图"。不过完整的数据流程图中可能有许多的"泡泡"，使得很难去追踪数据移动的情形。此时可以先定义外界需要系统回应的事件，每一个事件指定一个泡泡，当系统定义完成后，再将事件的泡泡和回应的程序的泡泡相连接。也可以将程序对应的泡泡加以分组，组合成较高级的程序。数据字典用来描述数据和指令的移动，而用程序规格来描述交易或数据转换的相关信息。

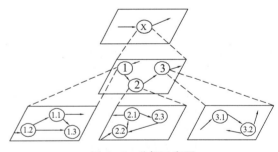

图 6-14　分解示意图

结构化分析方法的基本思想是分解和抽象。分解是指对于一个复杂的系统，为了将复杂性降低到可以掌握的程度，可以把大问题分解成若干小问题，然后分别解决。抽象是指使分解可以分层进行，即先考虑问题最本质的属性，暂把细节略去，以后再逐层添加细节，直至涉及最详细的内容。

图 6-14 所示是自顶向下逐层分解的示意图。顶层抽象地描述了整个系统，底层具体地画出了系统的每一个细节，而中间层是从抽象到具体的逐层过渡。结构化方法的分析结果由以下几

部分组成：一套分层的数据流图、一本数据词典、一组说明（也称加工逻辑说明）、补充材料。

6.3.1.2　数据流图

数据流图（Data Flow Graph）是 SA 方法中用于表示逻辑系统模型的一种工具，它从数据传递和加工的角度，以图形的方式来刻画数据流从输入到输出的变换过程。数据流图是用图像方式表示信息系统中数据的移动方式。数据流图和系统流图不同，其主要是表示数据在不同程序之间的移动，而不是程序的控制流程。数据流图由赖瑞·康斯坦丁所提出，是以 Martin 及 Estrin 的"数据流图"为基础。

1．基本概念

1）数据流图的基本图形元素

数据流图中的基本元素包括数据流（Data Flow）、加工（Process）、数据存储（Data Store）和外部实体（External Agent）。其中，数据流、加工和数据存储用于构建软件内部的数据处理模型；外部实体表示存在于系统之外的对象，用来帮助用户理解系统数据的来源与去向。DFD 的基本图形元素如图 6-15 所示。

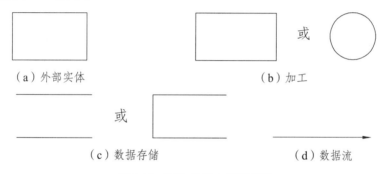

图 6-15　DFD 的基本图形元素

（1）数据流。

数据流是数据在系统内传播的路径，由一组固定的数据项组成。除了与数据存储（文件）之间的数据流不用命名外，其余数据流都应该用名词或名词短语命名。数据流可以从加工流向加工，也可以从加工流向文件或从文件流向加工，也可以从源点流向加工或从加工流向终点。

（2）加工。

加工也称为数据处理，它对数据流进行某些操作或变换。每个加工也要有名字，通常是动词短语，简明地描述应完成什么加工。在分层的数据流图中，加工还应有编号。

一个加工可以有多个输入数据流和多个输出数据流，但至少有一个输入数据流和一个输出数据流。数据流图中常见的 3 种错误如图 6-16 所示。

加工 3.12 有输入但是没有输出，我们称之为"黑洞"。这是因为数据输入到某过程，然后就消失了。在大多数情况下，建模人员只是忘了输出。

加工 3.13 有输出但是没有输入。在这种情况下，输入流似乎被忘记了。

加工 3.11 中输入不足以产生输出，我们称之为"灰洞"。这有几种可能的原因：一个错误的命名过程；错误命名的输入或输出；不完全的事实。灰洞是最常见的错误，也是最使人为难的错误。一旦数据流图交给了程序员，必须保证到一个加工的输入数据流必须足以产生输出数据流。

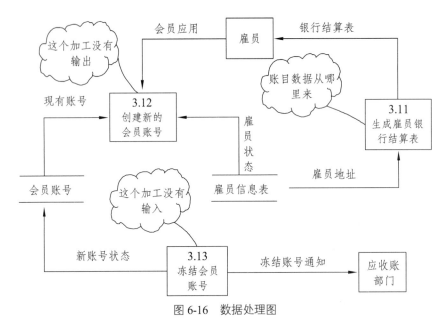

图 6-16 数据处理图

（3）数据存储。

数据存储指暂时保存的数据，它可以是数据库文件或任何形式的数据组织。流向数据存储的数据流可理解为写入文件或查询文件，从数据存储流出的数据可理解为从文件读数据或得到查询结果。除此之外，在软件系统中还常常要把某些信息保存下来以供以后使用，这时可以使用数据存储。例如，在考务处理系统中，报名时产生的考生名册要随着报名的过程不断补充，在统计成绩和制作考生通知书时还要使用考生名册的相关信息。因此，考生名册可以作为数据存储的存在，以保存相关的考生信息。

每个数据存储都有一个定义明确的名字标识。可以有数据流流入数据存储，表示数据的写入操作；也可以有数据从数据存储流出，表示数据的读操作；还可以用双向箭头的数据流指向数据存储，表示对数据的修改。

（4）外部实体。

外部实体是指存在于软件系统之外的人员或组织，它指出系统所需数据的发源地（源）和系统所产生的数据的归宿地（宿）。例如，对于一个考务处理系统而言，考生向系统提供报名单（输入数据流），所以考生是考务处理系统的一个源；而考务处理系统要将考试成绩的统计分析表（输出数据流）传递给考试中心，所以考试中心是该系统的一个宿。

在许多系统中，某个源和某个宿可以使同一个人员和组织，此时，在 DFD 中可以同一个符号表示。考生向系统提供报名单，而系统向考生送出准考证，所以在考务处理系统中，考生既是源又是宿。

源和宿采用相同的图形符号表示，当数据流从该符号流出时，表示它是源；当数据流流向该符号时，表示它是宿；当两者皆有时，表示它既是源又是宿。

2）数据流图的扩充符号

在 DFD 中，一个加工可以有多个输入数据流和多个输出数据流，此时可以加上一些扩充符号来描述多个数据流之间的关系。

（1）星号（*）。

星号表示数据流之间存在"与"关系。如果是输入流，则表示所有输入数据流全部到达后才能进行加工处理；如果是输出流，则表示加工结束将同时产生所有的输出数据流。

（2）加号（+）。

加号表示数据流之间存在"或"关系。如果是输入流，则表示其中任何一个输入数据流到达后就能进行加工处理；如果是输入流，则表示加工处理的结果是至少产生其中一个输出数据流。

（3）异或（⊕）。

异或表示数据流之间存在"互斥"关系。如果是输入流，则表示当且仅当其中一个输入流到达后就能进行加工处理；如果是输出流，则表示加工处理的结果是仅产生这些输出数据流中的一个。

3）数据流图的层次结构

从原理上讲，只要图足够大，一个软件系统的分析模型就可以全画在一张图上。然而，一个复杂的软件系统可能涉及上百个加工和上百个数据流，甚至更多。如果将它们画在一张图上，则会十分复杂，不易阅读，也不易理解。

根据自顶向下逐层分解的思想，可以将数据流图按照层次结构来绘制，每张图中的加工个数可大致控制在"7±2"的范围内，从而构成一套分层数据流图。

（1）层次结构。

分层数据流图的顶层只有一张图，其中只有一个加工，代表整个软件系统，该加工描述了软件系统与外界的数据流，称为顶层图。

顶层图中的加工（即系统）经分解后的图称为 0 层图，也只有一张。处于分层数据流图最底层的图称为底层图，在底层图中，所有的加工不再进行分解。分层数据流图中的其他图称为中间层，其中至少有一个加工（也可以是所有加工）被分解成一张子图。在整套分层数据流图中，凡是不再分解成子图的加工称为基本加工。

（2）图和加工的编号。

首先介绍父图和子图的概念。

如果某图（记为 A）中的某一个加工分解成一张子图（记为 B），则称 A 是 B 的父图，B 是 A 的子图。若父图中有 n 个加工，则它可以有 $0 \sim n$ 张子图，但每张子图只对应一张父图。

为了方便对图进行管理和查找，可以采用下列方式对 DFD 中的图和加工编号：

① 顶层图中只有一个加工（代表整个软件系统），该加工不必编号。

② 0 层图中的加工编号分别为 1、2、3……。

③ 子图号就是父图中被分解的加工号。

④ 对于子图中加工的编号，若父图中的加工号为 x 的加工分解成某一子图，则该子图中的加工编号为 $x.1$、$x.2$、$x.3$……。

（3）分层数据流图的画法。

下面以某考务处理系统为例介绍分层数据流图的画法。

① 考务处理系统的功能需求如下：

② 对考生送来的报名单进行检查。

③ 将合格的白名单编好准考证号，再将准考证送给考生，并将汇总后的考生名单送给阅卷站。

④ 对阅卷站送来的成绩清单进行检查，并根据考试中心指定的合格标准审定合格者。

⑤ 制作考生通知单（内含成绩合格/不合格标志）送给考生。

⑥ 按地区、年龄、文化程度、职业和考试级别等进行成绩分类统计和试题难度分析，产生统计分析表。

部分数据流的组成如下：

报名单=地区+序号+姓名+文化程度+职业+考试级别+考场；

正式报名单=准考证号+报名单；

准考证=地区+序号+姓名+准考证号+考试级别+考场；

考生名单={准考证号+考试级别}；

考生名册=正式报名单；

统计分析册=分类统计表+难度分析表；

考生通知单=准考证号+姓名+通信地址+考试级别+考试成绩+合格标志。

2．画分层数据流图的步骤

1）画系统的输入和输出

系统的输入和输出用顶层图来描述，即描述系统从哪些外部实体接受数据流，以及系统发送数据流到哪些外部实体。

顶层图只有一个加工，即待开发的软件系统。顶层图中的数据流就是系统的输入/输出信息。顶层图中通常没有数据存储。考务处理系统的顶层图如图 6-17（a）所示。

2）画系统的内部

将顶层图的加工分解成若干个加工，并用数据流将这些加工连接起来，使得顶层图中的输入数据经过若干个加工处理后变换成顶层图的输出数据流，这张图称为 0 层图。从一个加工画出一张数据流图的过程实际上就是对这些加工的分解。

（1）确定加工。这里的加工指的是父图中某加工分解而成的子加工，可以采用下面两种方法来确定。

① 根据功能分解来确定加工。一个加工实际上反映了系统的一种功能，根据功能分解的原理，可以将一个复杂的功能分解成若干较小的功能，每个较小的功能就是分解后的子加工。这种方法多应用于高层 DFD 中加工的分解。

② 根据业务处理流程确定加工。分析父图中待分解的加工的业务处理流程，流程中的每一步都可能是一个子加工。特别要注意在业务流程中数据流发生变化或数据流的值发生变化的地方，应该存在一个加工，该加工将原始数据流（作为该加工的输入数据流）处理成变化后的数据流（作为该加工的输出数据流）。该方法较多应用于低层 DFD 中加工的分解，它能描述父加工中输入数据流到输出数据流之间的加工细节。

（2）确定数据流。当用户把若干个数据看作一个整体来处理时（这些数据一起到达，一起加工），可以把这些数据看作一个数据流。通常，实际工作环境中的表单就是一种数据流。

在父图中某加工分解而成的子图中，父图中相应加工的输入/输出数据流就是子图边界上的输入/输出数据流。另外，在分解后的子加工之间应添加一些新的数据流，这些数据流是加工过程中的中间数据（对某子加工输入数据流的改变），它们与所有的子加工一起完成了父图中相应加工的输入数据流到输出数据流的变换。如果某些中间数据需要保存以备使用，那么可以表示为流向数据存储的数据流。

同一个源或加工可以有多个数据流流向另一个加工，如果它们不是一起到达和一起加工的，那么可以将它们分成多个数据流。同样，同一个加工也可以有多个数据流流向另一个加工或宿。

（3）确定数据存储。在由父图中某加工分解而成的子图中，如果父图中该加工存在流向数据存储的数据流（写操作），或者存在从数据存储流向该加工的数据流（读操作），则这种数据存储和相关的数据流都画在子图中。

在分解的子图中，如果需要保存某些中间数据，以备以后使用，那么可以将这些数据组成一个新的文件。在自顶向下画分层数据流图时，新数据存储（首次出现的）至少应有一个加工为其写入记录，同时至少存在另一个加工读取该数据存储的记录。

注意，对于从父图中继承下来的数据存储，在子图中可能只对其读记录，或者写记录。

（4）确定源和宿。通常在 0 层图和其他子图中不必画出源和宿，有时为了提供可读性，可以将顶层图中的源和宿画在 0 层图中。

当同一个外部实体（人或者组织）既是系统的源又是系统的宿时，可以用同一个图形符号来表示。为了画图的方便，避免图中线的交叉，同一个源或宿可以重复画在 DFD 的不同位置，以增加可读性，但它们仍代表同一个实体。

在考务处理系统的 0 层图中，采用功能分解方法来确定加工。分析系统的需求说明可知，系统的功能主要分为考试报名及统计成绩两大部分，其中，报名工作在考试前进行，统计成绩在考试后进行。

为此，定义两个加工：登记报名表和统计成绩。0 层图中的数据流，除了继承顶层图中的输入/输出数据流外，还定义了这两个加工之间的数据流。由于这两个加工分别在考试前后进行，并不存在直接关系，因此，"登记报名表"所产生的结果"考生名册"应作为数据存储，以便考试后由"统计成绩"读取。考务处理系统的 0 层图如图 6-17（b）所示。

3）画加工的内部

当 DFD 中存在某个比较复杂的加工时，可以将它分解成一张 DFD 子图。分解的方法是将该加工看作一个小系统，该加工的输入/输出数据流就是这个假设的小系统的输入/输出数据流，然后采用画 0 层图的方法画出该加工的子图。

下面介绍考务处理系统 0 层图中加工 1 的分解，这里根据业务处理流程来确定加工 1 的分解。分析考务处理系统的功能需求和 0 层图，将加工 1 分解为 3 个子加工：检查报名表、编准考证号和登记考生。加工 1 分解而成的子图如图 6-17（c）所示。

采用同样的方法画出加工 2 分解的 DFD 子图，如图 6-17（d）所示。

重复步骤分解过程，直到图中尚未分解的加工都足够简单（即加工不必分解）为止。

这里假设图中的每个加工都已经足够简单，不需要再分解，该考务处理系统的分层 DFD 绘制工作结束。

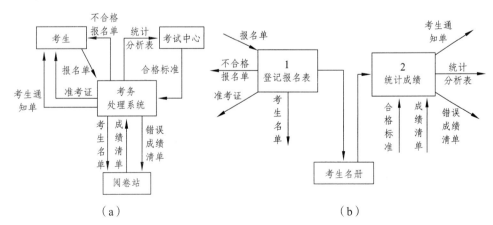

（a）　　　　　　　　　　　　　　　（b）

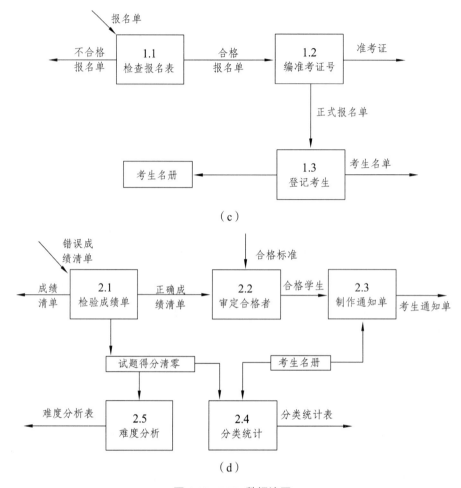

图 6-17　DFD 数据流图

4）分层数据流图的审查

在分层数据流图画好后，应该认真检查图中是否存在错误或不合理（不理想）的部分。分层数据流图的一致性和完整性：分层数据流图的一致性是指分层 DFD 中不存在矛盾和冲突；这里讲的完整性是指分层 DFD 本身的完整性，即是否有遗漏的数据流、加工等元素。所以，分层 DFD 的一致性和完整性实际上反映了图本身的正确性。但是图本身的正确性并不意味着分析模型的正确性，分析模型的正确性要根据模型是否满足用户的需求来判断。

（1）分层数据流图的一致性。

① 父图与子图的平衡。父图与子图平衡是指任何一张 DFD 子图边界上的输入/输出数据流必须与其父图中对应加工的输入/输出数据流保持一致。由于一张子图是被分解的加工的一种细化，所以，这张子图应该保证可以被放到父图中替代被分解的加工，因此保持父图与子图的平衡是理所当然的。

例如，图 6-18 所示的父图与子图是不平衡的。图 6-18（b）是父图（a）中加工 2 的子图，加工 2 的输入数据流有 M 和 N，输出数据流是 T，而子图边界上的输入数据流是 N，输出数据流是 S 和 T，显然它们是不一致的。

如果父图中某个加工的一条数据流对应于子图中的几条数据流，而子图中组成这些数据流的数据项全体正好等于父图中的这条数据流，那么它们仍然是平衡的。

保持父图与平衡是画数据流的重要原则。自顶向下逐层分解是降低问题复杂性的有效途径。然而，如果只分别关注单张图的合理性，忽略父图与子图之间的关系，则很容易造成父图与子图不平衡的错误。

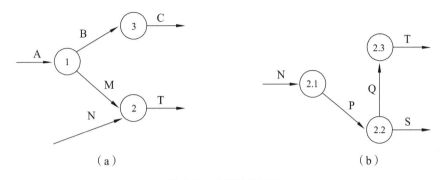

图 6-18　分层数据流图

② 数据守恒。数据守恒包括两种情况，第一种情况是指一个加工的所有输出数据流中的数据必须能从该加工的输入数据流中直接获得，或者能通过该加工的处理而产生。

第二种情况是加工未使用其输入数据流中的某些数据项。这表明这些未用到的数据项是多余的，可以从输入数据流中删去。当然，这不一定就是错误，只表示存在一些无用数据。然而这些无用的数据常常隐含着一些潜在的错误，如加工的功能描述不完整、遗漏或不完整的输出数据流等。因此，在检查数据守恒时，不应该忽视对这种情况的检查。

③ 局部数据存储。这里讨论分层数据流图中的一个数据存储应该画在哪些 DFD 中，不应该画在哪些 DFD 中。

在一套完整的分层 DFD 中，任何一个数据存储都应有写和读的数据流，否则这个文件就没有存在的必要。除非这个数据存储的建立是为另一个软件系统使用或者这个数据存储是由另一个软件系统产生和维护的。

在自顶向下分解加工的过程中，如果某个加工需要保存一些数据，同时在将加工的同一张 DFD 上至少存在另一个加工需要读这些数据；那么该数据存储应该在这张 DFD 上画出。也就是在一张 DFD 中，当一个数据存储作为多个加工之间的交界面时，该数据存储应该画出。如果在一张 DFD 中，一个数据存储仅与一个加工进行读/写操作，并且在该 DFD 的父（祖先）图中未出现过该数据存储，那么该数据存储只是相应加工的内部文件，在这张 DFD 中不应该画出。

④ 一个加工的输出数据流不能与该加工的输入数据流同名。同一个加工的输出数据流和输入数据流，即使它们的组成成分相同，仍应该给它们取不同的名字，以表示它们是不同的数据流。但是允许一个加工有两个相同的数据流分别流向两个不同的加工。

（2）分层数据流图的完整性。

① 每个加工至少有一个输入数据流和一个输出数据流。一个没有输入数据流或者没有输出数据流的加工通常是没有意义的。当出现这种情况时，常常意味着可能遗漏了某些输入数据流或输出数据流。

② 在整套分层数据流图中，每个数据存储应至少有一个加工对其进行读操作，另一个加工对其进行写操作。对于某一张 DFD 来说，可以只写不读或只读不写。

③ 分层数据流阁中的每个数据流和文件都必须命名（除了流入或流出数据存储的数据流），

并保持与数据字典一致。

3. 加工规约

分层数据流图中的每个基本加工都应有一个加工规约。

1）构造分层 DFD 式需要注意的问题

（1）适当命名。DFD 中的每个数据流、加工、数据存储、外部实体都应被适当地命名，名字应符合被命名对象的实际含义。通常，数据流名可用名词或形容词加名词来描述，加工名可以用动词或及物动词加宾语来描述，数据存储名可以用名词来描述，外部实体是以用实际的人员身份或组织的名称来命名。

用户在命名时应注意以下问题：

① 名字应反映整个对象（如数据流、加工），而不是只反映它的某一部分。

② 避免使用空洞的、含义不清的名字，如"数据""信息""处理""统计"等；

③ 如果发现某个数据流或加工难以命名，往往是 DFD 分解不当的征兆，此时应考虑重新分解。

（2）画数据流而不是控制流。数据流图强调的是数据流，而不是控制流。在 DFD 中一般不能明显地看出其执行的次序。为了区分数据流和控制流，可以简单地回答下列问题：这条线上是否有数据流过？如果有表示是数据流，否则是控制流。

（3）避免一个加工有过多的数据流。当一个加工有过多的数据流时，意味着这个加工特别复杂，这往往是分解不合理的表现。解决的办法是重新分解，步骤如下：

① 把需要重新分解的某张图的所有子图连接成一张图。

② 把连接后的图重新划分成几个部分，使各部分之间的联系最小。

③ 重新定义父图，即②中的每个部分作为父图中的一个加工。

④ 重新建立各子图，即②中的每个部分都是一张子图。

⑤ 为所有的加工重新命名并编号。

（4）分解尽可能均匀。理想的分解是将一个问题（加工）分解成大小均匀的若干个子问题（子加工）。也就是说，对于任何一张 DFD，其中的任何两个加工的分解层数之差不超过 1。如果在同一张图中，某些加工已是基本加工，而另一些加工仍需分解若干层，那么这张图就是分解不均匀的。

（5）先考虑确定状态，忽略琐碎的细节。在构造 DFD 时，应集中精力先考虑稳定状态下的各种问题，暂时不考虑系统如何自动、如何结束、出错处理以及性能等问题，这些问题可以在分析阶段的后期，在需求规约中加以说明。

（6）随时准备重画。对于一个复杂的软件系统，其分层 DFD 很难一次开发成功，往往要 经历反复多次的重画和修改，才能构造出完整、合理、满足用户需求的分层 DFD。

2）分解的程度

在自顶向下画数据流图时，为了便于对分解层数进行把握，可以参照以下几条与分解有关的原则：

（1）分解数量一般取 7±2。

（2）分解应自然，概念上应合理、清晰。

（3）只要不影响 DFD 的易理解性，可适当增加子加工数量，以减少层数。

（4）一般来说，上层分解得快一些（即多分解几个加工），下层分解得慢一些（即少分解几个加工）。

（5）分解要均匀。

6.3.1.3　数据字典

数据字典是关于数据的信息的集合，也就是对数据流图中包含的所有元素的定义的集合。任何字典最主要的用途都是供人查阅其不了解的条目的解释，数据字典的作用也正是在软件分析和设计的过程中给人提供关于数据的描述信息。数据流图和数据字典共同构成系统的逻辑模型。没有数据字典，数据流图就不严格；没有数据流图，数据字典也难于发挥作用。只有数据流图和对数据流图中每个元素的精确定义放在一起，才能共同构成系统的规格说明。

1. 数据字典的内容

一般说来，数据字典应该由对下列 4 类元素的定义组成。

（1）数据流。

（2）数据流分量（即数据元素）。

（3）数据存储。

（4）处理。

但是，对数据处理的定义用其他工具（如 IPO 图或 PDL）描述更方便，因此本书中 数据字典将主要由对数据的定义组成，这样做可以使数据字典的内容更单纯，形式更统一。

除了数据定义之外，数据字典中还应该包含关于数据的一些其他信息。典型的情况是在数据字典中记录数据元素的下列信息：一般信息（名字，别名，描述等），定义（数据类型，长度，结构等），使用特点（值的范围，使用频率，使用方式——输入、输出、本地、条件值等），控制信息（来源，用户，使用它的程序，改变权，使用权等）和分组信息（父结构，从属结构，物理位置——记录、文件和数据库等）。

数据元素的别名就是该元素的其他等价的名字，出现别名主要有下述 3 个原因：

（1）对于同样的数据，不同的用户使用了不同的名字。

（2）一个分析员在不同时期对同一个数据使用了不同的名字。

（3）两个分析员分别分析同一个数据流时，使用了不同的名字。

虽然应该尽量减少出现别名，但是不可能完全消除别名。

2. 定义数据的方法

定义绝大多数复杂事物的方法都是用被定义事物成分的某种组合来表示这个事物，这些组成成分又由更低的成分的组合来定义。从这个意义上说，定义就是自顶向下的分解，所以数据字典中的定义就是对数据自顶向下的分解。那么，应该把数据分解到什么程度呢？一般说来，当分解到不需要进一步定义并且每个和工程有关的人员也都清楚其含义时，这种分解过程就完成了。

由数据元素组成数据的方式有下述几种基本类型：

（1）顺序：即以确定次序连接两个或多个分量。

（2）选择：即从两个或多个可能的元素中选取一个。

（3）重复：即把指定的分量重复零次或多次。

因此，可以使用上述 3 种关系算符定义数据字典中的任何条目。为了说明重复次数，重复算符通常和重复次数的上下限同时使用（当上下限相同时表示重复次数固定）。当重复的上下限分别为 1 和 0 时，可以用重复算符表示某个分量是可选的（可有可无的）。但是，"可选"是由数据元素组成数据时的一种常见的方式，把它单独列为一种算符可以使数据字典更清晰一些。因此，增加了下述的第 4 种关系算符：

（4）可选：即一个分量是可有可无的（重复零次或一次）。

虽然可以使用自然语言描述由数据元素组成数据的关系，但是为了更加清晰简洁，建议采用下列符合：

=意思是等价于（或定义为）；

+意思是和（即连接两个分量）；

[ ]意思是或（即从方括弧内列出的若干个分量中选择一个），通常用"｜"号隔开供选择的分量；

{}意思是重复（即重复花括弧内的分量）；

（）意思是可选（即圆括弧里的分量可有可无）。

常常使用上限和下限进一步注释表示重复的花括弧。一种注释方法是在开括弧的左边用上角标和下角标分别表明重复的上限和下限；另一种注释方法是在开括弧左侧标明重复的下限，在闭括弧的右侧标明重复的上限。例如：

$^1_5${A}和 1{A}5 的含义相同。

下面举例说明上述定义数据的符号的使用方法。某程序设计语言规定，用户说明的标识符是长度不超过 8 个字符的字符串，其中第一个字符必须是字母字符，随后的字符既可以是字母字符也可以是数字字符。使用上面讲过的符号，可以像下面那样定义标识符：

标识符=字母字符+字母数字串

字母数字串=0{字母或数字} 7

字母或数字=[字母字符|数字字符]

由于和项目有关的人都知道字母字符和数字字符的含义，因此，关于标识符的定义分解到这种程度就可以结束了。

3. 数据字典的用途

数据字典最重要的用途是作为分析阶段的工具。在数据字典中建立的一组严密一致的定义很有助于改善分析员和用户之间的通信，将消除许多可能的误解。对数据的这一系列严密一致的定义也有助于改善在不同的开发人员或不同的开发小组之间的通信。如果要求所有开发人员都根据公共的数据字典描述数据和设计模块，则能避免许多麻烦的接口问题。

数据字典中包含的每个数据元素的控制信息是很有价值的。因为列出了使用一个给定的数据元素的所有程序（或模块），所以很容易估计改变一个数据将产生的影响，并且能对所有受影响的程序或模块做出相应的改变。

最后，数据字典是开发数据库的第一步，而且是很有价值的一步。

4. 数据字典的实现

目前，数据字典几乎总是作为 CASE "结构化分析与设计工具"的一部分实现的。在开发大型软件系统的过程中，数据字典的规模和复杂程度迅速增加，人工维护数据字典几乎是不可能的。

如果在开发小型软件系统时暂时没有数据字典处理程序，建议采用卡片形式书写数据字典，每张卡片上保存描述一个数据的信息。这样做会使更新和修改比较方便，而且能单独处理描述每个数据的信息。每张卡片上主要应该包含下述这样一些信息：

名字、别名、描述、定义、位置。

当开发过程进展到能够知道数据元素的控制信息和使用特点时，再把这些信息记录在卡片的背面。

下面给出几个数据元素的数据字典卡片例子，以具体说明数据字典卡片中上述几项内容的含义，如图 6-19 所示。

名字：订货报表
别名：订货信息
描述：每天一次送给采购员订货的零件表
定义：订货报表=零件编号+零件名称+订货数量+目前价格+主要供应者+次要供应者
位置：输出到打印机

名字：零件编号
别名：
描述：唯一的标识库存清单中一个特定零件的关键域
定义：零件编号=8{字符}8
位置：订货报表
　　　订货信息
　　　库存清单
　　　事务

名字：订货数量
别名：
描述：某个零件一次订货的数量
定义：订货数量=1{数字}5
位置：订货报表
　　　订货信息

图 6-19　数据字典卡片

6.3.1.4　判定表和判定树

有些加工用逻辑形式不容易表达清楚，而用表的形式则一目了然。如果一个加工逻辑有多个条件、多个操作，并且在不同的条件组合下执行不同的操作，就可以使用判定表来描述。

判定表通常由以下 4 个部分组成：

（1）条件桩（Condition Stub）：在左上部列出了问题的所有条件。通常认为列出的条件的次序无关紧要。

（2）动作桩（Action Stub）：在左下部列出了问题规定可能采取的操作。这些操作的排列顺序没有约束。

（3）条件项（Condition Entry）：在右上部列出针对它左列条件的取值。在所有可能情况下的真假值。

（4）动作项（Action Entry）：在右下部列出在条件项的各种取值情况下应该采取的动作。

判定表的建立步骤：

（1）确定规则的个数。假如有 n 个条件，每个条件有两个取值（0，1），故有 2^n 种规则。

（2）列出所有的条件桩和动作桩。

（3）填入条件项。

（4）填入动作项，得到初始判定表。

（5）简化、合并相似规则（相同动作）。

判定表的优点：

能够将复杂的问题按照各种可能的情况全部列举出来，简明并避免遗漏。因此，利用判定表能够设计出完整的测试用例集合。在一些数据处理问题当中，某些操作的实施依赖于多个逻辑条件的组合，即针对不同逻辑条件的组合值，分别执行不同的操作。判定表很适合于处理这类问题。判定树和判定表没有本质的区别，可以用判定表表示的加工逻辑都可以用判定树来表示。

6.3.1.5 实例研究

1. 图书管理系统的需求陈述

这里给出一个非常简化的图书管理系统的例子，旨在说明结构化分析方法及其应用。图书管理系统旨在用计算机对图书进行管理，主要涉及 5 个方面的工作：新书入库、读者借书、读者还书、图书注销以及查询某位读者的借书情况、某种图书和整个图书的库存情况等。

（1）在购入新书时，图书管理人员为购入的新书编制图书卡片，包括分类目录号、流水号（要保证每本书都有唯一的流水号，即使同类图书也是如此）、书名、作者、内容摘要、价格和购书日期等信息，并写入图书目录文件中。

（2）在借书时，读者首先填写借书单，包括姓名、学号、欲借图书分类目录号等信息，然后管理人员将借书单输入系统，最后系统检查该读者号是否有效：若无效，则拒绝借书；否则进一步检查该读者所借图书是否超过最大限制数（此处假设每位读者同时只能借阅不超过 5 本书），若已经达到最大限制数（此处为 5 本），则拒绝借书；否则读者可以借出该书，登记图书分类目录号、读者号和借阅日期等，写入到借书文件中。

（3）在读者还书时，读者填写还书单，由管理人员将其输入系统后，系统根据其中的学号，从借书文件中读出该读者的借阅记录，获取该书的还书日期，判定该图书是否逾期，以便按规定做出相应的罚款。

（4）在对一些过时或无继续保留价值的图书进行注销时，管理人员从图书目录文件中删除相关的记录。

（5）当图书馆领导等提出查询要求时，系统应依据查询要求，分别给出相应的信息。其中假定"为购入的新书编制图书卡片""读者首先填写借书单"等功能均由人工实现。

2. 系统功能模型的建立

1）顶层数据流图的建立

依据以上的需求陈述，该系统的数据源和数据潭有：图书管理人员、图书馆领导、读者以及时钟（向系统提供必要的时间信息）。其中系统有 3 个数据源，即图书管理人员、图书馆领导和时钟；有 3 个数据潭，即图书管理人员、图书馆领导和读者（读者或借到他所需要的图书，或由于逾期还书而得到一个罚款单）。可见，图书馆领导既是数据源又是数据潭。该系统的顶层数据流图如图 6-20 所示。

图 6-20 中，入库单代表新书入库的业务工作要求；而借书单、还书单、注销单分别代表借书、还书以及注销废书的业务工作要求。查询要求和查询结果可分别定义为：

查询要求=[读者学号｜图书流水号｜书库编号]

注：读者学号、图书流水号、书库编号分别代表查询某位读者的借书情况、某种图书库存情况以及图书库存情况的查询要求。

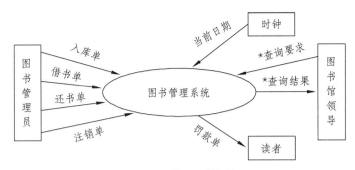

图 6-20　系统顶层数据流图

查询结果=某读者借书情况|某种图书库存情况|图书的库存情况可进一步定义其中数据的结构，例如：

某种图书库存情况=书名+流水号+数量

该顶层数据流图表明，该系统有 6 个输入流和 2 个输出流，它们连同相关的数据源和数据潭，定义了该系统的边界，形成该系统的环境。

2）自顶向下，逐层分解

在顶层数据流图的基础上，首先按各类人员的业务需求，对顶层加工"图书管理系统"进行分解，可形成如图 6-21 所示两项功能：

图 6-21　顶层功能图

其次，将顶层数据流图的输入流、输出流分配到各个加工，可形成如图 6-22 所示形式：

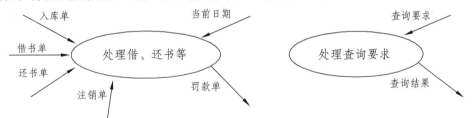

图 6-22　顶层数据流图

注意，在分派数据流中，可以省略各数据流的源和潭。

最后，引入两个文件——借书文件和图书目录文件，将两大部分功能联系起来，从而形成了所谓的 0 层数据流图，如图 6-23 所示。

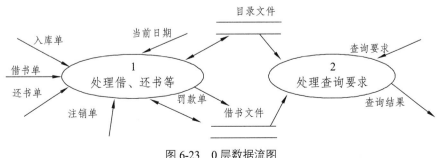

图 6-23　0 层数据流图

需要提及的是：

（1）0 层数据流图也是 6 个输入流、2 个输出流，与顶层保持一致。

（2）为了以后分解的管理，为每个加工给予了相应的编号。

（3）在 0 层数据流图中，引入了 2 个数据存储，可以根据自己对需求的理解，引入 1 个或多个数据存储，这对问题定义而言并不十分重要，但这关系到数据库设计的问题，会形成对以后设计的约束。

是否需要进一步对 0 层数据流图进行分解，这取决于在 0 层数据流图中定义各个加工是否功能单一、容易理解。就本例而言，可以进一步分解，加工 1 的分解如图 6-24（a）所示，加工 2 的分解如图 6-24（b）所示。

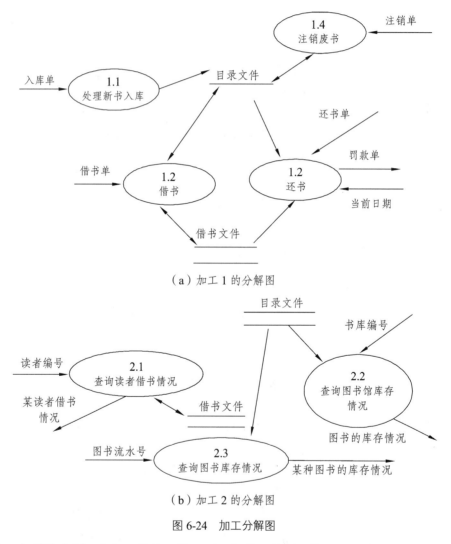

（a）加工 1 的分解图

（b）加工 2 的分解图

图 6-24　加工分解图

至此，如果认为每一个加工是单一的、可理解的，就可以停止进一步的分解，形成系统 1 层数据流图，也是最终的数据流图，否则，对需要分解的加工继续进行分解，形成系统 2 层数据流图。

注意：加工 2 的分解结果有 3 个输入，即读者编号、书库编号以及图书流水号，而顶层中

顶层 只有 1 个输入，即查询要求；并且有 3 个输出，而顶层中只有 1 个输出。表面上看，分解后与顶层的输入和输出没有保持一致。实际上，在顶层上对"查询要求"和"查询结果"已标注"*"号，表明它们是"把包"数据，并在相应的数据字典中分别给出了它们的定义，即：

查询要求=[读者编号|图书流水号|书库编号]

查询结果=某读者借书情况|某种图书的库存情况|图书的库存情况

因此，分解后与顶层的输入和输出仍然是保持一致的。

3. 建立系统的数据字典

就以上例子而言，其数据字典如下：

数据流条目

查询要求=[读者编号|图书流水号|书库编号]

读者编号=年级编号+[1..5000]

图书流水号=图书类号+ [1..10000]

书库编= [A|B|C|D|E]

查询结果=某读者借书情况|某种图书的库存情况|图书的库存情况

某读者借书情况=姓名+借书数目

某种图书的库存情况=书名+图书流水号+库存数目

图书的库存情况=书库编号+图书类号+库存数目

入库单=图书类号+图书流水号+书名+作者+内容摘要+单价+购书日期

借书单=姓名+学号+书名+图书类号+借书日期

还书单=姓名+学号+书名+图书类号

注销单=图书类号+图书流水号+书名+价格+购书日期+单价

罚款单=图书类号+书名+单价+借书日期+逾期天数+罚款金额

数据存储条目

借书文件={借书单}

目录文件={入库单}+库存柜

数据项条目

略

4. 给出加工小说明

描述一个加工，一般遵循如下：

加工编号：给出加工编号；

加工名：给出该加工的标识；

输入流：给出该加工的所有输入数据流；

输出流：给出该加工的所有输出数据流；

加工逻辑：采用结构化自然语言其他工具，给出该加工输入数据和输出数据之间的关系。

由于本例中的加工逻辑比较简单，采用结构化自然语言即可。例如：加工 2.1 查询读者借书情况，可描述以下：

加工编号：2.1

加工名：查询读者借书情况

输入流：读者编号

输出流：某读者借书情况

加工逻辑：begin 根据读者学号，在借书文件中获取该学生的借书记录；准备输出流中的数据，并输出之

End

6.3.1.6　应用中注意的问题

以上集中讨论了建立系统功能模型的结构化分析方法，但在实际应用中，必须按照数据流图中所有图形元素的用法正确使用。例如，一个加工必须既有输入又有输出；必须准确地定义数据流和数据存储；必须准确地描述每一个"叶"加工，比如在一个加工小说明中，必须说明其如何使用输入数据流，如何产生输出数据流，如何选取、使用或修改数据存储。另外，还应注意下面的一些问题：

1. 模型平衡问题

（1）系统 DFD 中每个数据流和数据存储都要在数据字典中予以定义，并且数据名应一致。

（2）系统 DFD 中最底层的加工必须在小说明中予以描述，并且加工名应一致。

（3）父图中某加工的输入输出（数据流）和分解这个加工的子图的输入输出（数据流）必须完全一致，特别是保持顶层输入数据流和输出数据流在个数、在标识上均是一样的。

（4）在加工小说明中，所使用的数据流必须是在数据字典中定义的，并且名字应一致。

2. 信息复杂性控制问题

（1）上层数据流可以打包，例如实例研究中数据流"查询要求"就是一个打包数据，并以*号做一特殊标记。上、下层数据流之间的对应关系通过数据字典予以描述。

（2）为了便于理解，一幅图中的图元个数应尽量控制在 7±2 个。

（3）检查与每个加工相关的数据流，是否有着太多的输入/输出数据流，并寻找可降低该加工接口复杂性的、对数据流进行划分的方法。有时一个加工有太多的输入输出数据流与同一层的其他加工或抽象层次有关。

（4）分析数据内容，确定是否所有的输入信息都用于产生输出信息；相应地，确定由一个加工产生的所有信息是否都能由进入该加工的信息导出。

根据以上关于结构化分析方法的介绍和实例研究，我们可以得出：

（1）该方法看待客观世界的基本观点是：信息系统是由一些信息流构成的，其功能表现为信息在不断地流动，并经过一系列的变换，最终产生人们需要的结果。

（2）为了支持系统分析员描述系统的组成成分，规约系统功能：结构化方法基于"抽象"这一软件设计基本原理，通过给出数据流概念，支持进行数据抽象；通过给出数据存储概念，支持对系统中数据结构的抽象；通过给出加工概念，支持系统功能的抽象。而且这 3 个概念就描述系统的功能而言是完备的，即客观世界的任何事物均可规约为其中之一。

（3）为了使系统分析员能够清晰地定义系统边界，同样基于抽象这一原理，给出了数据源和数据潭这两个概念，支持系统语境的定义。

（4）为了控制系统建模的复杂性，基于逐步求精这一软件设计基本原理，给出了建模步骤，在建立系统环境图的基础上，自顶向下逐一分解。可见，抽象和分解是结构化分析方法采用的

两个基本手段。

（5）为了支持准确地表达系统功能模型，给出了相应一组模型表达工具，其中包括：DFD图、数据结构符、判定表和判定树等。其中，DFD图可用于图形化地描述系统功能；数据结构符可用于定义 DFD 中的数据结构，判定表和判定树等可用于说明 DFD 中每一加工输入和输出之间的逻辑关系。

结构化方法由于其简单易懂、容易使用，且出现较早，所以在 20 世纪 70 年代、80 年代甚至目前的个别应用领域，得到广泛的应用。

6.3.2　结构化设计（SD）

软件设计是定义满足需求所需要的结构。结构化设计方法是从事软件设计的一种工具。

需求分析的主要任务是完整地定义问题，确定系统的功能和能力。该阶段主要包括需求获取、满求规约和需求验证，最终形成系统的软件需求规格说明书，其中主要成分是系统功能模型。

设计阶段的主要任务是在需求分析的基础上，定义满足需求所需要的结构，即针对给定的问题，给出其软件解决方案，即确定"怎么做"。

软件设计可以采用多种方法，如结构化设计方法、面向数据结构的设计方法、面向对象的设计方法等。本节主要讨论结构化设计方法。

为了控制软件设计的复杂性，定义满足需求所需要的结构，结构化设计又进一步分为总体设计和详细设计。总体设计的目标是建立系统的模块结构，即系统实现所需要的软件模块——系统中可标识的软件成分，以及这些模块之间的调用关系。但在这时，每一模块均是一个"黑盒子"，其细节描述是详细设计的任务。

6.3.2.1　总体设计的目标及其表示

总体设计阶段的基本任务是把系统的功能需求分配给一个特定的软件体系结构。表达这一软件体系结构的工具很多，主要有：

1. Yourdon 提出的模块结构图

Yourdon 提出的模块结构图如图 6-25 所示。

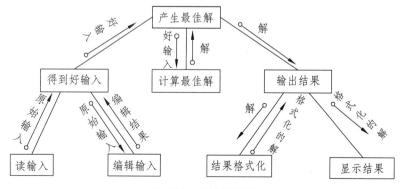

图 6-25　模块结构图

模块结构图是一种描述软件"宏观"结构的图形化工具。图 6-25 中每个方框代表一个模块，框内注明模块的名字或主要功能。连接上下层模块的线段表示它们之间的调用关系。处于较高层次的是控制（或管理）模块，它们的功能相对复杂而且抽象；处于较低层次的是从属模块，它们的功能相对简单而且具体。因此，即使使用线段而不使用带箭头的线段，也不会在模块之间调用关系这一问题上产生二义性。依据控制模块的内部逻辑，一个控制模块可以调用一个或多个下属模块；同时，一个下属模块也可以被多个控制模块所调用，即尽可能地复用已经设计出的低层模块。

在模块结构图中，还可使用带注释的箭头线来表示模块调用过程中传递的信息。其中，尾部是空心圆的箭头线标明传递的是数据信息，尾部是实心圆的箭头线标明传递的是控制信息。

为了进一步使用模块结构图，还可以表示模块的选择调用或循环调用。当模块 M 中某个判定为真时调用模块 A，为假时调用模块 B，如图 6-26（a）所示。图 6-26（b）表示模块 M 循环调用模块 A、B 和 C。

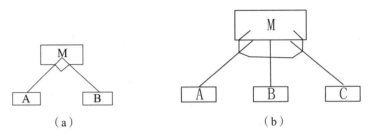

图 6-26　模块调用图

模块结构图是系统的一个高层"蓝图"，允许设计人员在较高的层次上进行抽象思维.避免过早地陷入特定的条件、算法和过程等实现细节。

2. 层次图

层次图主要用于描绘软件的层次结构（见图 6-27），图中的每个方框代表一个模块，方框间的连线表示模块的调用关系。就这个例子而言，最顶层的方框代表正文加工系统的主控模块，它调用下层模块完成正文加工的全部功能；第二层的每个模块控制完成正文加工的一个主要功能，例如"编辑"模块通过调用它的下层模块可以完成 6 种编辑功能中的任何一种。

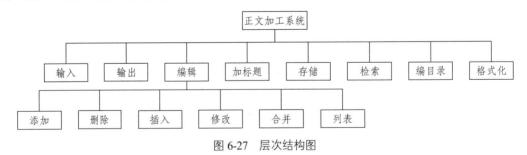

图 6-27　层次结构图

层次图很适合在自顶向下设计软件的过程中使用。

在使用层次图中，应注意以下 3 点：

（1）在一个层次中的模块，对其上层来说，不存在模块的调用次序问题。虽然多数人习惯按调用次序从左到右绘画模块，但并没有这种规定。

（2）层次图不指明怎样调用下层模块。

（3）层次图只表明一个模块调用哪些模块。

3. HIPO 图

HIPO 是由美国 IBM 公司提出的，即"层次图+输入/处理/输出"。实际上，HIPO 图是由 H 图和 IPOS 两部分组成的，H 图就是上面所讲的层次图。但是，为了使 HIPO 图具有可跟踪性，除 H 图（层次图）最顶层的方框之外，在每个方框都加了编号，如图 6-28 所示。

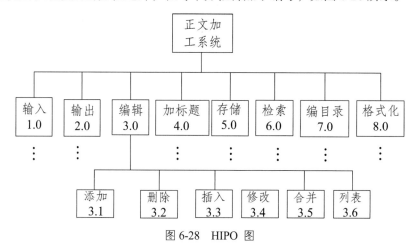

图 6-28　HIPO 图

其编号规则：第一层中各模块的编号依次为 1.0、2.0、3.0⋯⋯；如果模块 2.0 还有下层模块，那么下层模块的编号依次为 2.1、2.2、2.3⋯⋯；如果模块 2.2 又有下层模块，那么下层模块的编号依次为 2.2.1、2.2.2、2.2.3⋯⋯以此类推。

对于 H 图中的每个方框，应有一张 IPO 图，用于描述这个方框所代表的模块的处理逻辑。如图 6-29 所示。

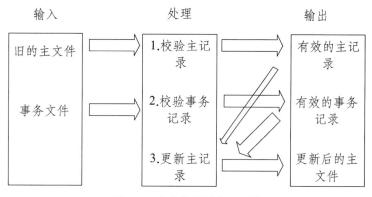

图 6-29　主文件更新的 IPO 图

图 6-29 所示是一个主文件更新的例子。IPO 图的基本形式是在左边的框（输入框）中列出有关的输入数据，在中间的框（处理框）中列出主要的处理以及处理次序，在右边的框（输出框）中列出产生的输出数据。另外，还用类似向量符号（箭头线）清楚地指出数据通信的情况。可见，IPO 图使用的符号既少又简单，能够方便地描述输入数据、数据处理和输出数据之间的关系。

值得强调的是,HIPO 图中的每张 IPO 图内都应该明显地标出它所描绘的模块在 H 图中的编号，以便跟踪了解这个模块在软件结构中的位置。

在进行结构化设计的实践中，如果一个系统的模块结构图相当复杂，可以采用层次图对其进行进一步的抽象；如果为了对模块结构图中的每一模块给出进一步描述，可以配一张相应的IPO图。

6.3.2.2 总体设计

如上所述，为了规约高层设计，结构化设计方法引入了两个基本术语：模块和模块调用。简单地说，模块是软件中可标识的成分，而调用是模块之间的一种关系，这两个术语形成了高层设计的术语空间。

如何将需求分析所得到的系统 DFD 图映射为设计层面上的模块和模块调用，这是结构化设计方法所要回答的问题。为此，该方法在分类 DFD 的基础上，基于自顶向下、功能分解的设计原则，定义了两种不同的"映射"，即变换设计和事务设计。其基本步骤是，先将系统的 DFD 图转化为初始的模块结构图，再基于"高内聚低耦合"这一软件设计原理，通过模块化，将初始的模块结构图转化为最终的、可供详细设计使用的模块结构图（MSD）。

系统/产品的模块结构图以及相关的全局数据结构和每一模块的接口，是软件设计中的重要制品，是系统/产品的高层设计"蓝图"。

1. 数据流图的类型

通过大量软件开发的实践，人们发现，无论被建系统的数据流图如何复杂，一般总可以把它们分成两种基本类型，即变换型数据流图和事务型数据流图。

1）变换型数据流图

具有较明显的输入部分和变换（或称主加工）部分之间的界面、变换部分和输出部分之间界面的数据流图，称为变换型数据流图，如图 6-30 所示。

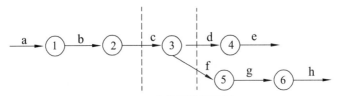

图 6-30　变换型数据流图

图 6-30 中，左边那条虚线是输入与变换之间的界面，右边那条虚线是变换与输出之间的界面。为了叙述方便，将穿越左边那条虚线的输入（见图 6-30 中标识为 c 的输入），称为逻辑输入；而将穿越右边那条虚线的输出（见图 6-30 中标识为 d、f 的输出），称为逻辑输出。相对应地，将标识为 a 的输入，称为物理输入；而将标识为 e、h 的输出，称为物理输出。

可见，该类 DFD 所对应的系统，在高层次上来讲，由 3 部分组成，即处理输入数据的部分、数据变换部分以及处理数据输出部分。数据首先进入"处理输入数据部分"，由外部形式转换为系统内部形式；然后进入系统的"数据变换部分"，将之变换为待输出的数据形式；最后由"处理数据输出部分"将待输出的数据转换为用户需要的数据形式。由上可知，对具有变换型数据流图的系统而言，数据处理工作分为 3 块，即获取数据、变换数据和输出数据，如图 6-31 所示。因此可以说，变换型数据流图概括而抽象地表示了这一数据处理模式，其中数据变换是这一数据处理模式的核心。

图 6-31　数据处理工作分块流图

根据变换型数据流图所表示的数据处理模式，可以很容易得出：其对应的软件体系结构（有时也称高层软件结构）应由"主控"模块以及与该模式 3 个部分相对应的模块组成。就图 6-31 所示的数据流图而言，该系统的高层软件结构如图 6-32 所示。

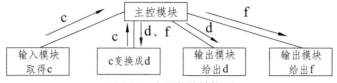

图 6-32　高层软件结构图

图 6-32 所示的例子的数据流图中，因为有 1 个逻辑输入 C，因此只有 1 个输入模块；又因为有 2 个逻辑输出 d 和 f，因此处理输出部分就有 2 个输出模块，1 个输出模块给出 d，1 个输出模块给出 f。

2）事务型数据流图

当数据流图具有与图 6-32 类似的形状时，即数据到达一个加工 T，该加工 T 根据输入数据的值，在其后的若干动作序列（称为一个事务）中选出一个来执行，这类数据流图称为事务型数据流图。

在图 6-33 中，处理 T 称为事务中心，它完成下述任务：

（1）接收输入数据。

（2）分析并确定对应的事务。

（3）选取与该事务对应的一条活动路径。

事务型数据流图所描述的系统，其数据处理模式为"集中-发散"式。

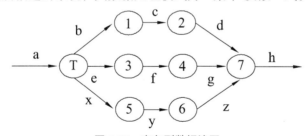

图 6-33　事务型数据流图

针对图 6-33 所示的事务型数据流图，其高层的软件结构如图 6-34 所示。其中，每一路径完成一项事务处理并且一般可能还要调用若干个操作模块。而这些模块又可以共享一些细节模块。因此，事务型数据流图可以具有多种形式的软件结构。

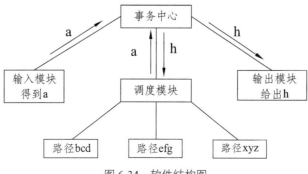

图 6-34　软件结构图

在实际应用中，任何软件系统从本质上来说都是信息的变换装置。因此，原则上所有的数据流图都可以归为变换型。但是，如果其中某些部分具有事务型数据流图的特征，那么就可以把这些部分按照事务型数据流图予以处理。

2. 变换设计与事务设计

结构化设计方法基于"自顶向下，功能分解"的基本原则，针对两种不同类型的数据流图，分别提出了变换设计和事务设计。其中，变换设计的目标是将变换型数据流图映射为模块结构图，而事务设计的目标是将事务型数据流图映射为模块结构图。为了控制该映射的复杂性，它们先将系统的数据流图映射为初始的模块结构图，而后再运用在实践中提炼出来的、实现"高内聚低耦合"的启发式设计规则，将初始的模块结构图转换为最终可供详细设计使用的模块结构图。其设计过程如图 6-35 所示。

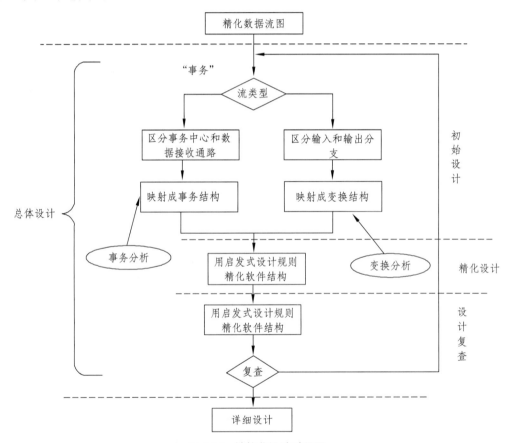

图 6-35　结构化设计过程图

由图 6-35 可知，总体设计由 7 步组成，分为 3 个阶段。第 1 阶段为初始设计，在对给定的数据流图进行复审和精化的基础上，将其转换为初始的模块结构图。第 2 阶段为精化设计，依据模块"高内聚低耦合"的原则，精化初始的模块结构图，并设计其中的全局数据结构和每一模块的接口。第 3 阶段为设计复查阶段，对前两个阶段所得到的高层软件结构进行复查，必要时还可能需要对该软件结构做一些精化工作，这对软件的一些性质，特别是对软件质量的提高将产生非常大的影响。

本节中主要讲解初始设计，有关精化设计将在 6.3.2.3 小节中介绍。

1）变换设计

变换设计是在需求规约的基础上，经过一系列设计步骤，将变换型数据流图转换为系统的模块结构图。下面通过一个简单例子来说明变换设计的基本步骤。 假设汽车数字仪表板将完成下述功能：

（1）通过模-数转换，实现传感器和微处理器的接口。

（2）在发光二极管面板上显示数据。

（3）指示速度（km/h）、行驶的里程、油耗（km/L）等。

（4）指示加速或减速。

（5）超速报警：如果车速超过 55 km/h，则发出超速报警铃声。

并假定通过需求分析之后，该系统的数据流图如图 6-35 所示。

图 6-36 中，sps 为转速的每秒信号量；$\overline{sps}$ 为 sps 的平均值；Δsps 为 sps 的瞬时变化值；rpm 为每分钟转速；mph 为每小时米数；gph 为每小时燃烧的燃料体积（加仑）；m 为行驶里程数。其变换设计的基本步骤如下：

第 1 步：设计准备——复审并精化系统模型。

对已建的系统模型进行复审，一是为了确保系统的输入数据和输出数据符合实际情况而复审其语境，二是为了确定是否需要进一步精化系统的 DFD 图而复审其内容。主要包括：

① 该数据流图是否表达了系统正确的处理逻辑。

② 该数据流图中的每个加工是否代表了一个规模适中、相对独立的功能等。

第 2 步：确定输入、变换、输出这三部分之间的边界。

根据加工的语义以及相关的数据流，确定系统的逻辑输入和逻辑输出，即确定系统输入部分、变换部分和输出部分之间的界面。

其中值得注意的是，对不同的设计人员来说，在确定输入部分和变换部分之间，以及变换部分和输出部分之间的界面，可能会有所不同，这表明他们对各部分边界的解释有所不同。一般来说，这些不同通常不会对软件结构产生太大的影响，但对该步的工作应做仔细认真的思考，以便形成一个比较理想的结果。

从输入设备获得的物理输入一般要经过编辑、数制转换、格式变换、合法性检查等一系列预防理，最后才变成逻辑输入传送给变换部分。同样，从变换部分产生的逻辑输出，它要经过数制转换、格式转换等一系列后处理，才成为物理输出。因此，可以用以下方法来确定系统的逻辑输入和逻辑输出。

关于逻辑输入：从数据流图上的物理输入端开始，一步一步向系统的中间移动，一直到数据流不再被看作是系统的输入为止，则其前一个数据流就是系统的逻辑输入。也就是说，逻辑输入就是离物理输入端最远的，但仍被看作是系统输入的数据流。例如 Δsps、rpm、gph 等都是逻辑输入。从物理输入端到逻辑输入，构成系统的输入部分。

关于逻辑输出：从物理输出端开始，一步一步向系统的中间移动，就可以找到离物理输出端最远的，但仍被看作是系统输出的数据流，它就是系统的逻辑输出。例如 mpg、mph 和超速值等都是逻辑输出。从逻辑输出到物理输出端，构成系统的输出部分。

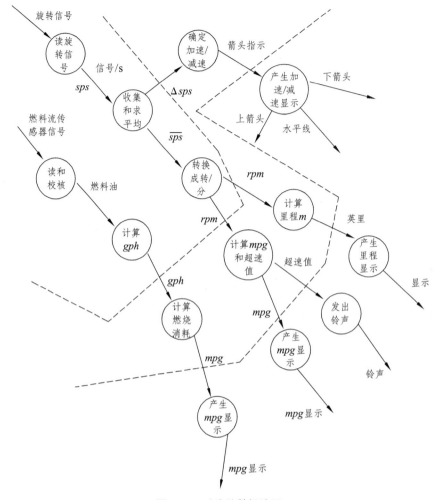

图 6-36　系统的数据流图

第 3 步：第一级分解——系统模块结构图顶层和第一层的设计。

高层软件结构代表了对控制的自顶向下的分配，因此所谓分解就是分配控制的过程。其关键是确定系统树形结构图的根或顶层模块，以及由这一根模块所控制的第一层模块，即"第一级分解"。

根据变换型数据流图的基本特征，显然它所对应的软件系统应由输入模块、变换模块和输出模块组成。并且，为了协调这些模块的"有序"工作，还应设计一个所谓的主模块，作为系统的顶层模块。因此，变换型数据流图所对应的软件结构由一个主模块以及由它控制的 3 部分组成，即：

① 主模块（主控模块）：位于最顶层，一般以所建系统的名字为其命名，它的任务是协调并控制第一层模块，完成系统所要做的各项工作。

② 输入模块部分：为主模块提供加工数据。对于该部分的设计，一般来说，有几个不同的逻辑输入，就设计几个输入模块。

③ 变换模块部分：接收输入模块部分的数据，并对这些内部形式的数据进行加工，产生系统所有的输出数据（内部形式）。

④ 输出模块部分：协调所有输出数据的产生过程，最终将变换模块产生的输出数据，以用户可视的形式输出。对该部分的设计，一般来说，有几个不同的逻辑输出，就设计几个输出模块。

所以，顶层和第一层的设计是一个模块式的分解过程。

针对以上的数据流图，经过"第一级分解"后，可以得到如图 6-37 所示的顶层和第一层的模块结构图。

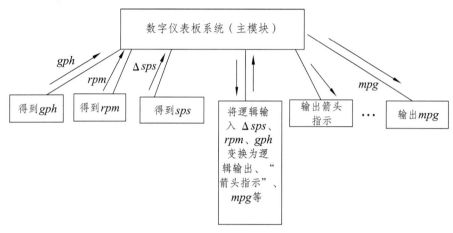

图 6-37 顶层和第一层的模块结构图

图 6-37 中，第一层的输入模块部分中有 3 个模块，它们是"得到Δsps""得到 rpm""得到 gph"；输出部分有 5 个输出模块，它们是"输出指示箭头""输出英里""输出超时值""输出 mph""输出 mpg"。

第 4 步：第二级分解——自顶向下，逐步求精。

第二级分解通过一个自顶向下逐步细化的过程，为每一个输入模块、输出模块和变换模块设计它们的从属模块。一般来说：

① 对每一输入模块设计其下层模块。输入模块的功能是向调用它的上级模块提供数据，因此它必须有一个数据来源，如果该来源不是物理输入，那么该输入模块就必须将其转换为上级模块所需的数据。因此，一个输入模块通常可以分解为两个下属模块：一个是接收数据模块（也可以称为输入模块）；另一个是把接收的数据变换成它

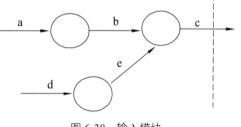

图 6-38 输入模块

的上级模块所需的数据（通常把这一模块也称为变换模块），如图 6-38 所示。

对下属的输入模块以同样方式进行分解，直到最后一个输入模块为物理输入，则细化工作停止。

在输入模块的细化中，一般可以把它分解为"一个输入模块和一个变换模块"。但是，对于一些具体情况，要进行特定的处理，例如：

如图 6-39 所示，该输入部分有一个逻辑输入，根据上述第一级分解，对应第一层的一个输入模块——得到 c，但这一模块有两个数据来源，一个是 b，一个是 e，因此这一模块分解后就有 3 个下属模块，其中 2 个是输入模块。

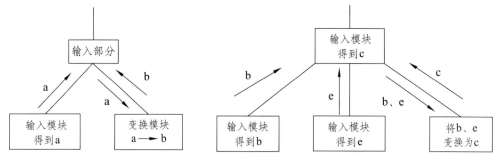

图 6-39　输入模块的分解

② 对每一输出模块进行分解。如果该输出模块不是一个物理输出，那么通常可以分解为 2 个下属模块：一个将得到的数据向输出形式进行转换，另一个是将转换后的数据进行输出。例如：

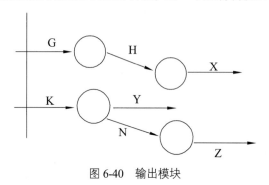

图 6-40　输出模块

如图 6-40 所示，该输出部分有两个逻辑输出，因此通过第一级分解后有 2 个输出模块，通过第二级分解后，得到的模块结构图如图 6-41 所示。

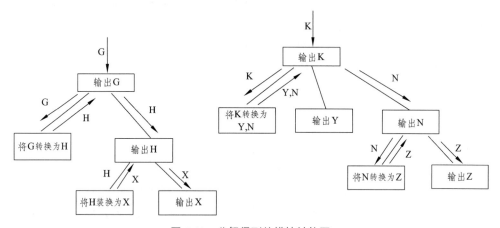

图 6-41　分解得到的模块结构图

由该例可以看出，对于每一输出模块的第二级分解，基本上也模块化分解。

③ 对变换模块进行分解。在第二级分解中，关于变换模块的分解一般没有一种通用的方法，通常应依据数据流图的具体情况，并以功能分解的原则，考虑如何对中心变换模块进行分解。

通过以上 4 步，就可以将变换型数据流图比较"机械"地转换为初始的模块结构图。这意味初始设计几乎不需要设计人员的创造性劳动。

2）事务设计

尽管在任何情况下都可以使用变换设计将一个系统的 DFD 转换为模块结构图，但是，当数据流图具有明显的事务型特征时，也就是有一个明显的事务处理中心时，则比较适宜采用事务设计。

事务设计的步骤和变换设计的步骤大体相同，即：

第 1 步：设计准备——复审并精化系统模型。

对已建的系统模型进行复审，一是为了确保系统的输入数据和输出数据符合实际情况而要复审其语境，二是为了确定是否需要进一步精化系统的 DFD 图而要复审其内容。

主要包括：

① 该数据流图是否表达了系统正确的处理逻辑。

② 该数据流图中的每个加工是否代表了一个规模适中、相对独立的功能等。

第 2 步：确定事务处理中心。

第 3 步："第一级分解"——系统模块结构图顶层和第一层的设计。

事务设计同样是以数据流图为基础，按"自顶向下，逐步细化"的原则进行的：

① 为事务中心设计一个主模块。

② 为每一条活动路径设计一个事务处理模块。

③ 一般来说，事务型数据流都有输入部分，应对其输入部分设计一个输入模块。

④ 如果一个事务型数据流图的各活动路径又集中于一个加工[见图 6-42（a）]，则为此设计一个输出模块；如果各活动路径是发散的[见图 6-42（b）]，则不必为其设计输出模块。

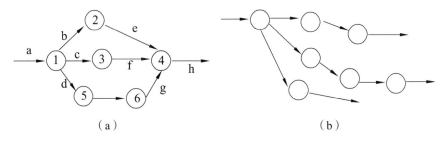

图 6-42　活动路径图

针对图 6-42 所示的数据流图，经第一层设计后，可以得到如图 6-43 所示的模块结构图。

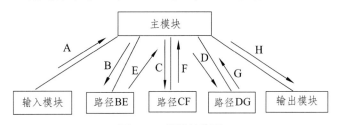

图 6-43　模块结构图

第 4 步："第二级分解"——自顶向下，逐步求精。

关于输入模块、输出模块的细化，如同变换设计对输入模块、输出模块的细化。关于各条活动路径模块的细化，则要根据具体情况进行，没有特定的规律可循。就图 6-43 而言，对应的初始模块结构如图 6-44 所示。

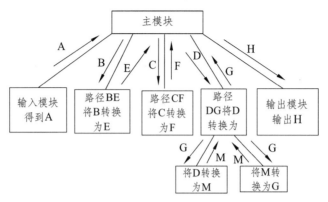

图 6-44　初始模块结构图

　　至此就完成了初始的总体设计，如同变换设计一样，几乎"机械"地产生了系统的一个初始模块结构图。

　　实践中，一个大型的软件系统一般是变换型流图和事务型流图的混合结构，在软件总体设计中，通常采用以变换设计为主、事务设计为辅的方式进行结构设计。首先利用变换设计，把软件系统分为输入、中心变换和输出 3 个部分，设计上层模块，然后根据各部分数据流图的结构特点，适当地利用变换设计和事务设计进行细化，得到初始的模块结构图，再按照"高内聚低耦合"的原则，对初始的模块结构图进行精化，得到最终的模块结构图。

　　3. 模块化及启发式规则

　　在 6.3.1.2 小节中，主要讲解了如何将系统的 DFD 图转换为初始的模块结构图，那么如何基于初始的模块结构图，产生最终可供详细设计人员使用的高层模块结构，即如何实施精化设计，这是本节所要回答的问题。本小节的目标：基于模块"高内聚低耦合"的原则，提高模块的独立性。

　　1）模块化

　　模块是执行一个特殊任务的一组例程以及相关的数据结构。模块通常由两部分组成，一部分是接口，给出可由其他模块或例程访问的常量、变量、函数等。接口不但可用于刻画各个模块之间的连接，以体现其功能，而且还对其他模块的设计者和使用者提供了一定的可见性。模块的另一部分是模块体，是对接口的实现。因此，模块化自然涉及两个主要问题：一是如何将系统分解成软件模块；二是如何设计模块。

　　针对第一个问题，结构化设计采用了人们处理复杂事物的基本原则——"分而治之"和"抽象"，在进行系统分解中，自顶向下逐步求精，其中"隐蔽"了较低层的设计细节，只给出模块的接口，如此对系统进行一层一层的分解，形成系统的一个模块层次结构。

　　针对第二个问题，采用一些典型的设计工具，例如伪码、问题分析图（PAD）以及 N-S 图等，设计模块功能的执行机制，包括私有量（只能由本模块自己使用的）及实现模块功能的过程描述。

　　结构化软件设计是一种典型的模块化方法，即把一个待开发的软件分解成若干简单的、具有高内聚低耦合的模块，这一过程称为模块化。

　　（1）耦合。

　　耦合是对不同模块之间相互依赖程度的度量。高耦合（紧密耦合）是指两个模块之间存在很强的依赖；低耦合（松散耦合）是指两个模块之间存在一定依赖；无耦合是指模块之间没有任何关系。耦合图如图 6-45 所示。

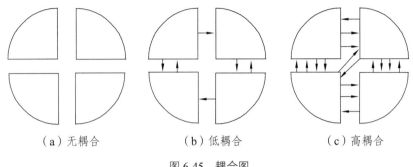

（a）无耦合　　　　　　（b）低耦合　　　　　　（c）高耦合

图 6-45　耦合图

① 产生耦合的主要因素。

一个模块对另一个模块的引用。例如，模块 A 调用模块 B，那么模块 A 的功能依赖于模块 B 的功能。

一个模块向另一个模块传递数据。例如，模块 A 为了完成其功能需要模块 B 向其传递一组数据，那么模块 A 依赖于模块 B。

一个模块对另一个模块施加控制。例如，模块 A 传递给模块 B 一个控制信号，模块 B 执行的操作依赖于控制信号的值，那么模块 B 依赖于模块 A。

② 耦合类型。

下面按从强到弱的顺序给出几种常见的模块间耦合类型：

内容耦合。当一个模块直接修改或操作另一个模块的数据时，或一个模块不通过正常入口而转入到另一个模块时，这样的耦合被称为内容耦合。内容耦合是最高程度的耦合，应该尽量避免使用。

公共耦合。两个或两个以上的模块共同引用一个全局数据项，这种耦合被称为公共耦合，如图 6-46 所示。

在具有大量公共耦合的结构中，确定哪个模块给全局变量赋予一个特定的值是十分困难的。

控制耦合。一个模块通过接口向另一个模块传递一个控制信号，接收信号的模块根据信号值而进行适当的动作，这种耦合被称为控制耦合。

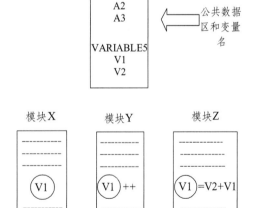

图 6-46　公共耦合图

在实际设计中，可以通过保证每个模块只完成一个特定的功能，这样就可以大大减少模块之间的这种耦合。

标记耦合。若一个模块 A 通过接口向两个模块 B 和 C 传递一个公共参数，那么称模块 B 和 C 之间存在一个标记耦合，如图 6-47 所示。

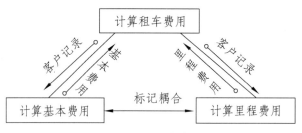

图 6-47 标记耦合图

数据耦合。模块之间通过参数来传递数据，这样的耦合被称为数据耦合。数据耦合是最低的一种耦合形式，系统中一般都存在这种类型的耦合。为了完成一些有意义的功能，往往需要将某些模块的输出数据作为另一些模块的输入数据。

耦合是影响软件复杂程度和设计质量的一个重要因素。在设计上我们应采取的原则：如果模块间必须存在耦合，就尽量使用数据耦合，少用控制耦合；限制公共耦合的范围；尽量避免使用内容耦合。

（2）内聚。

内聚是对一个模块内部各成分之间相互关联程度的度量。高内聚是指一个模块中各部分之间存在很强的依赖，低内聚是指一个模块中各部分之间存在较少的依赖。

在进行系统模块结构设计时，应尽量使每个模块具有高内聚，这样可以使模块的各个成分都与该模块的功能直接相关。图 6-48 所示给出了从低到高的一些常见内聚类型。

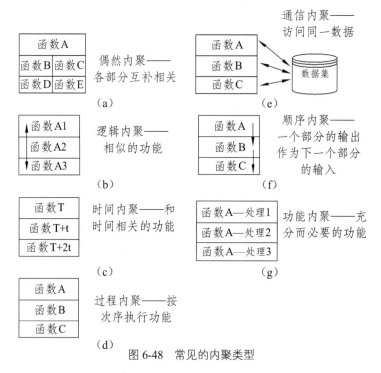

图 6-48 常见的内聚类型

① 偶然内聚。

如果一个模块的各成分之间基本不存在任何关系，则称为偶然内聚。例如，有时在编写一段程序时，发现有一组语句在两处或多处出现，于是把这组语句作为一个模块，以减少书写工作量，但这组语句彼此间没有任何关系，这时就出现了偶然内聚。

因为这样的模块一般没有确定的语义或很难了解它的语义，那么当在一个应用场合需要对之进行理解或修改时，就会产生相当大的困难。事实上，系统中如果存在偶然内聚的模块，那么对系统进行修改所发生的错误概率比其他类型的模块高得多。

② 逻辑内聚。

如果几个逻辑上相关的功能被放在同一模块中，则称为逻辑内聚。例如，一个模块读取各种不同类型外设的输入（包括卡片、磁带.磁盘、键盘等），而不管这些输入从哪里来，做什么用，因为这个模块的各成分都执行输入，所以该模块是逻辑内聚的。

尽管逻辑内聚比偶然内聚高一些，但逻辑内聚的模块各成分在功能上并无关系，即使局部功能的修改有时也会影响全局，因此这类模块的修改也比较困难。

③ 时间内聚。

如果一个模块完成的功能必须在同一时间内执行（例如初始化系统或一组变量），但这些功能只是因为时间因素关联在一起，则称为时间内聚。

时间内聚在一定程度上反映了系统的某些实质，因此比逻辑内聚高一些。

④ 过程内聚。

如果一个模块内部的处理成分是相关的，而且这些处理必须以特定的次序执行，则称为过程内聚。

使用程序流程图作为工具设计软件时，常常通过研究流程图确定模块的划分，这样得到的往往是过程内聚的模块。

⑤ 通信内聚。

如果一个模块的所有成分都操作同一数据集或生成同一数据集，则称为通信内聚，如图 6-49 所示。

在实际设计中，这样的处理有时是很自然的，而且也显得很方便，但是出现的通信内聚经常破坏设计的模块化和功能独立性。

⑥ 顺序内聚。

如果一个模块的各个成分都与同一个功能密切相关，而且一个成分的输出作为另一个成分的输入，则称为顺序内聚。

如果这样的模块不是基于一个完整功能关联在一起的，那么就很有可能破坏模块的独立性。

⑦ 功能内聚。

最理想的内聚是功能内聚，模块的所有成分对于完成单一的功能都是基本的。功能内聚的模块对完成其功能而言是充分必要的。

内聚和耦合是密切相关的，同其他模块存在高耦合的模块常意味着是低内聚的，而高内聚的模块常意味着该模块之间与其他模块之间是低耦合的。在进行软件设计时，应力争做到高内聚、低耦合。

2）启发式规则

不论是变换设计还是事务设计，都涉及了一个共同的问题，即基于"高内聚低耦合"的原则，采用一些经验性的启发式规则，对初始的模块结构图进行精化，形成最终的模块结构图。

人们通过长期的软件开发实践，总结出一些实现模块"高内聚低耦合"的启发式规则，主要包含：

（1）改进软件结构，提高模块独立性。

针对系统的初始模块结构图，在认真审查分析的基础上，通过模块分解或合并，改进软件结构，力求降低耦合，提高内聚，提高模块独立性。例如，在一个初始模块结构图中，模块 A 和模块 B 都含一个子功能模块 C，如图 6-50（a）所示。

这时就应该考虑是否把模块 C 作为一个独立的模块，供模块 A 和 B 调用，形成如图 6-50(b) 所示的新结构。

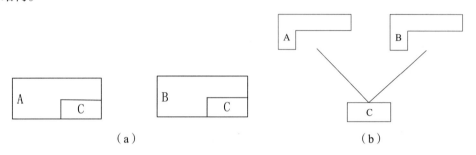

（a） （b）

图 6-50 启发式规则图

（2）力求模块规模适中。

一般来说，模块规模越大，其复杂性就越高，从而往往使模块之间的耦合度增高。经验表明，当一个模块包含的语句数超过 30 行后，模块的可理解程度迅速下降。对于规模较大的模块，在不降低模块独立性的前提下，通过分解使其具有适中的规模，可以提高模块之间内聚，降低模块之间的耦合。实践中，一个模块的语句最好能写在一页纸内（通常不超过 60 行）。

但要注意，如果模块过小的话，有时会出现开销大于其有效操作的情况，而且可能由于模块数目过多可使系统接口变得复杂，因此往往需要考虑是否把过小的模块合并到其他模块之中，特别是如果一个模块只被一个模块调用时，通常可以把它合并至上级模块中去。

（3）力求深度、宽度、扇出和扇入适中。

在一个软件结构中，深度表示其控制的层数，如图 6-51 所示。

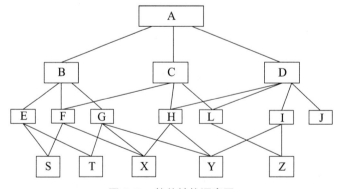

图 6-51 软件结构深度图

图 6-51 中，模块结构的深度为 3，宽度为 7；模块 D 的扇入为 1，而扇出为 4。

深度往往能粗略地标志一个系统的规模和复杂程度，与程序规模之间具有一定的对应关系，当然这个关系是在一定范围内变化的，如果深度过大，就应该考虑是否存在一些过分简单的管理性模块，能否适当合并。

在一个软件结构中，宽度是指同一个层次上模块总数的最大值。例如，图 6-51 所表达的模块结构宽度为 7。一般说来，宽度越大系统越复杂。而对宽度影响最大的因素是模块的扇出。

模块扇出是一个模块直接控制（调用）的下级模块数目。如图 6-51 中的模块 D，其扇出为 4。

如果一个模块的扇出过大，这意味着它需要控制和协调过多的下级模块，因而该模块往往具有较为复杂的语义。如果一个模块的扇出过小（例如总是 1），则意味着该模块功能过分集中，往往是一个功能较大的模块，也会导致该模块具有复杂的语义。经验表明，一个设计得好的典型系统，其平均扇出通常是 3 或 4（扇出的上限通常是 9）。

实践中，模块的扇出太大，一般是因为缺乏中间层次，因此应该适当增加中间层次的控制模块；对于模块扇出太小的情况，可以把下级模块进一步分解成若干个子功能模块，甚至可以把分解后的一些子模块合并到它的上级模块中去。当然，不论是分解模块或是合并模块，一般需要尽量符合问题结构，且不违背"高内聚低耦合"这一模块独立性原则。一个模块的扇入表明有多少个上级模块直接调用它，如图 6-51 中的模块 X，其扇入为 3。扇入越大，则共享该模块的上级模块数目越多，这是有好处的，但是不能违背模块独立性原则而单纯追求高扇入。

通过对大量软件系统的研究，发现设计得很好的软件结构，通常顶层模块扇出比较大，中间层模块扇出较小，而底层模块具有较大的扇入，即系统的模块结构呈现"葫芦"形状。

（4）尽力使模块的作用域在其控制域之内。

模块的控制域是指这个模块本身以及所有直接或间接从属于它的模块的集合。例如，图 6-52 中，模块 B 的控制域是 B、E、F、G、T、X、Y 等模块的集合。模块的作用域是指受该模块内一个判定所影响的所有模块的集合。例如，假定模块 F 中有一个判定，影响 T 模块 H、I、X、Z，那么集合 {H，I，X，Z} 就是模块 F 的作用域。

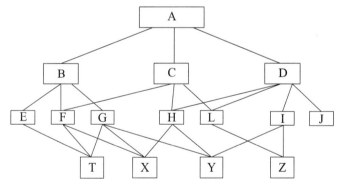

图 6-52　软件结构深度图

在一个设计得很好的系统中，所有受判定影响的模块应该都从属于做出判定的那个模块，即在该模块的控制域之内。例如，如果图 6-52 中模块 F 做出的判定只影响模块 T 和 X，那么就符合这一规则。

如果一个模块的作用域不在其控制域内，这样的结构一方面难于理解，另一方面还会产生较为复杂的控制耦合，即为了使该模块的判定能影响到它的作用域的那些模块中的处理过程，通常需要在该模块中给一个标记，以表明判定的结果，而且还要通过相关的其他模块，把这个标记传递给它所影响的那些模块。

若出现一个模块的作用域不在其控制域的情况，则应把该模块移到上一个层次，或把那些在作用域内但不在控制域内的模块移到控制域内，以此修改软件结构，尽量使该模块的作用域是其控制域的子集。对此，一方面要考虑实施的可能性，另一方面还要考虑修改后的软件结构能否更好地体现问题的本来结构。

（5）尽力降低模块接口的复杂度。

模块之间接口的复杂度是可以区分的。例如，如果模块 A 给模块 B 传递一个简单的数值，而模块 C 和模块 D 之间传递的是数组，甚至还有控制信号，那么模块 A 和 B 之间的接口复杂度就小于模块 C 和 D 之间的接口复杂度。

复杂或不一致的接口是紧耦合或低内聚的征兆，是软件发生错误的一个主要原因，因此应该仔细设计模块接口，使得信息传递简单并且与模块的功能一致，以提高模块的独立性。

例如，求一元二次方程的根的模块 QUAD-ROOT（TBL，X），其中用数组 TBL 传送方程的系数，用数组 X 回送求得的根。这种传递信息的方式就不利于对这个模块的理解，不仅在 维护期间容易引起混淆，在开发期间也可能发生错误。如果采用如下形式：

QUAD-ROOT（A，B，C，ROOT1，ROOT2）

其中，A、B、C 是方程的系数，ROOT1 和 ROOT2 是算出的两个根，这种接口可能是比较简单的。

（6）力求模块功能可以预测。

一般来说，一个模块的功能是应该能够预测的。例如，如果我们把一个模块当作一个黑盒子，也就是说，只要输入的数据相同就产生同样的输出，这个模块的功能就是可以预测的。但对那种其内部状态与时间有关的模块，采用同样方法就很难预测其功能，因为它的输出可能要取决于所处的状态。由于其内部状态对于上级模块而言是不可见的，所以这样的模块既不易理解又难于测试和维护。

如果一个模块只完成一个单独的子功能，显然呈现出很高的内聚；但是，如果一个模块过强地限制了局部数据规模，过分限制了在控制流中可以做出的选择或者外部接口的模式，那么这种模块的功能就势必相当局限。如果在以后系统使用中提出对其进行修改，代价是很高的，为此，在设计中往往需要增强其功能，扩大其使用范围，提高该模块的灵活性。

以上列出的启发式规则，多数是经验总结，但在许多场合下可以有效地改善软件结构，对提高软件质量，往往具有重要的参考价值。

综上可知，针对已经得到的系统初始模块结构图，在变换设计和事务设计的第 4 步中，应根据模块独立性原则对其进行精化，其中可采用以上介绍的启发式规则，使模块具有尽可能高的内聚和尽可能低的耦合，最终得到一个易于实现、易于测试和易于维护的软件结构。可见，精化系统初始模块结构则是软件设计人员的一种创造性活动。

4. 实例研究

现以上面给出的数字仪表板系统为例，说明如何对初始的模块结构图进行精化，最终形成一个可供详细设计使用的模块结构图。

1）输入部分的精化

针对数字仪表板系统的输入部分，其初始的模块结构如图 6-53 所示。

针对这一实例，使用启发式规则 I，并考虑其他规则，可以将上述的模块结构图精化为如图 6-54 所示的模块结构图。

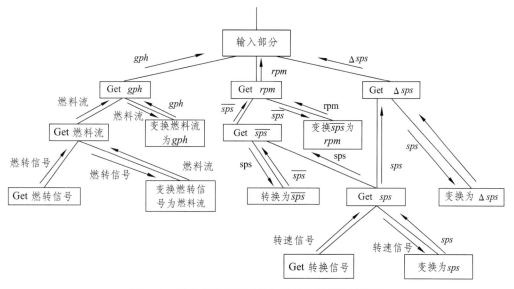

图 6-53　数字仪表板系统输入部分初始模块结构图

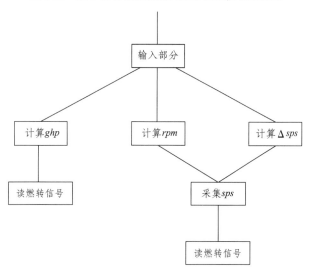

图 6-54　输入部分精化的模块结构图

由上得知，在精化输入部分中，通常是：

（1）为每一物理输入设计一个模块，如"读转速信号""读燃转信号"。

（2）对那些不进行实际数据输入，且输入的数据是预加工或辅助加工得到的结果的输入模块，应将它们与其他模块合并在一起。例如，Get gph 模块和 Get 燃料流模块就是这样的输入模块，不需为这样的输入模块设计专门的软件模块。

（3）对于那些既简单、规模又小的模块，可以合并在一起，这样不但提高了模块内的联系，而且还减少了模块间的耦合。

就以上的例子而言：

（1）把"Get gph"模块和"Get 燃料流"模块，与"变换燃转信号为燃料流"模块、"变换燃料流为 ghp"模块合并为模块"计算 gph"。

（2）把"Get rpm"模块、"Get sps"模块与"变换为 sps"模块以及"变换为 rpm"模块，合并为"计算 rpm"模块。

（3）把"Get *sps*"模块、"变换为 *sps*"模块，合并为"采集 *sps*"模块。

（4）把"Get Δ*sps*"模块、"变换为Δ*sps*"模块，合并为"计算 Δ*sps*"模块。

2）输出部分的精化

还是以数字仪表板系统为例，说明输出部分的求精过程。该系统的输出部分的初始模块结构如图 6-55 所示。

对于这一初始的模块结构图，一般情况下应该：

（1）把相同或类似的物理输出合并为一个模块，以减少模块之间的关联。就本例而言，左边前 3 个"显示"，基本上属于相似的物理输出，因此可以把它们合并为 1 个显示模块。而将"PUT *mpg*"模块和相关的显示模块合并为 1 个模块；同样地，应把"PUT *mph*"模块、"PUT 里程"模块各自与相关的"显示"模块合并为 1 个模块。

（2）其他求精的规则，与输入部分类同。例如，可以将"PUT 加/减速"模块与其下属的 2 个模块合并为 1 个模块，将"PUT 超速量"模块与其下属的 2 个模块合并为 1 个模块。

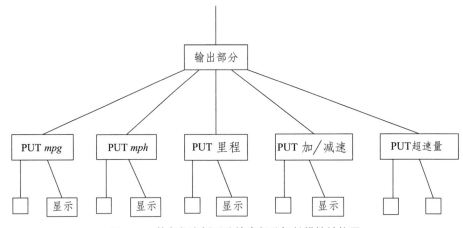

图 6-55　数字仪表板系统输出部分初始模块结构图

通过以上求精之后，数字仪表板系统的输出部分的软件结构如图 6-56 所示。

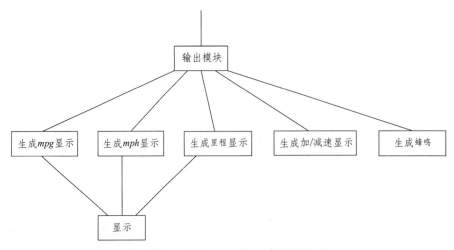

图 6-56　数字仪表板系统的输出部分的软件结构图

3）变换部分的精化

对于变换部分的求精，主要是根据设计准则并通过实践，不断地总结经验，这样才能设计出合理的模块结构。就给定的数字仪表板系统而言，如果把"计算加/减速"的模块放在"计算 *mph*"模块下面，则可以减少模块之间的关联，提高模块的独立性。通过这一求精，对于变换部分，就可以得到如图 6-57 所示的模块结构图。

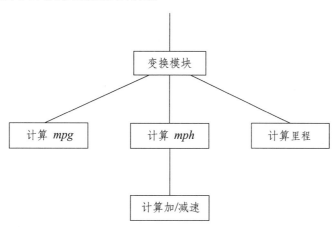

图 6-57　输出部分精化的模块结构图

通过以上讨论可以看出，在总体设计中，如果说将一个给定的 DFD 转换为初始的模块结构图基本上是一个按功能模块分解的过程，无法体现设计人员的创造力，那么优化设计，将一个初始的模块结构图转换为最终的模块结构图，这对设计人员将是一种挑战，其结果将直接影响软件系统开发的质量。

6.3.2.3　详细设计

经过总体设计阶段的工作，已经确定了软件的模块结构和接口描述，可作为详细设计的一个重要输入。在此基础上，通过详细设计具体描述模块结构的每一模块，即给出实现模块功能的实施机制，包括一组例程和数据结构，从而精确地定义满足需求所规约的结构。具体地说，详细设计又是一个相对独立的抽象层，使用的术语包括输入语句、赋值语句、输出语句以及顺序语句、选择语句、循环语句等，如图 6-58 所示。

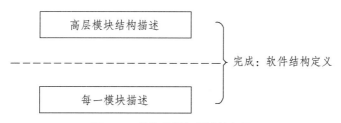

图 6-58　软件的详细设计抽象层

详细设计的目标是将总体设计阶段所产生的系统高层结构，映射为以这些术语所表达的低层结构，也是系统的最终结构。

与高层结构相比，总体设计阶段中的数据项和数据结构比详细设计更加抽象：总体设计阶段中的模块，只声明其作用或功能，而详细设计则要提供实现该模块过程或功能的算法。

1. 结构化程序设计

一般意义上来说，程序设计方法学是以程序设计方法为研究对象的学科（第一种含义）。它主要涉及用于指导程序设计工作的原理和原则，以及基于这些原理和原则的设计方法和技术，着重研究各种方法的共性和个性，以及各自的优缺点。其一方面要涉及方法的理论基础和背景，另一方面也要涉及方法的基本体系结构和实用价值。程序设计方法学的第二种含义是，针对某一领域或某一领域的特定一类问题，所用的一整套特定程序设计方法所构成的体系。例如，基于 Ada 程序设计语言的程序设计方法学。关于程序设计方法学的两种含义之间的基本关系：第二种含义是第一种含义的基础，第一种含义是在第二种含义的基础上的总结、提高，上升到原理和原则的高度。

作为一整套特定程序设计方法所构成的体系（第二种含义），目前已经出现多种程序设计方法学，例如，结构化程序设计方法学、各种逻辑式程序设计方法学、函数式程序设计方法学、面向对象程序设计方法学等。

结构化程序设计方法是一种特定的程序设计方法学。具体地说，它是一种基于结构的编程方法，即采用顺序结构、判定结构以及循环结构进行编程，其中每一种结构只允许一个入口和一个出口，可见结构化程序设计的本质是使程序的控制流程线性化，实现程序的动态执行顺序符合静态书写的结构，从而增强程序的可读性，不仅容易理解、调试、测试和排错，而且给程序的形式化证明带来了方便。

编程工作为一演化过程，可按抽象级别依次降低，逐步格式化，最终得出所需的程序。通常采用自顶向下、逐步求精，使所编写的程序只含顺序、判定、重复三种结构，这样可使程序结构良好、易读、易理解、易维护，并易于保障及验证程序的正确性。因此，采用结构化程序设计方法进行编程，旨在提高编程（过程）质量和程序质量。

结构化程序设计的概念最早由 E.W.Dijkstra 在 20 世纪 60 年代中期提出，并在 1968 年著名的 NATO 软件工程会议上首次引起人们的广泛关注。1966 年，C. Bohm 和 G.Jacopini 在数学上证明了只用三种基本控制结构就能实现任何单入口、单出口的程序，这三种基本控制结构是"顺序""选择"和"循环"。Bohm 和 Jacopini 的证明给结构化程序设计技术奠定了理论基础。

"顺序""选择"和"循环"三种结构可用流程图表示，如图 6-59 所示。实际上，用顺序结构和循环结构（又称 DO WHILE 结构）完全可以实现选择结构（又称 1F-THEN-ELSE 结构），因此，理论上最基本的控制结构只有两种。

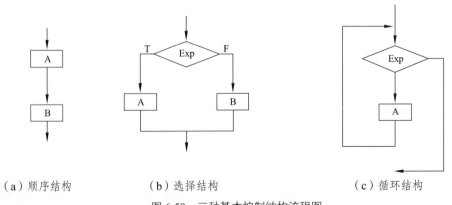

（a）顺序结构　　　　　（b）选择结构　　　　　（c）循环结构

图 6-59　三种基本控制结构流程图

当时，结构化程序设计技术作为一种新的程序设计思想、方法和风格，也开始引起工业界的重视。1971 年，IBM 公司在纽约时报信息库管理系统的设计中使用了结构化程序设计技术，获得了巨大的成功，于是开始在整个公司内部全面采用结构化程序设计技术，并介绍给了它的许多用户。IBM 在计算机界的影响为结构化程序设计技术的推广起到了正向的作用。

既然顺序结构、选择结构和循环结构是结构化程序设计的核心，它们的组合使用可以实现任意复杂的处理逻辑，那么如何看待除此之外的其他控制结构，例如无条件转移语句 GOTO，这又成为人们关注的新问题。

1968 年，ACM 通信发表了 Dijkstra 的短文 *GOTO Statement considered harmful*，认为 GOTO 语句是造成程序结构混乱不堪的主要原因，一切高级程序设计语言应该删除 GOTO 语句，自此开始了关于 GOTO 语句的学术讨论。讨论的本质是程序设计是先讲究结构，还是讲究效率，因为好结构的程序不一定是效率最高的程序。结构化程序设计的观点是要求设计好结构的程序，在计算机硬件技术迅速发展的今天，人们已普遍认为，除了系统的核心程序部分以及其他一些有特殊要求的程序以外，在一般情况下，宁可牺牲一些效率，也要保证程序有一个好的结构。

2. 详细设计工具

详细设计的主要任务是给出软件模块结构中各个模块的内部过程描述，也就是模块内部的算法设计。这里并不打算讨论具体模块的算法设计，而是讨论这些算法的表示形式。详细设计工具通常分为图形、表格和语言三种，无论是哪类工具，对它们的基本要求都是能提供对设计的无歧义的描述，包括控制流程、处理功能、数据组织以及其他方面的实现细节等，以便在编码阶段能把这样的设计描述直接翻译为程序代码。下面介绍一些典型的详细设计工具。

1）程序流程图

程序流程图又称为程序框图。从 20 世纪 40 年代末到 70 年代中期，程序流程图一直是软件设计的主要工具。因此，它是历史最悠久、使用最广泛的软件设计工具。它的主要优点是对控制流程的描绘很直观，便于初学者掌握。

但是，程序流程图也是用得最混乱的一种工具，常常使描述的软件设计很难分析和验证，这是程序流程图的最大问题。尽管许多人建议停止使用它，但由于其历史久、影响大，因此至今仍得到相当广泛的应用。

在程序流程图中，使用的主要符号包括顺序结构、选择结构和循环结构。值得注意的是，程序流程图中的箭头代表的是控制流而不是数据流，这一点同数据流图中的箭头是不同的。除了以上的三种基本控制结构外，为了表达方便起见，程序流程图中还经常使用其他一些等价的符号，如图 6-60 所示。

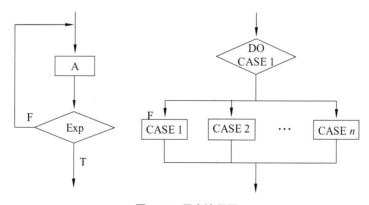

图 6-60　程序流程图

程序流程图的主要缺点是：

（1）其不是一种逐步求精的工具，它诱使程序员过早地考虑程序的控制流程，而不去考虑程序的全局结构。

（2）所表达的控制流往往不受任何约束，可随意转移，从而会影响甚至破坏好的系统结构设计。

（3）不易表示数据结构。

2）盒图（N-S图）

早在20世纪70年代初，NaSSi和Shneidennan出于一种不允许违背结构化程序设计的考虑，提出了盒图，又称为N-S图。其中对每次分解，只能使用图6-61中所示的（a）、（b）和（d）3种符号，分别表达3种控制结构——顺序、选择和循环。并且为了在设计上表达方便，引入了它们的变体（c）和（e）。

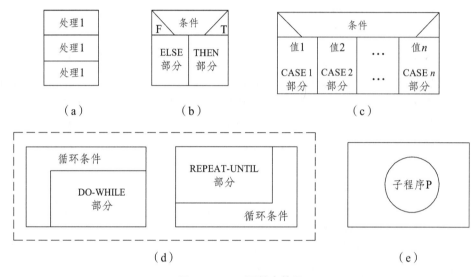

图 6-61　N-S 图基本符号

采用盒图对一个模块进行设计时，首先给出一个大的矩形，然后为了实现该模块的功能，再将该矩形分成若干个不同的部分，分别表示不同的子处理过程，其又可以进一步分解成更小的部分，其中每次分解都只能使用给出的基本符号，最终形成表达该模块的设计。可见，盒图支持"自顶向下逐步求精"的结构化详细设计，并且由于其以一种结构化方式严格地限制控制从一个处理到另一个处理的转移，因此以盒图设计的模块一定是结构化的。

3）PAD

问题分析图（Problem Analysis Diagram，PAD）是日本日立公司于1973年首先提出的，并得到一定程度的推广应用。PAD采用二维树形结构来表示程序的控制流，其基本符号如图6-62所示。

如N-S图一样，PAD图支持自顶向下、逐步求精的设计。开始时可以将模块定义为一个顺序结构，如图6-63（a）所示。

随着设计工作的深入，可使用"def"符号逐步增加细节，直至完成详细设计，如图6-63（b）所示。

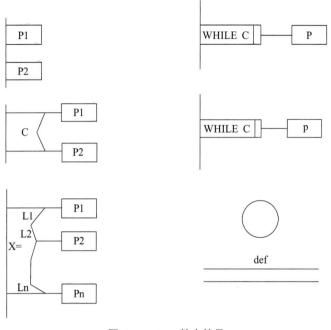

图 6-62　PAD 基本符号

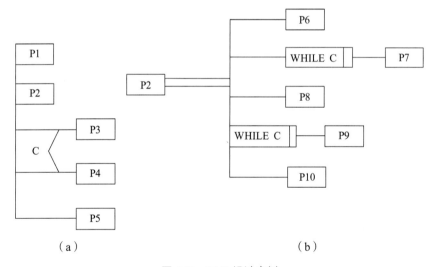

（a）　　　　　　　　　　　（b）

图 6-63　PAD 设计实例

可见，采用 PAD 所设计的模块一定是结构化的，并且所描述的程序结构也是十分清晰的，即图中最左边的竖线是程序的主线，是第一层控制结构；随着若程序层次的增加，PAD 图逐渐向右延伸，每增加一个层次，图形向右扩展一条竖线，竖线的条数总是程序的控制层次数。PAD 图所表现出的处理逻辑易读、易懂、易记，模块从图中最左边上端的节点开始执行，自上而下、从左向右顺序执行。

不论是盒图还是 PAD 图，都为高级程序设计语言（例如 FORTRAN、COBOL、PASCAL 和 C 等）提供了一整套相对应的图形符号，因此将 PAD 图和 N-S 图转换成对应的高级语言程序就比较容易，甚至这种转换可用软件工具自动完成，可节省人工编码工作，有利于提高软件可靠性和软件生产率。

3. 类程序设计语言（PDL）

类程序设计语言（Program Design Language，PDL）也称为伪码，是一种用正文形式表示数据结构和处理过程的设计工具。在 20 世纪 70 年代至 80 年代，人们设计了多种不同的 PDL。

PDL 是一种"混合"语言，一方面，PDL 借用某种结构化程序设计语言（如 PASCAL 或 C）的关键字作为语法框架，用于定义控制结构和数据结构；另一方面，PDL 通常使用某种自然语言（如汉语或英语）的词汇，灵活自由地表示实际操作和判定条件。例如：

```
procedure inorder (bt: bitree) ;
bebin
inistack (s) : push (s.bt) )
while not empty (s) do
begin
while gettop (s) = nil do push (s, gettop (s) . lch) ;
  p: = pop (s) ;
  if not empty (s) then
begin
visite (gettop (s) ) ; p: = pop (s) ; push (s, p . rch)
end;
end;
end;
```

其中，关键字的固定语法，提供了结构化控制结构、数据说明和模块化的手段，并且有时为了使结构清晰和可读性好，通常在所有可能嵌套使用的控制结构的头和尾都加有关键字，例如 if…fi（或 endif）等。自然语言的自由语法，例如"inistack(s)"和"not empty(s)"等，用于描述处理过程和判定条件。

PDL 不仅可以作为一种设计工具，还可以作为注释工具，直接插在源程序中间，以保持文档和程序的一致性，提高文档的质量。

可以使用普通的正文编辑程序或文字处理系统，很方便地完成 PDL 的书写和编辑工作。已存在一些 PDL 处理工具，可以自动将 PDL 生成程序代码。

PDL 的主要问题是不如图形工具形象直观，并且当描述复杂的条件组合与动作间的对应关系时，不如判定表或判定树那样清晰简单。

另外，前面介绍过的 IPO 图、判定树和判定表等也可以作为详细设计工具。

4. 设计规约

在完成软件设计之后，应产生设计规约，完整准确地描述满足系统需求规约中所有功能以及它们之间的关系等的软件结构。设计规约通常包括概要设计规约和详细设计规约，分别为相应设计过程的输出文档。

1）概要设计规约

概要设计规约指明高层软件体系结构，其主要内容包括：

（1）系统环境，包括硬件、软件接口、人机界面、外部定义的数据库及其与设计有关的限定条件等。

（2）软件模块的结构，包括模块之间的接口及其设计的数据流和主要数据结构等。

（3）模块描述，包括模块接口定义、模块处理逻辑及其必要的注释等。

（4）文件结构和全局数据文件的逻辑结构，包括记录描述、访问方式以及交叉引用信息等。

（5）测试需求等。

概要设计规约是面向软件开发者的文档，主要作为项目管理人员、系统分析人员与设计人员之间交流的媒体。

2）详细设计规约

详细设计规约是对软件各组成分内部属性的描述。它是概要设计的细化，即在概要设计规约的基础上，增加以下内容：

（1）各处理过程的算法。

（2）算法所涉及的全部数据结构的描述。特别地，对主要数据结构往往包括与算法实现有关的描述。

详细设计规约主要作为软件设计人员与程序员之间交流的媒体。随着软件开发环境的不断发展，概要设计与详细设计的内容可以有所变化。下面给出可供参考的设计规约格式。

1 引言

1.1 编写目的

说明编写本软件设计说明书的目的。

1.2 背景说明

（1）给出待开发的软件产品的名称。

（2）说明本项目的提出者、开发者及用户。

（3）说明该软件产品将做什么，如有必要，说明不做什么。

1.3 术语定义

列出本文档中所用的专门术语定义和外文首字母组词的原词组。

1.4 参考资料

列出本文档中所引用的全部资料，包括标题、文档编号、版本号、出版日期及出版单位等，必要时注明资料来源。

2 总体设计

2.1 需求规定

说明对本软件的主要输入、输出、处理的功能及性能要求。

2.2 运行环境

简要说明对本软件运行的软件、硬件环境和支持环境的要求。

2.3 处理流程

说明本软件的处理流程，尽量使用图、文、表的形式。

2.4 软件结构

在 DFD 图的基础上，用模块结构图来说明各层模块的划分及其相互关系，划分原则上应细到程序级（即程序单元），每个单元必须执行单独一个功能（即单元不能再分了）。

3 运行设计

3.1 运行模块的组合

说明对系统施加不同的外界运行控制时所引起的各种不同的运行模块的组合，说明每种运行所经历的内部模块和支持软件。

3.2 运行控制

说明各运行控制方式、方法和具体的操作步骤。

4 系统出错处理

4.1 出错信息

简要说明每种可能的出错或故障情况出现时，系统输出信息的格式和含义。

4.2 出错处理方法及补救措施

说明故障出现后可采取的措施，包括：

（1）后备技术。当原始系统数据万一丢失时启用副本的建立和启动的技术，如周期性的信息转储。

（2）性能降级。使用另一个效率稍低的系统或方法（如手工操作、数据的人工记录等），以求得到所需结果的某些部分。

（3）恢复和再启动。用建立恢复点等技术，使软件再开始运行。

5 模块设计说明

以填写模块说明表的形式，对每个模块给出下述内容：

（1）模块的一般说明，包括名称、编号、设计者、所在文件、所在库、调用本模块的模块名和本模块调用的其他模块名。

（2）功能概述。

（3）处理描述，使用伪码描述本模块的算法、计算公式及步骤。

（4）引用格式。

（5）返回值。

（6）内部接口，说明本软件内部各模块间的接口关系，包括：

①名称；

②意义；

③数据类型；

④有效范围；

⑤I/O标志。

（7）外部接口，说明本软件同其他软件及硬件间的接口关系，包括：

①名称；

②意义；

③数据类型；

④有效范围；

⑤I/O标志；

⑥格式，指输入或输出数据的语法规则和有关约定；

⑦媒体。

（8）用户接口，说明将向用户提供的命令和命令的语法结构，以及软件的回答信息，包括：

①名称；

②意义；

③数据类型；

④有效范围；

⑤I/O标志。

（9）外部接口，说明本软件同其他软件及硬件间的接口关系，包括：

① 名称；

② 意义；

③ 数据类型；

④ 有效范围；

⑤ I/O 标志；

⑥ 格式，指输入或输出数据的语法规则和有关约定。

6.4　面向对象开发方法

6.4.1　面向对象分析（Object-Oriented Analysis，OOA）

6.4.1.1　面向对象分析的基本任务

分析的过程是提取系统需求的过程。分析工作主要包括 3 项内容：理解、表达和验证。

理解：系统分析员通过与用户及领域专家的充分交流，力求完全理解用户需求和该应用领域中的关键性的背景知识。

表达：用某种无二义性的方式把这种理解表达成文档资料。分析过程得出的最重要的文档资料是软件需求规格说明（在面向对象分析中，主要由对象模型、动态模型和功能模型组成，其中，对象模型是最基本、最重要、最核心的）。

验证：验证软件需求规格说明的正确性、完整性和有效性，如果发现了问题则进行修正。

理解、表达和验证的过程通常交替进行，反复迭代，而且往往需要利用原型系统作为辅助工具。理解过程通常不能一次就达到理想的效果。因此，必须进一步验证软件需求规格说明的正确性、完整性和有效性。同时，理解和验证的过程通常是交替的、反复迭代的，而且往往需要利用原型系统作为辅助工具。

面向对象分析（OOA）的关键是识别出问题域内的类与对象，并分析它们相互间的关系，最终建立起问题领域的简洁、精确、可理解的正确模型。

6.4.1.2　面向对象分析的基本过程

1. 面向对象分析的概述

面向对象分析，就是抽取和整理用户需求并建立问题域精确模型的过程。分析过程如下：

（1）分析用户需求陈述的文件：从分析陈述用户需求的文档开始，可由用户单方面写出需求陈述，也可由系统分析员配合用户，共同写出需求陈述。需求陈述通常是不完整、不准确的，通过分析，可以发现和改正原始陈述中的二义性和不一致性，补充遗漏的内容，从而使需求陈述更完整、更准确。

（2）建立快速原型：在分析需求陈述的过程中，快速建立起一个可在计算机上运行的原型系统，常有助于分析员和用户之间的交流和理解，能更正确地提炼出用户的需求。

（3）建立分析模型：系统分析员深入理解用户需求，抽象出目标系统的本质属性，并用模型准确地表示出来。分析模型应该成为对问题的精确而又简洁的表示。后继的设计阶段将以分析模型为基础。

2. 3 个模型和 5 个层次

面向对象建模得到的模型包含系统的 3 个要素：

（1）对象模型：对用例模型进行分析，把系统分解成互相协作的分析类，通过类图、对象图描述对象、对象的属性、对象间的关系来表示，是系统的静态模型对象。通常使用 UML 中的类图表示对象模型，该模型使用对象、属性、关联和操作等描述了系统的结构。在需求和分析期间，分析对象模型作为对象模型出现，该模型描述了与系统相关的应用概念。在系统设计期间，对象模型被求精为系统设计对象模型，该模型包括子系统接口的描述。在对象设计期间，对象模型被求精为对象设计模型，该模型包括解答域结构中对象的细节描述。

（2）动态模型：描述系统的动态行为，通过时序图、协作图描述对象的交互，以揭示对象间如何协作来完成每个具体的用例，单个对象的状态变化、动态行为可以通过状态图来表达。在 UML 中使用交互图、状态机和活动图表示动态模型，该模型描述了系统的内部行为。交互图采用一组对象之间发生的交互消息序列描述其行为。状态机使用了单一对象的状态和这些状态之间可能存在的迁移描述动态模型的行为。活动图用控制流和数据流描述其行为。

（3）功能模型：描述系统数据变换，指明做什么；从用户观点出发，使用 UML 中的用例图描述系统功能。

对于解决问题的不同，各模型的侧重点也不同：

对象模型：最重要，开发任何系统都需要；

动态模型：对于开发交互式系统很重要；

功能模型：对于开发大运算量问题（如科学计算、编译系统等）很重要。

复杂问题（大型系统）的对象模型通常由 5 个层次组成：主题层、类与对象层、结构层、属性层和服务层。这 5 个层次叠在一起，一层比一层显现出对象模型的更多细节，如图 6-64 所示。在概念上，这 5 个层次是整个模型的 5 张水平切片。

图 6-64　对象模型的 5 个层次

其中，主题是指导读者（泛指读懂系统模型的人）理解大型、复杂模型的一种机制。也就是说，通过划分主题，把一个大型、复杂的对象模型分解成几个不同的概念范畴。一个主题有一个名称和一个标识它的编号，在描绘对象模型的图中，把属于同一个主题的那些类与对象框在一个框中，并在框的四角标上这个主题的编号。

上述 5 个层次对应着在面向对象分析过程中建立对象模型的 5 项主要活动：找出类与对象、识别结构、识别主题、定义属性、定义服务。

面向对象分析大体上按照下列顺序进行：寻找类与对象，识别结构，识别主题，定义属性，建立动态模型，建立功能模型，定义服务。分析不可能严格地按照预定顺序进行，大型、复杂系统的模型需要反复构造多遍才能建成。通常，先构造出模型的子集，然后再逐渐扩充，直到完全、充分地理解了整个问题，才能最终把模型建立起来。

6.4.1.3 需求分析

需求陈述的内容包括：问题范围、功能需求、性能需求、应用环境及假设条件等。总之，需求陈述应该阐明"做什么"而不是"怎样做"，它应该描述用户的需求而不是提出解决问题的方法，应该指出哪些是系统必要的性质，哪些是任选的性质，应该避免对设计策略施加过多的约束，也不要描述系统的内部结构，因为这样做将限制实现的灵活性。

需求分析是软件定义时期的最后一个阶段，在需求分析阶段产生的文档是软件需求规格说明书，它以书面形式准确地描述软件需求。

在分析软件需求和书写软件需求规格说明书的过程中，分析员和用户都起着关键的、必不可少的作用。用户不知道怎样用软件实现自己的需求，因此，用户必须把他们对软件的需求尽量准确、具体地描述出来；分析员对用户的需求并不十分清楚，必须通过与用户沟通获取用户对软件的需求。

需求分析和规格说明是一项十分艰巨而复杂的工作，不仅在整个需求分析过程中应采用行之有效的通信技术，而且必须严格审查，验证需求分析的结果。

目前，所有这些分析方法都遵守下述准则：

（1）必须理解并描述问题的信息域（建立数据模型）。

（2）必须定义软件应完成的功能（建立功能模型）。

（3）必须描述作为外部事件结果的软件行为（建立行为模型）。

（5）必须对描述信息、功能和行为的模型进行分解，用层次的方式展示细节。

OOA 的主要内容是研究问题域中与需求有关的事物，把它们抽象为系统中的对象，建立类图。确切地讲，这些工作应该叫作系统分析，而不是严格意义上的需求分析。

早期的 OOA 缺乏一个良好的基础——对需求的规范描述。

Jacobson 方法（OOSE）提出用况（Use Case）概念，解决了对需求的描述问题，其分析过程如图 6-65 所示。

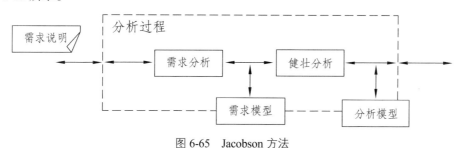

图 6-65　Jacobson 方法

6.4.1.4 建立对象模型

面向对象分析首要的工作，是建立问题域的对象模型。这个模型描述了现实世界中的"类与对象"以及它们之间的关系，表示了目标系统的静态数据结构。用面向对象方法开发绝大多数软件时，都应首先建立对象模型，然后再建立另外两个子模型。

需求陈述、应用领域的专业知识以及关于客观世界的常识，是建立对象模型时的主要信息来源。

对象模型通常有 5 个层次。典型的工作步骤：首先确定对象类和关联（因为它们影响系统整体结构和解决问题的方法），对于大型复杂问题还要进一步划分出若干个主题；然后给类和关联增添属性，以进一步描述它们；最后利用适当的继承关系进一步合并和组织类。而对类中操作的最后确定，则需等到建立了动态模型和功能模型之后，因为这两个子模型更准确地描述了对类中提供的服务的需求。

1．确定类和对象

类与对象是客观存在的。系统分析员的首要任务就是收集所有候选的类与对象，然后从中筛选掉不正确的或不必要的。

1）列出所有的类与对象

对象是对问题域中有意义的事物的抽象，它们既可能是物理实体，也可能是抽象概念。具体地说，大多数客观事物可分为下述 5 类：

（1）可感知的物理实体，如飞机、汽车等。

（2）人或组织的角色，如雇员、财务处等。

（3）应该记忆的事件，如演出、交通事故等。

（4）多个对象之间的交互作用，通常具有交易或接触性质，如购买、销售等。

（5）需要说明的概念，如政策法规等。

类和对象的划分还有另一种非正式分析方法，这种分析方法以用自然语言书写的需求陈述为依据。问题域描述中的名词，往往是候选的对象，根据问题域结构可提取候选的类及对象；与系统发生作用的其他系统和必要的设备可作为候选的类及对象，如打印机等；系统必须观测、记忆的与时间有关的事件可作为候选的类及对象，如建立账户的日期、打开一个账户等；与系统发生交互的人及系统必须保留其信息的人，可作为候选的类及对象，如柜员、储户等；这些人所属的组织单位，可作为候选的类及对象，如总行、分行等；系统必须记忆且不在问题域约束中的顺序操作过程（为了指导人机交互）可作为候选的类及对象，如柜员事务、远程事务等；系统需了解掌握的物理位置、办公地点等可作为候选的类及对象，如 ATM 机器、账户等。

2）选出正确的类与对象

仅通过一个简单、机械的过程不可能正确地完成分析工作。非正式分析仅仅帮助我们找到一些候选的类与对象，接下来应该严格考察每个候选对象，从中去掉不正确的或不必要的，仅保留确实应该记录其信息或需要其提供服务的那些对象。筛选时主要依据下列标准，删除不正确或不必要的类与对象。

（1）冗余。

如果两个类表达了同样的信息，则应该保留在此问题域中最富于描述力的名称。

（2）无关。

现实世界中存在许多对象，不能把它们都纳入系统中去，仅需要把与本问题密切相关的类与对象放进目标系统中。有些类在其他问题中可能很重要，但与当前要解决的问题无关，同样也应该把它们删掉。

（3）笼统。

在需求陈述中常常使用一些笼统的、泛指的名词，虽然在初步分析时把它们作为候选的类与对象列出来了，但是，要么系统必须记忆有关它们的信息，要么在需求陈述中没有更明确更具体的名词对应它们所暗示的事务，通常应把这些笼统的或模糊的类去掉。

（4）属性。

在需求陈述中有些名词实际上描述的是其他对象的属性，应该把这些名词从候选类与对象中去掉。当然，如果某个性质具有很强的独立性，则应把它作为类而不是作为属性。

（5）操作。

在需求陈述中有时可能使用一些既可作为名词又可作为动词的词，应该慎重考虑它们在本问题中的含义，以便正确地决定把它们作为类还是作为类中定义的操作。

（6）实现。

在分析阶段不应该过早地考虑怎样实现目标系统。因此，应该去掉仅和实现有关的候选的类与对象。

2. 确定关联

两个或多个对象之间的相互依赖、相互作用的关系就是关联。分析确定关联，能促使分析员考虑问题域的边缘情况，有助于发现那些尚未被发现的类与对象。

1）初步确定关联

在需求陈述中使用的描述性动词或动词词组，通常表示关联关系。通过分析需求陈述，还能发现一些在陈述中隐含的关联。最后，分析员还应该与用户及领域专家讨论问题域实体间的相互依赖、相互作用关系，根据领域知识再进一步补充一些关联。寻找关联的方法如下：

（1）直接提取动词短评得出的关联。

（2）需求陈述中隐含的关联。

（3）根据问题域知识得出关联。

2）筛选

经初步分析得出的关联只能作为候选的关联，还需经过进一步筛选，以去掉不正确的或不必要的关联。筛选主要依据如下：

（1）已删去的类之间的关联。

对于已经删掉的候选类，则与这个类有关的关联也应该删去，或用其他类重新表达这个关联。

（2）与问题无关的或应在实现阶段考虑的关联。

应该把处在本问题域之外的关联或与实现密切相关的关联删去。

（3）瞬时事件。

关联应该描述问题域的静态结构，而不应该是一个瞬时事件。

（4）三元关联。

三个或三个以上对象之间的关联，大多可以分解为二元关联或用词组描述成限定的关联。

（5）派生关联。

应该去掉那些能够用其他关联定义的冗余关联。

3）进一步完善

应该进一步完善经筛选后余下的关联，通常从下述几个方面进行改进：

（1）正名。

好的名字是帮助读者理解的关键因素之一。因此，应该选择含义更明确的名字作为关联名。

（2）分解。

为了能够适用于不同的关联，必要时应该分解以前确定的类与对象。

（3）补充。

遗漏的关联就应该及时补上。

（4）标明重数。

初步判定各个关联的类型，并粗略确定关联的重数。

3. 划分主题

在开发大型、复杂系统的过程中，为了降低复杂程度，应把系统再进一步划分成几个不同的主题。

在开发很小的系统时，可能根本无须引入主题层；对于含有较多对象的系统，则往往先识别出类与对象和关联，然后划分主题，并用它作为指导开发者和用户观察整个模型的一种机制；对于规模极大的系统，首先由高级分析员粗略地识别对象和关联，然后初步划分主题，经进一步分析，对系统结构有更深入的了解之后，再进一步修改和精炼主题。应该按问题领域而不是用功能分解方法来确定主题。此外，应该按照使不同主题内的对象相互间依赖和交互最少的原则来确定主题。

4. 确定属性

属性是对象的性质。在分析阶段不要用属性来表示对象间的关系，使用关联能够表示两个对象间的任何关系，而且把关系表示得更清晰、更醒目。一般说来，确定属性的过程包括分析和选择两个步骤。

1）分析

通常，在需求陈述中用名词词组表示属性，例如，"汽车的颜色"或"光标的位置"；用形容词来表示可枚举的具体属性，例如，"红色的""打开的"。属性对问题域的基本结构影响很小。

属性的确定既与问题域有关，也和目标系统的任务有关。应该仅考虑与具体应用直接相关的属性，不要考虑那些超出所要解决的问题范围的属性。在分析过程中应该首先找出最重要的属性，以后再逐渐把其余属性增添进去。在分析阶段不要考虑那些纯粹用于实现的属性。

2）选择

删掉经初步分析而确定下来的那些属性中的不正确的或不必要的属性：

（1）误把对象当作属性。

在具体应用领域中具有自身性质的实体，必然是对象。同一个实体在不同应用领域中，到底应该作为对象还是属性，需要具体分析才能确定。例如，在邮政目录中，"城市"是一个属性，而在人口普查中却应该把"城市"当作对象。

（2）误把关联类的属性当作一般对象的属性。

如果某个性质依赖于某个关联链的存在，则该性质是关联类的属性，在分析阶段不应该把它作为一般对象的属性。特别是在多对多关联中，关联类属性很明显，即使在以后的开发阶段中，也不能把它归并成相互关联的两个对象中任一个的属性。

（3）把限定误当成属性。

正确使用限定词往往可以减少关联的重数。如果把某个属性值固定下来以后能减少关联的重数，则应该考虑把这个属性重新表述成一个限定词。

（4）误把内部状态当成属性。

如果某个性质是对象的非公开的内部状态，则应该从对象模型中删掉这个属性。

（5）过于细化。

在分析阶段应该忽略那些对大多数操作都没有影响的属性。

（6）存在不一致的属性。

类应该是简单而且一致的。如果得出一些看起来与其他属性毫不相关的属性，则应该考虑把该类分解成两个不同的类。

5. 识别继承关系

一般说来，可以使用两种方式建立继承（即泛化）关系：

（1）自底向上：抽象出现有类的共同性质泛化出父类，这个过程实质上模拟了人类归纳思维过程。

（2）自顶向下：把现有类细化成更具体的子类，这模拟了人类的演绎思维过程。在分析阶段应该避免过度细化。

利用多重继承可以提高共享程度，但是同时也增加了概念上以及实现时的复杂程度。使用多重继承机制时，通常应该指定一个主要父类，从它继承大部分属性和行为；次要父类只补充一些属性和行为。

6. 反复修改

软件开发过程就是一个反复修改、逐步完善的过程。在建模的任何一个步骤中，如果发现了模型的缺陷，都必须返回到前期阶段进行修改。实际上，有些细化工作（例如定义服务）是在建立了动态模型和功能模型之后才进行的。

在实际工作中，建模的步骤并不一定严格按照前面讲述的次序进行。分析员可以合并几个步骤的工作放在一起完成，也可以按照自己的习惯交换前述各项工作的次序，还可以先初步完成几项工作，再返回来加以完善。

6.4.1.5 建立动态模型

动态模型描述系统的动态结构，给出对象之间的相互作用过程。其对于仅存储静态数据（如数据库）的系统来说，并没有多少意义，但是在开发交互式系统时，却具有很重要的作用。建立动态模型工作步骤：

第 1 步：编写典型交互行为的脚本。虽然脚本中不可能包括每个偶然事件，但是至少必须保证不遗漏常见的交互行为。

第 2 步：从脚本中提取出事件，确定触发每个事件的动作对象以及接受事件的目标对象。

第 3 步：排列事件发生的次序，确定每个对象可能有的状态及状态间的转换关系，并用状态图描绘它们。最后，比较各个对象的状态图，检查它们之间的一致性，确保事件之间的匹配。

1. 编写脚本

脚本是指系统在某一执行期间内出现的一系列事件。脚本描述用户（或其他外部设备）与目标系统之间的一个或多个典型的交互过程，以便对目标系统的行为有更具体的认识。编写脚本的目的是保证不遗漏重要的交互步骤，有助于确保整个交互过程的正确性和清晰性。脚本描写的范围并不是固定的，既可以包括系统中发生的全部事件，也可以只包括由某些特定对象触发的事件。

编写脚本时，首先编写正常情况的脚本，然后考虑特殊情况，如输入/输出的数据为最大/最小值，最后考虑出错情况。

脚本描述事件序列。每当系统中的对象与用户（或其他外部设备）交换信息时，就发生一个事件，所交换的信息值就是该事件的参数。如"输入密码"事件的参数是所输入的密码。

2. 设想用户界面

大多数交互行为都可以分为应用逻辑和用户界面两部分。应用逻辑是内在的、本质的内容，动态模型着重表示应用系统的控制逻辑。

用户界面是外在的表现形式，应考虑美观程度、方便程度、易学程度、效率等。

在分析阶段也不能完全忽略用户界面。在这个阶段用户界面的细节并不太重要，重要的是在这种界面下的信息交换方式。我们的目的是确保能够完成全部必要的信息交换，而不会丢失重要的信息。快速建立起用户界面的原型，供用户试用与评价。

3. 画事件跟踪图

用自然语言书写的脚本往往不够简明，而且有时在阅读时会有二义性。为了有助于建立动态模型，通常在画状态图之前先画出事件跟踪图。有两种方法：

1）确定事件

应该仔细分析每个脚本，以便从中提取出所有外部事件。事件包括系统与用户（或外部设备）交互的所有信号、输入、输出、中断、动作等。从脚本中容易找出正常事件，但是应该小心仔细，不要遗漏了异常事件和出错条件。传递信息的对象的动作也是事件。

一般说来，不同应用系统对相同事件的响应并不相同。因此，在最终分类所有事件之前，必须先画出状态图。如果从状态图中看出某些事件之间的差异对系统行为并没有影响，则可以忽略这些事件间的差异。

经过分析，应该区分出每类事件的发送对象和接受对象。一类事件相对它的发送对象来说是输出事件，但是相对它的接受对象来说则是输入事件。有时一个对象把事件发送给自己，在这种情况下，该事件既是输出事件又是输入事件。

2）画出事件跟踪图

从脚本中提取出各类事件并确定了每类事件的发送对象和接受对象之后，就可以用事件跟踪图把事件序列以及事件与对象的关系形象、清晰地表示出来。事件跟踪图实质上是扩充的脚本，可以认为事件跟踪图是简化的 UML 顺序图。

在事件跟踪图中，一条竖线代表一个对象，每个事件用一条水平的箭头线表示，箭头方向从事件的发送对象指向接受对象。时间从上向下递增，也就是说，画在最上面的水平箭头线代表最先发生的事件，画在最下面的水平箭头线所代表的事件最晚发生。箭头线之间的间距并没有具体含义，图中仅用箭头线在垂直方向上的相对位置表示事件发生的先后，并不表示两个事件之间的精确时间差。

4. 画状态图

状态图描绘事件与对象状态的关系。当对象接受了一个事件以后，它的下个状态取决于当前状态及所接受的事件。由事件引起的状态改变称为"转换"。如果一个事件并不引起当前状态发生转换，则可忽略这个事件。

通常，用一张状态图描绘一类对象的行为，它确定了由事件序列引出的状态序列。但是，也不是任何一个类都需要有一张状态图描绘它的行为。很多对象仅响应与过去历史无关的那些输入事件，或者把历史作为不影响控制流的参数。对于这类对象来说，状态图是不必要的。系统分析员应该集中精力仅考虑具有重要交互行为的那些类。

从一张事件跟踪图出发画状态图时，应该集中精力仅考虑影响一类对象的事件，也就是说，仅考虑事件跟踪图中指向某条竖线的那些箭头线。把这些事件作为状态图中的有向边（即箭头线），边上标以事件名，两个事件之间的间隔就是一个状态。一般说来，如果同一个对象对相同事件的响应不同，则这个对象处在不同状态。应该尽量给每个状态取上有意义的名字。通常，从事件跟踪图中当前考虑的竖线射出的箭头线，是这条竖线代表的对象达到某个状态时所做的行为（往往是引起另一类对象状态转换的事件）。

根据一张事件跟踪图画出状态图之后，再把其他脚本的事件跟踪图合并到已画出的状态图中。为此需在事件跟踪图中找出以前考虑过的脚本的分支点，然后把其他脚本中的事件序列并入已有的状态图中，作为一条可选的路径。

5. 审查动态模型

各个类的状态图通过共享事件合并起来，构成了系统的动态模型。在完成了每个具有重要交互行为的类的状态图之后，应该检查系统级的完整性和一致性。一般说来，每个事件都应该既有发送对象又有接受对象，当然，有时发送者和接受者是同一个对象。对于没有前驱或没有后继的状态应该着重审查，如果这个状态既不是交互序列的起点也不是终点，则发现了一个错误。

应该审查每个事件，跟踪它对系统中各个对象所产生的效果，以保证它们与每个脚本都匹配。

6.4.1.6 建立功能模型

功能模型描述软件系统的数据处理功能，最直接地反映了用户对系统的需求。通常，功能模型由一组数据流图或一组用例图组成。其中的数据处理功能可以用 IPO 图（表）、PDL 语言等多种方式进一步描述。

一般说来，应该在建立了对象模型和动态模型之后再建立功能模型。

1. 画出基本系统模型图

基本系统模型由若干个数据源点/终点及一个处理框组成，这个处理框代表了系统加工、变换数据的整体功能。基本系统模型指明了目标系统的边界。由数据源点输入的数据和输出到数据终点的数据，是系统与外部世界之间的交互事件的参数。

2. 画出功能级数据流图

把基本系统模型中单一的处理框分解成若干个处理框，以描述系统加工、变换数据的基本功能，就得到功能级数据流图。

3. 描述处理框功能

把数据流图分解细化到一定程度之后，就应该描述图中各个处理框的功能。应该注意的是，要着重描述每个处理框所代表的功能，而不是实现功能的具体算法。

描述既可以是说明性的，也可以是过程性的。说明性描述规定了输入值和输出值之间的关系，以及输出值应遵循的规律。过程性描述则通过算法说明"做什么"。一般来说，说明性描述优于过程性描述，因为这类描述中通常不会隐含具体实现方面的考虑。

6.4.1.7 定义服务

为建立完整的对象模型，既要确定类中应该定义的属性，又要确定类中应该定义的服务。通常需要等到建立了动态模型和功能模型之后，才能最终确定类中应有的服务，因为这两个子模型更明确地指出了每个类应该提供哪些服务。

事实上，在确定类中应有的服务时，既要考虑该类实体的常规行为，又要考虑在本系统中特殊需要的服务。

1. 常规行为

在分析阶段可以认为，类中定义的每个属性都是可以访问的，也就是说，在每个类中都假设定义了读、写该类每个属性的操作。但是，通常无须在类图中显式表示这些常规操作。

2. 从事件导出的操作

状态图中发往对象的事件也就是该对象接收到的消息，因此该对象必须提供由消息选择符指定的操作，这个操作修改对象状态（即属性值）并启动相应的服务。所启动的服务通常就是接受事件的对象在相应状态的行为。

3. 与数据流图中处理框对应的操作

数据流图中的每个处理或用例图中的每个用例，都与一个对象（也可能是若干个对象）所提供的操作相对应。应该把数据流图或用例图与状态图仔细对照，以便更正确地确定对象应该提供的服务。

4. 利用继承减少冗余操作

应该尽量利用继承机制以减少所需定义的服务数目。只要不违背领域知识和常识，就尽量抽取出相似类的公共属性和操作，以建立这些类的新父类，并在类等级的不同层次中正确地定义各个服务。

6.4.1.8 基于 UML 的面向对象分析

1. UML 简介

1）UML 概述

统一建模语言（Unified Modeling Language，UML）是用来对软件系统进行可视化建模的一种语言，是为面向对象开发系统的产品进行说明、可视化和编制文档的一种标准语言。

UML 可以贯穿软件开发周期中的每一个阶段，被 OMG（Object Management Group，对象管理组）采纳作为业界的标准。UML 最适于数据建模，业务建模，对象建模，组件建模。

2）UML 诞生与发展

公认的建模语言出现在 20 世纪 70 年代中期，在 20 世纪 80 年代末发展极为迅速。据统计，从 1989 年到 1994 年，面向对象建模语言的数量从不到 10 种增加到 50 种。各类语言的创造者极力推崇自己的语言，并不断地发展完善它。但由于各种建模语言所固有的差异和优缺点，使得使用者不知道该选用哪种语言。

其中比较流行的有 Booch，Rumbaugh（OMT），Jacobsom（OOSE），Coad-Yourdon 等方法。OMT 擅长分析，Booch 擅长设计，OOSE 擅长业务建模。Rumbaugh 于 1994 年离开 GE 加入 Booch 所在的 Rational 公司，他们一起研究了一种统一的方法，一年后，Unified Method0.8 诞生，同年，

Rationa 收购了 Jacobson 所在的 Objectory AB 公司。经过三年的共同努力，UML0.9 和 UML0.91 于 1996 年相继面世。

此后，UML 的创始人 Booch 等邀请计算机软件工程界的著名人士和著名的企业如 IBM、HP、DEC、Microsoft、Oracle 等对 UML 进行评论，提出修改意见。1997 年 1 月，Rationl 公司向 OMG 提交了 UML1.0 标准文本。1997 年 11 月，0MG 宣布接受 UML，认定为标准的建模语言。UML 目前还在不断地发展和完善。

2. UML 的内容和特点

1）UML 内容

UML 融合了 Booch、OMT 和 OOSE 方法中的基本概念，而且这些基本概念与其他面向对象技术中的基本概念大多相同。尽管 UML 的应用必然以系统的开发过程为背景，但由于不同的组织和不同的应用领域，其需要采取不同的开发过程。

作为一种建模语言，UML 的定义包括 UML 语义和 UML 表示法两个部分。

UML 语义描述基于 UML 的精确元模型定义。元模型为 UML 的所有元素在语法和语义上提供了简单、一致、通用的定义性说明，使开发者能在语义上取得一致，消除了因人而异的最佳表达方法所造成的影响。此外，UML 还支持对元模型的扩展定义。

UML 表示法定义 UML 符号的表示，为开发者或开发工具使用这些图形符号和文本语法系统建模提供了标准。这些图形符号和文字所表达的是应用级的模型，在语义上它是 UML 元模型的实例。

UML 语言使用若干个视图（View）构造模型。每个视图代表系统的一个方面。UML 共包括 5 类视图：用例视图（Usecase View）用于描述系统应该具有的功能集，并指出各功能的操作者，主要为用户、设计人员、开发人员和测试人员而设置，逻辑视图用来显示系统内部的功能是如何设计的，组件视图（Component View）用来显示代码组件的组织方式，它描述了实现模型（Implementation Module）和它们之间的依赖关系，主要供开发者使用；并发视图（Concurrency View）用来显示系统的开发工作状况，供系统开发者和集成者使用；展开视图（Deployment View）用来显示系统的物理架构，即系统的物理展开，供开发者、集成者和测试者使用。视图用图描述，而图用模型元素的符号表示。图中包含的元素可以有类、对象、组件、关系等，这些模型具有具体的含义并且用图形符号表示。UML 主要提供了 9 种视图：用例图、类图、对象图、组件图、配置图、序列图、协作图、状态图和活动图，如图 6-66 所示。

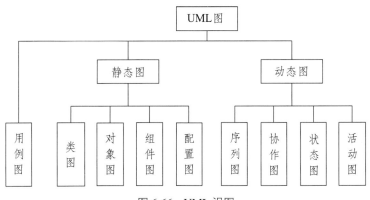

图 6-66　UML 视图

2）UML 特点

（1）面向对象。UML 支持面向对象技术的主要概念，提供了一批基本的模型元素的表示图形和方法，能简洁明了地表达面向对象的各种概念。

（2）可视化，表示能力强。通过 UML 的模型图能清晰地表示系统的逻辑模型和实现模型。可用于各种复杂系统的建模。

（3）独立于过程。UML 是系统建模语言，独立于开发过程。

（4）独立于程序设计语言。用 UML 建立的软件系统模型可以用 Java、VC++、SmalltaIk 等任何一种面向对象的程序设计来实现。

（5）易于掌握使用。UML 图形结构清晰，建模简洁明了，容易掌握使用。

使用 UML 进行系统分析和设计，可以加速开发进程，提高代码质量，支持动态的业务需求。UML 适用于各种规模的系统开发。能促进软件复用，方便地集成已有的系统，并能有效处理开发中的各种风险。因此可以认为，UML 是一种先进实用的标准建模语言，但其中某些概念尚待实践来验证，UML 也必然存在一个进化过程。

3. 基于 UML 的面向对象设计

1）UML 的应用

标准建模语言 UML 适用于以面向对象技术来描述任何类型的系统，而且适用于系统开发的不同阶段，从需求规格描述直至系统完成后的测试和维护。但需要注意的是，UML 是一种建模语言而不是方法，这是因为 UML 中没有过程的概念，而过程正是方法的一个重要组成部分。UML 本身独立于过程，这意味着用户在使用 UML 进行建模时，可以选用任何适合的过程。然而，使用 UML 建模仍然有着大致统一的过程框架，该框架包含了 UML 建模过程中的共同要素，同时又为用户选用与其所开发的工程相适合的建模技术提供了很大的自由度。同时，UML 建模过程是一个迭代递增的开发过程。使用此方法，不是在项目结束时一次性提交软件，而是分块逐次开发和提交。构造阶段由多次迭代组成，每一次迭代都包含编码、测试和集成，所得产品应满足项目需求的某一子集，或提交给用户，或纯粹是内部提交。每次迭代都包含了软件生命周期的所有阶段。同时，每次迭代都要增加一些新的功能，解决一些新的问题。以类图为例，在需求分析阶段，类图是研究领域的概念，是概念层描述；在设计阶段，类图描述类与类之间的接口，是说明层描述；而在实现阶段，类图描述软件系统中类的实现，是实现层描述。实现层描述更接近于软件实现中具体的描述，但概念层和说明层描述更易于不同领域专家之间的理解和交流。

2）基于 UML 的小型图书管理系统的设计与分析

下面以一个图书管理系统的建模为例，介绍使用 UML 进行建模的基本过程。整个系统的分析以及设计过程按照软件开发的一般流程进行，包括步骤：需求分析、系统分析、系统设计、系统实现。

（1）图书馆管理系统需求分析。

系统开发的总目标是实现内部图书借阅管理的系统化、规范化和自动化。具体：能够对图书进行注册登记，也就是将图书的基本信息（如书的编号、书名、作者、价格等）预先存入数据库中，供以后检索；能够对借阅人进行注册登记，包括记录借阅人的姓名、编号、班级、年龄、性别、地址、电话等信息；提供方便的查询方法，如以书名、作者、出版社、出版时间（确切的时间、时间段、某一时间之前、某一时间之后）等信息进行图书检索，并能反映出图书的借阅情况；以借阅人编号对借阅人信息进行检索；以出版社名称查询出版社联系方式信息；提供对书籍进行的预先预订的功能；提供旧书销毁功能，对于淘汰、损坏、丢失的书目可及时对数据库进行修改；能够对使用该管理系统的用户进行管理，按照不同的工作职能提供不同的功能授权；提供较为完善的差错控制与友好的用户界面，尽量避免误操作。

系统功能需求分析：

读者管理：读者信息的制定、输入、修改、查询，包括种类、性别、借书数量、借书期限、备注等。

书籍管理：书籍基本信息制定、输入、修改、查询，包括书籍编号、类别、关键词、备注。

借阅管理：借书、还书、预订书籍、续借、查询书籍、过期处理和书籍丢失后的处理。

系统管理：包括用户权限管理，数据管理和自动借还书机的管理。

满足以上需求的系统主要包含有以下几个子系统：

基本业务功能子系统：该系统中主要包含了借书、还书和预订等功能。

基本数据录入功能子系统：该子系统主要包含有书籍信息和读者信息录入功能。

信息查询子系统：包含了多样的查询书籍信息和读者信息功能。

数据库管理功能子系统：主要包含了借阅信息管理功能，书籍信息管理功能和预订信息管理功能。

帮助功能子系统。

图 6-67 所示为该图书馆管理系统的主要功能模块图：

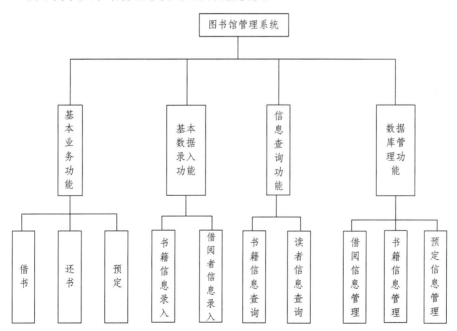

图 6-67　图书馆管理系统功能模块图

功能描述：

借书：处理借书业务。

还书：处理还书业务。

书籍预订：借阅者可以通过网络进行书籍预订。

书籍信息录入：处理书籍各类信息录入业务。

借阅者信息录入：对读者信息进行录入。

书籍信息查询：负责书籍信息的查询。

读者信息查询：负责数据信息的查询。

借阅信息管理：对所借书的书名、ISBN 以及借书的时间等的管理。

书籍信息管理：对书籍的名字、ISBN、作者、入库时间以及书籍在相应书目下的编号等的管理。

预订信息管理：负责管理书籍预订信息。

（2）图书馆管理系统的数据流图如图 6-68 所示。

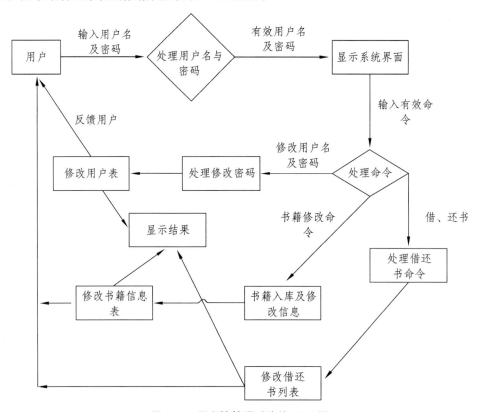

图 6-68　图书馆管理系统的 DFD 图

3）系统的 UML 建模设计

（1）该图书馆管理系统的用例图如图 6-69 所示。

从用例图中我们可以看出管理员和读者之间对本系统所具有的用例。

管理员所包含的用例有：

登录系统：管理员可以通过登录该系统进行各项功能的操作。

书籍管理：包括对书籍的增、删、改等。

书籍借阅管理：包括借书、还书、预订、书籍逾期处理和书籍丢失处理等。

读者管理：包含对读者的增、删、改等操作。

自动借还书机的管理。

读者所包含的用例有：

登录系统。

借书：进行借书业务。

还书：读者具有的还书业务。

查询：包含对个人信息和书籍信息的查询业务。

预订：读者对书籍的预订业务。

逾期处理：就是书籍过期后的缴纳罚金等。

书籍丢失处理：对书籍丢失后的不同措施进行处理。

自动借还书机的使用等。

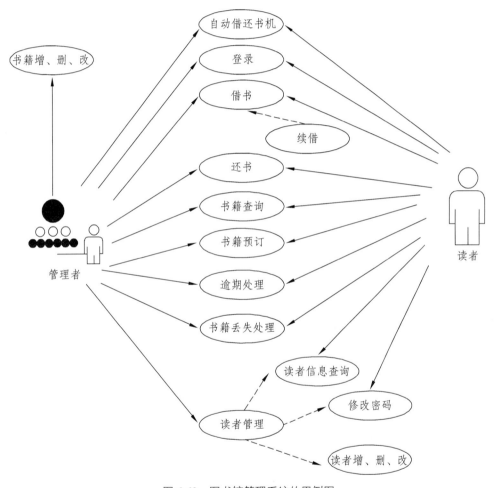

图 6-69　图书馆管理系统的用例图

（2）系统的顺序图。

顺序图是显示对象之间交互的图，这些对象是按时间顺序排列的。该图书馆管理系统主要含有以下几个重要的顺序图，其他对象的顺序图和这些也类似。

借书顺序图；

还书顺序图；

罚款顺序图。

① 借书顺序图如图 6-70 所示。

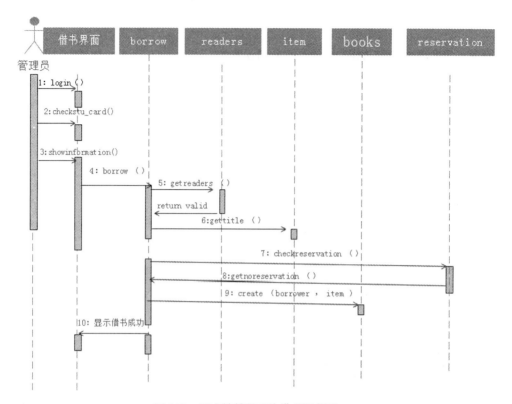

图 6-70　图书馆管理系统借书顺序图

顺序图说明：

Login()：登录系统。

Checkstu_card()：对读者信息进行验证，检查是否符合本图书馆借书条件。

Showinformation()：显示该读者的基本信息函数。

Borrow()：读者借书函数。

Getreaders()：取得读者信息函数，看该读者是否符合借书条件，若符合，则返回可借信息。

Gettitle()：取得书目信息。

Getreservation()：检验书籍是否被预订函数。

Getnoreservation()：书籍没被预订或取消预订函数。

Create (borrower，item)：创建书籍外借函数。

借书时，读者先将书交给管理员，管理员对书籍和读者进行检验，若书籍和读者都符合借书条件，则借书成功。

② 还书顺序图如图 6-71 所示。

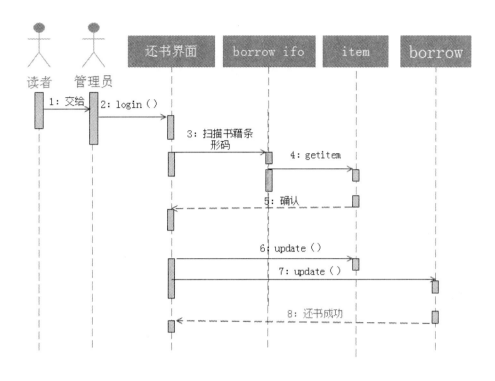

图 6-71　图书馆管理系统还书顺序图

顺序图说明：

Login()：登录系统。

Getitem()：取得书籍条目信息。

Update()：对图书馆书籍条目和借阅者信息进行更新条目。

还书时，读者先将书交给管理员，由管理员扫描书籍，若书籍没有过期等违规现象，则对书目和读者借阅信息进行更新，同时还书成功。

③ 罚款顺序图如图 6-72 所示。

顺序图说明：

管理员对书籍进行扫描，若发现书籍已经超过了图书馆规定的还书期限，则按每天一定金额进行罚款，过期天数和罚款金额由系统自动计算。用户交完罚金后，则对读者借阅信息进行更新。

（3）系统的状态图。

图书馆的书籍状态如图 6-73 所示。

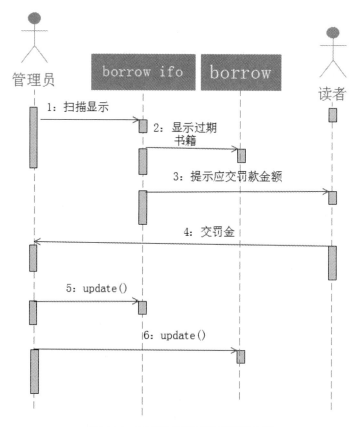

图 6-72　图书馆管理系统罚款顺序图

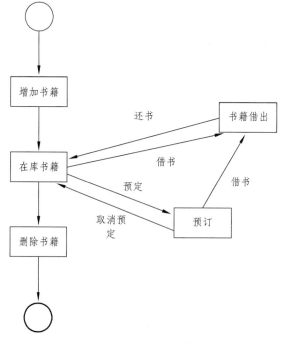

图 6-73　图书馆的书籍状态图

状态图说明：

书籍在未登记为图书馆在库书籍时，为新加书籍状态。书籍处于在库状态时既可以预订也可以外借，外借后变为借出状态。处于预订状态时也可以外借，超出预订时间期限则从预订状态直接转为可用状态。借阅者在规定的预订时间内也可以考虑取消预订，取消预订后书籍的状态转为可用。外借书籍归还后变为可用状态。

（4）系统的活动图。

活动图描述的是某流程中的任务的执行，活动图描述活动是如何协同工作的，当一个操作必须完成一系列事情，而又无法确定以什么样的顺序来完成这些事情时，活动图可以更清晰地描述这些事情。在本图书馆管理系统中，我们主要描述了图书馆系统的借书、还书和预订的活动图。

① 借书活动图如图 6-74 所示。

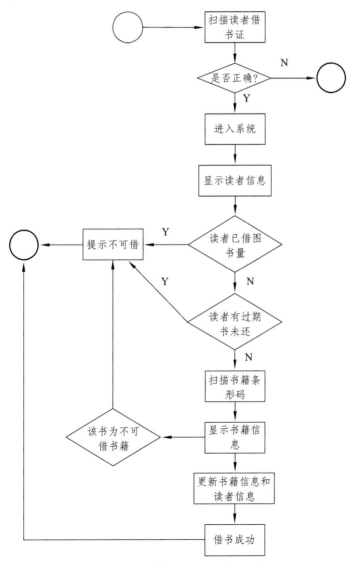

图 6-74 图书馆管理系统的借书活动图

借书活动图说明：

管理员首先要扫描读者的借书证，检验证件是否符合图书馆借书条件，若该读者的借书数量还未达到最大规定数量，并且其所借书籍均未属于过期范围，则符合借书条件；则再扫描书籍条形码，检查书籍是否是不可借书籍或者已经被预订，若被预订，则取消预订，方可借书。在这些条件都符合时更新书籍信息和读者的借阅信息，记录好借书时间。

② 还书活动图如图 6-75 所示。

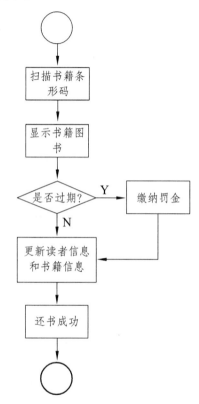

图 6-75　图书馆管理系统的还书活动图

还书活动图说明：

图书管理员对书籍进行扫描，若书籍已经过期，则要求读者还清欠款才能还书，读者交罚款后，更新书目信息和读者信息。

③ 预订书书籍活动图如图 6-76 所示。

预订书籍活动图说明：

读者先进入系统查询自己所需要的书籍，显示书籍信息，检验书籍是否属于可预订书籍，若符合条件则检查书籍是否已经被预订或已经被外借，若都未成立，则读者登录系统，并对该书籍进行预订。

（5）图书馆管理系统的类图如图 6-77 所示。

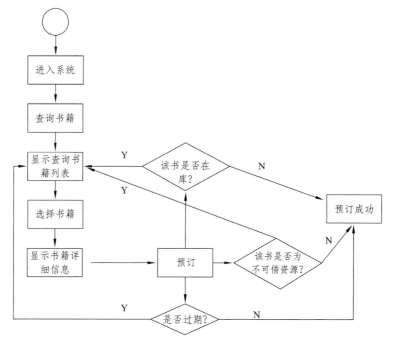

图 6-76　图书馆管理系统预订书籍活动图

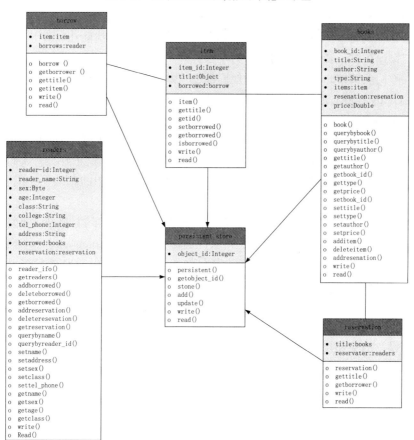

图 6-77　图书馆管理系统的类图及关系

类图说明：

① Reader 类是借阅者的类，它的属性很多，包括借阅者的账户 ID（reader_id）、姓名（reader_name）、地址（address）、班级（class）、所借书籍的书目（borrowed）等。其中主要操作有借书（addborrowed）、还书（deleteborrowed）和预订（addreservation）等。

② Books 类是记录书目信息的类，包括书籍的名字（title）、作者（author）、book_id 等属性。

③ Item 类是具体某本书的类，属性包括书籍号（item_id），操作包括借阅（getborrowed）、按书目查找（gettitle）等。

④ Borrow 类是某本书的借阅信息类，包括借阅者（borrows）等。

⑤ Reservation 类是预订信息类，每个预订信息包括书籍的名字（title）、预订书籍的用户（reservater）等属性。

⑥ Persistent Store 类是书籍永久的存储类，在数据库中的存储数据，其他对与书籍有关的活动都要经过其存储类。

6.4.2 面向对象设计（Object-Oriented Design，OOD）

6.4.2.1 面向对象设计概述

1. OOD 背景知识

计算机硬件技术正在飞速发展：从几十年前神秘的庞然大物，到现在随身携带的移动芯片；从每秒数千次运算到每秒上百亿次运算。当软件开发者们还在寻找能让软件开发生产力提高一个数量级的"银弹"时，硬件开发的生产力早已提升了百倍千倍。

硬件工程师们能够如此高效，是因为他们都很"懒惰"。他们永远恪守"不要去重新发明轮子"的古训。Grady Booch 把这些黑箱称为"类属（Class Category）"，现在我们则通常把它们称为"组件（Component）"。

类属是由被称为类（Class）的实体组成的，类与类之间通过关联（Relationship）结合在一起。一个类可以把大量的细节隐藏起来，只露出一个简单的接口，这正好符合人们的使用习惯。所以，这是一个非常有用的概念，因为它给我们提供了封装和复用的基础，让我们可以从问题的角度来看问题，而不是从机器的角度来看问题。

软件的复用最初是从函数库和类库开始的，这两种复用形式实际上都是白箱复用。到 20 世纪 90 年代，开始有人开发并出售真正的黑箱软件模块：框架（Framework）和控件（Control）。框架和控件往往还受平台和语言的限制，现在软件技术的新潮流是用 SOAP（简单对象访问协议）作为传输介质的 Web Service，它可以使软件模块脱离平台和语言的束缚，实现更高程度的复用。但是想一想，其实 Web Service 也是面向对象，只不过是把类与类之间的关联用 XML 来描述而已。

在过去的十多年里，面向对象技术对软件行业起到了极大的推动作用。在可以预测的将来，它仍将是软件设计的主要技术。

2. OOD 的发展

有很多人都认为，OOD 是对结构化设计（Structured Design，SD）的扩展，其实这是不对的。OOD 的软件设计观念和 SD 完全不同。SD 注重的是数据结构和处理数据结构的过程。而在 OOD 中，过程和数据结构都被对象隐藏起来，两者几乎是互不相关的。不过，OOD 和 SD 有着非常深的渊源。在 OOD 中仍然会采用模块化设计思想，譬如，系统模块结构图仍然是 OOD 所需要的。只是在 OOD 中会以对象为边界。

1967 年前后，OOD 和 SD 的概念几乎同时诞生，它们分别以不同的方式来表现数据结构和算法。当时，围绕着这两个概念，很多科学家写了大量的论文。其中，由 Dijkstra 和 Hoare 两人所写的一些论文讲到了"恰当的程序控制结构"这个话题，声称 goto 语句是有害的，应该用顺序、循环、分支这三种控制结构来构成整个程序流程。这些概念发展构成了结构化程序设计方法；而由 Ole-Johan Dahl 所写的另一些论文则主要讨论编程语言中的单位划分，其中的一种程序单位就是类，它已经拥有了面向对象程序设计的主要特征。

这两种概念从此产生了分化。在结构化这边：NATO 会议采纳了 Dijkstra 的思想，整个软件产业都同意 goto 语句的确是有害的，结构化方法、瀑布模型从 20 世纪 70 年代开始大行其道。同时，无数的科学家和软件工程师也帮助结构化方法不断发展完善，比如 Constantine、Yourdon、DeMarco 和 Dijkstra。有很长一段时间，整个世界都相信：结构化方法就是拯救软件工业的"银弹"。当然，时间最后证明了一切。

而此时，面向对象则在研究和教育领域缓慢发展。结构化程序设计几乎可以应用于任何编程语言之上，而面向对象程序设计则需要语言的支持，这也妨碍了面向对象技术的发展。实际上，在 20 世纪 60 年代后期，支持面向对象特性的语言只有 Simula-67 这一种。到 20 世纪 70 年代，施乐帕洛阿尔托研究中心（PARC）的 Alan Key 等人又发明了另一种基于面向对象方法的语言，那就是大名鼎鼎的 Smalltalk。但是，直到 20 世纪 80 年代中期，Smalltalk 和另外几种面向对象语言仍然只停留在实验室里。

到 20 世纪 90 年代，OOD 风靡了整个软件行业，这绝对是软件开发史上的一次革命。但是 20 世纪 70 年代至 80 年代的设计方法揭示出许多有价值的概念，对 OOD 的发展奠定了基础。

3. OOD 与结构化设计的区别

结构化设计方法中，程序被划分成许多个模块，这些模块被组织成一种树形结构。这棵树的根就是主模块，叶子就是工具模块和最低级的功能模块。同时，这棵树也表示调用结构：每个模块都调用自己的直接下级模块，并被自己的直接上级模块调用。

那么，哪个模块负责收集应用程序最重要的那些策略呢？当然是最顶端的模块。下层的那些模块只负责实现最小的细节，最顶端的模块关心规模最大的问题。所以，在这个体系结构中位置越靠上，概念的抽象层次就越高，也越接近问题领域；体系结构中位置越低，概念就越接近细节，与问题领域的关系就越少，而与解决方案领域的关系就越多。

但是，由于上方的模块需要调用下方的模块，所以这些上方的模块就依赖于下方的细节。换句话说，与问题领域相关的抽象要依赖于与问题领域无关的细节。即当实现细节发生变化时，抽象也会受到影响。而且，如果我们想复用某一个抽象的话，就必须把它依赖的细节都一起拖过去。

而在 OOD 中，我们希望倒转这种依赖关系：我们创建的抽象不依赖于任何细节，而细节则高度依赖于上面的抽象。这种依赖关系的倒转正是 OOD 和传统设计之间根本的差异，也正是 OOD 思想的精华所在。

6.4.2.2　面向对象设计准则

优秀设计，就是指权衡了各种因素，从而使得系统在其整个生命周期中的总开销最小的设计。对大多数软件系统而言，60%以上的软件费用都用于软件维护，因此，优秀软件设计的一个主要特点就是容易维护。

面向对象设计准则包括：模块化、抽象、信息隐藏、弱耦合、强内聚、可重用。

1. 模块化

面向对象开发模式，支持系统分解成模块的设计原理：对象就是模块，它是把数据结构和操作这些数据的方法紧密地结合在一起所构成的模块。

2. 抽象

面向对象方法不仅支持过程抽象，而且支持数据抽象。

类实际上是一种抽象数据类型，它对外开放的公共接口构成了类的规格说明（即协议），这种接口规定了外界可使用的合法操作符，利用它可以对类实例中包含的数据进行操作。通常把这类抽象称作规格说明抽象。

此外，某些面向对象的程序语言还支持参数化抽象。所谓参数化抽象，是指当描述类的规格说明时并不具体指定所要操作的数据类型，而是把数据类型作为参数。

3. 信息隐藏

在面向对象方法中，信息隐藏通过对象的封装性实现：类结构分离了接口与实现，从而支持了信息隐藏。对于类的用户来说，属性的表示方法和操作的实现算法都应该是隐藏的。

4. 弱耦合

耦合是指一个软件结构内不同模块之间互连的紧密程度。在面向对象方法中，对象是最基本的模块，因此，耦合主要指不同对象之间相互关联的紧密程度。弱耦合是优秀设计的一个重要标准，因为这有助于使得系统中某一部分的变化对其他部分的影响降到最低程度。在理想情况下，对某一部分的理解、测试或修改，无须涉及系统的其他部分。

如果一类对象过多地依赖其他类对象来完成自己的工作，则不仅给理解、测试或修改这个类带来很大困难，而且还将大大降低该类的可重用性和可移植性。显然，类之间的这种相互依赖关系是紧耦合的。

当然，对象不可能是完全孤立的，当两个对象必须相互联系与依赖时，应该通过类的协议（即公共接口）实现耦合，而不应该依赖于类的具体实现细节。

5. 强内聚

内聚用来衡量一个模块内各个元素彼此结合的紧密程度。一个类内的各个属性和服务应该都是为实现同一目标而存在。在设计时应力求做到高内聚。

在面向对象设计中存在下述三种内聚：

1）服务内聚

一个服务应该完成一个且仅完成一个功能。

2）类内聚

设计类的原则是，一个类应该只有一个用途，类的属性和服务应该都是完成该类对象任务所必需的。

如果某个类有多个用途，通常应该把它分解成多个专用的类。

3）一般-特殊（继承）内聚

一般-特殊（继承）内聚应该符合大多数人的概念。这种结构一般是对相应的领域知识的正确抽取。

6. 可重用（避免重复开发）

软件重用是提高软件开发生产率和目标系统质量的重要途径。重用基本上从设计阶段开始。重用有两方面的含义：

（1）尽量使用已有的类（包括开发环境提供的类库，以及以往开发类似系统时创建的类）。

（2）如果确实需要创建新类，则在设计这些新类的协议时，应该考虑将来的可重复使用性。

6.4.2.3 面向对象设计的规则

在使用面向对象方法的软件开发中，人们总结了一些规则：

1. 设计结果应该清晰易懂

使设计结果清晰、易读、易懂，是提高软件可维护性和可重用性的重要措施。保证设计结果清晰易懂的主要因素如下：

1）用词一致

应该使名字与它所代表的事物一致，而且应该尽量使用人们习惯的名字。不同类中相似服务的名字应该相同。

2）使用已有的协议

如果开发同一软件的其他设计人员已经建立了类的协议，或者在所使用的类库中已有相应的协议，则应该使用这些已有的协议。

3）减少消息模式的数目

如果已有标准的消息协议，设计人员应该遵守这些协议。如果确需建立消息协议，则应该尽量减少消息模式的数目，只要可能，就使消息具有一致的模式。

4）避免模糊的定义

一个类的用途应该是有限的，而且应该从类名可以较容易地推想出它的用途。

2. 一般-特殊结构的深度应适当

应该使类等级中包含的层次数适当。一般在一个中等规模（大约包含 100 个类）的系统中，类等级层次数应保持为 7±2 层。

3. 设计简单的类

应该尽量设计小而简单的类，以便于开发和管理。为使类保持简单，应注意以下几点：

（1）避免包含过多的属性。属性过多通常表明这个类过分复杂，所完成的功能可能太多。

（2）有明确的定义。分配给每个类的任务应该简单，最好能用一两个简单语句描述。

（3）尽量简化对象之间的合作关系。

（4）不要提供太多服务。一个类提供的服务过多，同样表明这个类过分复杂。典型地，一个类提供的公共服务不超过 7 个。

4. 使用简单的协议

一般地，消息中的参数不要超过 3 个。经验表明，通过复杂消息相互关联的对象是紧耦合的，对这样一个对象的修改往往导致对其他对象的修改。

5. 使用简单的服务

面向对象设计出来的类中的服务通常都很小，一般只有 3 ~ 5 行源程序语句，可以用仅含一个动作的简单句子描述它的功能。如果一个服务中包含过多的源程序语句，应设法进行分解或简化。

6. 把设计变动减至最小

设计的质量越高，设计结果保持不变的时间也越长。即使出现必须修改设计的情况，也应该使修改的范围尽可能小。

理想的设计变动曲线如图 6-78 所示。在设计的早期阶段，变动较大，随着时间推移，设计方案日趋成熟，改动也就越来越小了。

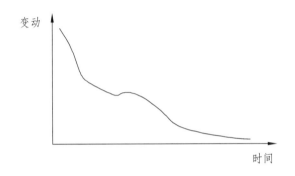

图 6-78　理想的设计变动曲线

6.4.2.4　系统分解

解决复杂问题时应先采用模块化思想把系统分解成若干个比较小的部分，然后再分别设计每个部分，这样做有利于降低设计的难度，有利于分工协作，还有利于加强维护人员对系统的理解和维护。

一般地，系统的主要组成部分称为子系统，其通常根据所提供的功能来划分子系统，但各个子系统之间应该具有尽可能简单、明确的接口，尽量减少子系统彼此间的依赖性。

采用面向对象方法设计软件系统时，面向对象设计模型（即问题域的对象模型）由主题、类与对象、结构、属性、服务等 5 个层次组成。此外，大多数系统的面向对象设计模型（见图 6-79），在逻辑上都由 4 部分组成，这 4 部分对应于组成目标系统的 4 个子系统，它们分别是问题域子系统、人机交互子系统、任务管理子系统和数据管理子系统。

当然，在不同的软件系统中，这 4 个子系统的重要程度和规模可能相差很大，规模过大的应进一步划分成更小的子系统，规模过小的可合并在其他子系统中。

1. 子系统之间的两种交互方式

1）客户-供应商关系（Client-Supplier）

作为"客户"的子系统调用作为"供应商"的子系统，后者完成某些服务工作并返回结果。使用这种方案，客户子系统必须了解供应商子系统的接口，然而后者无须了解前者接口，因为任何交互行为都是由前者驱动的。

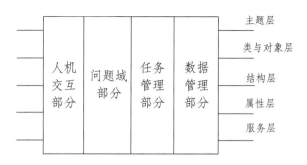

图 6-79　典型的面向对象模型

2）平等伙伴关系（Peer-to-Peer）

这样交互方式中，每个子系统都可能调用其他子系统，每个子系统都必须了解其他子系统的接口。因此，其比客户-供应商子系统更复杂。

2. 组织系统的两种方案

把子系统组织成完整的系统时，有水平层次组织和垂直块组织两种方案可供选择。

1）水平层次组织

这种组织方案把软件系统组织成一个层次系统，每层是一个子系统。上层在下层的基础上建立，下层为实现上层功能而提供必要的服务。每一层内所包含的对象，彼此间相互独立，而处于不同层次上的对象，彼此间往往有关联。在上、下层之间存在客户—供应商关系。低层子系统提供服务，相当于供应商，上层子系统使用下层提供的服务，相当于客户。

层次结构又分为两种模式：封闭式和开放式。

（1）封闭式就是每层子系统仅仅使用其直接下层提供的服务。

（2）开放式就是某层子系统可以使用处于其下面的任何一层子系统所提供的服务。

2）垂直块组织

这种组织方案把软件系统垂直地分解成若干个相对独立的、弱耦合的子系统，一个子系统相当于一个块，每个块提供一种类型的服务，如图 6-80 所示。

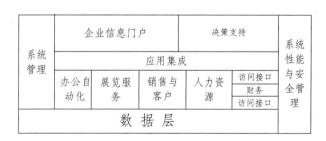

图 6-80　典型的组织结构

3. 设计系统的拓扑结构

由子系统组成完整的系统时，典型的拓扑结构有管道形、树形、星形等，应采用与问题结构相适应的、尽可能简单的拓扑结构，以减少子系统之间的交互数量。典型的拓扑结构如图 6-81 所示。

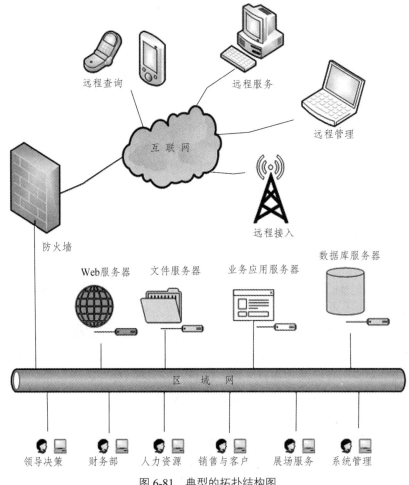

图 6-81 典型的拓扑结构图

6.4.2.5 设计问题域子系统

通过面向对象分析得出的业务模型，为设计业务子系统奠定了良好的基础，并建立了完整的框架。我们应尽量保持面向对象分析所建立的问题域结构。通常，仅需从实现角度对业务模型做一些补充或修改，主要是增添、合并或分解类、属性及服务，调整继承关系，优化结构等。

业务子系统过分复杂庞大时，应将其进一步分解成若干个更小的子系统。

在使用面向对象方法来开发软件时，必须能够保持问题域组织框架的稳定性，这样便于追踪分析、设计和编程的结果。

在面向对象设计过程中，可能对面向对象分析所得出的问题域模型需要做补充或修改的情况如下：

1. 调整需求

有两种情况会导致修改通过面向对象分析所确定的系统需求：一是用户需求或外部环境发生了变化；二是分析员对问题域理解不透彻或缺乏领域专家帮助，以致面向对象分析模型不能完整、准确地反映用户的真实需求。

无论出现哪种调整，通常只需简单地修改面向对象分析结果，然后再把这些修改反映到问题域子系统中。

2．重用已有的类

代码重用从设计阶段开始，在研究面向对象分析结果时就应该寻找使用已有类的方法。若因为没有合适的类可以重用而确实需要创建新的类，则在设计这些新类的协议时，必须考虑到将来的可重用性。若有可重用的类，则其重用过程如下：

（1）选择有可能被重用的已有类，标出这些候选类中对本问题无用的属性和服务，尽量重用对本问题有用的属性和服务。

（2）在被重用的已有类和问题域之间添加归纳关系（从被重用的已有类派生出问题域的类）。

（3）标出问题域类中从已有类继承来的属性和服务。

（4）修改与问题域类相关的关联，必要时改为与被重用的已有类相关的关联。

3．把问题域类组合在一起

在面向对象设计过程中，通过引入一个根类而把问题域类组合在一起。

4．增添简单基类以建立协议

在设计过程中常常发现，一些具体类需要有一个公共的协议，即它们需要定义一组类似的服务，在这种情况下，可以引入一个基类，以便建立这个协议。

5．调整继承层次

如果面向对象分析模型中包含了多重继承关系，然而所使用的程序设计语言却并不提供多重继承机制，则必须修改面向对象分析的结果。下面分几种情况讨论：

1）使用多重继承机制

使用多重继承机制时，应该避免出现属性及服务的命名冲突。

窄菱形模式：出现属性及服务命名冲突的可能性比较大，如图 6-82 所示。

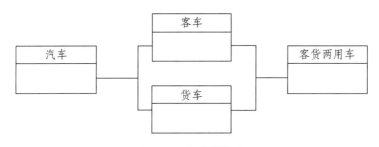

图 6-82　窄菱形模式

阔菱形模式：出现属性及服务命名冲突的可能性比较小，如图 6-83 所示。

2）使用单继承机制

如果使用仅提供单继承机制的语言实现系统，则必须把面向对象模型中的多重继承结构转换成单继承结构。常见的做法是，把多重继承结构简化成单一的单继承层次结构，如图 6-84 所示。

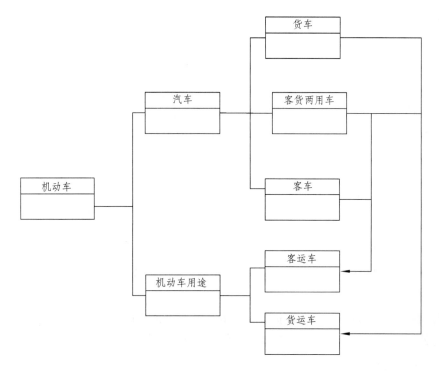

图 6-83　阔菱形模式

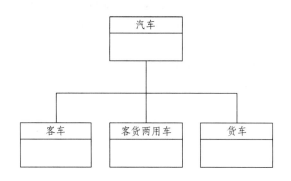

图 6-84　单继承层次结构图

6.4.2.6　设计人机交互界面的准则

遵循下列准则有助于设计出让用户满意的人机交互界面。

1. 一致性

使用一致的术语，一致的步骤，一致的动作。

2. 减少步骤

应使用户为做某件事情而需敲击键盘的次数、点按鼠标的次数或者下拉菜单的距离，都减至最少。

应使得技术水平不同的用户，为获得有意义的结果所需使用的时间都减至最少。特别应该为熟练用户提供简捷的操作方法（例如快捷键）。

3. 及时提供反馈信息

每当用户等待系统完成一项工作时，系统都应该向用户提供有意义的、及时的反馈信息，以便用户能够知道系统目前已经完成该项工作的进度。

4. 提供撤销命令

应该提供"撤销（Undo）"命令，以便用户及时撤销错误动作，消除错误动作造成的后果。

5. 无须记忆

不应该要求用户记住在某个窗口中显示的信息，然后再用到另一个窗口中，这是软件系统的责任而不是用户的任务。

应使用户在使用系统时用于思考人机交互方法所花费的时间减至最少，而用于做实际想做的工作所用的时间达到最大值。更理想的情况，人机交互界面能够增强用户的能力。

6. 易学

人机交互界面应该易学易用，提供联机参考资料，以便用户遇到困难时可随时参阅。

7. 富有吸引力

人机交互界面不仅应该方便、高效，而且应该使人在使用时感到心情愉快，能够从中获得乐趣，从而吸引人去使用它。

6.4.2.7 设计人机交互子系统的策略

在面向对象分析过程中，我们对用户界面需求做了初步分析；在面向对象设计过程中，我们则应该对系统的人机交互子系统进行详细设计，以确定人机交互的细节，其中包括指定窗口和报表的形式、设计命令层次等项内容。

如果人机界面设计得好，则会使系统对用户产生吸引力，激发用户的创造力，提高工作效率；如果设计得不好，用户会感到不方便、不习惯，甚至会产生厌烦的情绪。

1. 分类用户

研究使用它的用户，应从几个不同的角度进行分类：

（1）按技能水平分类（新手、初级、中级、高级）。

（2）按职务分类（总经理、经理、职员）。

（3）按所属集团分类（职员、顾客）。

2. 描述用户

了解将来使用系统的每类用户的情况，把获得的下列各项信息记录下来：

（1）用户类型。

（2）使用系统欲达到的目的。

（3）特征（年龄、性别、受教育程度、限制因素等）。

（4）关键的成功因素（需求、爱好、习惯等）。

（5）技能水平。

（6）完成本职工作的脚本。

3. 设计命令层次

通常包含以下几项内容：

1）研究现有的人机交互含义和准则

设计图形用户界面时，应保持与普通 Windows 界面相一致，并遵守用户习惯的约定。

2）确定初始的命令层

命令层次实质上是用过程抽象机制组织起来的、可供选用的服务的表示形式。设计命令层次时，通常先从对服务的过程抽象着手，然后进一步修改它们，以适合具体应用环境的需要。

3）精化命令层次

应该考虑下列一些因素：

次序：仔细选择每个服务的名字，并在命令层的每一部分内把服务排好次序。

整体-部分关系：寻找这些服务中存在的整体/部分模式，有助于在命令层中分组组织服务。

宽度和深度：由于人的短期记忆能力有限，命令层次的宽度和深度不应过大。

4）操作步骤

应用尽量少的单击、拖动和击键组合来表达命令，而且应该为高级用户提供简捷的操作方法。

4. 设计人机交互类

人机交互类与所使用的操作系统及编程语言密切相关。

6.4.2.8　设计任务管理子系统

1. 分析并发性

通过面向对象分析建立起来的动态模型，是分析并发性的主要依据。如果两个对象彼此间不存在交互，或者它们同时接受事件，则这两个对象在本质上是并发的。若干非并发性事件可归并到一条控制线中。控制线是一条遍及状态图集合的路径，在这条路径上每次只有一个对象是活动的。在计算机系统中用任务实现控制线，把多个任务的并发执行称为多任务。通过划分任务，可以简化系统的设计及编码工作。

2. 设计方法

常见的任务有事件驱动型任务、时钟驱动型任务、优先任务、关键任务和协调任务等。设计任务管理子系统，包括确定各类任务并把任务分配给适当的硬件或软件去执行。

1）确定事件驱动型任务

某些任务是由事件驱动的，它可能主要完成通信工作。事件通常是表明某些数据到达的信号。在系统运行时，这类任务的工作过程：

（1）任务处于睡眠状态，等待来自数据线或数据源的中断。

（2）一旦接收到中断就唤醒该任务，接收数据并把数据放入内存缓冲区或其他目的地，通知需要知道这件事的对象，然后该任务又回到睡眠状态。

2）确定时钟驱动型任务

某些任务每隔一定时间间隔就被触发以执行某些处理。其工作过程：

（1）任务设置了唤醒时间后进入睡眠状态。

（2）任务睡眠，等待来自系统的中断。

（3）一旦接收到这个中断，任务就被唤醒并做它的工作，通知有关的对象，然后该任务又回到睡眠状态。

3）确定优先任务

优先任务可满足高优先级和低优先级的处理需求。

高优先级：某些服务具有很高的优先级，为在限定的时间内完成这种服务，可能需要把这类服务分离成独立的任务。

低优先级：某些服务是低优先级的，属于低优先级处理。设计时可能用额外的任务把这样的处理分离出来。

4）确定关键任务

关键任务是系统成功或失败的关键处理，这类处理通常都有严格的可靠性，设计时可能用额外的任务把它分离出来，以满足高可靠性处理的要求。

5）确定协调任务

当系统中存在三个以上任务时，就应该增加一个任务，用它作为协调任务。引入协调任务会增加系统的总开销，但有助于把不同任务之间的协调控制封装起来。

6）尽量减少任务数

仔细分析和选择每个确实需要的任务，使系统中包含的任务数尽量少。如果定义过多的任务，会加大设计工作的技术复杂度，并使系统不易理解，从而加大系统维护的难度。

7）确定资源需求

使用多处理器或固件，主要是为了满足高性能的需求。设计者必须通过计算系统载荷（即每秒处理的业务数及处理一个业务所花费的时间），来估算所需要的 CPU（或其他固件）的处理能力。

6.4.2.9 设计数据管理子系统

数据管理子系统是系统存储或检索对象的基本设施，建立在某种数据存储管理系统之上，并且隔离了数据存储管理模式（文件、关系数据库或面向对象数据库）的影响。

1. 选择数据存储管理模式

不同的数据存储管理模式有不同的特点，适用范围也不同，设计时应该根据应用系统的特点选择适用的模式。

1）文件管理系统

文件管理系统是操作系统的一个组成部分，使用它长期保存数据具有成本低和简单等特点。但文件操作的级别低，为提供适当的抽象级别，还必须编写额外的代码。不同操作系统的文件管理系统往往有明显的差别。

2）关系式数据库管理系统

主要优点：

（1）提供了各种最基本的数据管理功能。

（2）为多种应用提供了一致的接口。

（3）标准化语言（如 SQL 语言）。

主要缺点：

（1）运行开销大。

（2）不能满足高级应用的需求（主要为商务应用服务）。

（3）与程序设计语言的连接不自然（每次只能处理一个记录）。

3）面向对象数据库管理系统

面向对象数据库管理系统是一种新技术，主要有两种设计途径：扩展的关系数据库管理系统和扩展的面向对象程序设计语言。

（1）扩展的关系数据库管理系统是在关系数据库的基础上，增加了抽象数据类型和继承机制，此外还增加了创建及管理类和对象的通用服务。

（2）扩展的面向对象程序设计语言，扩充了面向对象程序设计语言的语法和功能，增加了在数据库中存储和管理对象的机制。

2. 设计数据管理子系统

设计数据管理子系统，既要设计数据格式，又要设计相应的服务。

1）设计数据格式

数据格式与数据存储管理模式密切相关。下面介绍数据存储管理模式的设计方法：

（1）文件系统。

定义第一范式表：列出每个类的性能表；把属性表规范成第一范式，得到第一范式表定义。

为每个第一范式表定义一个文件。

测量性能和需要的存储容量。

修改原设计的第一范式，以满足性能和存储需求。

（2）关系式数据库管理系统。

定义第三范式表：列出每个类的性能表；把属性表规范成第三范式，得到第三范式表定义。

为每个第三范式表定义一个数据库表。

测量性能和需要的存储容量。

修改先前设计的第三范式，以满足性能和存储需求。

（3）面向对象数据库管理系统。

扩展的关系数据库管理系统：与使用关系数据库管理系统时方法相同。

扩展的面向对象程序设计语言途径：无需增加服务，只需给需要长期保存的对象加个标记，然后由面向对象数据库管理系统负责存储和恢复这类对象。

2）设计相应的服务

如果某个类的对象需要存储起来，则在这个类中增加一个属性和服务，用于完成存储对象自身的工作。应该把为此目的增加的属性和服务作为"隐含"的属性和服务，即无须在模型的属性和服务层中显式地表示它们，仅须在关于类与对象的文档中描述它们。

下面介绍使用不同数据存储管理模型时的设计要点：

（1）文件系统。

被存储的对象需要知道打开哪个（些）文件，怎样把文件定位到正确的记录上，怎样检索出旧值，以及怎样用现有值更新它们。此外，还应定义一个对象服务器类，并创建它的实例。该类提供下列服务：

通知对象保存自身；

检索已存储的对象（查找，读值，创建并初始化对象），以便把这些对象提供给其他子系统用。

（2）关系式数据库管理系统。

被存储的对象应知道访问哪些数据库表，怎样访问所需要的行，怎样检索出旧值，以及怎样用现有值更新它们。该类提供下列服务：

通知对象保存自身；

检索已存储的对象（查找、读值、创建并初始化对象），以便由其他子系统使用这些对象。

（3）面向对象数据库管理系统。

扩展的关系数据库途径：与使用关系数据库管理系统时方法相同。

扩展的面向对象程序设计语言途径：无须增加服务，只需给需要长期保存的对象加个标记，然后由面向对象数据库管理系统负责存储和恢复这类对象。

6.4.2.10　设计类中的服务

1. 设计类中应有的服务

需要综合考虑对象模型、动态模型和功能模型，才能正确确定类中应有的服务。对象模型是进行对象设计的基本框架，通常只在每个类中列出很少几个最核心的服务。设计者必须把动态模型中对象的行为以及功能模型中的数据处理，转换成由适当的类所提供的服务。

功能模型指明了系统必须提供的服务。状态图中状态转换所触发的动作，在功能模型中有时可能扩展成一张数据流图。数据流图中的某些处理可能与对象提供的服务相对应。下列规则有助于确定操作的目标对象：

（1）如果某个处理是从输入流中抽取一个值，则该输入流就是目标对象。

（2）如果某个处理是从多个输入流得出输出值，则该处理是输出类中定义的一个服务。

（3）如果某个处理具有类型相同的输入流和输出流，而且输出流实际上是输入流的另一种形式，则该输入/输出流就是目标对象。

（4）如果某个处理把对输入流处理的结果输出给数据存储或动作对象，则该数据存储或动作对象就是目标对象。

2. 设计实现服务的方法

在这个过程主要完成以下几项任务：

1）设计实现服务的算法

设计实现服务的算法时，应该考虑下列几个因素：

算法复杂度；

容易理解和容易实现；

容易修改。

2）选择数据结构

选择能够方便、有效地实现算法的物理数据结构。

3）定义内部类和内部操作

在面向对象设计过程中，可能需要增添一些在需求陈述中没有提到的类，主要用来存放在执行算法过程中所得出的某些中间结果。

6.4.2.11　设计关联

在对象模型中，关联是连接不同对象的纽带，指定了对象相互间的访问路径。在面向对象设计过程中，设计人员必须确定实现关联的具体策略。

1. 关联的遍历

使用关联有两种可能的方式：单向遍历和双向遍历。

2. 实现单向关联

用指针可以方便地实现单向关联。

如果关联的阶是一元的，则使用一个简单指针实现关联，见图 6-85（a）；如果阶是多元的，则需用一个指针集合实现关联，见图 6-85（b）。

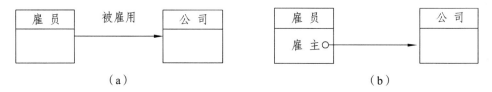

图 6-85　实现单向关联图

3. 实现双向关联

许多关联都需要双向遍历，两个方向遍历的频度往往并不相同。有三种方法：

（1）只用属性实现一个方向的关联，当需要反向遍历时就执行一次正向查找，如图 6-86（a）所示。

（2）两个方向的关联都用属性实现，如图 6-86（b）所示。

（3）用独立的关联对象实现双向关联，如图 6-86（c）所示。

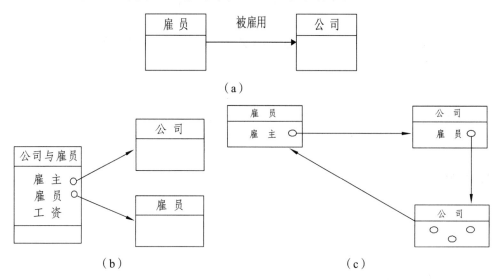

图 6-86　实现双向关联图

4. 关联对象的实现

实现关联对象的方法取决于关联的重数。

对于一对一关联来说，关联对象可以与参与关联的任一个对象合并；对于一对多关联来说，关联对象可以与"多"端对象合并；如果是多对多关联，则关联链通常用一个独立的关联类来保存描述关联性质的信息。

6.4.2.12　设计优化

1. 确定优先级

系统的各项质量指标并不是同等重要的，设计员必须确定其相对重要性（即优先级），以便在优化设计时制定折中方案。但折中方案中设置的优先级是模糊的，即不可能指定精确的优先级数值，如速度 48%、内存 25%、费用 8%、可修改性 19%。

2. 提高效率的几项技术

1）增加冗余关联以提高访问效率

在面向对象分析过程中，应避免在对象模型中存在冗余的关联；在面向对象设计过程中，当考虑用户的访问模式及不同类型的访问彼此间的依赖关系时，就会发现分析阶段确定的关联可能并没有构成效率最高的访问路径。

例：查询公司中会讲日语的雇员，如图 6-87 所示。

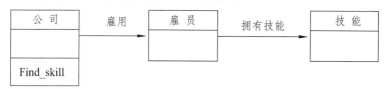

图 6-87　查询讲日语的雇员

公司类中服务 Find_skill 返回具有指定技能的雇员集合。例如，用户可能询问公司中会讲日语的雇员有哪些人。假设某公司共有 2000 名雇员，平均每名雇员会 10 种技能，则简单的嵌套查询将遍历雇员对象 2000 次，针对每名雇员平均再遍历技能对象 10 次。如果全公司仅有 5 名雇员精通日语，则查询命中率仅有 1/4000。

针对上面的例子，我们可以增加一个额外的限定关联"精通语言"，用来联系公司与雇员这两类对象。利用冗余关联，可以立即查到精通某种具体语言的雇员，当然，索引也必然带来多余的内存开销。

2）调整查询次序

优化算法的一个途径是尽量缩小查找范围。例如，找出既会讲日语，又会讲法语的所有雇员，方法是先找会讲日语的雇员，再从其中找会讲法语的所有雇员，或反过来查找。

3）保留派生属性

从其他数据派生出来的数据，是一种冗余数据。通常把它"存储"（隐藏）在计算它的表达式中。如果希望避免重复计算复杂表达式所带来的开销，可把这类冗余数据作为派生属性保存起来。

派生属性既可在原有类中定义，也可定义新类，并用新类的对象保存它们。每当修改了基本对象之后，所有依赖于它们并保存派生属性的对象也必须相应地修改。

6.4.3　面向对象编程（Object Oriented Programming，OOP）

6.4.3.1　面向对象编程的思想

面向对象是一种新兴的程序设计方法，或者说它是一种新的程序设计范型，其基本思想是使用对象、类、继承、封装、消息等基本概念来进行程序设计。它是从现实世界中客观存在的事物（即对象）出发来构造软件系统，并在系统构造中尽可能运用人类的自然思维方式，强调直接以问题域（现实世界）中的事物为中心来思考问题、认识问题，并根据这些事物的本质特点，把它们抽象地表示为系统中的对象，作为系统的基本构成单位（而不是用一些与现实世界中的事物相关比较远，并且没有对应关系的其他概念来构造系统）。这可以使系统直接地映射问题域，保持问题域中事物及其相互关系的本来面貌。

它可以有不同层次的理解：

从世界观的角度来看，面向对象的基本哲学是认为世界是由各种各样具有自己的运动规律和内部状态的对象所组成的，不同对象之间的相互作用和通信构成了完整的现实世界。因此，人们应当按照现实世界这个本来面貌来理解世界，直接通过对象及其相互关系来反映世界，这样建立起来的系统才能符合现实世界的本来面目。

从方法学的角度来看，面向对象的方法是面向对象的世界观在开发方法中的直接运用。它强调系统的结构应该直接与现实世界的结构相对应，应该围绕现实世界中的对象来构造系统，而不是围绕功能来构造系统。

从程序设计的角度来看，面向对象的程序设计语言必须有描述对象及其相互之间关系的语言成分。这些程序设计语言可以归纳为以下几类：系统中一切皆为对象；对象是属性及其操作的封装体；对象可按其性质划分为类，对象成为类的实例；实例关系和继承关系是对象之间的静态关系；消息传递是对象之间动态联系的唯一形式，也是计算的唯一形式；方法是消息的序列。

6.4.3.2　面向对象的基本概念

OOP 是一种全新的编程理念，如果从来没有过 OOP 编程经验，那么需要从基本概念开始了解。

1. 对象

对象是人们要进行研究的任何事物，从最简单的整数到复杂的飞机等均可看作对象，它不仅能表示具体的事物，还能表示抽象的规则、计划或事件。

对象是现实世界对象的抽象模型。从现实世界对象中抽象出来的对象使用数据和方法描述其现实世界中的状态和行为特征，一般通过变量描述其状态，通过方法实现其行为。

对象具有状态，一个对象用数据值来描述它的状态；对象还有操作，用于改变对象的状态，对象及其操作就是对象的行为；对象实现了数据和操作的结合，使数据和操作封装于对象的统一体中。

2. 类

具有相同或相似性质的对象的抽象就是类。因此，对象的抽象是类，类的具体化就是对象，也可以说类的实例是对象。类具有属性，它是对象的状态的抽象，用数据结构来描述类的属性。类具有操作，它是对象的行为的抽象，用操作名和实现该操作的方法来描述。

在客观世界中有若干类，这些类之间有一定的结构关系。通常有两种主要的结构关系，即一般-具体结构关系，整体-部分结构关系。

（1）一般-具体结构称为分类结构，也可以说是"或"关系，或者是"is a"关系。

（2）整体-部分结构称为组装结构，它们之间的关系是一种"与"关系，或者是"has a"关系。

3. 封装

封装的含义是把类设计成一个黑箱，使用者只能看见类中定义的公共方法，而看不到方法实现的细节，也不能直接对类的数据进行操作，迫使用户通过接口去访问数据，这种封装正是 OOP 设计者追求的理想境界。

将相关数据和方法封装到一个包里，为程序员带来了两个好处：模块化和数据隐藏。

4. 接口

接口（Interface）可以看成是为两个不相关的实体提供交流途径的设备，例如语言就是两个人进行交流的接口。接口类似于协议，是一个包含方法定义和常量值的集合。

接口不需要建立继承关系，就可以使两个不相关的类进行交互。接口提取了类的某些共同点，声明一些能被多个类实现的方法，但不给出方法体。接口由类的声明语句引入，并在类体中实现接口的方法。

5. 消息和方法

对象之间进行通信的结构叫作消息。在对象的操作中，当一个消息发送给某个对象时，消息包含接收对象去执行某种操作的信息。发送一条消息至少要包括说明接受消息的对象名、发送给该对象的消息名（即对象名、方法名）。一般还要对参数加以说明，参数可以是认识该消息的对象所知道的变量名，或者是所有对象都知道的全局变量名。

类中操作的实现过程叫作方法，一个方法有方法名、参数、方法体。

6.4.3.3 面向对象程序设计语言

编程就是让计算机为解决某个问题而使用某种程序设计语言编写程序代码，并最终得到结果的过程。为了使计算机能够理解人的意图，人类就必须要将需解决的问题的思路、方法和手段通过计算机能够理解的形式告诉计算机，使得计算机能够根据人的指令一步一步去工作，完成某种特定的任务。这种人和计算机之间交流的过程就是编程。

从计算机发明至今，随着计算机硬件和软件技术的发展，计算机的编程语言经历了机器语言、汇编语言、面向过程的程序设计语言以及面向对象的程序设计语言阶段。具体的语言又是不胜枚举。因此，对于一个以编程为职业的人来说，了解程序的发展及文化，是非常有必要的。

1. 编程语言的发展

1946 年，Konrad Zuse，一位德国工程师，他躲藏在巴伐利亚附近的阿尔卑斯山上时，独立开发了 Plankalkul。他把该项成果应用在其他的事物中，比如国际象棋。

1949 年，第一种真正在电子计算设备上使用的计算机语言（Short Code）出现了，尽管它是一个纯手工编译的语言。

1951 年，为 Remington Rand 工作的 Grace Hopper，使用了第一个著名的编译器——A-o。当 Rand 在 1957 年发布这个语言时，它被称为 MATH-MATIC。

1952 年，Alick E Glennie 利用自己在曼彻斯特大学的课余时间，发明了一个名为 AUTOCODE 的编程系统，但它是一个未能成型的编译器。

1954 年，FORTRAN（FORmula TRANslator），意为"公式翻译器"，是世界上最早出现的计算机高级程序设计语言，广泛应用于科学和工程计算领域。FORTRAN 语言以其特有的功能在数值、科学和工程计算领域发挥着重要作用。

1958 年，LISP 语言（List Processor，链表处理语言）是由约翰·麦卡锡创造的一种基于 λ 演算的函数式编程语言。

1959 年，COBOL（Common Business Oriented Language，面向商业的通用语言）出现了，其是数据处理领域最为广泛的程序设计语言，是第一个广泛使用的高级编程语言，主要应用于数值计算并不复杂，但数据处理信息量却很大的商业领域。

1962 年，Simula 67 被认为是最早的面向对象程序设计语言，它引入了所有后来面向对象程序设计语言所遵循的基础概念：对象、类、继承。

1964 年，BASIC（Beginners' All-purpose Symbolic Instruction Code）出现了，其意思就是"初学者的全方位符号指令代码"，是一种设计给初学者使用的程序设计语言。BASIC 是一种解释语言，在完成编写后不须经过编译及链接即可执行，但如果要单独执行仍然需要编译成可执行文件。

1968 年，Pascal 语言出现了，其语法严谨，层次分明，程序易写，具有很强的可读性，是第一个结构化的编程语言。Pascal 的取名是为了纪念 17 世纪法国著名哲学家和数学家 Blaise Pascal，它由瑞士 Niklaus Wirth 教授于 20 世纪 60 年代末设计并创立。

1969 年，C 语言出现了，其既具有高级语言的特点，又具有汇编语言的特点，由美国贝尔研究所的 D.M.Ritchie 于 1972 年推出。1978 年，C 语言已先后被移植到大、中、小及微型机上。

1975 年，SQL（Structured Query Language，结构化查询语言）出现了，其是一种数据库查询和程序设计语言，用于存取数据以及查询、更新和管理关系数据库系统。

1983 年，C++出现了，其是一种静态数据类型检查的、支持多重编程范式的通用程序设计语言。它支持过程化程序设计、数据抽象、面向对象程序设计、泛型程序设计等多种程序设计风格。

1987 年，Perl 出现了，其像 C 一样强大，并像 awk、sed 等脚本描述语言一样方便。Perl 吸取了 C、Sed、Awk、Shell Scripting 以及很多其他程序语言的特性，其中最重要的特性是它内部集成了正则表达式的功能，以及巨大的第三方代码库 CPAN。Perl 最初的设计者是拉里·沃尔（Larry Wall）。

1991 年，Python 出现了，其是一种面向对象、直译式计算机程序设计语言，由 Guido Van Rossum 于 1989 年底发明，第一个公开发行版发行于 1991 年。Python 是一种代表简单主义思想的语言，阅读一个良好的 Python 程序就感觉像是在读英语一样，它使你能够专注于解决问题而不是去弄清楚语言本身。

1995 年，Java 出现了，其是由 Sun Microsystems 公司推出的 Java 程序设计语言和 Java 平台（即 JavaSE、JavaEE、JavaME）的总称。在 Java 出现以前，Internet 上的信息内容都是一些乏味死板的 HTML 文档。它是一种简单的、面向对象的、分布式的、解释的、健壮的、安全的、结构的中立的、可移植的、性能很优异的、多线程的、动态的语言。

这对于那些迷恋于 Web 浏览的人们来说还不能接受。他们迫切希望能在 Web 中看到一些交互式的内容，开发人员也极希望能够在 Web 上创建一类无须考虑软硬件平台就可以执行的应用程序，当然这些程序还要有极大的安全保障。对于用户的这种要求，传统的编程语言显得无能为力，而 SUN 的工程师敏锐地察觉到了这一点，从 1994 年起，他们开始将 OAK 技术应用于 Web 上，并且开发出了 HotJava 的第一个版本。

1995 年，JavaScript 出现了，其是一种能让用户的网页更加生动活泼的程式语言，也是目前网页设计中最容易学又最方便的语言。

2001 年，C#（C Sharp）出现了，其是微软为.NET 框架量身定做的程序语言，拥有 C/C++ 的强大功能以及 Visual Basic 简易使用的特性，是第一个组件导向的程序语言，与 C++和 Java 同样是面向对象程序设计语言。

2002 年，NET 出现了，其是 Microsoft XML Web 服务平台。XML Web 服务允许应用程序通过 Internet 进行通信和共享数据，而不管所采用的是哪种操作系统、设备或编程语言。

2005 年，Ruby on Rails 出现了，其是一个可以使用户开发、部署、维护 Web 应用程序变得简单的框架，以 7 月的诞生石 ruby（红宝石）命名。

2009 年，Node 出现了，其是一个服务器端 JavaScript 解释器，它改变了服务器应该如何工作的概念。它的目标是帮助程序员构建高度可伸缩的应用程序，编写能够处理数万条同时连接到一台物理机的连接代码。

2010 年，Rust 出现了，它是由 Mozilla 设计和开发的多范型编译的编程语言。Rust 是"一种安全、并发、实用的语言"，同时支持纯函数式编程风格、actor 模型、过程式编程以及面向对象编程。Rust 常被称为 C++的潜在继承者之一。

2012 年，TypeScript 出现了，TypeScript 是一种免费的开源编程语言，由微软开发，旨在提高 JavaScript 代码的安全性。TypeScript 语言是 JavaScript 的一个超集，它被转换成 JavaScript，这样任何 web 浏览器或 JavaScript 引擎都可以应用。

2014 年，Swift 出现了，Swift 是一种经过编译的、多范式的对象编程语言，其设计目标是简单、高性能和安全。它是由苹果公司开发的开源软件，从而与 Objective-C 一起成为开发移动 iOS 应用程序的解决方案。

2. 程序语言的换代

根据语言的功能和产生的时间，将部分较为流行的高级程序语言进行分类，如表 6-10 所示。

表 6-10　程序语言分类

第一代语言（1954—1958）	
FORTRAN I	数学表达式
ALGOL 58	数学表达式
Flowmatic	数学表达式
IPLV	数学表达式
第二代语言（1959—1961）	
FORTRAN II	子程序、单独编译
ALGOL 60	块结构、数据类型
COBOL	数据描述、文件处理
Lisp	列表处理、指针、垃圾收集
第三代语言（1962—1970）	
PL/1	FORTRAN+ALGOL+COBOL
ALGOL 68	ALGOL 60 的严格继承者
Pascal	ALGOL60 的简单继承者
Simula	类、数据抽象
过程式语言成熟期（1970—1980）	
C	高效，可执行程序小
FORTRAN 77	ANSI 标准

续表

面向对象语言（1980—1990）	
Smalltalk 80	纯 OO，在 Smalltalk 中所有的东西都是对象
C++	从 C 和 Simula 发展而来
Ada83	美国国防部开发的面向对象的高级编程语言
Eiffel	继 Smalltalk-80 之后的另一个"纯"OOPL
开发框架出现（1990 至今）	
VB	Microsoft 开发的基于对象高级语言
Java	Sun 开发的平台独立和高移植性面向对象语言
Python	由荷兰数学和计算机科学研究学会的 Guido van Rossum 于 1990 年代初设计的简单高效的面向对象语言
J2EE	第二代 Java 平台，企业级分布式应用平台的解决方案
.NET	由微软开发，一个致力于敏捷软件开发（Agile Softwaredevelopment）、快速应用开发（Rapid Application Development）、平台无关性和网络透明化的软件开发平台

将这些语言扩展分类，如表 6-11 所示。

表 6-11　语言扩展分类

面向对象兴盛期（1980—1990，然而存留下来的语言很少）	
Smalltalk80	纯面向对象的语言
C++	从 C 和 Simula 发展而来
Ada83	强类型，受到 Pascal 的很大影响
Eiffel	从 Ada 和 Simula 发展而来
框架的出现（1990 至今）	
Visual Basic	简化了 Windows 应用的图形用户界面（GUI）开发语言
Java	Oak 的后续版本，其设计意图是实现可移植
Python	面向对象的脚本语言
J2EE	基于 Java 的企业级计算框架
.NET	微软公司的面向对象框架
Visual C#	.NET 框架下 Java 的竞争者
Visual Basic .NET	针对微软.NET 框架的 Visual Basic

　　在这一系列的语言之中，每种语言支持的抽象机制发生了变化。第一代语言主要用于科学和工程应用，这个问题领域的词汇几乎全是数学，因此，开发了出像 FORTRAN I 这样的语言，让程序员能写出数学公式，从而不必面对汇编语言或机器语言中的一些复杂问题。所以，第一代高级程序设计语言标志着向问题空间靠近一步，向底层计算机远离了一步。

　　第二代语言的重点是算法抽象。那时候，计算机变得越来越强大，这意味着更多的问题可以通过自动化解决，特别是在商业应用中。这时，关注的焦点主要在告诉计算机做什么，比如先读入一些个人记录，接下来进行排序，然后打印这份报告。同样，这一代的程序设计语言让我们向问题空间又靠近了一步，向底层计算机又远离了一步。

在 20 世纪 60 年代后期，特别是半导体和集成电路技术发明之后，计算机硬件的成本迅速下降，而处理能力几乎呈指数上升，这时计算机可以解决更大的问题，但需要操作更多类型的数据。因此，像 ALGOL 68 和稍后的 Pascal 这样的第三代语言演进到支持数据抽象。这时，程序员可以描述相关数据的意义（它们的类型），并让程序设计语言强制确保这些设计决策。这一代高级程序设计语言再一次让我们向问题空间靠近了一步，而向底层计算机远离了一步。

20 世纪 70 年代开展了大量的程序设计语言研究活动，结果产生了数千种不同的程序设计语言。在很大程度上，编写越来越大的程序的愿望凸显了早期语言的不足之处。因此，人们发明了许多新的语言机制来解决这些局限。极少语言幸存下来，但是它们提出的许多要领被早期语言的继承者们吸收了。

我们最感兴趣的是所谓的"基于对象"和"面向对象"的语言。基于对象和面向对象的程序设计语言为软件的面向对象分解提供了最好的支持。这些语言的数量（以及原有语言的"对象化"变种的数量）在 20 世纪 80 年代和 90 年代早期大量增加。自 1990 年以来，在一些商业程序设计工具提供商的支持下，一些语言成为了主流 OO 语言（如 Java 和 C++）程序设计框架（如 J2EE，.NET）通过提供组件和服务，简化了常见的、琐碎的编程任务，为程序员提供了很大的支持。它们的出现极大地提高了生产效率，展示了组件复用难以捉摸的未来。

（1）第一代和第二代早期程序设计语言的拓扑结构。

先来考虑一下每一代程序设计语言的结构。图 6-88 演示了第一代和第二代早期程序

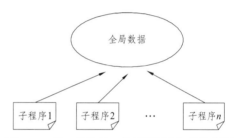

图 6-88　第一代和第二代早期语言拓扑结构图

设计语言的结构。所谓"拓扑结构"（Topology），指的是这种语言的基本物理构成单元，以及这些部分是如何连接的。从图中可以看到，像 FORTRAN 和 COBOL 这样的语言，所有应用的基本物理构成单元是子程序（对于使用 COBOL 的人来说，称之为段落）。

用这些语言编写的应用展现出相对较平的物理结构，即只包含全局数据和子程序。图中的箭头表明了子程序对不同数据的信赖关系。在设计时，设计者可以在逻辑上将不同类型的数据分开，但是在这些语言中没有任何机制来强制确保这些设计决策。程序中某个部分的错误可能给系统的其他部分带来毁灭性的连带影响，因为全局数据结构对于所有子程序都是可见的。

在对大型系统进行修改时，这些程序很难维持原有设计的完整性，而且常常会引入混乱。即使在一段短时的维护之后，这些语言编写的程序常常会包含子程序间的大量交叉耦合、对数据含义的假定及复杂的控制流，从而对整个系统的可靠性造成威胁，降低解决方案的整体清晰性。

（2）第二代后期和第三代早期程序设计语言的结构。

在 20 世纪 60 年代中期，程序被认为是问题和计算机之间的重要纽带，首次提出软件抽象的概念。子程序在 1950 年之前就发明了，但是作为一种抽象，那时候并没有被完全接受。相反，最初它们被看作是一种节省劳力的机制。但是很快，子程序就被认为是抽象程序功能的一种方式。

意识到子程序可以作为一种抽象机制，这产生了三个重要结果。首先，人们开始发明一些语言，支持各种参数传递机制。其次，其奠定了结构化程序设计的基础，表明在语言上支持嵌套的子程序，并在控制结构和声明的可见性范围方面发展了一些理论。最后，出现了结构化设计方法，为试图构建大型系统的设计提供了指导，并利用子程序作为基本构建块。第二代后期

和第三代早期语言的结构如图 6-89 所示。这种结构关注早期语言的一些不足之处，具体来说就是需要对算法抽象有更强的控制。但是，它仍然未能解决大规模程序设计和数据设计的问题。

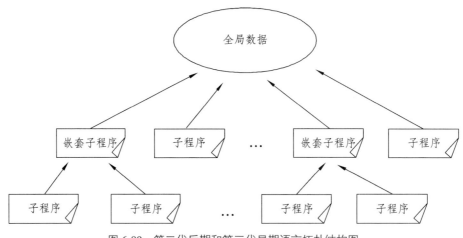

图 6-89　第二代后期和第三代早期语言拓扑结构图

（3）第三代后期程序设计语言的结构。

在大部分第三代后期程序设计语言中，出现了另一种重要的结构机制，并发展为对不断增长的大规模编程问题的关注。大规模编程项目意味着其有大型的开发团队，因此会独立地开发同一个程序的不同部分。这种需求的解决方案是能够独立编译的模块，这在早期的概念中只是一种随意的数据和子程序的容器，如图 6-90 所示。模块很少被看作是一种重要的抽象机制，在实践中，它们只是用于对最有可能同时改变的子程序分组。

这一代语言的大多数虽然支持某些模块化结构，但是很少有规则去要求模块间接口的语义一致性。为一个模块编写子程序的开发者可能假定它会通过三个不同的参数调用：一个浮点数、一个包含 10 个元素的数组和一个代表布尔标记的整型。在另一个模块中，对这个子程序的调用可能使用了不正确的参数一个整数、一个包含 5 个元素的数组和一个负数，违反了这一假定。类似地，一个可能使用一块公共数据区，而另一个模块可能违反这些假定，直接操作这块数据区。不幸的是，因为这些语言中的大部分对数据抽象和强类型支持得都不太好，这样的错误只有在执行程序时才能被检测出来。

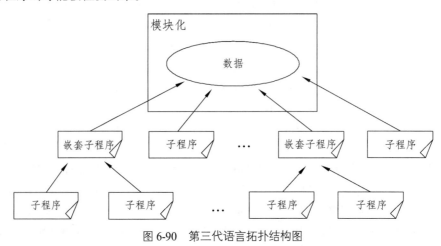

图 6-90　第三代语言拓扑结构图

3. 编程语言的发展趋势

编程语言的发展非常缓慢。事实上许多努力没有体现在编程语言上，而是出现在框架及工具等方面了。如果关注如今我们使用的框架，它们的规模增加了许多倍。与此类似，如果观察现在的 IDE（集成开发环境），我们现在已经有了无数强大的功能，例如语法提示、重构、调试器、探测器等，这方面的新东西有很多。与此相比，编程语言的改进的确很不明显。

几十年来，硬件性能按成千上万倍的规模增长，软件工具与框架也有数倍乃至数十倍的增长，如果我们把编程语言自身与它所依赖（或由它拓展的）运行环境区分开来，剩下的其实主要是平台路线的选择，都与具体应用相关。当然，语言之间还是存在区别的，比如 C 语言是面向过程的，C++是面向对象的，面向对象自然比面向过程更加符合人们的习惯，但这是显而易见的，无关语言优劣。

原本的编程语言分类方式也会有所改变。以前我们经常说面向对象语言，动态语言或函数式语言。但是现在这些边界变得越来越模糊，经常会互相学习各自的范式。静态语言中出现了动态类型，动态语言里也出现了静态类型，而如今所有主要的编程语言都受到函数式语言的影响。因此，一个越来越明显的趋势是多范式程序设计语言。通过 C#、Java 等语言的发展轨迹，我们明显看到这种趋势。CSE 也是这种趋势的典型代表，它分明是一种解释性动态语言，但模拟 C/C++命令式风格，把动态与静态的特质融为一体。

语言对并发的支持没有大家想象的重要，并发编程更多是编程方式、思维模式变化，你要关注任务隔离性，更加精心地构造（或分离出）可并行的任务，提供普适的函数（无副作用函数）。并发对编程语言的要求是：能标识这种纯洁函数，提供多核分发机制。相比较而言，并行编程的思维方式变化才是根本性的。

在信息化的今天，了解编程语言的文化，利用好编程语言，我们就会走得更远。

6.4.3.4 程序设计风格

良好的程序设计风格，不仅能明显减少维护或扩充的开销，而且有助于在新项目中重用已有的程序代码。

良好的面向对象程序设计风格，既包括传统的程序设计风格准则，也包括为适应面向对象方法所特有的概念（例如，继承性）而必须遵循的一些新准则。

1. 提高可重用性

提高软件可重用性，是面向对象方法的一个主要目标。代码重用（编码阶段）有两种：一种是本项目内的代码重用；另一种是新项目重用旧项目的代码。

内部重用：找出设计中相同或相似的部分，然后利用继承机制共享它们。

外部重用：一个项目重用另一个项目的代码。

下面介绍提高可重用性的主要准则：

1）提高方法的内聚

一个方法（即服务）应该只完成单个功能。如果某个方法涉及两个或多个不相关的功能，则应该把它分解成几个更小的方法。

2）减小方法的规模

如果某个方法规模过大（代码长度超过一页纸可能就太大了），则应该把它分解成几个更小的方法。

3）保持方法的一致性

这样有助于实现代码重用。一般说来，功能相似的方法应该有一致的名字、参数特征（包括参数个数、类型和次序）、返回值类型、使用条件及出错条件等。

4）把策略与实现分开

从完成的功能看，有两种不同类型的方法（服务）：

策略方法：负责做出决策，提供变元，并且管理全局资源。它检查系统运行状态，并处理出错情况，但并不直接完成计算或实现复杂的算法。

实现方法：负责完成具体的操作，但并不做出是否执行这个操作的决定，也不知道为什么执行这个操作。它仅针对具体数据完成特定处理，通常用于实现复杂的算法。

为提高可重用性，在编程时不要把策略和实现放在同一个方法中，应该把算法的核心部分放在一个单独的具体实现方法中。为此需要从策略方法中提取出具体参数，作为调用实现方法的变元。

5）全面覆盖

如果输入条件的各种组合都可能出现，则应该针对所有组合写出方法，而不能仅仅针对当前用到的组合情况写方法。此外，一个方法不应该只能处理正常值，对空值、极限值及界外值等异常情况也应该能够做出有意义的响应。

6）尽量不使用全局信息

应该尽量降低方法与外界的耦合程度，不使用全局信息是降低耦合度的一项主要措施。

7）利用继承机制

在面向对象程序中，使用继承机制是实现共享和提高重用程度的主要途径。

（1）调用子过程。

最简单的做法是把公共的代码分离出来，构成一个被其他方法调用的公用方法。可在基类中定义这个公用方法，供派生类中的方法调用，如图 6-91 所示。

（2）分解因子。

提高相似类代码可重用性的一个有效途径，是从不同类的相似方法中分解出不同的"因子"（即不同的代码），把余下的代码作为公用方法中的公共代码，把分解出的因子作为名字相同算法不同的方法，放在不同类中定义，并被这个公用方法调用，如图 6-92 所示。

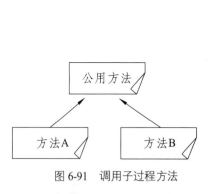

图 6-91　调用子过程方法

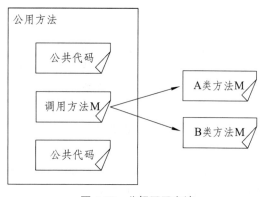

图 6-92　分解因子方法

（3）使用委托。

继承关系的存在意味着子类"即是"父类，因此，父类的所有方法和属性应该都适用于子类。仅当确实存在一般-特殊关系时，使用继承才是恰当的。继承机制使用不当将造成程序难于理解、修改和扩充。

（4）把代码封装在类中。

程序员往往希望重用使用其他方法编写的、解决同一类应用问题的程序代码。重用这类代码的一个比较安全的途径，是把被重用的代码封装在类中。

2. 提高可扩充性

提高可重用性的准则，也能提高程序的可扩充性。此外，下列的面向对象程序设计准则也有助于提高可扩充性：

1）封装实现策略

应该把类的实现策略（包括描述属性的数据结构、修改属性的算法等）封装起来，对外只提供公有的接口，否则将降低今后修改数据结构或算法的自由度。

2）不要用一个方法遍历多条关联链

一个方法应该只包含对象模型中的有限内容。违反这条准则将导致方法过分复杂，既不易理解，也不易修改扩充。

3）避免使用多分支语句

避免使用多分支（Case）语句，应合理利用多态性机制，根据对象当前类型，自动决定应有行为。

4）精心确定公有方法

公有方法是向公众公布的接口。对公有方法的修改涉及面较广（许多其他类），为提高可修改性，降低成本，必须精心选择和定义公有方法。

3. 提高健壮性

程序员在编写实现方法代码时，既应考虑效率，也应考虑健壮性。为提高健壮性应遵守的准则：

1）预防用户的操作错误

软件系统具有处理用户操作错误的能力。任何一个接收用户输入数据的方法，对其接收到的数据必须进行检查，即使发现了非常严重的错误，应引起程序运行中断，更不应该造成"死机"。

2）检查参数的合法性

用户在使用公有方法时可能违反参数的约束条件。因此，应检查参数的合法性。

3）不要预先确定限制条件

在设计阶段，往往很难准确地预测出应用系统中使用的数据结构的最大容量需求。因此，不应该预先设定限制条件。如有必要和可能，则应使用动态内存分配机制，创建未预先设定限制条件的数据结构。

4）先测试后优化

为在效率与健壮性之间做出合理的折中，应该在为提高效率而进行优化之前，先测试程序的性能。经过测试，合理地确定为提高性能应该着重优化的关键部分。

6.4.3.5 面向对象编程的特点

前面讨论了许多有关面向对象编程的内容，但大部分都是概念性的介绍，并没有介绍它的特点。本小节就从这个角度切入，来看看面向对象编程具有什么样的特点。正是这些特点的存在，才使得它具备前面所讲的那些好处。

1. 抽　象

在介绍面向对象的过程中，有个词出现的频率很高，即抽象。抽象（Abstraction）实际上就是建模型的一个过程，从要研究的实际事物中去掉与研究无关的次要特征，抽取与研究工作有关的特征内容的过程。通过抽象可以把实际事物变成对象，然后将对象抽象为类。在面向对象的编程中，抽象有两个方面的含义，分别为数据抽象与过程抽象，下面分别进行介绍。

1）数据抽象

我们知道，无论是类还是对象都有它们自己的很多属性，这些属性在程序设计中被视为数据。这些属性在实际的程序中也是以数据的形式存在的。把现实世界中事物相关的特征抽象为这些程序中的数据，这个过程叫作数据抽象，用这个办法可以在程序中表示出现实世界中的事物，当然只是在一定程度上的模拟。常说的"虚拟现实"就是这个做法的一种体现。

在程序中用数据来表示现实事物的"状态特征"，如一棵树的高度、一本书的页数等。不过，有些特征并不能用这样的办法来表示，如一只狗会跑，用数据来表示这个跑的动作是做不到的，因为这是一个动作过程，而不是一种状态。要想表示这样的"过程特征"，就需要用到下面要讲的过程抽象啦。

2）过程抽象

过程抽象就是要表示现实事物的变化过程，或者对象的一个"动作"。这必须由一个变化的"过程"来表示，就是把事物的变化抽象为对象的"方法"。这个过程可以将现实事物中动态的特征在计算机程序中表示出来，它和数据抽象一起来实现完美地模拟真实的事物。

经过上面介绍的这两个抽象过程之后，就能够在程序中模拟出真实的事物了。这个特性是面向对象的编程所特有的。在这儿或许该介绍一下这段历史，在面向对象编程思想提出以前，采用的都是面向过程的结构化编程，用面向过程的思想是无法像上面说的那样在程序中做出和现实事物一样的"对象"来的。

2. 封装特性

封装，也就是把客观事物封装成抽象的类，并且类可以把自己的数据和方法只让可信任的类或者对象操作，对不可信任的进行信息隐藏。

类是属性和方法的集合，为了实现某项功能而定义类后，开发人员并不需要了解类体内每行代码的具体含义，只需通过对象来调用类内某个属性或方法即可实现某项功能，这就是类的封装。

封装提供了外界与对象进行交互的控制机制，设计和实施者可以公开外界需要直接操作的属性和方法，而把其他的属性和方法隐藏在对象内部。这样可以让软件程序封装化，而且可以避免外界错误地使用属性和方法。

汽车为例，厂商把汽车的颜色公开给外界，外界想怎么改颜色都可以的，但是防盗系统的内部构造是隐藏起来的；更换气缸可以是公开的行为，但是气缸和发动机的协调方法就没有必要让用户知道了。

3. 可继承性

前面介绍的封装特性就是信息隐藏，这里的可继承性，就是指类的特征可以重用。在面向对象的程序设计中，把重用原有类的特征叫作"继承"，它指的就是新的类可以直接使用原有类的所有属性和方法。

继承是指这样一种能力：它可以使用现有类的所有功能，并在无须重新编写原来的类的情况下对这些功能进行扩展。

在生活中，事物有很多的相似性，这种相似性是人们理解纷繁事物的一个基础。因为事物之间往往具有某种"继承"关系。比如：儿子和父亲往往有许多相似之处，因为儿子从父亲那里遗传了许多特性；汽车与卡车、轿车、客车之间存在一般化与具体化的关系，它们也可以用继承来实现。

继承是面向对象编程技术的一块基石，通过它可以创建分等级层次关系的类。

继承是父类和子类之间共享数据和方法的机制，通过继承创建的新类称为"子类"或"派生类"，被继承的类称为"基类""父类"或"超类"。子类可以从其父类中继承属性和方法，通过这种关系模型可以简化类的设计。

假如已经定义了 A 类，接下来准备定义 B 类，而 B 类中有很多属性和方法与 A 类相同，那么就可以用 B 类继承于 A 类来实现，这样就无须再在 B 类中定义 A 类中已具有的属性和方法，从而可以在很大程度上提高程序的开发效率，提高代码利用率。

例如，可以将水果看作一个父类，那么水果类具有颜色属性。然后再定义一个香蕉类，在定义香蕉类时就不需要定义香蕉类的颜色属性，通过如下继承关系可以使香蕉类具有颜色属性：

```
class 水果类
{
    Public 颜色；//在水果类中定义颜色属性
}
class 香蕉类：水果类
{
    //香蕉类中其他的属性和方法
}
```

在某些 OOP 语言中，一个子类可以继承多个基类。但是一般情况下，一个子类只能有一个基类，要实现多重继承，可以通过多级继承来实现。

继承概念的实现方式有三类：实现继承、接口继承和可视继承。

（1）实现继承是指使用基类的属性和方法而无须额外编码的能力；

（2）接口继承是指仅使用属性和方法的名称。但是子类必须提供实现的能力。

（3）可视继承是指子窗体（类）使用基窗体（类）的外观和实现代码的能力。

在考虑使用继承时，有一点需要注意，那就是两个类之间的关系应该是"属于"关系。例如，Teacher 是一个人，Student 也是一个人，因此这两个类都可以继承 Person 类。但是 Eyes 类却不能继承 Person 类，因为眼睛并不是一个人。

OO 开发范式大致为划分对象→抽象类→将类组织成为层次化结构（继承和成成）→用类与实例进行设计和实现几个阶段。

4. 多态特性

多态是允许你将父类对象设置成为一个或更多的与他的子类对象相等的技术。赋值之后，父类对象就可以根据当前赋值给它的子类对象的特性以不同的方式运作。简单地说，就是类的多态是指对于属于同一个类的对象，在不同的场合能够表现出不同的特征。

下面来看一个例子。世界上所有人可以抽象为一个类，在这里只关心"人"这个类的一个方法——说话。世界上的任何一个正常的人，都会用到这个方法。

如果这个人是中国人，他执行这个方法时说的是汉语。而一个日本人说的将是日语，法国人说的是法语……如图 6-93 所示。左侧是一组不同的对象——来自不同国家、讲不同语言的人，图的中间是这些对象所共有的一个方法——说话()，图的右侧是这个方法的结果，也就是这个方法在相应对象中的表现形式。我们从图 6-93 中可以看到，它因对象不同而表现出不同的结果。

图 6-93 所示的这个例子中，方法是一样的，都是"说话()"，在图中，只看到有一个公用的方法。这个方法是属于"类"的，为所有对象所公有。由于使用这个方法的对象是不同的对象，其中包括各个国家的人，造成了这个方法的外在表现是不同的，这些人说的不是同一种语言。面向对象的编程可以模拟这个特性，专业的说法就是"多态性"。

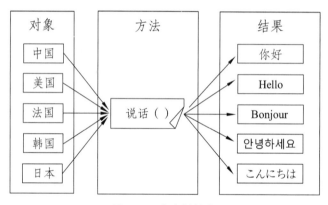

图 6-93　多态性特点

实现多态有两种方式：覆盖、重载。

（1）覆盖，是指子类重新定义父类的虚函数的做法。

（2）重载，是指允许存在多个同名函数，而这些函数的参数表不同（或许参数个数不同，或许参数类型不同，或许两者都不同）。

其实，重载的概念并不属于面向对象编程，重载的实现：编译器根据函数中不同的参数表，对同名函数的名称做修饰，然后这些同名函数就成了不同的函数（至少对于编译器来说是这样的）。比如，有两个同名函数：function func（p：integer）：Integer；和 function func（p：string）：Integer；。那么编译器做过修饰后的函数名称可能是这样的：int_func、str_func。这两个函数的调用，在编译时就已经确定了，是静态的。也就是说，它们的地址在编译期就绑定了，因此，重载和多态无关。真正和多态相关的是"覆盖"。当子类重新定义了父类的虚函数后，父类指针根据赋给它的不同的子类指针，动态的调用属于子类的该函数，这样的函数调用在编译期间是无法确定的（调用的子类的虚函数的地址无法给出）。因此，这样的函数地址是在运行期绑定的。结论就是：重载只是一种语言特性，与多态无关，与面向对象也无关！

6.4.3.6　面向对象七大基本设计原则

面向对象设计原则是 OOPS（Object-Oriented Programming System，面向对象的程序设计系统）编程的核心。在设计面向对象的程序的时，不一定要套用模式，但是有一些原则最好要遵守。这些原则有七个，包括：单一职责原则、开闭原则、里氏替换原则、依赖注入（倒转）原则、接口分离原则、迪米特法则、合成聚合复用原则。

1. 单一职责原则

单一职责原则（Single Responsibility Principle，SRP）又称单一功能原则，它的核心是解耦合增强内聚性（高内聚，低耦合）。

描述：类被修改的概率很大，因此应该专注于单一的功能。如果把多个功能放在同一个类中，功能之间就形成了关联，改变其中一个功能，有可能中止另一个功能，这时就需要新一轮的测试来避免可能出现的问题。

2. 里氏替换原则

里氏替换原则（Liskov Substitution Principle，LSP）的核心是在任何父类出现的地方都可以用他的子类来替代（子类应当可以替换父类并出现在父类能够出现的任何地方）。

四层含义：

（1）子类必须完全实现父类的方法。在类中调用其他类务必要使用父类或接口，如果不能使用父类或接口，则说明类的设计已经违背了 LSP 原则。

（2）子类可以有自己的个性。子类可以有自己的行为和外观，也就是方法和属性。

（3）覆盖或实现父类的方法时输入参数可以被放大。子类可以重载父类的方法，但输入参数应比父类方法中的大，这样在子类代替父类的时候，调用的仍然是父类的方法，即子类中方法的前置条件必须与超类中被覆盖的方法的前置条件相同或者更宽松。

（4）覆盖或实现父类的方法时输出结果可以被缩小。

3. 依赖注入原则

依赖注入原则（Dependence Inversion Principle，DIP）又称依赖倒置原则或依赖反转原则，其核心是要依赖于抽象，不要依赖于具体的实现。

三层含义：

（1）高层模块不应该依赖低层模块，两者都应该依赖其抽象（抽象类或接口）。

（2）抽象不应该依赖细节（具体实现）。

（3）细节（具体实现）应该依赖抽象。

三种实现方式：

（1）通过构造函数传递依赖对象。

（2）通过 setter 方法传递依赖对象。

（3）接口声明实现依赖对象。

4. 接口分离原则

接口分离原则（Interface Segregation Principle，ISP）又称接口隔离原则，其核心思想是不应该强迫客户程序依赖他们不需要使用的方法。接口分离原则的意思就是一个接口不需要提供太多的行为，一个接口应该只提供一种对外的功能，不应该把所有的操作都封装到一个接口当中。

接口隔离原则的定义：

第一种定义：客户端不应该依赖它不需用的接口。

第二种定义：一个类对另外一个类的依赖性应当是建立在最小的接口上的。

接口的分类有以下两种：

对象接口（Object Interface）：Java 中声明的一个类，通过 new 关键字产生的一个实例，对一个类型事物进行描述，也是一种接口。

类接口（Class Interface）：通过关键字 Interface 定义的接口。

分离接口的两种实现方法：

（1）使用委托分离接口（Separation Through Delegation）。

该方法就把请求委托给别的接口的实现类来完成需要的职责，就是适配器模式（Adapter）。

（2）使用多重继承分离接口（Separation Through Multiple Inheritance）。

该方法通过实现多个接口来完成需要的职责。

两种方式各有优缺点，通常我们应该先考虑后一个方案，如果涉及类型转换时则选择前一个方案。

5. 开闭原则

开闭原则（Open Closed Principle，OCP）的核心思想是对扩展开放，对修改关闭，即在设计一个模块的时候，应当使这个模块可以在不被修改的前提下被扩展。

根据开闭原则，在设计一个软件系统模块（类，方法）的时候，应该可以在不修改原有的模块（修改关闭）的基础上，能扩展其功能（扩展开放）。

扩展开放：某模块的功能是可扩展的，则该模块是扩展开放的。软件系统的功能上的可扩展性要求模块是扩展开放的。

修改关闭：某模块被其他模块调用，如果该模块的源代码不允许修改，则该模块是修改关闭的。软件系统功能上的稳定性、持续性要求是修改关闭的。

1）开闭原则的实现方法

为了满足开闭原则的对修改关闭（Closed for Modification）原则以及扩展开放（Open for Extension）原则，应该对软件系统中的不变的部分加以抽象，在面向对象的设计中：

（1）可以把这些不变的部分加以抽象成不变的接口，这些不变的接口可以应对未来的扩展。

（2）接口的最小功能设计原则。根据这个原则，原有的接口可以应对未来的扩展。不足的部分可以通过定义新的接口来实现。

（3）模块之间的调用通过抽象接口进行，这样即使实现层发生变化，也无须修改调用方的代码。

接口可以被复用，但接口的实现却不一定能被复用。接口是稳定的、关闭的，但接口的实现是可变的、开放的。可以通过对接口的不同实现以及类的继承行为等为系统增加新的或改变系统原来的功能，实现软件系统的柔软扩展。

简单地说，软件系统是否有良好的接口（抽象）设计是判断软件系统是否满足开闭原则的一种重要的判断基准。现在多把开闭原则等同于面向接口的软件设计。

2）开闭原则的相对性

软件系统的构建是一个需要不断重构的过程。在这个过程中，模块的功能抽象，模块与模块间的关系，都不会从一开始就非常清晰明了，所以构建 100%满足开闭原则的软件系统是相当困难的，这就是开闭原则的相对性。但在设计过程中，通过对模块功能的抽象（接口定义）、模块之间的关系的抽象（通过接口调用）、抽象与实现的分离（面向接口的程序设计）等，可以尽量接近满足开闭原则。

6. 迪米特法则

迪米特法则(Law Of Demeter, LOD)又叫作最少知识原则(Least Knowledge Principle, LKP)，其核心思想是一个对象应当对其他对象有尽可能少的了解，意思就是降低各个对象之间的耦合，提高系统的可维护性（类间解耦，低耦合）；在模块之间只通过接口来通信，而不理会模块的内部工作原理，可以使各个模块的耦合成程降到最低，促进软件的复用。

在将迪米特法则运用到系统的设计中时，应注意的几点：

（1）在类的划分上，应该创建有弱耦合的类。

（2）在类的结构设计上，每一个类都应当尽量降低成员的访问权限。

（3）在类的设计上，只要有可能，一个类应当设计成不变类。

（4）在对其他类的引用上，一个对象对其他对象的引用应当降到最低。

（5）尽量降低类的访问权限。

（6）谨慎使用序列化功能。

（7）不要暴露类成员，而应该提供相应的访问器（属性）。

迪米特法则的优点是：

（1）迪米特法则的初衷在于降低类之间的耦合。由于每个类尽量减少对其他类的依赖，因此，很容易使得系统的功能模块功能独立，相互之间不存在（或很少有）依赖关系。

（2）遵循迪米特法则会使一个系统的局部设计简化，因为每一个局部都不会和远距离的对象有直接关联。

迪米特法则的缺点是：

（1）会在系统里造出大量的小方法，散落在系统的各个角落。这些方法仅仅是传递间接的调用，因此与系统的商务逻辑无关，当设计师试图从一张类图看出总体的框架时，这些小的方法会造成迷惑和困扰。

（2）会造成系统的不同模块之间的通信效率的降低，也会使系统的不同模块之间不容易协调。

7. 合成聚合复用原则

合成聚合复用原则（Composite Reuse Principle，CRP），其核心思想是尽量使用对象组合而不是继承来达到复用的目的。该原则就是在一个新的对象里面使用一些已有的对象，使之成为新对象的一部分；新的对象通过向这些对象委派责任达到复用已有功能的目的。其中聚合用来表示"拥有"关系或者整体与部分的关系；合成则用来表示一种强得多的"拥有"关系。在一个合成关系里面，部分和整体的生命周期是一样的。其复用的种类有继承和合成聚合。

1）继承

（1）优点：

新的实现较为容易，因为基类的大部分功能可以通过继承关系自动进入派生类；修改或扩展继承而来的实现较为容易。

（2）缺点：

继承复用破坏包装，因为继承将基类的实现细节暴露给派生类，这种复用也称为白箱复用；如果基类的实现发生改变，那么派生类的实现也不得不发生改变；从基类继承而来的实现是静态的，不可能在运行时发生改变，不够灵活。

2）合成聚合

（1）优点：

新对象存取成分对象的唯一方法是通过成分对象的接口；这种复用是黑箱复用，因为成分对象的内部细节是新对象所看不见的；这种复用支持包装；这种复用所需的依赖较少；每一个新的类可以将焦点集中在一个任务上；这种复用可以在运行时动态进行，新对象可以使用合成/聚合关系将新的责任委派到合适的对象。

（2）缺点：

通过这种方式复用建造的系统会有较多的对象需要管理；在复用时应优先考虑使用合成聚合而不是继承，而判定的条件为以下4个：

① 派生类是基类的一个特殊种类，而不是基类的一个角色，即要分清"has-a"和"is-a"的区别；

② 永远不会出现需要将派生类换成另一个类的派生类的情况；

③ 派生类具有扩展基类的责任，而不是具有置换或者注销掉基类的责任；

④ 只有在分类学角度有意义时，才可以使用继承。

6.4.3.7　面向对象和结构化的比较

1. 结构化和面向对象开发的原理

1）结构化方法

结构化方法是应用最为广泛的一种开发方法。按照信息系统生命周期，应用结构化系统开发方法，把整个系统的开发过程分为若干阶段，然后一步一步地依次进行，前一阶段是后一阶段的工作依据；每个阶段又划分成详细的工作步骤，顺序作业。每个阶段和主要步骤都有明确详尽的文档编制要求，各个阶段和各个步骤的向下转移都是通过建立各自的软件文档和对关键阶段、步骤进行审核和控制实现的，它是由结构化分析、结构化设计和结构化程序设计三部分有机组合而成的。它的基本思想：把一个复杂问题的求解过程分阶段进行，而且这种分解是自顶向下，逐层分解，使得每个阶段处理的问题都控制在人们容易理解和处理的范围内。其以数据流图，数据字典，结构化语言，判定表，判定树等图形表达为主要手段，是强调开发方法的结构合理性和系统的结构合理性的软件分析方法。

2）面向对象方法

面向对象方法是一种运用对象、类、封装、继承、多态和消息等概念来构造、测试、重构软件的方法。随着应用系统日益复杂庞大和面向对象程序设计语言的日益成熟，面向对象的系统开发方法以其直观、方便的优点获得广泛应用，其是以认识论为基础，用对象来理解和分析问题空间，并设计和开发出由对象构成的软件系统（解空间）的方法。由于问题空间和解空间都是由对象组成的，这样可以消除由于问题空间和求解空间结构上的不一致带来的问题。简言之，面向对象就是面向事情本身，面向对象的分析过程就是认识客观世界的过程。

面向对象方法从对象出发，发展出对象、类、消息、继承等概念。

2. 结构化和面向对象的共同点和区别

1）相同点

（1）结构化开发方法和面向对象的方法都是软件系统的开发方法。

（2）结构化开发方法和面向对象的方法在运用分解和抽象原则上的要求是完全一致的。分解即化整为零，将问题剥茧抽丝，层层消化；抽象则是通过分解体现，在逐层分解时，上层是下层的抽象，下层是上层的具体解释和体现，运用抽象可以不用一次考虑太多细节，而逐渐有计划有层次地了解更多细节；

（3）局部化和重用性设计上的一致。局部化是软件开发中的一个重要原则，即不希望软件一部分过多地涉及或影响软件的其他部分。在结构化方法中，局部化主要体现在代码与数据的分隔化，即程序各部分除必要的信息交流外，彼此相互隔离而互不影响；而面向对象方法则采用数据、代码的封装，即将数据、代码和操作方法封装成一个类似"黑箱"的整体对象，提高了程序的可靠性和安全性，同时增强了系统的可维护性。也就是说，面向对象方法比结构化方法的运用更加深入及彻底。

2）不同点

（1）结构化方法是一种面向数据流的开发方法，面向对象方法是一种面向对象的开发方法。

（2）处理问题时的出发点不同。结构化方法是强调过程抽象化和模块化，以过程为中心构造或处理客观世界问题，它是一种面向过程的开发方法；面向对象方法强调把问题域的要领直接影射到对象及对象之间的接口上，是用符合人们通常的思维方式来处理客观世界的问题。

（3）处理问题的基本单位和层次逻辑关系不同。结构化方法把客观世界的问题抽象成计算机可以处理的过程，处理问题的基本单位是能清晰表达过程的模块，用模块的层次结构概括模块或模块间的关系和功能；面向对象方法是用计算机逻辑来模拟客观世界中的物理存在，以对象的集合类作为处理问题的基本单位，尽可能使计算机世界向客观世界靠拢，以使问题的处理更直截了当，面向对象方法是用类的层次结构来体现类之间的继承和发展。

（4）数据处理方式与控制程序方式不同。结构化方法是直接通过程序来处理数据，处理完毕后即可显示处理结果，在控制程序方式上是按照设计调用或返回程序不能自由导航，各模块程序之间存在着控制与被控制的关系；面向对象方法将数据与对应的代码封装成一个整体，原则上其他对象不能直接修改其数据，即对象的修改只能由自身的成员函数完成，控制程序方式上是通过"事件驱动"来激活和运行程序。

（5）分析设计与编码转换方式不同。结构化方法强调分析、设计及编码之间按规则进行转换，贯穿软件生命周期的分析、设计及编码之间实现的是一种有缝的连接；面向对象方法从分析到设计再到编码则采用一致性的模型表示，贯穿软件生命周期的分析、设计及编码之间，是一种平滑过程，即实现的是一种无缝连接。

3. 结构化的优缺点

该方法的优点是：

（1）从系统整体出发，强调在整体优化的条件下"自上而下"地分析和设计，保证了系统的整体性和目标的一致性。

（2）结构化方法强调功能抽象和模块化。由于它采取了分块处理问题的方法，可以把一个比较复杂的问题分解为若干个容易处理解决的部分，从而降低了问题处理的难度。

（3）严格区分系统开发的阶段性，每一阶段的工作成果是下一阶段的依据，便于系统开发的管理和控制。

（4）文档规范化，按工程标准建立标准化的文档资料，便于软件在以后的维护。而且由于结构化方法思路清晰，条理清楚，又有效地分解了复杂的问题，使得程序编写清晰明了，也大大简化了编程人员繁杂的工作。

该方法的缺点是：

（1）重用性差：结构化分析与设计清楚地定义了系统的接口，当系统对外界接口发生变动时，可能会造成系统结构产生较大变动，难以扩充新的功能接口。

（2）软件可维护性差：由于软件的可修改性差，导致维护困难，造成维护时费用和成本高，可维护性变差。

（3）开发的软件难以满足用户需要：用传统的结构化方法开发大型软件时，往往此系统涉及各种不同领域的知识，在开发需求模糊或需求不断变化的系统时，所开发出的软件系统往往不能真正满足用户的需要。

（4）开发周期长，文档、设计说明繁琐，工作效率低：要求在开发之初全面认识系统的信息需求，充分预料各种可能发生的变化，但这并不十分现实；若用户参与系统开发的积极性没有充分调动，造成系统交接过程不平稳，系统运行与维护管理难度加大。

4. 面向对象的优缺点

面向对象编程的优点：

（1）与人类习惯的思维方法一致。

传统的程序设计技术是面向过程的设计方法，它以算法为核心，数据和过程相互独立，忽略了数据和操作之间的内在联系。传统的软件开发方法用"瀑布"模型来描述，它强调自顶向下按部就班地完成软件开发工作。

面向对象的软件技术以对象为核心，用它开发出的软件系统由对象组成，而对象是数据和操作的封装体，对象之间通过传递消息互相联系。

面向对象的软件开发过程从始至终都围绕着建立问题领域的对象模型来进行：对问题领域进行自然的分解，确定需要使用的对象和类，建立适当的类等级，在对象之间传递消息实现必要的联系，从而按照人们习惯的思维方式建立起问题领域的模型，开发出尽可能直观、自然地表现求解方法的软件系统。

（2）稳定性好。

传统的软件开发方法的开发过程基于功能分析和功能分解，用它所建立起来的软件系统的结构紧密依赖于系统所要完成的功能，当功能需求发生变化时将引起软件结构的整体修改。事实上，用户需求变化大部分是针对功能的，因此，这样的软件系统是不稳定的。

面向对象方法基于构造问题领域的对象模型，以对象为中心构造软件系统。软件系统的结构是根据问题领域的模型建立起来的，当对系统的功能需求变化时并不会引起软件结构的整体变化，往往仅需要做一些局部性的修改。

（3）可重用性好。

传统的软件重用技术是利用标准函数库来实现。

面向对象的软件技术有两种方法可以重复使用一个对象类：一种方法是创建该类的实例，从而直接使用它；另一种方法是从它派生出一个满足当前需要的新类。继承性机制使得子类不仅可以重用其父类的数据结构和程序代码，而且可以在父类代码的基础上方便地修改和扩充。

（4）较易开发大型软件产品。

用面向对象方法学开发软件时，构成软件系统的每个对象就像一个微型程序，有自己的数据、操作、功能和用途，因此，可以把一个大型软件产品分解成一系列本质上相互独立的小产品来处理，这不仅降低了开发的技术难度，而且也使得对开发工作的管理变得容易多了。

（5）可维护性好。

面向对象方法所开发的软件可维护性好，因为：

① 面向对象的软件稳定性比较好。

② 面向对象的软件比较容易修改。

③ 面向对象技术特有的继承机制和多态性机制，使得对软件的修改和扩充比较容易实现；

④ 面向对象的软件比较容易理解。

面向对象的软件技术符合人们习惯的思维方式，用这种方法所建立的软件系统的结构与问题空间的结构基本一致；

⑤ 易于测试和调试。

类是独立性很强的模块，对类的测试通常比较容易实现，如果发现错误也往往集中在类的内部，比较容易调试。

面向对象编程的缺点：

（1）开发过程管理要求高，整个开发过程要经过"修改—评价—再修改"的多次反复。

（2）面向对象方法通过信息隐藏和封装等手段屏蔽了对象内部的执行细节，控制了错误的蔓延，但发生错误时，定位故障的代价大，尤其在继承的深度很大时。对于需求变化频繁的系统，得到一个高度可复用的面向对象软件系统设计是很困难的事情。

5. 软件开发中如何选择

（1）软件工程的目标是以最小的代价开发出满足用户需求的软件。为此，根据系统的实际需求，分别针对具体情况选择采用不同的设计方法，可以充分发挥面向对象与结构化方法各自的优势。目前，在大多数软件系统的分析设计过程中，这两者方法都被采用。

（2）理解是修改维护任何一个软件系统的基础，对面向对象的软件而言，理解该软件就需要了解软件系统中主要对象的整个运行机制。但对象间的并行、继承、传递、激活等特性，可能会对后期维护人员快速理解系统原设计思想带来一定的障碍。目前，支持面向对象方法的软件开发环境中能帮助理解软件设计思路的工具并不多，在这方面结构化方法占有相对优势。所以，使用面向对象方法设计的软件系统要切实注意避免此类理解错误对开发带来的不良影响。

（3）不论哪一种设计方法，正确清晰的需求界定都是开发一个成功的软件系统必不可少的前提条件，否则再好的设计方法也无济于事。

6.5 软件测试

6.5.1 软件测试简介

软件测试是软件开发过程的重要组成部分，是用来确认一个程序的品质或性能是否符合开发之前所提出的一些要求。软件测试是在软件投入运行前，对软件需求分析、设计规格说明和编码的最终复审，是软件质量保证的关键步骤。软件测试是为了发现错误而执行程序的过程。软件测试在软件生存期中横跨两个阶段：通常在编写出每一个模块之后就对它做必要的测试，即单元测试，编码和单元测试属于软件生存期中的同一个阶段；在结束这个阶段后对软件系统还要进行各种综合测试，这是软件生存期的另一个独立阶段，即测试阶段。

6.5.1.1　软件测试的发展史

软件测试是伴随着软件的产生而产生的。早期的软件开发过程中，那时软件规模都很小、复杂程度低，软件开发的过程混乱无序、相当随意，测试的含义比较狭窄，开发人员将测试等同于"调试"，目的是纠正软件中已经知道的故障，常常由开发人员自己完成这部分的工作，对测试的投入极少，测试介入也晚，常常是等到形成代码、产品已经基本完成时才进行测试。

到了 20 世纪 80 年代初期，软件和 IT 行业进入了大发展，软件趋向大型化、高复杂度，软件的质量越来越重要。这个时候，一些软件测试的基础理论和实用技术开始形成，并且人们开始为软件开发设计了各种流程和管理方法，软件开发的方式也逐渐由混乱无序的开发过程过渡到结构化的开发过程，以结构化分析与设计、结构化评审、结构化程序设计以及结构化测试为特征。人们还将"质量"的概念融入其中，软件测试定义发生了改变，测试不单纯是一个发现错误的过程，而且将测试作为软件质量保证（SQA）的主要职能，包含软件质量评价的内容，Bill Hetzel 在《软件测试完全指南》（Complete Guide of Software Testing）一书中指出："测试是以评价一个程序或者系统属性为目标的任何一种活动。测试是对软件质量的度量。"这个定义至今仍被引用。软件开发人员和测试人员开始坐在一起探讨软件工程和测试问题。

软件测试已有了行业标准（IEEE/ANSI）。1983 年，IEEE 提出的软件工程术语中给软件测试下的定义是："使用人工或自动的手段来运行或测定某个软件系统的过程，其目的在于检验它是否满足规定的需求或弄清预期结果与实际结果之间的差别"。这个定义明确指出：软件测试的目的是检验软件系统是否满足需求。它再也不是一个一次性的而且只是开发后期的活动，而是与整个开发流程融合成一体。软件测试已成为一个专业，需要运用专门的方法和手段，需要专门人才和专家来承担。

进入 20 世纪 90 年代，软件行业开始迅猛发展，软件的规模变得非常大，在一些大型软件开发过程中，软件测试需要花费大量的时间和成本，而当时测试的手段几乎完全都是手工测试，测试的效率非常低；并且随着软件复杂度的提高，出现了很多通过手工方式无法完成测试的情况，尽管在一些大型软件的开发过程中，人们尝试编写了一些小程序来辅助测试，但是这还是不能满足大多数软件项目的统一需要。于是，很多测试实践者开始尝试开发商业的测试工具来支持测试，辅助测试人员完成某一类型或某一领域内的测试工作，而测试工具逐渐盛行起来。人们普遍意识到，工具不仅仅是有用的，而且要对今天的软件系统进行充分的测试，其是必不可少的。测试工具可以进行部分的测试设计、实现、执行和比较的工作，通过运用测试工具，可以达到提高测试效率的目的。测试工具的发展，大大提高了软件测试的自动化程度，让测试人员从烦琐和重复的测试活动中解脱出来，专心从事有意义的测试设计等活动。采用自动比较技术，还可以自动完成测试用例执行结果的判断，从而避免人工比对存在的疏漏问题。设计良好的自动化测试，在某些情况下可以实现"夜间测试"和"无人测试"。在大多数情况下，软件测试自动化可以减少开支，增加有限时间内可执行的测试，在执行相同数量测试时节约测试时间，而测试工具的选择和推广也越来越受到重视。

在软件测试工具平台方面，商业化的软件测试工具已经很多，如捕获/回放工具、Web 测试工具、性能测试工具、测试管理工具、代码测试工具等，这些都有严格的版权限制且价格较为昂贵，无法自由使用，当然，一些软件测试工具开发商对于某些测试工具提供了 Beta 测试版本以供用户有限次数使用。幸运的是，在开放源码社区中也出现了许多软件测试工具，已得到广泛应用且相当成熟和完善。

6.5.1.2 软件测试与软件质量

1. 软件测试的定义

1）经典定义

软件测试（Software Testing）是指在规定的条件下对程序进行操作，以发现程序错误，衡量软件质量，并对其是否能满足设计要求进行评估的过程。

2）标准定义（IEEE）

软件测试是使用人工或自动的手段来运行或测定某个软件系统的过程，其目的在于检验它是否满足规定的需求或弄清预期结果与实际结果之间的差别。

2. 软件质量的定义

软件质量：软件满足规定或潜在用户需求的能力。具体包含以下三个方面：

（1）与所确定的功能和性能需求的一致性。

（2）与所成文的开发标准的一致性。

（3）与所有专业开发的软件所期望的隐含特性的一致性。

3. 软件测试和质量保证的区别

质量保证：主要工作是通过预防、检查与改进来保证软件质量。它所关注的是软件质量的检查与测量，着眼软件开发活动中的过程、步骤及产物，而不是对软件进行剖析进而找出问题。

软件测试：测试关心的不是过程的活动，而是对过程的产物以及开发出的软件进行剖析。测试人员要"执行"软件，对过程中的产物——开发文档和源代码——进行走查、运行，以找出问题，报告质量。测试人员也必须假设软件存在问题，所以所做的操作都是为了找出更多的问题，而不仅仅验证每一件事是正确的。

6.5.2 软件测试的内容

不论是对软件的模块还是整个系统，总有共同的内容要测试，如正确性测试、容错性测试、性能与效率测试、易用性测试、文档测试等。

6.5.2.1 正确性测试

正确性测试又称功能测试，它检查软件的功能是否符合规格说明。由于正确性是软件最重要的质量因素，所以对其测试也最重要。

测试基本的方法是构造一些合理输入，检查是否得到期望的输出。这是一种枚举方法，测试人员一定要设法减少枚举的次数，否则将增加测试的难度。关键在于寻找等价区间，因为在等价区间中，只需用任意值测试一次即可。等价区间的概念可表述如下：

记（A，B）是命题 $f(x)$ 的一个等价区间，在（A，B）中任意取 $x1$ 进行测试。

如果 $f(x1)$ 错误，那么 $f(x)$ 在整个（A，B）区间都将出错；

如果 $f(x1)$ 正确，那么 $f(x)$ 在整个（A，B）区间都将正确。

上述测试方法称为等价测试，来源于人们的直觉与经验，可令测试事半功倍。

还有一种有效的测试方法是边界值测试，即采用定义域或者等价区间的边界值进行测试。因为程序员容易疏忽边界情况，程序也"喜欢"在边界值处出错。

例如，测试的一段程序，凭直觉等价区间应是（0，1）和（1，+∞）。可取 x=0.5 以及 x=2.0 进行等价测试，再取 x=0 以及 x=1 进行边界值测试。有一些复杂的程序，我们难以凭直觉与经验找到等价区间和边界值，这时枚举测试就相当有难度。在用"白盒测试"方式进行正确性测试时，有个额外的好处：如果测试发现了错误，测试者（开发人员）马上就能修改错误。越早改正错误，付出的代价就越低。所以大多数软件公司要求程序员在写完程序时，马上执行基于单步跟踪的"白盒测试"。

6.5.2.2　容错性测试

容错性测试是检查软件在异常条件下的行为。容错性好的软件能确保系统不发生无法预料的事故。比较温柔的容错性测试通常构造一些不合理的输入来引诱软件出错。粗暴一些的容错性测试通过各种手段，让软件强制性地发生故障，然后验证系统已保存的用户数据是否丢失，系统和数据是否能尽快恢复。

6.5.2.3　性能与效率测试

性能与效率测试主要是测试软件的运行速度和对资源的利用率。有时人们关心测试的"绝对值"，如数据输送速率是每秒多少比特；有时人们关心测试的"相对值"，如某个软件比另一个软件快多少倍。

在获取测试的"绝对值"时，我们要充分考虑并记录运行环境对测试的影响。例如计算机主频、总线结构和外部设备都可能影响软件的运行速度。

在获取测试的"相对值"时，我们要确保被测试的几个软件运行于完全一致的环境中。硬件环境的一致性比较容易做到（用同一台计算机即可），但软件环境的因素较多，除了操作系统，程序设计语言和编译系统对软件的性能也会产生较大的影响。如果是比较几个算法的性能，就要求编程语言和编译器也完全一致。

性能与效率测试中很重要的一项是极限测试，因为很多软件系统会在极限测试中崩溃。例如，连续不停地向服务器发请求，测试服务器是否会陷入死锁状态；给程序输入特别大的数据，看看它是否能承受。

6.5.2.4　易用性测试

易用性测试没有一个量化的指标，主观性较强。调查表明，当用户不理解软件中的某个特性时，大多数人首先会向同事、朋友请教，要是再不起作用，就向产品支持部门打电话，只有约 30%的用户会查阅用户手册。一般认为，如果用户不翻阅手册就能使用软件，那么表明这个软件具有较好的易用性。

6.5.2.5　文档测试

文档测试主要用来检查文档的正确性、完备性和可理解性。正确性是指不能把软件的功能和操作写错，也不允许文档内容前后矛盾。完备性是指文档不可以"虎头蛇尾"，更不许漏掉关键内容。文档中很多内容对开发者可能是"显然"的，但对用户而言不见得都是如此。文档不可以写成散文、诗歌或者小说风格，要让大众用户看得懂，容易理解。

6.5.3 软件测试的目的和原则

6.5.3.1 软件测试的目的

测试的目的是以最少的人力、物力和时间找出软件中潜在的各种错误与缺陷，通过修正各种错误和缺陷提高软件质量，回避软件发布后由于潜在的软件缺陷和错误造成的隐患以及带来的商业风险。测试的最终目的是确保最终交给用户的产品的功能符合用户的需求，使尽可能多的问题在产品交给用户之前被发现并改正。

具体地讲，测试一般要达到下列目标：

（1）确保产品完成了它所承诺或公布的功能，并且所有用户可以访问到的功能都有明确的书面说明。

产品缺少明确的书面文档，是厂商一种短期行为的表现，也是一种不负责任的表现。所谓短期行为，是指缺少明确的书面文档既不利于产品最后的顺利交付，容易与用户发生矛盾，影响厂商的声誉和将来与用户的合作关系；同时也不利于产品的后期维护，也使厂商支出超额的用户培训和技术支持费用。从长期利益看，这是很不划算的。

当然，书面文档的编写和维护工作对于使用快速原型法（RAD）开发的项目是最为重要以及最为困难的，也是最容易被忽略的。

最后，书面文档的不健全甚至不正确，也是测试工作中遇到的最麻烦的问题，它的直接后果是测试效率低下、测试目标不明确、测试范围不充分，从而导致最终测试的作用不能充分发挥，测试效果不理想。

（2）确保产品满足性能和效率的要求。

系统运行效率低（性能低），用户界面不友好或用户操作不方便（效率低）的产品不能说是一个有竞争力的产品。

用户最关心的不是软件技术有多先进、功能有多强大，而是他能从这些技术与这些功能中得到多少好处。也就是说，用户关心的是他能从中取出多少，而不是软件已经放进去多少。

（3）确保产品是健壮的和适应用户环境的。

健壮性即稳定性，是产品质量的基本要求，尤其对于一个用于事务关键或时间关键的工作环境中。

另外就是不能假设用户的环境（某些项目可能除外），比如报业用户许多配置是比较低的，而且是和某些第三方产品同时使用的。

6.5.3.2 软件测试的原则

1. 测试证明软件存在缺陷

无论何种测试活动，其目的都是为了证明软件存在缺陷，因为无法证明软件不存在缺陷。进行测试活动可以减少软件中存在未被发现缺陷的可能性，降低漏测风险，但即使通过测试并未发现任何缺陷，亦不能证明被测对象不存在缺陷。在实际工作中，开发人员在测试工程师不能发现缺陷后，经常会说被测对象已经没有任何问题了，这种观点是极其错误的。

2. 不可能执行穷尽测试

软件是运行在硬件基础上的逻辑实体，在复杂多变的环境中，任何运行环境发生变化都可能导致缺陷的产生，除了小型系统，利用穷举法进行测试是不可能的。通过风险分析、被测对象测试点优先级分析、软件质量模型及不同测试方法的运用来确定测试关注点，从而替代穷尽测试，提高测试覆盖率。

3. 测试应尽早启动、尽早介入

缺陷越早发现，修复的成本越低。为了尽早发现缺陷，在软件系统生产生命周期中，测试（评审）活动应尽早介入。通常情况下从项目立项开始，在每个阶段都进行评审活动。

4. 缺陷存在群集现象

一个软件系统的重要功能往往占系统的20%左右，但这20%功能的复杂度可能是系统的80%左右（二八原理），出错的概率会大大增加。测试过程中人力、时间、资源分配比例应根据系统业务功能的优先级匹配，并在测试活动结束后，根据缺陷分布情况进行调整。通常情况下，少数模块可能包含大部分在测试过程中发现的缺陷。在实际测试过程中，不可能均分测试资源，需考虑测试投入及风险控制，可使用基于风险或操作剖面的测试策略重点测试。

5. 杀虫剂悖论

害虫经过几轮药物毒杀后，其后代将产生抗体，杀虫剂不再有效。同样的道理，测试用例经过多次迭代测试后，将不能再发现缺陷。为了解决"杀虫剂悖论"，测试用例需定期评审，及时调整，可根据软件质量特性结合被测对象的业务场景，设计新的测试用例来测试，从而发现更多潜在的缺陷。

6. 不同的测试活动依赖于不同的测试背景

不同的测试背景、测试目标需开展不同的测试活动。例如，电子商务业务系统与金融证券产品的测试方法可能不一样，安全性测试与兼容测试性测试方法不一样。针对不同的测试背景，采用恰当高效的测试活动，是实施有效测试活动的一个重要环节。

7. 不存在缺陷的谬论

当被测对象无法满足用户需求时，即使该系统无任何缺陷，也不能称为高质量的软件。不能满足用户期望的系统即是无用系统。系统无用时，发现与修改缺陷是毫无意义的。实施测试活动时，一定要考虑用户背景，比如一部时尚酷炫的手机对于老年人而言可能显得不适用。

6.5.4　软件测试的分类

6.5.4.1　软件开发阶段

1. 单元测试

单元测试又称为模块测试，是对软件中最小可测单元进行检查和验证。单元测试需要掌握内部设计和编码的细节知识，往往需要开发测试驱动模块和桩模块来辅助完成，一般由开发人员来执行测试。

2. 集成测试

单元测试的下一个阶段就是集成测试，又称为组装测试，是在单元测试的基础上，将单元模块组装成系统或子系统过程中所进行的测试，重点检查软件不同单元或部件之间的接口是否正确。

3. 系统测试

系统测试是对整个基于计算机系统的测试，软件作为该系统的一个元素，与计算机硬件、外设、网络、支持软件、数据和人员等其他系统元素结合在一起，在真实或模拟运行环境下进行一系列的组装测试和确认测试，检查软件是否能与硬件、外设、网络、支持软件等正确配置连接，并满足用户需求。

4. 验收测试

验收测试是按照项目任务书或合同，供需双方约定的验收依据文档，在用户指定的或真实的环境中，对整个系统进行的测试与评审，作为用户接受或拒绝系统的依据，是软件在投入使用之前的最后测试。

6.5.4.2 测试方法与技术

1. 按是否执行软件进行分类

1）静态测试

不运行被测软件本身，仅通过人工分析或检查软件的需求说明书、设计说明书，以及源程序的文法、结构、过程、接口等来验证软件正确性的测试过程。

2）动态测试

通过人工或工具运行软件，比较软件运行的外部表现与预期结果的差异，来验证软件的正确性，并分析软件运行效率和健壮性等性能。

2. 按是否了解软件内部结构分类

1）黑盒测试

黑盒测试又称为功能测试或数据驱动测试，是一种按照需求规格说明设计测试数据的方法。它把程序看作内部不可见的黑盒子，完全不需考虑程序内部结构和编码结构，也不需考虑程序中的语句及路径，测试者只需了解程序输入和输出之间的关系，或是程序的功能，完全依靠能够反映这一关系和程序功能的需求规格说明确定测试数据，判定测试结果的正确性。

2）白盒测试

白盒测试也称结构测试或逻辑驱动测试，它知道产品内部工作过程，可通过测试来检测产品内部动作是否按照规格说明书的规定正常运行，按照程序内部的结构测试程序，检验程序中的每条通路是否都有能按预定要求正确工作，而不考虑它的功能。白盒测试的主要方法有逻辑驱动、基路测试等，主要用于软件验证。

3）灰盒测试

灰盒测试结合了白盒测试和黑盒测试的要素。它考虑了用户端、特定的系统知识和操作环境，在系统组件的协同性环境中评价应用软件的设计。可以这样理解，灰盒测试关注输出对于输入的正确性，同时也关注内部表现，但这种关注不像白盒测试那样详细、完整，只是通过一些表征性的现象、事件、标志来判断内部的运行状态，有时候输出是正确的，但内部其实已经错误了，这种情况非常多，如果每次都通过白盒测试来操作，效率会很低，因此需要采取这样的一种灰盒的方法。

6.5.4.3　测试实施组织

1. 开发方测试

开发方测试是在软件开发环境下，由开发方检测与证实软件的实现是否满足设计说明或需求说明要求的过程。

2. 用户测试

用户测试是指在用户的应用环境下，用户通过运行和使用软件，检测和核实软件是否符合自己预期要求的过程。

3. 第三方测试

第三方测试又称独立测试，通常是在模拟用户真实应用的环境下，由在技术、管理、财务上与开发、用户相当独立的组织进行的软件测试。

6.5.4.4　测试内容

1. 功能测试

侧重于验证测试目标预期功能，在规定的一段时间内运行软件系统的所有功能，以验证这个软件系统有无严重错误。

2. 安全性测试

侧重于确保测试目标数据（或系统）只供预定好的那些参与者访问。接口测试测试验证测试目标的数据接口的正确性和对其设计的遵循性。

3. 容量测试

侧重于验证测试目标处理大量数据的能力。

4. 完整性测试

侧重于评估测试目标的健壮性（防止故障）和语言、语法和资源用途的技术一致性。

5. 结构测试

侧重于评估测试目标对其设计和形式的遵循性。

6. 用户界面测试

侧重于验证用户与软件的交互。

7. 恢复性测试

侧重于应用程序或整个系统可以从各种硬件、软件或网络故障中成功地进行故障转移或恢复。

8. 配置测试

侧重于在不同的硬件和软件配置上实现预期的测试目标功能。

9. 兼容性测试

侧重于确保受测试系统与其他软件可以共存运行。

10. 安装测试

侧重于确保在不同硬件和软件配置上以及不同条件下按计划安装测试目标。

6.5.5 软件测试基本方法

6.5.5.1 白盒测试方法

白盒测试主要用来检查程序的内部结构、逻辑、循环和路径。测试是基于覆盖全部代码、分支、路径、条件。根据测试程序是否运行，白盒测试分静态白盒测试和动态白盒测试两种。

静态白盒测试也称为结构分析，是在不执行程序的条件下审查软件设计、体系结构和代码，从而找出软件缺陷的过程。测试对象是文档、代码等非计算机执行的部分。在项目中使用静态白盒测试是基于这样的原则：错误发现得越早，改正错误的成本越低，正确改正错误的可能性越大，改正错误时可能引发的其他错误的数量也越少。静态白盒测试方法包括代码检查法、静态结构分析法、静态质量度量法。常用的是代码检查法，这些方法在程序开始编码之后、基于计算机的动态测试开始之前使用。

动态白盒测试也称为结构化测试，是在使用和运行程序的条件下，软件测试员查看代码内部结构和实现方式来确定哪些要测试，哪些不要测试，如何开展测试，怎样设计和执行测试用例。白盒测试的覆盖标准有逻辑覆盖、循环覆盖和基本路径测试。动态白盒测试常用的测试用例设计方法有逻辑覆盖法（逻辑驱动测试）和基本路径测试法两种。

下面具体介绍以下三种常用的白盒测试方法：

1. 代码检查法

代码检查法主要检查代码和程序设计的一致性，代码结构的合理性，代码编写的标准性、可读性，代码逻辑表达的正确性等方面，目标是发现程序缺陷，改进软件的质量。检查方式包括桌面检查、代码走查、代码审查三种方式。

需要的文档：程序设计文档、程序的源代码清单、编码规范、代码缺陷检查表等。在进行代码检查时，代码缺陷检查表就是测试用例，检查表中一般包括容易出错的地方和在以往的工作中遇到的典型错误。

优缺点：代码检查法能快速找到缺陷，一旦发现错误，能够在代码中对其进行精确定位，从而降低了错误修正的成本。代码检查看到的是问题本身而非问题的征兆，但是其检查非常耗费时间，而且代码检查需要知识和经验的积累。

1）桌面检查

桌面检查是一种传统的检查方法，是指由程序员检查自己编写的程序。程序员在程序通过编译之后，对源程序代码进行分析、检验，并补充相关文档，由于程序员熟悉自己的程序及其程序设计风格，检查时可以节省时间，但应避免主观片面性。桌面检查的效果逊色于代码检查和走查，但桌面检查胜过没有检查。

2）代码审查和走查

两种方法的形成、流程一样，但规程、方法不一样。具体来说，代码审查和走查都是以小组为单位阅读代码，它是一系列规程和错误检查方法的集合。审查或走查小组通常由不需要对程序细节很了解的协调人员、程序的编码人员、程序的设计人员、测试专家 4 人组成。都是以会议的形式进行。会议理想时间为 90 ~ 120 分钟，按照每小时阅读 150 行代码的速度进行。对大型软件应安排多个会议同时进行，每个会议处理一个或几个模块或子程序。

代码审查规程和方法：在代码审查会议上，程序作者逐条语句讲述程序的逻辑结构，参与人根据"代码缺陷检查表"分析程序，检查内容包括编码标准规范和错误列表。编码规范是指团队根据自己的经验和风格进行设置的一些规范。错误列表一般是代码潜在的错误，由于某种代码写法虽然没有语法错误，但是可能存在逻辑错误，比如会导致线程死锁，这些都是错误列表应该检查的。结束会议后，把这些经验汇成列表，作为下次代码审查的依据，并针对错误修正进行跟踪。输出文档是《代码检查记录表》，此表主要内容日期、主持人、参与人员、范围、发现的问题、问题处理、跟踪检查等。

代码走查规程和方法：在代码走查会议上，参与者参考《设计规格书》使用计算机来执行代码。测试人员准备一些简单的测试用例，它的作用是提供启动代码走查和质疑程序员逻辑思路及其他设想的手段。在会议期间，把测试数据沿程序的逻辑结构走一遍，程序的状态记录在纸或白板上以供监视。在大多数的代码走查中，很多问题是在向程序员提问的过程中发现的，而不是由测试用例本身直接发现的。

2. 基本路径测试法

基本路径测试法包括 4 个步骤，在程序控制流图的基础上，通过分析程序的环路复杂性，导出基本可执行路径集合，从而设计测试用例。设计出的测试用例要保证在测试中程序的每个可执行路径至少执行一次。以下举例具体说明这 4 个步骤：

例：有下面的 C 函数，用基本路径测试。

```c
Void sort (int num, int type)
{
    int x=0;
    int y = 0;
    while (num>0)
{
    if (type==0)
      {
        x=y+2;
        break;
      } else {
        if (type == 1)
          {
            x=y+10;
          }
        else {
            x=y+20;
          }
    }
    }
```

1）画出控制流图

可将流程图映射成一个相应的流图。程序的控制流图是对程序流程图简化得到的，它可以更加突出的描述程序控制流的结构。控制流图只有两种图形符号。

圆：称为流图的节点，代表一个或多个语句，流程图中一个处理方框序列和一个菱形决策框可被映射为一个节点。

箭头：称为边或连接，代表控制流，类似于流程图中的箭头。一条边必须终止于一个节点，即使该节点并不代表任何语句。

由边和节点限定的范围称为区域，计算区域时应包括图外部的范围。

程序流程图与控制流图如图 6-94 所示。

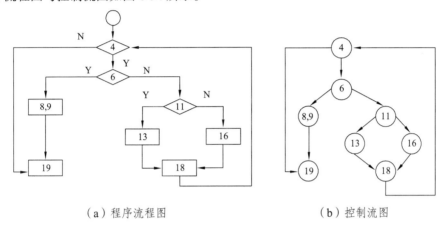

（a）程序流程图　　　　　　　　　　（b）控制流图

图 6-94　程序流程图与控制流图

如果判断中的条件表达式是由一个或多个逻辑运算符（or，and）连接的复合条件表达式时，要为每个条件创建一个独立的节点，包含条件的节点被称为判定节点，一个判定节点发出两条或多条边。例如：

```
if a or b
    x
else
    y
```

对应的逻辑如图 6-95 所示。

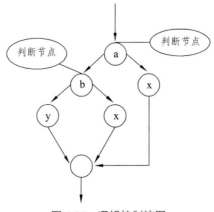

图 6-95　逻辑控制流图

2）计算圈复杂度

通过对控制流图的分析和判断来计算圈复杂度。

圈复杂度也成为环形复杂度、程序环境复杂度，是一种为程序逻辑复杂性提供定量测度的软件度量，将该度量用于计算程序的基本的独立路径数目，为确保所有路径至少执行一次的测试数量的上界。有以下三种方法计算圈复杂度：

方法一：流图中区域的数量对应于环形的复杂性。

方法二：给定流图 G 的圈复杂度 $V(G)$，定义为 $V(G)=E-N+2$，E 是流图中边的数量，N 是流图中节点的数量。

方法三：给定流图 G 的圈复杂度 $V(G)$，定义为 $V(G)=P+1$，P 是流图 G 中判定节点的数量。

对应图 6-13 中的圈复杂度，计算如下：

方法一：由图 6-96 环形图可知流图有 4 个区域。

方法二：$V(G)=10$ 条边-8 节点+2=4。

方法三：$V(G)=3$ 个判定节点+1=4。

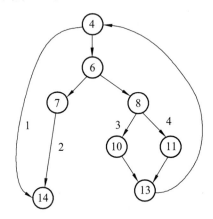

图 6-96　环形图

3）导出独立路径

从程序的环路复杂性可导出程序的独立路径条数。

一条独立路径是指，和其他的独立路径相比，程序中至少引进一个新的处理语句集合或一个新判断条件的程序通路，即独立路径必须至少包含一条在定义路径之前不曾用到的边。如果只是已有路径的简单合并，并未包含任何新边，则不是独立路径。

此例可得出四个独立的路径。$V(G)$值正好等于该程序的独立路径的条数。

路径 1：4-14；

路径 2：4-6-7-14；

路径 3：4-6-8-10-13-4-14；

路径 4：4-6-8-11-13-4-14。

4）设计测试用例

根据独立路径来设计输入数据，使程序分别执行到上面 4 条路径。

为了确保基本路径集中的每一条路径的执行，根据判断节点给出的条件，选择适当的数据以保证某一条路径被测试到，满足上面例子基本路径集的测试用例是：

路径 1：4-14；

输入数据：num=0 或者 num<0 的任一个数；

预期结果：x=0。

路径 2：4-6-7-14；

输入数据：num=1，type=0；

预期结果：x=2。

路径 3：4-6-8-10-13-4-14；

输入数据：num=1，type=1；

预期结果：x=10。

路径 4：4-6-8-11-13-4-14；

输入数据：num=1，type=2；

预期结果：x=20。

3. 逻辑覆盖测试

测试覆盖率：用于确定测试所执行到的覆盖项的百分比。其中的覆盖项是指作为测试基础的一个入口或属性，比如语句、分支、条件等。 测试覆盖率可以表示出测试的充分性，在测试分析报告中可以作为量化指标的依据，测试覆盖率越高，效果越好。但覆盖率不是目标，只是一种手段。测试覆盖率包括功能点覆盖率和结构覆盖率：功能点覆盖率大致用于表示软件已经实现的功能与软件需要实现的功能之间的比例关系；结构覆盖率包括语句覆盖率、分支覆盖率、循环覆盖率、路径覆盖率等。

逻辑覆盖法：以程序内部的逻辑结构为基础的用例设计方法，它通过对程序逻辑结构的遍历实现程序的覆盖。根据覆盖目标的不同，逻辑覆盖分为语句覆盖、判定覆盖（分支覆盖）、条件覆盖、判定-条件覆盖（分支-条件覆盖）、条件组合覆盖、路径覆盖 6 种覆盖测试方法。

（1）语句覆盖：每条语句至少执行一次。

（2）判定覆盖：每个判定/分支至少执行一次。

（3）条件覆盖：每个判定的每个条件应取到各种可能的值。

（4）判定-条件覆盖：同时满足判定覆盖和条件覆盖。

（5）条件组合覆盖：每个判定中各条件的每一种组合至少出现一次。

（6）路径覆盖：使程序中每一条可能的路径至少执行一次。

以下举例说明 6 种覆盖测试方法：

```
int logicExample (int x, int y)
{
    int key=0;
    if (x>0 && y>0)
    {
        key = x+y+10;      // 语句块 1
    }
    else
    {
        key = x+y-10;      // 语句块 2
    }
```

```
    If (key < 0)
    {
        key = 0;              // 语句块 3
    }
    return key;              // 语句块 4
}
```

一般逻辑覆盖测试不是直接根据源代码，而是根据流程图来设计测试用例，在没有设计文档时，要根据源代码画出流程图，如图 6-97 所示。

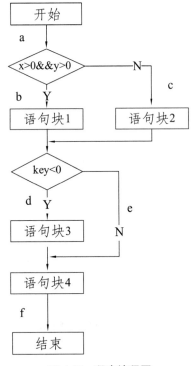

图 6-97　程序流程图

1）语句覆盖

特点：语句覆盖要求设计足够多的测试用例，运行被测程序，使得程序中每条语句至少被执行一次。在本例中，可执行语句是指语句块 1 到语句块 4 中的语句。语句覆盖用例设计如表 6-12 所示。

表 6-12　语句覆盖用例设计

数据	语句块
{x=1，y=1}	1，4
{x=1，y=0}	2，3，4

通过这两个测试用例即达到语句覆盖的标准（测试用例组不是唯一的）。

优点：可以很直观地从流程图得到测试用例，可以测试所有的执行语句。

缺点：语句覆盖不能准确地判断运算中的逻辑关系错误。假设第一个判断语句 if（x>0 &&

y>0）中的"&&"被错误地写成了"||"，即 if（x>0 || y>0），使用上面设计出来的一组测试用例来进行测试，仍然可以达到100%的语句覆盖。在6种逻辑覆盖标准中，语句覆盖标准是最弱的。

2）判定覆盖

特点：判定覆盖（分支覆盖）要求设计足够多的测试用例，运行被测程序，使得程序中的每个判断的"真"和"假"都至少被执行一次，即程序中的每个分支至少执行一次。在本例中共有两个判断 if（x>0 && y>0）（记为 P1）和 if（key< 0）（记为 P2），如表 6-13 所示。

表 6-13　判定覆盖用例设计

数据	P1	P2
{x=1，y=1}	Y	N
{x=-1，y=0}	N	Y

两个判断的取真、假分支都已经被执行过，所以满足了判断覆盖的标准。

优点：由于可执行语句不在判定的真分支就在假分支上，判定覆盖比语句覆盖要多几乎一倍的测试路径，所以，只要满足了判定覆盖标准就一定满足语句覆盖标准。因此，判定覆盖比语句覆盖强。

缺点：判定覆盖会忽略条件中取或（or）的情况。假设第一个判断语句 if（x>0 && y>0）中的"&&"被程序员错误地写成了"||"，使用上面设计出来的一组测试用例，仍然可以达到100%的判定覆盖，所以判定覆盖也无法发现上述的逻辑错误。

3）条件覆盖

特点：条件覆盖要求设计足够多的测试用例，运行被测程序，使得判定中的每个条件获得各种可能的结果，即每个条件至少有一次为真值，有一次为假值。在本例中有两个判断 if（x>0 && y>0）（记为 P1）和 if（key < 0）（记为 P2），共计 3 个条件：x>0（记为 C1）、y>0（记为 C2）和 key<0（记为 C3）。

用例设计如表 6-14 所示。

表 6-14　条件覆盖用例设计 1

数据	C1	C2	C3	P1	P2
{x=1，y=1}	Y	Y	N	Y	N
{x=-1，y=0}	N	N	Y	N	Y

3 个条件的各种可能取值都满足了一次，达到了 100%条件覆盖的标准，同时也到达了 100%判定覆盖的标准，但并不能保证达到 100%条件覆盖标准的测试用例（组）都能到达 100%的判定覆盖标准，看下面的例子，如表 6-15 所示。

表 6-15　条件覆盖用例设计 2

数据	C1	C2	C3	P1	P2
{x=1，y=0}	Y	N	Y	N	Y
{x=-1，y=5}	N	Y	N	N	N

既然条件覆盖标准不能 100%达到判定覆盖的标准，也就不一定能够达到 100%的语句覆盖

标准了。

优点：显然条件覆盖比判定覆盖增加了对符合判定情况的测试。

缺点：要达到条件覆盖，需要足够多的测试用例，但条件覆盖并不能保证判定覆盖。

4）判定-条件覆盖

特点：设计足够多的测试用例，运行被测程序，使得被测试程序中的每个判断本身的判定结果（真假）至少满足一次，同时，每个逻辑条件的可能值也至少被满足一次。即同时满足100%判定覆盖和100%条件覆盖的标准。

用例设计如表6-16所示。

表6-16 判定—定条件覆盖用例设计

数据	C1	C2	C3	P1	P2
{x=1，y=1}	Y	Y	N	Y	N
{x=-1，y=0}	N	N	Y	N	Y

所有条件的可能取值都满足了一次，而且所有的判断本身的判定结果也都满足了一次。

优点：达到100%判定-条件覆盖标准一定能够达到100%条件覆盖、100%判定覆盖和100%语句覆盖。判定-条件覆盖满足判定覆盖准则和条件覆盖准则，弥补了二者的不足。

缺点：未考虑条件的组合情况。

5）条件组合覆盖

特点：要求设计足够多的测试用例，运行被测程序，使得被测试程序中每个判定中条件结果的所有可能组合至少执行一次。注意：

（1）条件组合只针对同一个判断语句内存在多个条件的情况，让这些条件的取值进行笛卡儿乘积组合。

（2）不同的判断语句内的条件取值之间无须组合。

（3）对于单条件的判断语句，只需要满足自己的所有取值即可。

用例设计如表6-17所示。

表6-17 条件组合覆盖用例设计

数据	C1	C2	C3	P1	P2
{x=1，y=0}	Y	N	Y	N	Y
{x=-1，y=5}	N	Y	Y	N	Y
{x=1，y=1}	Y	Y	N	Y	N
{x=-1，y=0}	N	N	Y	N	Y

C1和C2处于同一判断语句中，它们的所有取值的组合都被满足了一次。

优点：覆盖准则满足判定覆盖、条件覆盖、判定-条件覆盖准则。

缺点：线性地增加了测试用例的数量。但上面的例子中，只走了两条路径a-c-d-f和a-b-e-f，而本例的程序存在3条路径，所以条件组合覆盖不能保证所有的路径被执行。

6）路径覆盖

特点：设计足够的测试用例，运行被测程序，覆盖程序中所有可能的路径。

设计用例如表 6-18 所示。

表 6-18 路径覆盖用例设计

数据	C1	C2	C3	P1	P2	路径
这条路径不可能	Y	Y	Y	Y	Y	a-b-d-f
{x=-1，y=5}	N	Y	Y	N	Y	a-c-d-f
{x=1，y=1}	Y	Y	N	Y	N	a-b-e-f
{x=-1，y=12}	N	Y	N	N	N	a-c-e-f

优点：这种测试方法可以对程序进行彻底的测试，比前面 5 种覆盖面都广；100%满足路径覆盖，一定能 100%满足判定覆盖标准（因为路径就是从判断的某条分支走的）

缺点：100%满足路径覆盖，但并不一定能 100%满足条件覆盖（C2 只取到了真），也就不能 100%满足条件组合覆盖。

经过分析，它们之间的关系可以用图 6-98 表示（路径覆盖在该图无法表示）。

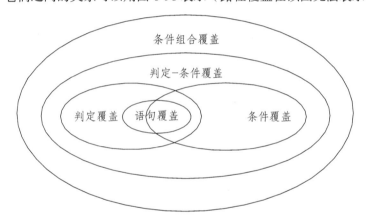

图 6-98 各个覆盖方法之间的关系

从上例可知，单独采用任何一种逻辑覆盖方法都不能完全覆盖所有的测试用例，任何一个高效的测试用例，都是针对具体测试场景的。逻辑测试不是片面的测试正确的结果或测试错误的结果，而是尽可能全面地覆盖每一个逻辑路径。所以在实际测试用例设计中，就要先从代码分析入手，根据不同的代码逻辑规则、语句执行情况，选用适合的覆盖方法。要根据不同需要和不同测试用例设计特征，将不同的设计方法组合起来，交叉使用，以实现最佳的测试用例输出。

6.5.5.2 黑盒测试方法

黑盒测试注重于测试软件的功能性需求，也即黑盒测试让软件工程师派生出执行程序所有功能需求的输入条件。黑盒测试并不是白盒测试的替代品，而是用于辅助白盒测试发现其他类型的错误。黑盒测试主要用于测试的后期，一般由专门的测试人员来进行。

黑盒测试方法主要有 5 种，为等价类划分法、边界值分析法、错误推测法、因果图法和场景法。在实际测试用例设计过程中，不仅根据需要、场合单独使用这些方法，而且常常会综合运用多个方法，使测试用例的设计更为有效。

1. 等价类划分法

等价类划分法是黑盒测试的典型方法，只需按照需求文档中对系统的要求和说明对输入的范围进行划分，然后从每个区域内选取一个有代表性的测试数据，完全不用考虑系统的内部结构。如果等价类划分得合理，选取的这个数据就代表了这个区域内所有的数据。

具体来讲，等价类划分法就是把所有可能的输入数据，即程序的输入域划分成若干部分（子集），然后从每一个子集中选取少数具有代表性的数据作为测试用例。其中每个输入域的集合（子集）就是等价类，在这个集合中每个输入条件都是等效的，如果其中一个的输入不导致问题发生，那么这个等价类中其他输入也不会发生错误。

等价类分为有效等价类和无效等价类。有效等价类就是由那些对程序的规格说明有意义的、合理的输入数据所构成的集合，利用有效等价类可检验程序是否实现了需求文档中所规定的功能和性能。无效等价类就是那些对程序的规格说明不合理的或无意义的输入数据所构成的集合。

划分等价类最重要的是集合的划分。集合要划分为互不相交的子集，而子集的并是整个集合。确定等价类的原则如下：

（1）在输入条件规定了取值范围（闭区间）或值的个数的情况下，则可以确定一个有效等价类和两个无效等价类。

（2）在输入条件规定了输入值的集合或者规定了"必须如何"的条件的情况下，可确定一个有效等价类和一个无效等价类。

（3）在输入条件是一个布尔量的情况下，可确定一个有效等价类。

（4）在规定了输入数据的一组值（假定为 n 个），并且程序要对每一个输入值分别处理的情况下，可确定 n 个有效等价类和一个无效等价类。

（5）在规定了输入数据必须遵守的规则的情况下，可确定一个有效等价类（符合规则）和若干个无效等价类（从不同角度违反规则）。

（6）在确知已划分的等价类中各元素在程序处理中的方式不同的情况下，则应再将该等价类进一步的划分为更小的等价类。

例如，输入域分成了一个有效等价类（1 到 100 之间）和两个无效等价类（小于 1 和大于 100），将这些等价类填入表 6-19 中。

表 6-19　等价类划分示例

测试用例 ID	用户输入量	预期结果
1	-1	提示：请输入 1～100 的整数
2	60	成功购物
3	120	提示：请输入 1～100 的整数

2. 边界值分析法

边界值分析法是一种非常实用的测试用例设计技术，具有很强的发现程序错误的能力，它的测试用例来自等价类的边界。大量测试工作的经验会告诉我们，大量的错误发生在输入或输出范围的边界上，而不是输入或输出范围的内部。边界值分析就是假定错误发生在输入或输出区间的边界上，因此使用边界值法设计测试用例，可以发现更多的错误。

在使用边界值法设计测试用例时，应该首先确定好输入边界和输出边界情况，然后选取正好等于、刚刚大于或刚刚小于边界的值作为测试数据，而不是选取等价类中的典型值或任意值作为测试数据。

一般情况下，可以遵循以下几个原则来设计测试用例：

（1）如果输入条件规定了值的范围，应取刚达到这个范围的边界值，以及刚刚超过这个范围边界的值作为测试输入的数据。

（2）如果输入条件规定了值的个数，应用最大个数、最小个数、比最小个数少1、比最大个数多1的数作为测试输入的数据。

（3）根据每个输入条件，使用（1）或（2）。

（4）如果程序的规格说明给出的输入域或输出域是有序集合，则应选取集合的第一个元素和最后一个元素作为测试用例数据。

（5）如果程序中使用了一个内部数据结构，应当选择这个内部数据结构的边界上的值来作为测试用例。

（6）分析规格说明，找出其他可能的边界条件。

下面举例让大家更深入地理解边界值法。

用户登录网上购物系统要购买某种商品，假设该商品剩余数量为 100 件，且用户只会输入整数，则用户只能购买 1～100 的商品件数。使用边界值法设计测试用例，测试用户输入商品数量 Q 后，系统反应是否合乎标准。

提出边界时，一定要测试邻近边界的合法数据，即测试最后一个可能合法的数据，以及刚刚超过边界的非常数据。越界测试通常简单地加 1 或者用最小的数减 1。

我们可以考虑商品数量 Q 的输入区间：

（1）Q<1；

（2）Q=1；

（3）1<Q<100；

（4）Q=100；

（5）Q>100。

根据上面的分析可以设计 6 个测试用例，如表 6-20 所示。

表 6-20　边界值分析法测试用例

测试用例 ID	用户输入量	结果
1	0	错误信息，提示输入不正确
2	1	正常跳转
3	2	正常跳转
4	99	正常跳转
5	100	正常跳转
6	101	错误信息，提示输入不正确

3. 错误推测法

错误推测法就是根据经验和直觉推测程序中所有可能存在的各种错误，从而有针对性地设计测试用例的方法。

使用错误推测法时，可以凭经验列举出程序中所有可能有的错误和容易发生错误的特殊情况，帮助猜测错误可能发生的位置，提高错误猜测的有效性，根据它们选择测试用例。

例如：输入表格为空格；输入数据和输出数据为 0 的情况。

4. 场景法

场景是通过描述流经用例的路径来确定的过程，这个流经过程要从用例开始到结束遍历其中所有基本流和备选流。场景法就是根据这些基本流和备选流的流动过程设计测试用例。

目前的软件几乎都是由事件触发来控制流程的，事件触发时的情景便形成了场景，而同一事件不同的触发顺序和处理结果形成事件流。这种在软件设计方面的思想也可被引入到软件测试中，生动地描绘出事件触发时的情景，有利于测试设计者设计测试用例，同时测试用例也更容易得到理解和执行。提出这种测试思想的是 Rational 公司。

下面使用网上购物系统的购物场景举例说明。

1）场景描述

用户进入网上购物系统网站进行购物，选好物品后进行购买，这时需要使用账号登录，登录成功后付款，交易成功后生成订单，完成此次购物活动。

2）使用场景法设计测试用例

（1）确定基本流和备选流事件，如表 6-21 所示。

表 6-21　确定基本流和备选流

基本流	选择物品，选择付款方式并登录，付款交易，生成订单
备选流 1	账户不存在
备选流 2	账户或密码错误
备选流 3	账户余额不足
备选流 4	账户没有钱
备选流 5	退出系统

（2）根据基本流和备选流来确定场景，如表 6-22 所示。

表 6-22　确定场景

流的类型	场景
基本流	场景 1——成功购物
备选流 1	场景 2——账户不存在
备选流 2	场景 3——账户或密码错误
备选流 3	场景 4——用户账户余额不足
备选流 4	场景 5——用户账户没有钱

3）设计用例

对每一个场景都要做测试用例。可以使用表格（矩阵）来管理用例，行表示各个测试用例，列表示测试用例的信息。先将测试用例的 ID、条件、涉及的数据元素以及预期结果列在矩阵中，然后将这些数据确定下来，填写在表格中。

表 6-23 中,"有效"表示这个条件必须是有效的才可执行基本流;而"无效"用于表示这种条件下将激活所需备选流;"不适用"表示这个条件不适用于测试用例。

表 6-23 设计用例

测试用例 ID	场景/条件	账号	密码	用户账号 余额	预期结果
1	场景 1——成功购物	有效	有效	200	成功购物
2	场景 2——账户不存在	有效	不适用	不适用	提示账户不存在
3	场景 3——账户或密码错误	有效 (无效)	无效 (有效)	不适用	提示账户或密码错误 提示重新输入
4	场景 4——用户账户余额不足	有效	有效	1	提示账户余额不足
5	场景 5——用户账户没有钱	有效	有效	0	提示账户没有钱

4)设计测试用例数据

设计测试用例数据,如表 6-24 所示。

表 6-24 设计测试用例数据

测试用例 ID	场景/条件	账号	密码	用户账号 余额	预期结果
1	场景 1——成功购物	Passname	Password	200	成功购物
2	场景 2——账户不存在	Music	不适用	不适用	提示账户不存在
3	场景 3——账户或密码错误	Passname (Music)	12345 (Password)	不适用	提示账户或密码错误
4	场景 4——用户账户余额不足	Passname	Password	1	提示账户余额不足
5	场景 5——用户账户没有钱	Passname	Password	0	提示账户没有钱

5. 因果图法

前面介绍的等价类划分方法和边界值分析方法,都是着重考虑输入条件,但未考虑输入条件之间的联系、相互组合等。考虑输入条件之间的相互组合,可能会产生一些新的情况。但要检查输入条件的组合不是一件容易的事情,即使把所有输入条件划分成等价类,它们之间的组合情况也相当多。因此,必须考虑采用一种适合于描述对于多种条件的组合,相应产生多个动作的形式来考虑设计测试用例,这就需要利用因果图(逻辑模型)来进行。

因果图方法最终生成的就是判定表。它适合于检查程序输入条件的各种组合情况。

用因果图生成测试用例的基本步骤:

(1)分析软件规格说明描述中,哪些是原因(即输入条件或输入条件的等价类),哪些是结果(即输出条件),并给每个原因和结果赋予一个标识符。

(2)分析软件规格说明描述中的语义,找出原因与结果之间,原因与原因之间对应的什么是什么,根据这些关系,画出因果图。

(3)由于语法或环境限制,有些原因与原因之间,原因与结果之间的组合情况不可能出现。

为表明这些特殊情况，在因果图上用一些记号标明约束或限制条件。

（4）把因果图转换成判定表。

（5）把判定表的每一列拿出来作为依据，设计测试用例。

因果图中出现的基本符号，通常在因果图中用 Ci 表示原因，用 Ei 表示结果，各节点表示状态，可取值"0"或"1"："0"表示某状态不出现；"1"表示某状态出现。

主要的原因和结果之间的关系如图 6-99 所示。

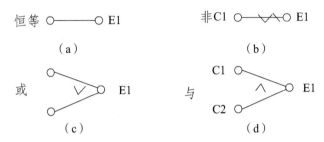

图 6-99　原因和结果之间关系

为了表示原因与原因之间，结果与结果之间可能存在的约束条件，在因果图中可以附加一些表示约束条件的符号，如图 6-100 所示。

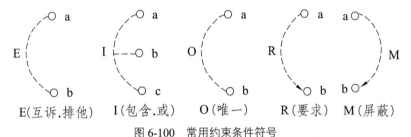

图 6-100　常用约束条件符号

例如，有一个处理单价为 5 角钱的饮料的自动售货机软件测试用例的设计，其规格说明如下：

若投入 5 角钱或 1 元钱的硬币，按下"橙汁"或"啤酒"的按钮，则相应的饮料就送出来。若售货机没有零钱找，则一个显示"零钱找完"的红灯亮，这时再投入 1 元硬币并按下按钮后，饮料不送出来而且 1 元硬币也退出来；若有零钱找，则显示"零钱找完"的红灯灭，在送出饮料的同时退还 5 角硬币。

（1）分析这一段说明，列出原因和结果。

原因：

① 售货机有零钱找；

② 投入 1 元硬币；

③ 投入 5 角硬币；

④ 押下橙汁按钮；

⑤ 押下啤酒按钮；

建立中间节点，表示处理中间状态：

⑪ 投入 1 元硬币且按下饮料按钮；

⑫ 押下"橙汁"或"啤酒"的按钮；

⑬ 应当找 5 角零钱并且售货机有零钱找；

⑭ 钱已付清。

结果：

㉑售货机"零钱找完"灯亮；

㉒退还 1 元硬币；

㉓退还 5 角硬币；

㉔送出橙汁饮料；

㉕送出啤酒饮料。

（2）画出因果图。所有原因节点列在左边，所有结果结点列在右边。

（3）由于②与③，④与⑤不能同时发生，分别加上约束条件 E。

（4）因果图如图 6-101 所示。

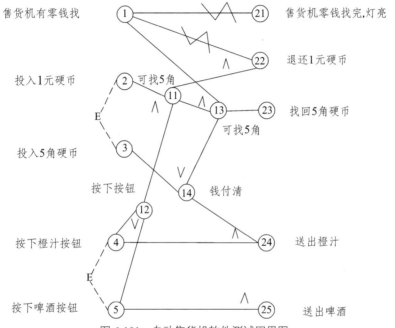

图 6-101　自动售货机软件测试因果图

（5）转换成判定表，如表 6-25 所示。

表 6-25　判定表

中间结果	11			1	1	0		0	0	0		0	0	0			1	1	0		0	0	0	0 0 0
	12			1	1	0		1	1	0		1	1	0			1	1	0		1	1	0	1 1 0
	13			1	1	0		0	0	0		0	0	0			0	0	0		0	0	0	0 0 0
	14			1	1	0		1	1	1		0	0	0			0	0	0		1	1	1	0 0 0
结果	21			0	0	0		0	0	0		0	0	0			1	1	1		1	1	1	1 1 1
	22			0	0	0		0	0	0		0	0	0			1	1	0		0	0	0	0 0 0
	23			1	1	0		0	0	0		0	0	0			0	0	0		0	0	0	0 0 0
	24			1	0	0		1	0	0		0	0	0			0	0	0		1	0	0	0 0 0
	25			0	1	0		0	1	0		0	0	0			0	0	0		0	1	0	0 0 0
测试用例				Y	Y	Y		Y	Y	Y		Y	Y				Y	Y	Y		Y	Y	Y	Y Y

6.5.6 软件测试模型

6.5.6.1 V 模型

V 模型是最具有代表意义的测试模型。在传统的开发模型中，比如瀑布模型，人们通常把测试过程作为在需求分析、概要设计、详细设计和编码全部完成后的一个阶段，尽管有时测试工作会占用整个项目周期的一半的时间，但是有人仍然认为测试只是一个收尾工作，而不是主要过程。V 模型是软件开发瀑布模型的变种，它反映了测试活动与分析、分析和设计的关系，从左到右描述了基本的开发过程和测试行为，非常明确地标明了测试过程中存在的不同级别，并且清楚地描述了这些测试阶段和开发过程期间各阶 段的对应关系。

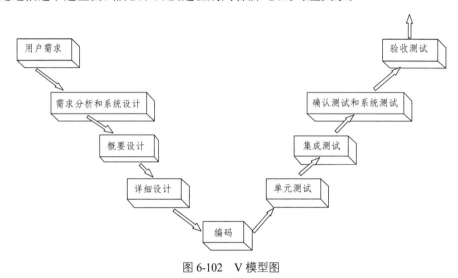

图 6-102　V 模型图

如模型图 6-102 所示，图中的箭头代表了时间方向，左边下降的是开发过程各阶段，与此相对应的是右边上升的部分，即各测试过程的各个阶段，从此图可以直观地观察到测试过程的局限性，它把测试过程放在了需求分析、概要设计、详细设计与编码之后，容易使人认为测试是软件开发的最后一个阶段，主要针对程序进行测试并寻找错误，而需求分析阶段隐藏的问题只能在最后才能被发现。所以，该模型不能很好地反映软件测试贯穿整个开发的过程。

V 模型的优点：

（1）既有底层测试又有高层测试。底层：单元测试；高层：系统测试。

（2）将开发阶段清楚地表现出来，便于控制开发的过程。

V 模型的缺点：

（1）容易让人误解为测试是在开发完成之后的一个阶段。

（2）由于它的顺序性，当编码完成之后正式进入测试时，这时发现的一些错误可能不容易找到其根源，并且代码修改起来很困难。

（3）实际中，由于需求变更较大，导致出现重复变更需求、设计、编码、测试，返工量大。

6.5.6.2 W 模型

V 模型的局限性在于没有明确地说明早期的测试，不能体现"尽早地和不断地进行软件测试"的原则。在 V 模型中增加软件各开发阶段应同步进行的测试，并演化为一种 W 模型，如图 6-103 所示。基于"尽早地和不断地进行软件测试"的原则，在软件的需求和设计阶段的测试活动应遵循 IEEE std 1012-1998《软件验证和确认（V&V）》的原则。

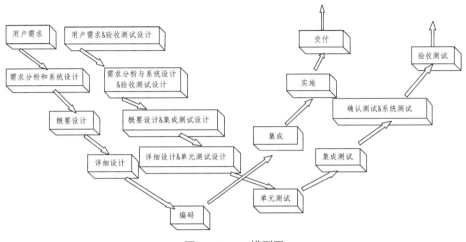

图 6-103　W 模型图

根据图形，很容易看出，W 模型比 V 模型更科学，它伴随着整个开发过程，而且测试对象不仅仅是程序，同时也测试需求与设计。

W 模型的优点：

（1）将测试贯穿到整个软件的生命周期中，且除了代码要测试，需求、设计等都要测试；

（2）更早地介入到软件开发中，能尽早地发现缺陷并进行修复。

（3）测试与开发相互独立，并与开发并行进行。

W 模型缺点：

（1）对有些项目，开发过程中根本没有文档产生，故 W 模型无法使用。

（2）对于需求和设计的测试技术要求很高，实践起来很困难。

6.5.6.3　H 模型

V 模型和 W 模型均存在一些不妥之处。如前所述，它们都把软件的开发视为需求、设计、编码等一系列串行的活动，而事实上，虽然这些活动之间存在相互牵制的关系，但在大部分时间内，它们是可以交叉进行的。虽然软件开发期望有清晰的需求、设计和编码阶段，但实践告诉我们，严格的阶段划分只是一种理想状况。所以，相应的测试之间也不存在严格的次序关系。同时，各层次之间的测试也存在反复触发、迭代和增量关系。另外，V 模型和 W 模型都没有很好地体现测试流程的完整性。

图 6-104　H 模型图

基于此，H 模型出现了，如图 6-104 所示。根据图形可以看出，测试条件只要成熟，测试准备活动完成了，那么就可以执行测试活动。在 H 模型中，测试模型是一个独立的过程，贯穿于整个产品周期，与其他流程并发的进行。当某个测试时间点就绪时，软件测试即从测试准备阶段进入测试执行阶段。

6.5.6.4　X 模型

X 模型的基本思想是由 Marick 提出的，但 Marick 不建议建立一个替代模型，同时，他也认为他的观点并不足以支撑一个模型的完整描述。不过，Robin F.Goldsmith 在自己的文章里将其思想定义为 X 模型，理由是，在 Marick 的观点中已经具备了一个模型所需要的一些主要内容，其中也包括了像探索性测试这样的亮点。软件测试 X 模型如图 6-105 所示。

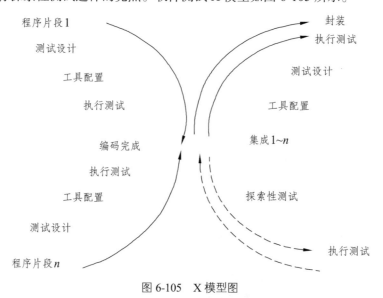

图 6-105　X 模型图

X 模型左边描述的是针对单独程序片段所进行的相互分离的编码和测试，此后，将进行频繁的交接，通过集成最终合成为可执行的程序。这一点在图的右上方得以体现，而且这些可执行程序还需要进行测试，已通过集成测试的成品可以进行封版并提交给用户，也可以作为更大规模和范围内集成的一部分。同时，X 模型还定位了探索性测试，即图中右下方所示。这是不进行事先计划的特殊类型的测试，比如"我这么测一下，结果会怎么样"，这一方式往往能帮助有经验的测试人员在测试计划之外发现更多的软件错误。Marick 对 V 模型提出质疑，也是因为 V 模型是基于一套必须按照一定顺序严格排列的开发步骤，而这很可能并没有反映实际的实践过程。因为在实践过程中，很多项目是缺乏足够的需求的，而 V 模型还是从需求处理开始。Marick 也质疑了单元测试和集成测试的区别，因为在某些场合人们可能会跳过单元测试而热衷于直接进行集成测试。Marick 担心人们盲目地跟随学院派的"V 模型"，按照模型所指导的步骤进行工作，而实际上某些做法并不切合实际。

6.5.7　软件测试生命周期

软件测试的生命周期如图 6-106 所示。

图 6-106　软件生命周期

（1）需求分析阶段：测试人员了解需求，对需求进行分解、分析，得出测试需求。

（2）测试计划阶段：根据需求编写测试计划/测试方案。

（3）测试设计、测试开发阶段：测试人员适当地了解设计，对于设计测试用例是很有帮助的，测试人员搭建测试用例框架，根据需求和设计编写一部分测试用例。

（4）测试执行阶段：测试执行阶段是软件测试人员最为重要的工作阶段，根据测试用例和计划执行测试。

（5）测试评估阶段：在执行的过程中记录、管理缺陷，测试完成后编写测试报告，进行测试评估。

6.6　软件维护

6.6.1　软件维护概念

软件维护阶段覆盖了从软件交付使用开始到软件被淘汰为止的整个周期。软件的开发时间可能需要一两年，甚至更短，但它的使用时间可能需要几年或十几年。

在软件开发过程中始终强调软件的可维护性。原因是一个应用系统由于需求和环境的变化以及自身暴露的问题，在交付用户使用后，对它进行维护是不可避免的。统计和估测结果表明，信息技术中硬件费用一般占 35%，软件占 65%，而软件后期维护费用有时竟高达软件总费用的80%，所有前期开发费用仅占 20%。

6.6.1.1　软件维护的定义

根据国家标准《软件工程产品质量第 1 部分:质量模型》(GB/T 16260.1-2006)，软件可维护性是指软件产品被修改的能力，修改包括纠正、改进或软件对环境、需求和功能规格说明变化的适应。

一般软件维护是指软件系统交付使用以后，为了改正错误或满足新的需要而修改软件的过程。

软件维护有两种典型的错误理解：软件维护是一次新的开发活动；软件维护就是改错。

6.6.1.2　软件维护的分类

软件维护强调必须在现有系统的限定和约束条件下实施。根据起因不同，软件维护可以分为以下 4 类：

（1）纠错性维护：为改正软件系统中潜藏的错误而进行的活动。

（2）适应性维护：为适应软件运行环境的变化而修改软件的活动。

（3）完善性维护：根据用户在软件使用过程中提出的建设性意见而进行的维护活动。

（4）预防性维护：为了进一步改善软件系统的可维护性和可靠性，并为以后的改进奠定基础。

1. 纠错性维护（Corrective Maintenance）

纠错性维护是指改正在系统开发阶段已发生而系统测试阶段尚未发现的错误。这方面的维护工作量占整个维护工作量的 17%~21%。所发现的错误有的不太严重,不影响系统的正常运行,其维护工作可随时进行;而有的错误非常严重,甚至影响整个系统的正常运行,其维护工作必须制定计划,进行修改,并且要进行复查和控制。

这部分维护工作实际上就是在软件系统运行过程中修改前期没有发现的错误,在修改过程中也可能会引入新的错误,这部分工作以后会成为新的纠错性维护工作。在软件开发过程中加强测试,可以有效减少这部分的维护工作量。

2. 适应性维护(Adaptive Maintenance)

适应性维护是指为软件适应信息技术变化和管理需求而进行的修改。这方面的维护工作量占整个维护工作量的 18%~25%。由于目前计算机硬件价格的不断下降,各类系统软件层出不穷,人们常常为改善系统硬件环境和运行环境而产生对系统更新换代的需求,而企业的外部市场环境和管理需求的不断变化也使得各级管理人员不断提出新的信息需求,这些因素都将导致适应性维护工作的产生。

3. 完善性维护(Perfective Maintenance)

完善性维护是为扩充功能和改善性能而进行的修改,主要是指对已有的软件系统增加一些在系统分析和设计阶段中没有规定的功能与性能特征。这些功能对系统的完善是非常必要的。另外,还包括对处理效率和编写程序的改进,这方面的维护占整个维护工作的 50%~60%,比重较大,也是关系到系统开发质量的重要方面。完善性维护是软件维护工作的主要部分,触发这类维护工作的常常是用户业务交易增加了,或是业务流程改变了,需要修改软件;也可能是软件不能满足业务量要求,需要在性能上有所提高。

4. 预防性维护(Preventive Maintenance)

预防性维护为了改进应用软件的可靠性和可维护性,为了适应未来的软硬件环境的变化,主动增加预防性的新的功能,以使应用系统适应各类变化而不被淘汰。这方面的维护工作占整个维护工作量的 4%左右,是维护工作中占比最少的一部分工作。

6.6.1.3 影响维护工作的因素

在软件的维护过程中,需要花费大量的人力成本,从而直接影响了软件维护的成本。应当考虑以下因素对软件维护的工作量的影响。

(1)系统大小:系统越大,人们理解掌握起来越困难。系统越大,所执行功能就越复杂,因而需要更多的维护工作量。

(2)程序设计语言:使用强功能的程序设计语言可以控制程序的规模。语言的功能越强,生成程序的模块化和结构化程度越高,所需的指令数就越少,程序的可读性也就越好。

(3)系统年龄:系统使用时间越长,所进行的修改就越多,而多次的修改可能造成系统结构混乱。由于维护人员经常更换,程序变得越来越难于理解,加之系统开发时文档不齐全,或在长期的维护过程中文档在许多地方与程序实现不一致,从而使维护变得十分困难。

(4)数据库技术的应用:使用数据库,可以简单而有效地管理和存储用户程序中的数据,还可以减少生成用户报表应用软件的维护工作量。

(5)先进的软件开发技术:在软件开发时,若使用能使软件结构比较稳定的分析与设计技术,以及程序设计技术,如面向对象技术、复用技术等,可减少大量的工作量。

（6）其他一些因素：如应用的类型、数学模型、任务的难度、开关与标记、IF 嵌套深度、索引或下标数等，对维护工作量也有影响。

6.6.1.4　软件维护的策略

1. 改正性维护

要生成100%可靠的软件是不现实的，成本也太高。但通过使用新技术，可大大减少进行改正性维护的需要。

这些技术包括：数据库管理系统、软件开发环境、程序自动生成系统、较高级（第四代）的语言、新的开发方法、软件复用、防错程序设计及周期性维护审查等。这一类维护不可避免，但可以控制。

2. 适应性维护

这一类维护不可避免，但可以控制。

在配置管理时，把硬件、操作系统和其他相关环境因素的可能变化考虑在内；把与硬件、操作系统，以及其他外围设备有关的程序归到特定的程序模块中；使用内部程序列表、外部文件，以及处理的例行程序包，可为维护时修改程序提供方便。

3. 完善性维护

利用前两类维护中列举的方法，也可以减少这一类维护工作量。特别是利用数据库管理系统、程序生成器、应用软件包，可减少维护工作量。此外，建立软件系统的原型，把它在实际系统开发之前提供给用户。用户通过研究原型能进一步完善他们的功能要求，就可以减少以后完善性维护的需要。

6.6.1.5　维护成本

过去的几十年中，软件维护的成本在不断增长。20 世纪 70 年代，一个信息系统机构用于软件维护的费用占其软件总预算的 35% ~ 40%，在 20 世纪 80 年代接近 60%。近年来，该值已上升至 80%左右。

软件维护除费用外的无形代价包括：

（1）维护活动占用了其他软件开发可用的资源，使资源的利用率降低。

（2）一些修复或修改请求得不到及时安排，使得客户满意率下降。

（3）维护时会把一些新的潜在的错误引入软件，降低了软件质量。

（4）将软件人员抽调到维护工作中，使得其他软件开发过程受到干扰。

软件维护的代价是降低了生产率，这在做时间较长程序的维护时非常明显。例如，开发每一行源代码耗资 25 美元，维护每一行源代码需要耗资 1000 美元。

维护的工作可划分成：

（1）生产性活动，如分析评价、修改设计、编写程序代码等。

（2）非生产性活动，如程序代码功能理解、数据结构解释、接口特点和性能界限分析等。

6.6.2　软件维护活动

维护过程本质上是修改和压缩了的软件定义和开发过程，而且事实上远在提出一项维护要求之前，与软件维护有关的工作已经开始了。首先必须建立一个维护组织，然后必须确定报告和评价的过程，最后必须为每个维护要求规定一个标准化的事件序列。此外，还应该建立一个适用于维护活动的记录保管过程，并且规定复审标准。

6.6.2.1　维护组织

虽然通常并不需要建立正式的维护组织，但是，即使对于一个小的软件开发团体而言，非正式地委托责任也是绝对必要的。每个维护要求都通过维护管理员转交给相应的系统管理员去评价。系统管理员是被指定去熟悉一小部分产品程序的技术人员。系统管理员对维护任务做出评价之后，由变化授权人决定应该进行的活动。图 6-107 描绘了上述组织方式。

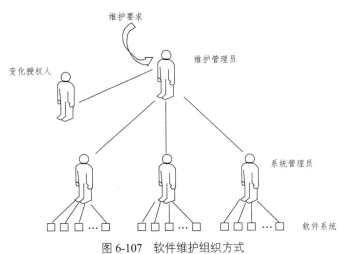

图 6-107　软件维护组织方式

在维护活动开始之前就明确维护责任是十分必要的，这样做可以大大减少维护过程中可能出现的混乱。

6.6.2.2　维护报告

用户应该用标准化的格式表达所有软件维护要求。软件维护人员通常给用户提供空白的维护要求表——软件问题报告表，这个表格由要求一项维护活动的用户填写。如果遇到了一个错误，那么必须完整描述导致出现错误的环境（包括输入数据、全部输出数据以及其他有关信息）。对于适应性或完善性的维护要求，应该提出一个简短的需求说明书。如前所述，应由维护管理员和系统管理员评价用户提交的维护要求表。

维护要求表是一个外部产生的文件，它是计划维护活动的基础。软件组织内部应该制定出一个软件修改报告，它给出下述信息：

（1）满足维护要求表中提出的要求所需要的工作量。
（2）维护要求的性质。
（3）这项要求的优先次序。
（4）与修改有关的事后数据。

6.6.2.3　维护档案记录

对于软件生命周期的所有阶段而言，以前记录保存都是不充分的，而软件维护则根本没有记录保存下来。由于这个原因，往往不能估计维护技术的有效性，不能确定一个产品程序的"优良"程度，而且很难确定维护的实际代价是什么。

保存维护记录遇到的第一个问题就是哪些数据是值得记录的，Swanson 提出了下述内容：

程序标识；源语句数；机器指令条数；使用的程序设计语言；程序安装的日期；自从安装以来程序运行的次数；自从安装以来程序失效的次数；程序变动的层次和标识；因程序变动而增加的源语句数；因程序变动而删除的源语句数；每个改动耗费的人时数；程序改动的日期；软件工程师的名字；维护要求表的标识；维护类型；维护开始和完成的日期；累计用于维护的人时数；与完成的维护相联系的纯效益。

应该为每项维护工作都收集上述数据。可以利用这些数据构成一个维护数据库的基础，并且像下面介绍的那样对它们进行评价。

6.6.2.4　维护评价

评价维护活动比较困难，因为缺乏可靠的数据。如果维护的档案记录做得比较好，可以得出一些维护"性能"方面的度量值。

评价维护活动可参考的度量值有：

（1）每次程序运行时的平均出错次数。

（2）花费在每类维护上的总"人时"数。

（3）每个程序、每种语言、每种维护类型的程序平均修改次数。

（4）因为维护，增加或删除每个源程序语句所花费的平均"人时"数。

（5）用于每种语言的平均"人时"数。

（6）维护申请报告的平均处理时间。

（7）各类维护申请的百分比。

6.6.3　软件维护的工作量及模型

6.6.3.1　软件维护的工作量

软件维护的费用占整个软件开发费用的 55% ~ 70%，并且所占比例还在逐年上升，而且维护中还可能产生新的潜在错误。另外，维护还包含了无形的资源占用，包括大量的使用很多硬件、软件和软件工程师等资源。

在软件维护时，直接影响维护成本和工作量的因素很多，主要如下：

1. 系统规模大小

系统规模大小直接影响维护工作量，系统规模越大，维护的工作量就越多。系统规模主要由源代码行数、程序模块数、数据接口文件数、使用数据库规模大小等因素衡量。

2. 程序设计语言

解决相同的问题选择不同的程序设计语言，得到的程序的规模可能是不同的。

3. 系统使用年限

使用年限长的旧系统维护比新系统维护所需要的工作量更多。

4. 软件开发新技术的应用

软件开发过程中，使用先进的分析和设计技术，以及程序设计技术，如：面向对象的技术、构件技术、可视化程序设计技术等，可以减少维护工作量。

5. 设计过程中的技术

在具体对软件进行维护时，影响维护工作量的其他因素还有很多，例如设计过程中应用的类型、数学模型、任务的难度、开关与标记、IF 嵌套深度、索引或下标数等。

6.6.3.2　软件维护工作量模型

维护活动分为生产性活动和非生产性活动。生产性活动包括分析评价、修改设计和编写程序代码等。非生产性活动包括理解程序代码，解释数据结构、接口特点和设计约束等。

Belady 和 Lehman 提出软件维护工作模型：

$$M=P+K*EXP(C-D)$$

其中　M——维护总工作量；

P——生产性活动；

K——经验常数；

C——程序复杂度（由非结构化维护引起的）；

D——对维护软件熟悉程度的度量。

由上式可以发现，C 越大，D 越小，那么维护工作量就成指数的增加。C 增加主要因为软件采用非结构化设计，程序复杂性高；D 减小表示维护人员不是原来的开发人员，不熟悉程序，理解程序花费太多时间。

6.6.4　程序修改的步骤及副作用

6.6.4.1　程序修改的步骤

为了正确、有效地进行程序修改，需要经历 3 个步骤：分析和理解程序、实施修改以及重新验证程序。

1. 分析和理解程序

经过分析，全面、准确、迅速地理解程序是决定维护成败和质量好坏的关键。在这方面，软件的可理解性和文档的质量非常重要，为此必须：

（1）研究程序的使用环境及有关资料，尽可能得到更多的背景信息。

（2）理解程序的功能和目标。

（3）掌握程序的结构信息，即从程序中细分出若干结构成分，如程序系统结构、控制结构、数据结构和输入/输出结构等。

（4）了解数据流信息，即所涉及的数据来自何处，在哪里被使用。

（5）了解控制流信息，即执行每条路径的结果。

（6）如果设计存在，则可利用它们来帮助画出结构图和高层流程图。

（7）理解程序的操作（使用）要求。

为了容易地理解程序，要求自顶向下地理解现有源程序的程序结构和数据结构，为此可采用如下几种方法：

（1）分析程序结构图。

（2）数据跟踪。

（3）控制跟踪。可采用符号执行或实际动态跟踪的方法，了解数据是如何从一个输入源到达输出点的。

（4）在分析的过程中，应充分阅读和使用源程序清单和文档，分析现有文档的合理性。

（5）充分使用由编译程序或汇编程序提供的交叉引用表、符号表，以及其他有用的信息。

（6）如有可能，争取参加开发工作。

2．修改程序

对程序的修改，必须事先做出计划，有准备地、周密有效地进行实施。

1）设计程序的修改计划

程序的修改计划要考虑人员和资源的安排。修改计划的内容主要包括以下几项：

（1）规格说明信息：数据修改、处理修改、作业控制语言修改、系统之间接口的修改等。

（2）维护资源：新程序版本、测试数据、所需的软件系统、计算机时间等。

（3）人员：程序员、用户相关人员、技术支持人员、厂家联系人、数据录入员等。

（4）提供：纸质、计算机媒体等。

针对以上每一项，要说明必要性、从何处着手、是否接受、日期等。通常，可采用自顶向下的方法，在理解程序的基础上做如下工作：

（1）研究程序的各个模块、模块的接口及数据库，从全局的观点提出修改计划。

（2）依次把那些要修改的、以及受修改影响的模块和数据结构分离出来。

（3）详细地分析要修改的、以及那些受变更影响的模块和数据结构的内部细节，设计修改计划，标明新逻辑及要改动的现有逻辑。

（4）向用户提供回避措施。用户的某些业务因软件中发生问题而中断，为不让系统长时间停止运行，需把问题局部化，在可能的范围内继续开展业务。

2）修改代码，以适应变化

（1）正确、有效地编写修改代码。

（2）要谨慎地修改程序，尽量保持程序的风格及格式，要在程序清单上注明改动的指令。

（3）不要匆忙删除程序语句，除非完全肯定它是无用的。

（4）不要试图共用程序中已有的临时变量或工作区，为了避免冲突或混淆用途，应自行设置变量。

（5）插入错误检测语句。

（6）保持详细的维护活动和维护结果记录。

（7）如果程序结构混乱，修改受到干扰，可抛弃程序并重新编写。

6.6.4.2　程序修改的副作用

程序修改的副作用是指因修改软件而造成的错误或其他不希望发生的情况。一般有以下 3 种副作用：

1. 修改代码的副作用

在使用程序设计语言修改源代码时，可能会引入新的错误。例如，删除或修改一个子程序，删除或修改一个标号，删除或修改一个标识符，改变程序代码的时序关系，改变占用存储的大小，改变逻辑运算符，修改文件的打开或关闭，改进程序的执行效率，以及把设计上的改变翻译成代码的改变，为边界条件的逻辑测试做出改变，都容易引入错误。

2. 修改数据的副作用

在修改数据结构时，有可能造成软件设计与数据结构不匹配，因而导致软件出错。修改数据的副作用是修改软件信息结构导致的结果。例如，重新定义局部的或全局的常量，重新定义记录或文件的格式，增大或减小一个数组或高层数据结构的大小，修改全局或公共数据，重新初始化控制标志或指针、重新排列输入/输出或子程序的参数，容易导致设计与数据不相容的错误。数据副作用可以通过详细的设计文档加以控制。

3. 修改文档的副作用

对数据流、软件结构、模块逻辑或任何其他有关特性进行修改时，必须对相关技术文档进行相应修改。如果不把可执行软件的修改反映在文档里，会产生文档的副作用。例如，对交互输入的顺序或格式进行的修改，如果没有被正确地记入到文档中，可能引起重大的问题。过时的文档内容、索引和文本可能造成冲突，引起用户业务的失败和不满。因此，必须在软件交付之前对整个软件配置进行评审，以减少文档的副作用。

为了控制因修改而引起的副作用，要做到：

（1）按模块把修改分组。

（2）自顶向下地安排被修改模块的顺序。

（3）每次修改一个模块。

（4）对于每个修改了的模块，在安排修改下一个模块之前，要确定这个修改的副作用，可以使用交叉引用表、存储映象表、执行流程跟踪等来进行。

6.6.4.3　减少程序修改副作用措施

1. 静态确认

修改的软件，通常伴随着引起新错误的风险。为了能够做出正确的判定，验证修改后的程序至少需要两个人参加，要检查：

（1）修改是否涉及规格说明，修改结果是否符合规格说明；有没有歪曲规格说明。

（2）程序的修改是否足以修正软件中的问题；源程序代码有无逻辑错误；修改时有无修补失误。

（3）修改部分对其他部分有无不良影响（副作用）；对软件进行修改，常常会引发别的问题，因此有必要检查修改的影响范围。

2. 确认测试

在充分进行了以上确认的基础上，要用计算机对修改程序进行确认测试。

（1）确认测试顺序：先对修改部分进行测试，然后隔离修改部分，测试程序的未修改部分，最后再把它们集成起来进行测试。这种测试称为回归测试。

（2）准备标准的测试用例。

（3）充分利用软件工具帮助重新验证过程。

（4）在重新确认过程中，须邀请用户参加。

3. 维护后的验收

在交付新软件之前，维护主管部门要检验：

（1）全部文档是否完备，并已更新。

（2）所有测试用例和测试结果是否已经正确记载。

（3）记录软件配置所有副本的工作是否已经完成。

（4）维护工序和责任是否是明确的。

6.6.5　软件可维护性

许多软件维护很困难，主要因为软件的源程序和文档难于理解和修改。由于维护工作面广，维护的难度大，稍有不慎就会在修改中给软件带来新的问题或引入新的错误，所以为了使得软件能够易于维护，必须考虑使软件的可维护性。

6.6.5.1　软件可维护性的定义

软件可维护性是指软件能够被理解，并能纠正软件系统出现的错误和缺陷，以及为满足新的要求进行修改、扩充或压缩的容易程度。软件的可维护性、可使用性和可靠性是衡量软件质量的几个主要特性，也是用户最关心的问题之一。但影响软件质量的这些因素，目前还没有普遍适用的定量度量的方法。

软件维护可用如下的 7 个质量特性来衡量，即可理解性、可测试性、可修改性、可靠性、可移植性、可使用性和效率。而且对于不同类型的维护，这 7 种特性的侧重点也不相同。

6.6.5.2　决定软件可维护性的因素

由于许多质量特性是相互抵触的，要考虑几种不同的度量标准，去度量不同的质量特性。

1. 可理解性

一个可理解的软件主要应该具备的特性有模块化，风格一致性，使用清晰明确的代码，使用有意义的数据名和过程名，结构化，完整性，等等。

对于可理解性，Shneiderman 提出一种叫作"90-10 测试法"来衡量。即让有经验的程序员阅读 10 分钟要测试的程序，然后如能凭记忆和理解写出程序段的 90%，则称该程序是可理解的。

2. 可靠性

可靠性表明一个软件按照用户的要求和设计目标，在给定的一段时间内正确执行的概率。可靠性的主要度量标准有：平均失效间隔时间、平均修复时间、有效性。度量可靠性的方法，主要有两类：

（1）根据软件错误统计数字，进行可靠性预测。

（2）根据软件复杂性，预测软件可靠性。

3. 可测试性

可测试性表明论证软件正确性的容易程度。对于软件中的程序模块，可用程序复杂性来度量可测试性。明显地，程序的环路复杂性越大，程序的路径就越多，全面测试程序的难度就越大。

4. 可修改性

测试可修改性的一种定量方法是修改练习，基本思想是通过做几个简单的修改，来评价修改难度。设 C 是程序中各个模块的平均复杂性，n 是必须修改的模块数，A 是要修改的模块的平均复杂性，则修改的难度 D 表示为：

$$D=A/C$$

在简单修改时，当 $D>1$，说明该软件修改困难。A 和 C 可用任何一种度量程序复杂性的方法计算。

5. 可重用性

重用是指同一构件不做修改或稍加改动就能在不同环境中被多次重复使用。大量使用可重用的软件构件来开发软件，可以从下述两个方面提高软件的可维护性：

（1）重用的构件经过严格测试，可靠性高。因此，软件中使用的重用构件越多，软件的可靠性越高，改正性维护需求就越少。

（2）很容易修改可重用的软件构件使之再次应用在新环境中。因此，软件中使用的可重用构件越多，适应性和完善性维护也就越容易。

6.6.5.3　文　档

文档是影响软件可维护性的决定因素。文档比程序代码更重要，分为：用户文档，主要描述系统功能和使用方法；系统文档，描述系统设计、实现和测试等各方面的内容。

文档应该满足下述要求：

（1）描述如何使用这个系统。

（2）描述怎样安装和管理这个系统。

（3）描述系统需求和设计。

（4）描述系统的实现和测试，以便使系统成为可维护的。

1. 用户文档

用户文档至少应该包括下述 5 方面的内容：

（1）功能描述。

（2）安装文档。

（3）使用手册。

（4）参考手册。

（5）操作员指南。

2. 系统文档

系统文档指从问题定义、需求说明到验收测试计划这样一系列和系统实现有关的文档。

6.6.5.4　可维护性复审

在软件工程过程的每一个阶段都应该考虑并努力提高软件的可维护性，在每个阶段结束前的技术审查和管理复审中，应该着重对可维护性进行复审。

在需求分析阶段的复审过程中,应该对将来要改进的部分和可能会修改的部分加以注意并指明;应该讨论软件的可移植性问题,并且考虑可能影响软件维护的系统界面。

在正式的和非正式的设计复审期间,应该从容易修改、模块化和功能独立的目标出发,评价软件的结构和过程;设计中应该对将来可能修改的部分预做准备。

代码复审应该强调编码风格和内部说明文档这两个影响可维护性的因素。

在测试结束时进行正式的可维护性复审,这个复审称为配置复审。配置复审的目的是保证软件配置的所有成分是完整的、一致的和可理解的。

在完成了每项维护工作之后,都应该对软件维护本身进行仔细认真的复审。

如果在软件再次交付使用之前,对软件配置进行严格的复审,则可大大减少文档的问题。

6.6.6 提高软件可维护性的方法

6.6.6.1 使用提高软件质量的技术和工具

1. 模块化

模块化技术的优点:如果需要改变某个模块的功能,则只要改变这个模块,对其他模块影响很小;如果需要增加程序的某些功能,则仅需增加完成这些功能的新的模块或模块层;程序的测试与重复测试比较容易;程序错误易于定位和纠正;容易提高程序效率。

2. 结构化程序设计

结构化程序设计不仅使得模块结构标准化,而且将模块间的相互作用也标准化了,因而把模块化又向前推进了一步。采用结构化程序设计可以获得良好的程序结构。

3. 使用结构化程序设计技术,提高现有系统的可维护性

(1)采用备用件的方法——当要修改某一个模块时,用一个新的结构良好的模块替换掉整个模块。

(2)采用自动重建结构和重新格式化的工具(结构更新技术)。

(3)改进现有程序不完善的文档。

(4)使用结构化程序设计方法实现新的子系统。

(5)采用结构化小组。

6.6.6.2 实施开发阶段产品的维护性审查

质量保证审查除了保证软件得到较好的质量外,还可以用来检测在开发和维护阶段内发生的质量变化。一旦检测出问题,就可以采取措施纠正,以控制不断增长的软件维护成本。

为了保证软件的可维护性,有4种类型的软件审查:

(1)检查点审查。

(2)验收检查。

(3)周期性的维护审查。

(4)对软件包进行检查。

1. 检查点审查

保证软件质量的最佳方法是在软件开发的最初阶段就把质量要求考虑进去,并在开发过程

每一个阶段的终点，设置检查点进行检查。

检查的目的是要证实已开发的软件是否符合标准，以及是否满足规定的质量需求。

在不同的检查点，检查的重点不完全相同。例如，在设计阶段，检查重点是可理解性、可修改性、可测试性。可理解性检查的重点是程序的复杂性。检查点设置如图6-108所示。

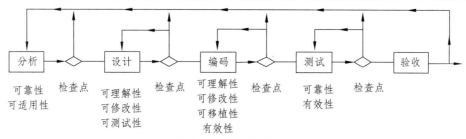

图6-108　检查点的设置

2. 验收检查

验收检查是一个特殊的检查点的检查，是交付使用前的最后一次检查，是软件投入运行之前保证可维护性的最后机会。以下是验收检查必须遵循的最小验收标准。

1）需求和规范标准

（1）需求应当以可测试的术语进行书写，按优先次序排列和定义。

（2）区分必须的、任选的、将来的需求。

（3）包括对系统运行时的计算机设备的需求；对维护、测试、操作以及维护人员的需求；对测试工具等的需求。

2）设计标准

（1）程序应设计成分层的模块结构。每个模块应完成唯一的功能，并达到高内聚、低耦合。

（2）通过一些知道预期变化的实例，说明设计的可扩充性、可缩减性和可适应性。

3）源代码标准

（1）尽可能使用程序设计语言的标准版本。

（2）所有的代码都必须具有良好的结构。

（3）所有的代码都必须文档化，在注释中说明它的输入、输出，以及便于测试/再测试的一些特点与风格。

4）文档标准

文档中应说明程序的输入/输出、使用的方法/算法、错误恢复方法、所有参数的范围、默认条件等。

3. 周期性的维护审查

检查点复查和验收检查，可用来保证新软件系统的可维护性。对已有的软件系统，则应当进行周期性的维护检查。

软件在运行期间，必须对软件做周期性的维护审查，以跟踪软件质量的变化。

周期性维护审查实际上是开发阶段检查点复查的继续，采用的检查方法、检查内容都是相同的。

4. 对软件包进行检查

软件包是一种标准化了的、可为不同单位、不同用户使用的封装软件。使用单位的维护人员要仔细分析、研究开发商提供的用户手册、操作手册、培训教程、新版本说明、计算机环境要求书，以及开发商提供的验收测试报告等；在此基础上，深入了解本单位的希望和要求，编制软件包的检验程序，用该检验程序检查软件包程序所执行的功能是否与用户的要求和条件相一致。

6.6.6.3 历史文档

历史文档是对程序总目标、各组成部分之间的关系、设计策略、实现过程的历史数据等的说明和补充。历史文档对提高程序的可理解性有着十分重要的作用。在软件维护阶段，利用历史文档，可以大大简化维护工作。

历史文档有如下 3 种：

（1）系统开发日志：记录了项目的开发原则、开发目标、优先次序、选择某种设计方案的理由、决策策略、使用的测试技术和工具、每天出现的问题、计划的成功和失败之处等。

（2）错误记载：把出错的历史情况记录下来，对于预测今后可能发生的错误类型及出错频率有很大帮助；也有助于维护人员查明出现故障的程序或模块，以便去修改或替换它们。

（3）系统维护日志：记录了在维护阶段有关系统修改和修改目的的信息。包括修改的宗旨、修改的策略、存在的问题、问题所在的位置、解决问题的办法、修改要求和说明、注意事项、新版本说明等信息。

6.6.7 如何做好软件维护

1. 爱上软件维护工作

我们要认识软件维护工作在软件生命周期中的重要性。实际上很多开发人员所做的开发工作就为软件增加新功能，修改业务流程，这其实就是在做完善性维护工作。软件维护工作同样存在大量的挑战，同样需要创造性、灵活性、耐心、训练和良好的沟通。兴趣是学习最好的老师，只要喜欢上软件维护工作，你就会在这一领域中发挥其聪明才智，收获成功。

2. 熟悉软件系统

熟悉所维护软件的功能是非常重要的，也是进行软件维护工作的第一步。应先阅读现有的文档，最好能对文档中提到的内容亲自进行测试。掌握现实中软件的使用方法，确保要知道最常用的使用情形。有时候用户会要求提供一些已经存在的功能特性，只是因为他们不知道软件中已经具有了这些功能。

最后需要研究代码，试着去理解函数、模块和组件在软件中所扮演的角色。使用调试器单步执行程序中不同的分支，查看当代码的不同部分执行时将会发生什么。要把熟悉软件的体系结构当作一个持续进行的过程，而不是一次就能完成的事情。这样当需要修改错误或添加新的特性时，才能对系统有更好的理解。以上过程一定要记录结果，这样对维护工作有巨大的帮助。

3. 与用户沟通

与用户沟通是非常重要的，因为软件就是为了人们使用才被开发出来的。在软件的维护阶段，已经有用户在使用我们的软件了。应试着建立一个简单有效的机制，用于及时反馈用户提出的问题，即使不能立即解决这个问题，也要让用户知道我们正在处理这个问题，而没有忽视他们。最后，要诚实地告诉他们问题的最新解决情况，如果由于某些原因不能满足其需求，也要及时反馈。

4. 保留修改记录

有很多种保留修改记录的方法，最常见的方式是在每次提交代码前要进行注释说明，还有些人喜欢把修改的记录列表写到文件的顶部，在电子表格中保留一份修改列表也是很方便的。无论采用哪种方式，一定要重视这项工作。一份精确的修改记录对维护工作来说是无价的。

5. 尽量保持程序原貌，避免重构

在软件维护的很多时候，我会被某些模块中的代码弄得很沮丧，真想把这些代码删除后重写。事实上，无论何时我们对代码进行修改，不管是多么微小的修改，都存在引入新的错误的风险。尽管在开发阶段重构是一项很有用的技术，但在软件的维护阶段，它可能只会带来麻烦，即使使用重构没有破坏任何东西，但也增加了维护记录的复杂度，使源代码管理系统中不同版本间的差别变大。

6. 重视测试

测试永远是保证软件质量的重要的一环，当你接手软件的维护工作时，也许需要做的第一件任务就是做测试。

7. 要有稳定的维护团队

软件维护团队被赋予维护已交付产品的职责，主要工作内容是分析修复新发现的 Bug，以及满足客户对软件提出一些调整，具体的内容要视维护合约而定。建立良好的轮岗制度，建立技术交接流程，可以使维护团队相对稳定，使开发团队或项目有其独特的优势。

6.6.8 再工程技术

对旧的软件进行重新处理、调整，提高其可维护性，这种活动被称为"软件再工程"，是提高软件可维护性的一类重要的软件工程活动。

再工程也称复壮（修理）或再生，它不仅能从已存在的程序中重新获得设计信息，而且还能使用这些信息来改建或重构现有的系统，以改善它的综合质量。一般软件人员利用再工程重新实现已存在的程序，同时添加新的功能或改善它的性能。

再工程的目的是维护一行源代码的代价可能是最初开发该行源代码代价的 14-20 倍；重新设计软件体系结构时使用了现代设计概念，它对将来的维护会有很大的帮助；现有的程序版本可以作为软件原型使用，开发生产率可以大大高于平均水平；用户具有较多使用该软件的经验，因此能够很容易地弄清新的变更需求和变更的范围；另外，利用逆向工程和再工程的工具，可以使一部分工作自动化；在完成预防性维护的过程中还可以建立起完整的软件配置。

通常，再工程包含业务过程再工程与软件再工程。

业务过程再工程（Business Process Re-engineering，BPR）也称业务过程重组，用来定义业务目标、标示并评估现有的业务过程以及修订业务过程以更好满足业务目标，这一部分通常由咨询公司的业务专家完成。

软件再工程包含库存目录分析、文档重构、逆向工程、程序和数据重构以及正向工程。这一部分通常由软件工程师完成。

6.6.8.1 业务过程再工程

Michael Hammer 的<*Harvard Business Review*>是业务过程和计算管理革命的奠基性文章，Hammer 在文章中大力呼吁使用业务过程再工程技术。不过，到 21 世纪初，对于业务过程再工程的宣传已经不太常见，但是这种过程已经在很多公司中得到使用。

业务过程是一组逻辑相关的任务，它们被执行以达到符合预定义的业务结果。每个系统都是由不同的子系统构成，而子系统还可以再细分为更细的子系统，从而整个业务呈现一种层次结构，如图 6-109 所示。

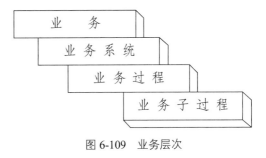

图 6-109　业务层次

理想情况下，BPR 应该自顶向下地进行，从标示主要的业务目标或子目标开始，而以生成业务（子）过程中每个任务的详细的规约结束。

对一个业务过程进行再工程需要服从一定的原则。Hammer 在 1990 年提出一组原则，用于指导 BPR 活动。

（1）让那些使用过程结果的人来执行流程。

（2）将信息处理工作合并到生产原始信息的现实工作中。

（3）将地理分散的资源视为集中的。

（4）连接并行的活动以代替集成它们的结果。

（5）在工作完成的地方设置决策点，并将控制加入过程中。

（6）在其源头一次性获取数据。

业务过程再工程是迭代的，因此业务过程再工程没有开始和结束，只有不断的演化。整个业务过程再工程模型如图 6-110 所示。

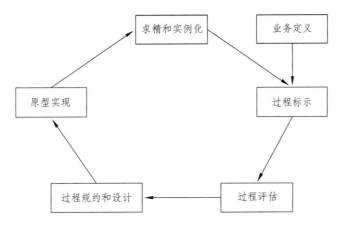

图 6-110　业务过程再工程模型

软件规模的扩大导致出现软件的管理、质量等一些严重的问题，人们开始寻找软件业中的"银弹"。BPR 的出现，使人们误以为 BPR 就是传说中的"银弹"。然而经过几年的夸大宣传后，BRP 陷于严重的质疑批评中，又被人们认为一文不值。因此有必要树立一种认识 BRP 的正确观点：BRP 不是银弹，但 BRP 确实可以提高软件的质量。

6.6.8.2 软件再工程

在业务过程被分析清楚后,可以对软件实施再工程,整个软件再工程过程模型如图 6-111 所示。

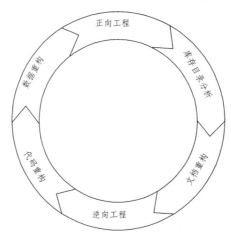

图 6-111　软件再工程过程模型

1. 库存目录分析

包含关于每个应用系统的基本信息(例如,应用系统的名字,最初构建它的日期,已做过的实质性修改次数,过去 18 个月报告的错误,用户数量,安装它的机器数量,它的复杂程度,文档质量,整体可维护性等级,预期寿命,在未来 36 个月内的预期修改次数,业务重要程度等)。

对于以前的代码,它们都可能是逆向工程或再工程的对象。但是,某些程序并不被频繁使用而且不需要改变,而且逆向工程和再工程工具尚不成熟,代价又十分高昂,因此,对库中每个程序都做逆向工程或再工程是不现实的。下述 3 类程序有可能成为预防性维护的对象:

(1)预定将使用多年的程序。

(2)当前正在成功地使用着的程序。

(3)在最近可能要做重大修改或增强的程序。

应该仔细分析库存目录,按照业务重要程度、寿命、当前可维护性、预期的修改次数等标准,把库中的应用系统进行排序,从中选出再工程的候选者,然后明智地分配再工程所需要的资源。

2. 文档重构

老程序固有的特点是缺乏文档。建立文档非常耗费时间,不可能为数百个程序都重新建立文档,即具体情况不同,处理这个问题的方法也不同。如果一个程序是相对稳定的,而且可能不会再经历什么变化,那么让它保持现状。为了便于今后的维护,必须更新文档,但只针对系统中当前正在修改的那些部分建立完整文档。如果某应用系统是完成业务工作的关键,而且必须重构全部文档,则仍然应该设法把文档工作减少到必需的最小量。

3. 逆向工程

软件的逆向工程是分析程序以便在比源代码更高的抽象层次上创建出程序的某种表示的过程,逆向工程工具从现存的程序代码中抽取有关数据、体系结构和处理过程的设计信息。

4. 代码重构

代码重构是最常见的再工程活动。某些程序具有比较完整、合理的体系结构,但是,个体模块的编码方式却是难于理解、测试和维护的。在这种情况下，可以重构可疑模块的代码。

为了完成代码重构活动，首先用重构工具分析源代码，标注出和结构化程序设计概念相违背的部分；然后重构有问题的代码；最后，复审和测试生成的重构代码并更新代码文档。

重构并不修改整体的程序体系结构，它仅关注个体模块的设计细节以及在模块中定义的局部数据结构。如果重构扩展到模块边界之外并涉及软件体系结构，则重构变成了正向工程。

5. 数据重构

数据重构发生在相当低的抽象层次上，它是一种全范围的再工程活动。数据重构通常以逆向工程活动开始，理解现存的数据结构（又称数据分析），再重新设计数据，包括数据标准化、数据合理命名、文件格式转换、数据库格式转换等。

6. 正向工程

正向工程应用软件工程的原理、概念、技术和方法来重新开发某个现有的应用系统。在大多数情况下，被再工程的软件不仅重新实现现有系统的功能，而且加入了新功能和提高了整体性能。

6.6.8.3 再工程的成本/效益分析

再工程要耗费时间，占用资源，为了降低再工程的风险，必须进行成本／效益分析。Sneed 提出了再工程的成本／效益模型：

与未执行再工程的持续维护相关的成本：

$$C_{maint}=[p_3-(p_1+p_2)]\times L$$

与再工程相关的成本：

$$C_{reeng}=[p_6-(p_4+p_5)\times(L-p_8)-(p_7\times p_9)]$$

再工程的整体收益：

$$C_{benefit}=C_{reeng}-C_{maint}$$

其中：

p_1——当前某应用的年维护成本；　　p_2——当前某应用的年运行成本；

p_3——当前某应用的年收益；　　　　p_4——再工程后预期年维护成本；

p_5——再工程后预期年运行成本；　　p_6——再工程后预期业务收益；

p_7——估计的再工程成本；　　　　　p_8——估计的再工程日程；

p_9——再工程的风险因子（=1.0）　　L——期望的系统生命期（年）。

6.6.8.4 再工程的风险分析

再工程的风险主要有以下几个方面：

（1）过程风险：在进行再工程活动中，缺乏对投入人员的管理，及对再工程方案的实施缺乏管理，未做成本/效益分析。

（2）应用领域风险：对再工程项目中的业务知识不熟悉，缺少专业领域的专家支持。

（3）技术风险：缺乏再工程技术支持，恢复设计得到的信息无用等。

（4）人员风险、工具风险等。

软件再工程是提高软件可维护性的一类重要的软件工程活动。与软件开发相比，软件再工程不是从编写规格说明开始，而是从原有的软件出发，通过再工程，获得可维护性较好的新软件。

参考文献

[1] 包健, 冯建文, 章复嘉. 计算机组成原理与系统结构[M]. 2 版. 北京: 高等教育出版社, 2015.

[2] 张友生. 软件体系结构原理, 方法与实践[M]. 2 版. 北京: 清华大学出版社, 2014.

[3] 郑纬民, 汤志忠. 计算机系统结构[M]. 2 版. 武汉: 华中科技大学出版社, 2006.

[4] 王万森. 计算机操作系统原理[M]. 2 版. 北京: 高等教育出版社, 2008.

[5] 王群. 计算机操作系统的发展[J]. 计算机光盘软件与应用, 2012（09）: 105-106.

[6] 张霞. 计算机操作系统原理[M]. 北京: 中国电力出版社, 2012.

[7] 王翠茹, 袁和金, 刘军. 数据结构: C 语言版[M]. 北京: 中国电力出版社, 2012.

[8] 路易斯, 肖侬. 数据结构与算法[M]. 北京: 中国电力出版社, 2012.

[9] 高一凡. 《数据结构》算法实现及解析[M]. 西安: 西安电子科技大学出版社, 2002.

[10] 宾斯托克. 程序员实用算法[M]. 北京: 机械工业出版社, 2009.

[11] 程杰. 大话数据结构[M]. 北京: 清华大学出版社, 2011.

[12] 殷人昆. 数据结构: 用面向对象方法与 C++语言描述[M]. 北京: 清华大学出版社, 2007.

[13] 揭安全. 高级语言程序设计[M]. 北京: 人民邮电出版社, 2015.

[14] 黄翠兰. 高级语言程序设计[M]. 厦门: 厦门大学出版社, 2008.

[15] 克鲁泽. C++数据结构与程序设计[M]. 北京: 清华大学出版社, 2004.

[16] 孙经钰. C 语言与数据结构[M]. 北京: 北京航空航天大学出版社, 2001.

[17] Templeman J. Visual C++/CLI 从入门到精通[M]. 北京: 清华大学出版社, 2015.

[18] Stephen R G. Fraser Pro Visual C++/CLI and the. NET 3.5 Platform[M]. New York: Springer-Verlag New York, 2009

[19] Hogenson G.Foundations of C++/CLI: The Visual C++ Language for. NET3.5[M]. New York: Springer-Verlag New York, 2008

[20] 王珊, 萨师煊. 数据库系统概论 [M]. 5 版. 北京: 高等教育出版社, 2014.

[21] Kroenke A M, Ruer D J. 数据库原理[M]. 赵艳铎, 葛萌萌, 译. 北京: 清华大学出版社, 2011.

[22] 李明, 李晓丽, 王燕. 数据库原理及应用[M]. 成都: 西南交通大学出版社, 2007.

[23] 唐任仲. 工程应用软件开发技术[M]. 北京: 化学工业出版社, 1999.

[24] 刘晓彦. 计算机应用软件开发技术研究分析[J]. 电子技术与软件工程, 2015, 000（023）: 52-53.

[25] 朱三元, 钱乐秋, 宿为民. 软件工程技术概论[J]. 2002.

[26] Pfleeger S L, Atlee J M. 软件工程理论与实践[M]. 北京: 高等教育出版社, 2003.

[27] 成奋华. 现代软件工程[M]. 北京: 科学出版社, 2006.

[28] 2020 数据库管理系统市场现状及发展趋势分析, https://www.reportrc.com/article/20200713/10906.html.